ÉTUDES

DE

NUMISMATIQUE

PAR

J.-Adrien BLANCHET

Attaché au département des Médailles et Antiques de la Bibliothèque
nationale.

TOME Ier

ACCOMPAGNÉ DE QUATRE PLANCHES

PARIS

CHEZ C. ROLLIN ET FEUARDENT

4, rue de Louvois, et 45, quai des Grands-Augustins

Même Maison, 19, Bloomsbury Street, Londres

1892

ÉTUDES

DE

NUMISMATIQUE

Mâcon, impr. Protat frères.

ÉTUDES

DE

NUMISMATIQUE

PAR

J.-Adrien BLANCHET

Attaché au département des Médailles et Antiques de la Bibliothèque
nationale.

TOME Ier

ACCOMPAGNÉ DE QUATRE PLANCHES

PARIS

CHEZ C. ROLLIN ET FEUARDENT

4, rue de Louvois, et 45, quai des Grands-Augustins

Même Maison, 19, Bloomsbury Street, Londres

—

1892

A

MONSIEUR GUSTAVE SCHLUMBERGER

Membre de l'Institut

HOMMAGE RESPECTUEUX

Extrait de la *Revue belge de Numismatique*, année 1891,
p. 357 à 369.

LE TITRE

DE

PRINCEPS JUVENTUTIS

SUR LES MONNAIES ROMAINES

On est généralement porté à croire que le titre de *princeps juventutis* n'a jamais été porté que par les jeunes princes, héritiers désignés de la puissance impériale. Ce titre honorifique, déjà conféré par Auguste à Caius et à Lucius, semble avoir donné, à celui qui le portait, un rôle dans les parades et les jeux des chevaliers romains. On a dit que le principat de la jeunesse était incompatible avec le rang sénatorial et les fonctions de la magistrature, et que, si certains empereurs ont porté le titre de *princeps juventutis*, c'est seulement par ignorance de ceux qui ont fabriqué les monuments sur lesquels ce titre leur est donné[1].

Ces conclusions ont été combattues dans un travail intéressant, mais fort peu connu des numismatistes[2].

1. Theodor Mommsen, *Römisches Staatsrecht*, Leipzig, 1877, t. II, p. 800, note 9.

2. *De Principe juventutis. Dissertatio inauguralis quam, ad summos in philosophia honores ab amplissimo philosophorum ordine Lipsiensi rite capessendos, scripsit*, par L.-G. Koch. Lipsiae, in-8°, 1883.

Mon intention n'est pas de faire une nouvelle dissertation sur le titre de *prince de la jeunesse*, mais seulement d'examiner dans quelles conditions il se présente sur les monnaies romaines.

Les monnaies de Néron César portant le titre de
princeps juventutis nous apprennent qu'il n'était
encore que consul désigné (Cohen, n⁰ˢ 82 et 96 à
99[1]).

Il est plus difficile d'expliquer le denier et le moyen
bronze de Vespasien (Cohen, n⁰ 393 et 394[2]), car la
seconde de ces pièces est datée du cinquième consulat de Vespasien, c'est-à-dire de l'an 74. Or, à cette
époque, Titus et Domitien, créés princes de la jeunesse en 69, avaient déjà été plusieurs fois consuls.
Comme un seul personnage est représenté au revers
de chacune de ces monnaies, il est difficile d'y reconnaître Titus plutôt que Domitien. Pour Titus, nous
connaissons un denier portant une chèvre dans une
couronne de laurier et la légende PRINCEPS IVVEN
TVTIS[3]. Le même type se retrouve sous Domitien.
Les monnaies de ce dernier portant les titres de
César et de *prince de la jeunesse* sont nombreuses et
offrent la mention des consulats, II, III, IIII, V, VI
et VII (Cohen, n⁰ 373 à 402). Comme les types de

1. Nous citons la deuxième édition de la *Description des monnaies frappées
sous l'Empire romain*.

2. L.-G. Koch (*op. laud.*, p. 31), qui ne cite que le denier (n⁰ 393 de Cohen),
renonçant à l'expliquer, le déclare faux. Mais dans le cas où cette pièce ne
serait pas antique, il y aurait encore à expliquer le moyen bronze.

3. Cohen, 171. Mionnet cite un médaillon d'argent représentant un cavalier.
Un denier de Vespasien porte aussi la chèvre, mais il est fourré. Le musée
de Berlin possède un denier non fourré de Vespasien avec *Princeps Juventutis*
(*Zeitschrift für Numismatik*, t, V, p. 249).

l'Espérance debout, du cavalier et de la chèvre dans une couronne, déjà signalés sur les monnaies de Vespasien et de Titus, se retrouvent sur celles de Domitien, je suis porté à croire que, les monnaies des trois princes étant fabriquées dans les mêmes officines, certains revers de Domitien ont été employés pour quelques monnaies de son père et de son frère [1].

Sur un moyen bronze daté du cinquième consulat, que l'on considère comme frappé en Asie, Domitien associe les titres d'Auguste et de prince de la jeunesse (Cohen, n° 52).

Sur les monnaies assez nombreuses de Commode César, avec le titre de *princeps juventutis*, la mention du consulat fait défaut ; elles sont donc antérieures à l'année 176 et n'offrent rien de particulièrement intéressant (Cohen, n°ˢ 601 à 618).

Caracalla César nous offre plusieurs monnaies avec le titre de *princeps juventutis* (Cohen, n°ˢ 504 à 507), et des deniers portent encore ce titre lorsqu'il est devenu Auguste (Cohen, n°ˢ 502 et 503). Ce fait très intéressant est constaté d'autre part par les inscriptions suivantes :

1° IMP · CAES · M · AVRELIO AN
    TONINO PIO FELICI AVG
    PRINCIPI IVVENTVTIS, etc.[2].
2° IMP · CAES · M · AVRELIO AN
    TONINO · AVG · PARTII · MAX
    PRINC · IVVENT · TRIB · POTEST · II, etc.[3].

---

1. ECKHEL a déjà parlé de ces erreurs de coins. *Doctr. num.*, t. VIII, p. 379.
2. Inscription de l'an 216 ; ORELLI, n° 930 ; *C. I. L.*, t. XIV, 2596.
3. Inscription de 199 ; ORELLI, 951 ; *C. I. L.*, t. VIII, 884.

3° IMP · CAES · M · AVRELIO ANTONINO AVG
PIO FELICI PRINCIPI IVVENTVTIS · P · P, etc. [1].

Comme on ne connaissait pas les deux monnaies que je viens citer, on a vu dans ces textes une exception fautive [2].

Sur ses nombreuses monnaies portant la légende *princeps juventutis,* Geta César associe souvent les titres de consul et de pontife (Cohen, n⁰ˢ 156 à 169).

Il n'y a rien à remarquer au sujet des pièces de Diaduménien (Cohen, n⁰ˢ 2 à 18), du moyen bronze d'Alexandre Sévère comme César (Cohen, n° 485) et des pièces de Maxime César (Cohen, n⁰ˢ 10 à 15).

Un denier de Gordien le Pieux, empereur, porte la légende PRINCIPI IVVENT (Cohen, n° 293) [3]. Un grand nombre de pièces ont été frappées pour Philippe fils, avec les titres de César et de *princeps juventutis.* Herennius Etruscus, après avoir pris ces titres sur les monnaies frappées pendant qu'il était César (Cohen, n⁰ˢ 20 à 29, 31 à 34), conserva son titre de prince de la jeunesse lorsqu'il fut devenu Auguste (Cohen, n⁰ˢ 18, 19 et 30; or, argent et bronze). Le même fait se produit pour Hostilien dont on possède des pièces avec le titre de *princeps juventutis,* comme César (Cohen, n° 27, 30 à 35, 37 à 41) et comme Auguste (Cohen, n⁰ˢ 28, 29 et 36). Le règne de Trébonien Galle nous procure une observation

1. Inscription gravée entre 201 et 210; *C. I. L.,* t. VIII, 4216. Cf. *C. I. L.,* t. VIII, 2550 et 2707.

2. T. MOMMSEN, *Römisches Staatsrecht,* 1877, t. II, p. 800, note 9 (ne cite que les deux premières inscriptions, d'après Orelli).

3. COHEN considère cette pièce, qui appartient au British Museum, comme étant de fabrique étrangère.

curieuse. En effet, quoique ce prince fût déjà d'un âge avancé lorsqu'il parvint à l'empire, on connaît de lui un grand et un moyen bronze sur lesquels il porte le titre de prince de la jeunesse (Cohen, n°s 98 et 99). Volusien, après avoir frappé des monnaies avec ce même titre, lorsqu'il était César (Cohen, n°s 98 et 99, 103 et 104), continue à faire de même après être devenu empereur et Auguste (Cohen, n°s 101, 102 et 105; or, argent et bronze). Gallien, empereur, nous fournit une monnaie avec la légende PRINCIPI IVVENT (Cohen, n° 853). Salonin César nous a laissé de nombreuses pièces avec ce titre (Cohen, n°s 60 à 90). Tetricus père prend le même titre avec celui d'Auguste (Cohen, n° 131); mais son fils porte le nom de *Prince de la jeunesse*, seulement sur les pièces qu'il frappait lorsqu'il était César, (n°s 61 à 66[1]). Du reste, malgré quelques pièces sur lesquelles il porte le titre d'Auguste, on n'est pas certain que le jeune Tetricus ait été empereur. Florien, empereur d'un âge avancé, prend le titre de *princeps juventutis* (Cohen, n°s 59 à 61[2]). Son exemple est suivi par les empereurs Probus (Cohen, n°s 462 à 464) et Carus (Cohen, n° 65). Numérien César frappe des monnaies comme Prince de la jeunesse (Cohen, n°s 65, 66, 68 et 69, 72 à 74, 76 et 77, 80 et 81) et conserve cette dénomination lorsqu'il parvient à l'empire

---

1. Sur un petit bronze, le prince tient une enseigne et une haste (*Collection E. de Quelen*, catalogue de vente, Paris, 1888, n° 1805).

2. Autre, *Rivista italiana di Numismatica*, t. I, 1888, p. 154 (art. de F. Gnecchi). Dans le même article, on trouve un petit bronze d'Aurélien portant au revers deux personnages debout et la légende PRICIPI IVVEN-TVTIS (p. 152, pl. IV, 10). M. Gnecchi pense qu'il s'agit de Vabalathe représenté avec Aurélien.

(Cohen, n°s 67, 70 et 71, 75, 78 et 79). Son frère Carin agit de la même façon et garde toujours le titre de *princeps juventutis*, comme César (Cohen, n°s 81 à 85, 87 à 94, 96 à 98, 101 à 109) et comme Auguste (Cohen, n°s 86, 95, 99 et 100). Des monnaies de Dioclétien portent la même appellation, associée naturellement aux noms d'empereur et Auguste (Cohen, n°s 394 à 396). Un petit bronze à la légende PRINCIPI IVVENT, attribué par Mionnet à Maximien Hercule, a été restitué à Galère Maximien[1]. Carausius, empereur et Auguste, frappe aussi des monnaies d'argent et de bronze au revers PRINCIPI IVVENTVTIS (Cohen, n°s 249 et 250). Constance Chlore porte le même titre sur le numéraire fabriqué au temps où il était César (Cohen, n°s 219 à 236). Il en est de même pour Galère Maximien (Cohen, n°s 166 à 180). Sévère II, nommé César en 305, fit frapper à cette époque des monnaies sur lesquelles il paraît comme *Prince de la jeunesse*, quoique ses portraits nous le montrent comme un homme ayant atteint au moins la trentaine (Cohen, n°s 60 et 61). A côté des monnaies diverses frappées par Maximin II Daza, comme César, avec le revers PRINCIPI IVVENTVTIS (Cohen, n°s 140 à 146), il faut placer l'aureus avec la même légende et le titre d'Auguste (Cohen, n° 147). Maxence, qui ne fut jamais qu'Auguste, a frappé un moyen bronze avec le titre de prince de la jeunesse (Cohen, n° 99), qu'on trouve également pour Licinius père, qui fut Auguste (Cohen, n° 144). Licinius fils porta aussi le titre de *Prince de la jeunesse*

---

1. COHEN, 2e édition, t. VI, p. 543, note 1.

sur les monnaies qu'il fit frapper comme César (Cohen, n°s 34 à 36). Si le nombre des monnaies émises sous Constantin César avec le revers PRIN-CIPI IVVENTVTIS est considérable (Cohen, n°s 405 à 407, 422 à 424, 435, 438, 440 à 443), le nombre de celles frappées avec le même revers, lorsqu'il fut devenu Auguste, l'est encore davantage (Cohen, n°s 404, 408 à 421, 425 à 434, 436, 437, 439, 444 à 449). Un moyen bronze de Constantin Auguste porte la curieuse légende que voici : PRINCIPI IVVENT B R P NAT. On l'a interprétée par *Bono Reipublicae nato*[1] ; comme une autre médaille démontre que cette qualification s'applique à Constantin[2], on est en droit d'affirmer que le titre de *Prince de la jeunesse* se rapporte aussi à lui[3]. Crispus César porte ce même titre ; sur de nombreuses pièces, on lit : PRINCIPIA IVVENTVTIS (Cohen, n°s 98, 99 à 112). Le César Delmace est aussi Prince de la jeunesse (Cohen, n°s 15 et 16). Sous Constantin II César à côté de la légende PRINCIPI IVVENTVTIS (Cohen, n°s 142 à 158 [4]), on trouve encore PRINCIPIA IVVENTVTIS (Cohen, n°s 139 à 141). Constant Ier qui prend le titre de *Prince de la jeunesse*, lorsqu'il est César, le conserve quand il devient Auguste (Cohen, n°s 91 à 94, 95 et 96). Pareil fait se présente pour Constance II

---

1. COHEN, n° 404 ; cf. J. DE WITTE, *Note sur une légende monétaire de Constantin le Grand. Revue numismatique*, 1868, p. 337.

2. Moyens bronzes avec CONSTANTINO P AVG B R P NAT (COHEN, n°s 93 et 94).

3. Un médaillon d'or de Constantin Auguste, avec le revers PRINCIPI IVVENTVTIS, aurait été trouvé récemment près d'Autun, *Annuaire de la Soc. française de numismatique*, 1890, p. 251.

4. Médaillon d'or, *Numismatische Zeitschrift*, Vienne, 1889, p. 382, pl. VIII, 10.

(Cohen, n°s 152 à 163, 165, 164[1]). Décence César est *princeps juventutis* (Cohen, 1re édition, n° 2 et 3); Julien II l'est également (Cohen, 1re édition, n° 71). Citons encore la légende PRINCIPIVM IVVENTVTIS sur un aureus de l'empereur Gratien (Cohen, 1re édition, n° 21).

A partir de la fin du ive siècle, le titre de *Prince de la jeunesse* paraît être tombé complètement en désuétude.

Il y a certainement des conclusions à tirer de l'énumération assez aride que nous venons de tenter.

En premier lieu, l'apparition du titre de *Prince de la jeunesse* sur des monnaies de Vespasien résulte probablement d'une union de coins, car, pour ma part, je ne crois pas qu'on puisse interpréter certains revers de monnaies en supposant qu'ils se rapportent à un personnage dont le nom ne serait pas indiqué de quelque manière.

A partir du iiie siècle, le titre de *Prince de la jeunesse* est souvent porté par les empereurs, même par ceux qui ne furent jamais César, et qui étaient déjà dans un âge relativement avancé lorsqu'ils parvinrent à l'empire. Il résulte de cette importante constatation que les monnaies offrant la légende PRINCIPI IVVENTVTIS ne doivent pas être attribuées de prime abord à un César, comme on serait tenté de le faire, dans le cas où les pièces seraient dans un état de conservation assez mauvais pour rendre les

---

1. Médaillon d'or de Constance II César, *Num. Zeitsch.*, 1889, p. 383, pl. VIII, 11.

lectures incertaines. Enfin, le titre ne paraît plus sur les monnaies, vers la fin du ive siècle.

Sous le rapport des types monétaires, qui accompagnent le titre dont je viens de m'occuper, il y a encore quelques mots à dire, car ces types sont assez nombreux; on peut en juger par la liste suivante :

Bouclier sur lequel est inscrit le titre (Néron);
L'Espérance tenant une fleur (Vespasien, Domitien);
Un cavalier galopant (Vespasien, Domitien);
Trois cavaliers galopant (Geta [1]);
Cinq cavaliers galopant (Geta);
Aigle sur un foudre (Domitien);
Vesta assise (Domitien);
Pallas debout (Domitien);
La Paix assise (Domitien);
Mercure debout? (Crispus);
Mars nu debout ou appuyé sur un bouclier (Crispus);
Apollon assis à gauche (Herennius Etruscus, Hostilien, Trébonien Galle);
Capricorne (Domitien);
Deux mains jointes tenant une aigle légionnaire posée sur une proue (Domitien, Commode);
Autel allumé et entouré de guirlandes (Domitien);
Autel sur lequel on lit FORTREDVCI (Commode);
Trône surmonté d'un casque (Domitien);
Le prince debout, et, derrière lui, deux enseignes (Caracalla);
Le prince debout tenant un globe et une haste, et, derrière lui, deux enseignes (Constantin Ier);

1. *Collection E. de Quelen*, catalogue de vente, Paris, 1888, n°s 1436 et 1487.

Le prince debout tenant une enseigne, et, derrière lui, deux enseignes (Diaduménien, Delmace);

Le prince debout tenant une haste (ou une baguette) et une enseigne (Diaduménien, Philippe fils, Herennius Etruscus, Hostilien, Volusien, Salonin, Tetricus fils, Carin, Dioclétien, Carausius, Maximin II Daza);

Le prince debout, tenant une baguette et un sceptre (ou une haste), et, derrière lui, deux enseignes (Alexandre Sévère, Maxime, Salonin, Numérien, Carin, Maximin II Daza);

Le prince debout, tenant un globe et une haste ou sceptre (Gordien III, Philippe fils, Gallien, Salonin, Florien, Probus, Numérien, Galère-Maximien, Sévère II, Licinius I, Licinius II, Constantin I, Constantin II, Constance II, Décence, Gratien);

Le prince accompagné d'un soldat debout (Philippe fils);

Le prince debout entre deux soldats (Philippe fils);

Le prince debout entre deux enseignes (Philippe fils, Constantin Ier);

Le prince debout tenant deux enseignes (Hostilien, Carus, Dioclétien, Galère-Maximien, Maximin II, Maxence, Constantin Ier);

Le prince debout tenant une baguette (ou un sceptre) et une haste (Hostilien, Volusien, Salonin, Tetricus fils, Licinius II);

Le prince debout, appuyé sur un bouclier (Crispus, Constantin II);

Le prince debout, appuyé sur un bouclier et couronnant un trophée (Salonin);

Le prince debout, appuyé sur un bouclier et tenant une enseigne (Julien II);

Le prince debout, et, derrière lui, un trophée (Commode, Caracalla, Salonin);

Le prince debout, et, à ses pieds, un captif assis (Philippe fils, Salonin);

Le prince debout, tenant un globe et une haste et posant le pied droit sur un captif (Constantin II);

Le prince debout relevant une femme tourelée, agenouillée devant lui (Galère-Maximien);

Le prince debout tenant un rameau et un sceptre (Numérien, Carausius);

Le prince debout entre quatre enseignes (Carin);

Le prince debout, tenant un globe et une enseigne (Carin);

Le prince debout, tenant un sceptre; devant lui, une enseigne (Constantin Ier);

Le prince debout, tenant une haste et une enseigne; derrière lui, une ou deux autres enseignes (Constantin II, Constance II, Constant Ier).

On voit qu'il n'est pas possible d'établir que tel type est réservé aux empereurs, et tel autre aux Césars qui ont porté le titre de *Prince de la jeunesse*. A partir du règne de Caracalla, le type qui domine presque exclusivement sur les monnaies est celui du prince debout.

En somme, il paraît résulter de l'étude des monnaies que le titre de *princeps juventutis* a perdu, au troisième siècle, sa signification primitive. Cette observation a son importance et il sera bon de s'en souvenir, lorsqu'on tentera d'attribuer des monnaies ou de restituer des inscriptions.

Mémoire lu au Congrès de Numismatique de Bruxelles,
le 5 juillet 1891.

LES GAULOIS & LES GERMAINS

SUR LES

MONNAIES ROMAINES

Parmi des monnaies représentant des Gaulois, les as[1] émis à Ariminum (Rimini), en Ombrie, sont certainement les plus anciennes. Ces pièces, qui portent la tête d'un guerrier gaulois paré du *torques*, rappellent que les Senones, venus de Gaule, s'étaient rendus maîtres d'Ariminum. On a différé d'opinion sur la date d'émission de ces pièces, que les uns placent à l'époque de l'établissement de la colonie envoyée par les Romains à Ariminum[2] en 268 av. J.-C., tandis que d'autres auteurs reportent cette fabrication au temps de la ligue des Gaulois, des

1. *Bullet. dell' Inst.*, 1839, p. 125; MARCHI et TESSIERI, *L'aes grave del Museo Kircheriano*, 1839, p. 106, pl. I, classe IV; LONGPÉRIER, *Œuvres*, t. II, p. 380.

Il y a aussi des divisions de l'as : semis, quincunx, triens, quadrans, sextans, uncia, semuncia. Le quincunx porte un bouclier; le triens présente une épée et son fourreau. Cf. L. SAMBON. *Recherches sur les monnaies de la presqu'île italique*, 1870, p. 69, pl. VI; R. GARUCCI, *Le Monete del' Italia Antica*, 1885, p. 31, pl. LIX; J. DE BAYE, *Le Torques était porté par les hommes chez les Gaulois*, Bulletin monumental, 1886.

2. TITE LIVE, *Epit.* XV; MOMMSEN-BLACAS-DE WITTE, *Hist. de la Monnaie romaine*, t. III, p. 187.

Etrusques, des Samnites et des Ombriens, qui fut vaincue par les Romains à la bataille de Sentinum, en 295 [1]. Ariminum nous fournit encore une petite monnaie de cuivre, frappée et, par conséquent, postérieure aux as coulés, qui présente un guerrier gaulois [2]. (*Voy.* pl. ɪ, n° 1.)

Ce n'est que beaucoup plus tard, au premier siècle avant notre ère, que les monnaies véritablement romaines rappellent des victoires remportées sur les Gaulois et représentent des individus de cette nation.

Il existe une série [3] de deniers portant au droit la tête casquée de Rome, accompagnée d'un des noms suivants : M. Aurélius Scaurus [4], L. Cosconius [5], C. Poblicius Malleolus [6], L. Pomponius [7], L. Porcius Licinus [8]. Au revers, on voit un guerrier nu, armé d'une lance et d'un bouclier et tenant le carnyx ou trompette gauloise, dans un char traîné par deux chevaux au galop. A l'exergue, L·LIC·CN·DOM. Ces derniers noms sont ceux de L. Licinius Crassus et de Cn. Domitius.

On croyait généralement que ces monnaies devaient avoir été frappées en 92 av. J.-C. (662 de Rome) parce que les deux personnages, dont le nom

---

1. F. Lenormant, *Essai sur l'organisation de la Monnaie dans l'antiquité*, 1863, p. 113.
2. *British Museum Catalogue of greek coins, Italy*, p. 25.
3. E. Babelon, *Descr. histor. et chronol. des monnaies de la république romaine*, 1885, t. I, p. 462, et t. II, p. 131.
4. Babelon, *op. laud.*, t. I, p. 242.
5. Ibid., *op. laud.*, t. I, p. 436.
6. Ibid., *op. laud.*, t. II, p. 330.
7. Ibid., *op. laud.*, t. II, p. 360.
8. Ibid., *op. laud.*, t. II, p. 372.

se trouve toujours au revers, avaient été censeurs ensemble à cette date[1]. Mais certains auteurs les ont considérées comme plus anciennes[2], et récemment J. de Witte, pensant que ces pièces ont été frappées à l'occasion des victoires de Cn. Domitius Ahenobarbus et de Fabius, les place vers 121 av. J.-C. (633 de Rome.) Le même auteur reconnaît, dans le guerrier combattant que porte le revers des deniers, le roi arverne Bituitus ou Betultus sur son char d'argent, c'est-à-dire le vaincu de Vindalium, en 121[3].

Les deniers frappés par L. Hostilius Saserna, monétaire vers 46 av. J.-C., sont d'un grand intérêt, car elles présentent des têtes accompagnées d'un bouclier long et d'un carnyx. Aussi je crois que l'on a eu grandement raison de reconnaître un chef Gaulois et une Gauloise ou la Gaule personnifiée[4] sur ces pièces où l'on voyait autrefois la tête de *Pavor*, la Peur, et celle de *Pallor*, la Pâleur[5].

1. Eckhel, *Doctr. Num. Vet.*, t. V, p. 196; E. Babelon, *op. laud.*, t. I, p. 463.

2. Mommsen-Blacas-deWitte, *Hist. de la Monnaie romaine*, t. II, p. 362, note 1. Cavedoni les place en 149 av. J. C. (*Ragguaglio storico archeologico de' precipui ripostigli antichi*, 1854, p. 190.)

3. J. de Witte, *L'arc de triomphe d'Orange*, mémoire lu devant la Soc. des antiquaires de France, les 13 et 20 décembre 1882, et publié dans la *Revue archéologique*, 1887, t. II, pl. xiv, p. 136.

4. Babelon, *op. laud.*, t. I, 550-553. Cet auteur a proposé de voir dans la tête (dite de Pavor), aux cheveux hérissés, les traits de Vercingétorix. Cette hypothèse est combattue par M. R. Mowat, dans un ingénieux mémoire. Pour M. R. Mowat il s'agit, sur les pièces d'Hostilius Saserna, des têtes d'un Gaulois et d'une Gauloise, qui auraient été sacrifiés dans une *devotio* ordonnée à titre de représailles, après le massacre des Romains à Genabum. Les deux têtes des *hostiae* font par conséquent allusion au nom d'Hostilius. (*Les Prétendues figures de Pallor et de Pavor*, dans la *Revue numismatique*, 1891, p. 270-282.)

5. Eckhel, *Doctr. num. Vet.*, t. V, p. 226.

Au revers du denier à la tête de Pavor, on voit un guerrier armé de la lance et du bouclier, combattant sur un char (*essedum*), traîné par deux chevaux courant au galop, et dirigé par un aurige qui est assis sur le timon du char et tient un fouet[1]. (*Voy.* pl. i, n° 2.)

La position du cocher, placé en avant, sur le timon, de façon à ne pas gêner le combattant qui se trouve dans le char, n'a pas été signalée jusqu'ici ; elle est cependant fort intéressante.

On a dit que les Gaulois ne faisaient plus usage d'*esseda* lorsque César vint dans la Gaule transalpine, en 58 avant notre ère[2]. Les *Commentaires* ne parlent, en effet, que des chars des Bretons. La date du denier de L. Hostilius Saserna n'est pas certaine ; aussi, ne peut-on s'en servir pour démontrer l'existence des chars de guerre en Gaule à l'époque de César. Mais il me paraît certain que le char figuré sur la monnaie représente bien l'*essedum*.

Sur un denier de P. Cornelius Lentulus Marcellinus, monétaire vers 45 av. J.-C., on voit le consul M. Claudius Marcellus consacrant, dans le temple de Jupiter Feretrius, les dépouilles opimes du Gaulois Viridomar tué par lui en 222 av. J.-C.[3]. Cavedoni a démontré que le cavalier, figuré au revers des monnaies signées de M·SERGI·SILVS, tient la tête d'un Gaulois vaincu[4]. C'est une allusion à la bravoure du

1. Babelon, *op. laud.*, t. I, p. 252.

2. H. d'Arbois de Jubainville, *Le char de guerre des Celtes*, dans la *Revue archéologique*, 1888, t. I, p. 198. — Cf. Aug. Nicaise, *L'époque gauloise dans le département de la Marne*, 1884, pp. 20 à 25.

3. Babelon, *op. laud.*, t. I, pp. 352 et 527.

4. *Ragguaglio storico archeologico de' precipui ripostigli*, p. 263 ; Cf. Babelon, *op. laud*, t. II, p. 442.

personnage du même nom, préteur en l'an 577 de
Rome, qui se distingua contre Annibal et les Gaulois.

Nous arrivons maintenant aux pièces frappées à
l'époque de César, et avec son nom. Sur beaucoup
d'entre elles, on voit un trophée orné de deux boucliers ovales et de deux trompettes gauloises (*carnyx*) ; au bas du trophée, et de chaque côté, une
femme assise à terre, pleurant, et un captif, les
mains liées derrière le dos[1]. (*Voy*. pl. I, n° 3.)

Sur un autre denier, on voit un trophée ; à terre, à
droite, deux boucliers, deux javelots et un carnyx ; à
gauche, un chariot d'une forme particulière dans
lequel on a vu l'*essedum*, char de guerre des Bretons[2]. S'il en était ainsi, la monnaie rappellerait le
triomphe de César sur les Bretons, après sa seconde
expédition en 54 av. J.-C. (700 de Rome). Mais le
véhicule n'est peut-être qu'un chariot de transport[3]
et peut faire allusion à ceux des Gaulois.

D'autres deniers de César portent un trophée
orné d'un bouclier ovale et d'un carnyx ; au bas, un
captif agenouillé. Sur une variété de cette monnaie,
le captif, accroupi à terre, les mains liées derrière le
dos, porte une tête énorme, avec une longue barbe
et les cheveux flottants ramenés en arrière. (*Voy*.
pl. I, n° 4.) On doit probablement considérer cette

---

1. Babelon, *op. laud.*, t. II, p. 12 et 13. Cet auteur n'hésite pas à voir
dans ces deux personnages la Gaule personnifiée et Vercingétorix.

2. Babelon, *op. laud.*, t. II, p. 12, n° 13 ; Cf. Cohen, *Monnaies impériales*,
2° édit., t. I, p. 10.

3. Il est très différent du char qui figure au revers du denier d'Hostilius
Saserna. *Voy*. Mis de Lagoy, *Recherches numismatiques sur l'armement et les
instruments de guerre des Gaulois*. Aix, 1849, p. 25. Cet auteur considère
aussi que le denier de César porte l'*essedum* et qu'il a rapport à l'expédition
dirigée contre les Bretons.

2

figure comme le portrait de Vercingétorix[1]. En tout cas, c'est certainement un Gaulois, bien caractérisé par sa chevelure inculte[2].

Descendons maintenant jusqu'au règne d'Auguste pour étudier un denier, sur l'interprétation duquel tous les auteurs me paraissent s'être mépris.

On sait, par les auteurs[3] et les monnaies[4], que Octave Auguste reçut, vers 734, les prisonniers et les enseignes militaires que les Parthes avaient enlevés aux Romains. Parmi les monnaies qui font allusion à cet important évènement, il faut nous arrêter particulièrement à celles de L. Aquillius Florus, de M. Durmius et de P. Petronius Turpilianus[5].

Au revers des deniers portant ces noms, on voit un homme, le genou droit posé en terre, vêtu d'un habit et de chausses plissées, et d'une sorte de manteau qui couvre le dos. Il paraît porter des chaussures ; les cheveux et la barbe sont soigneusement peignés. De la main droite, il présente une enseigne militaire.

Les auteurs s'accordent à reconnaître dans ce

1. C'est l'avis de M. Babelon, qui l'a heureusement rapprochée de la tête remarquable des deniers d'Hostilius Saserna (*op. laud.*, t. II, p. 17, n° 28).

2. Diodore, l. V, c 28 : ὥστε τὴν πρόσοψιν αὐτῶν φαίνεσται Σατύροις καὶ Πᾶσιν ἐοικυῖαν. Cf. Pelloutier, *Histoire des Celtes*, Paris, 1741, 2e partie, p. 323.

3. Justin, 42, 5, 11 ; Tite Live, *Epit.*, 139 ; Suétone, *Aug.*, 21 ; Vell. Paterc., II, 91 : Virgile, *Enéide*, VII, 606 ; Dion, 54, 8 ; Suétone, *Tib.*, 9 ; cf. Ovide, *Tristes*, II, 227-228.

4. Cohen, *Monnaies impériales*, 2e édit., t. I, p. 75, nos 82 à 85 ; nos 255 à 268 ; n° 298. Cf. Eckhel, *Doctr. Num.*, t. VI, 95. Je considère aussi comme pouvant se rapporter à cet évènement les monnaies avec la légende : OB CIVIS SERVATOS.

5. Cohen, t. I, p. 112, n° 358 ; p. 122, n° 428 ; p. 133. Cf. E. Babelon, *Monnaies de la république romaine*, t. I, pp. 217 et 469 ; t. II, p. 298.

personnage un Parthe rendant les enseignes enlevées aux Romains[1] Les pièces frappées à ce type, par les trois monétaires dont nous venons de parler, ont été classées à l'an 734 (20 av. J.-C.) ou à l'an 735, et nous n'avons pas d'objection à faire à ce classement[2].

Mais on a voulu faire rentrer dans la même série un denier portant la tête d'Auguste et au revers L·CANINIVS GALLVS·III·VIR et représentant un personnage agenouillé et tenant une enseigne. (*Voy. fig. page suiv.*) Borghesi n'hésitait pas à y reconnaître aussi un Parthe, et son opinion a été admise par tous les écrivains postérieurs[3]. Seulement on ne s'est pas toujours accordé sur la place qu'il fallait donner à L. Caninius Gallus. Borghesi, trouvant que le collège monétaire de l'an 735 était complet avec les triumvirs dont nous avons déja parlé, plaçait L. Caninius Gallus en 736[4]. Cavedoni admet cette date et donne à ce monétaire, comme collègues, C. Sulpicius Platorinus et Cossus Cn. f. Lentulus[5]. M. Babelon pense au contraire que L. Caninius Gallus a été monétaire pendant la même année que L. Aquilius Florus, M. Durmius et P. Petronius Turpilianus[6].

<hr>

1. Borghesi, *Œuvres complètes*, t. II, 1864, p. 263 ; Babelon, *op. laud.*

2. Borghesi pense que ces monnaies n'ont dû être émises qu'en 735 (*Œuvres*, t. II, p. 129). La date de 734 est admise par M. Babelon.

3. Borghesi, *Œuvres*, t. II, p. 128 ; Cohen, *Médailles consulaires*, p. 75 ; Babelon, *op. laud.*, t. I, p. 311, n° 3 ; Longpérier, *Œuvres*, t. II, pp. 248 et 263.

4. *Œuvres*, t. II, p. 129.

5. *Ragguaglio storico archeologico de' precipui ripostigli antichi*, 1854, p. 237.

6. Babelon, *op. laud.*, t. I, pp. 89 et 310. — F. Lenormant place L. Aquil-

En examinant la monnaie de L. Caninius Gallus,
on sera frappé, comme moi, du type bien caractérisé
du personnage agenouillé. Il n'est pas vêtu comme
le Parthe et n'a pas, comme lui un aspect civilisé :
il est presque nu et porte un simple manteau qui lui
couvre le dos : sa barbe et ses cheveux, ramenés en
arrière, paraissent incultes. L'enseigne qu'il porte
est différente de celle que l'on voit sur les deniers
des monétaires de l'an 734 ou 735.

Revers des deniers de
L. Aquillius Florus, de M. Durmius
et de P. Petronius Turpilianus

Revers du denier
de L. Caninius Gallus

Que l'on compare la tête de ce barbare avec celle
aux cheveux flottants du captif figuré sur la monnaie
de César dont nous avons parlé plus haut. Sur les
autres deniers de César, avec le trophée, on voit un
captif nu qui présente aussi la plus grande ressemblance avec celui du denier de L. Caninius Gallus.
Après avoir établi, d'une part, la différence qui
existe entre ce type du vaincu et ceux que l'on considère comme des Parthes, et, d'autre part, l'analogie
certaine entre le personnage du denier d'Auguste et
ceux des deniers de César, on pourra admettre avec

lius Florus, L. Caninius Gallus et P. Petronius Turpilianus en 734, et
reporte en 735 M. Durmius auquel il donne Q. Rustius comme collègue, (*La
Monnaie dans l'antiquité*, t. III, p. 178.)

moi que nous avons sous les yeux une nouvelle représentation de Gaulois. Or, le cognomen de L. Caninius est précisément Gallus ; c'est une coïncidence qui n'est certes pas fortuite à une époque où L. Aquillius Florus met une fleur épanouie sur deux de ses deniers. Le cognomen Gallus est-il suffisant pour expliquer complètement le choix du type ? Je crois que non et qu'il faut chercher un évènement historique contemporain auquel le type de la monnaie pourra faire allusion.

Tout d'abord il faut se demander s'il ne s'agirait pas plutôt des Germains que des Gaulois, car, à l'époque d'Auguste, on ne devait pas faire toujours la différence entre les deux peuples[1]. Les auteurs parlent de révoltes des Morins et d'incursions des Suèves en 725 (29 av. J.-C.) ; du séjour qu'Auguste fit en Gaule pour rétablir l'ordre, en 727 ; de la révolte des Salasses, en 729[2]. Nous savons aussi que, en l'an 735 (19 av. J.-C.), Agrippa fut préposé au gouvernement des Gaules, qui étaient agitées par des séditions et ravagées par les Germains. Il rétablit l'ordre dans ces pays et passa en Ibérie[3]. La Gaule reste ensuite en paix jusqu'en l'année 738 (16 av. J.-C.), qui est marquée par des révoltes et les incursions des Germains[4].

Il est difficile de rapporter, avec une entière certi-

---

1. Tite Live, l. V, c. XXXIV ; Tacite, *Mor. German.*, XXVIII ; Strabon, l. VII, c. I, § 2, et Dion Cassius, l. LIII, Ed. Teubner, t. III, p. 89 : Κελτῶν γάρ τινες, οὓς δὴ Γερμανοὺς καλοῦμεν.

2. Dion, l. LI, c. XXI ; l. LIII, c. XXII et XXV.

3. Dion, l. LIV, c. XI ; Tacite, *Annales*, l. XII, c. XXVII.

4. Dion, l. LIV, c. XIX et XX.

tude, le denier de L. Caninius Gallus, à l'un de ces évènements, quoique l'époque du gouvernement d'Agrippa concorde, à une année près, avec la date probable de l'émission du denier.

Mais il y a encore des textes plus précis.

Dans la célèbre inscription que l'on a appelée son testament, Auguste s'exprime ainsi, en latin et en grec :

Signa militaria complura per alios duces amissa devictis hostibus reciperavi ex Hispania et Gallia et a Dalmateis.

Σημέας στρατιωτικὰς πολλὰς ὑπὸ ἄλλων ἡγεμόνων ἀποβεβλημένας νεικήσας τοὺς πολεμίους ἀπέλαβον ἐξ Ἱσπανίας καὶ Γαλατίας καὶ παρὰ Δαλματῶν[1].

Auguste fait également mention des enseignes rendues par les Parthes.

Aussi, quoique les auteurs ne parlent pas des enseignes reprises sur les Gaulois, il n'y a pas lieu de mettre en doute un seul instant un fait historique que le denier de L. Caninius Gallus, vient, à mon avis, confirmer d'une façon éclatante. Il faudra désormais voir sur cette monnaie un Gaulois agenouillé, rendant les enseignes militaires enlevées aux Romains par ses compatriotes.

Je vais maintenant signaler un denier d'Auguste qui peut avoir été frappé en Gaule, à l'occasion de quelque évènement important, peut-être au moment du désastre de Varus. Il s'agit de la pièce en argent qui porte la tête d'Auguste et, au revers, un lion

---

1. Th. Mommsen, *Res gestae divi Augusti*, Berolini, 1865, p. 84. c. XXIX.

courant, accompagné de la légende LEG·XVI. C'est la seule monnaie légionnaire d'Auguste. On a dit, sans preuve certaine, qu'elle avait dû être frappée en Mauritanie[1]. Mais nous savons que, parmi les légions, la xvi° Gallica était cantonnée sur les bords du Rhin, au commencement du règne de Tibère[2]. Il ne serait donc pas impossible que la monnaie ait été frappée dans cette région, à l'occasion d'un évènement auquel auraient été mêlés les Germains.

Les pièces qui font certainement allusion aux guerres contre les Germains[3] sont celles de Néron Drusus. Elles sont en or et en argent et portent au revers, avec l'inscription DE GERM ou DE GERMANIS, un arc de triomphe surmonté de deux trophées, au bas de chacun desquels est un captif; au milieu, la statue équestre de Drusus courant à droite. Sur d'autres pièces la statue de Drusus est tournée vers la gauche entre deux trophées[4]. (*Voy.* pl. I, n°⁵ 5 et 6.) Quelques deniers et aurei présentent la même légende et, comme type, une enseigne militaire au

---

1. J. FRIEDLÆNDER, *Eine Legionsmünze des Augustus*, dans la *Zeitschrift für Numismatik*, t. II, 1875, pp. 117-119. — Cf. ECKHEL, *Doctr. num.*, t. VI, p. 51 ; F. LENORMANT, *La monnaie dans l'antiquité*, t. II, p. 356; COHEN (*Auguste*, n° 187).

2. TACITE, *Annales*, I, c. 37 ; Cf. BORGHESI, *Œuvres complètes*, t. IV, pp. 217-228.

3. Je dois rappeler le travail de Koehne, intitulé : *Die Römischen auf die Deutschen und Sarmaten bezüglichen Münzen*, paru dans la *Zeitschrift für Münz, Siegel und Wappenkunde*, III, 1843, pp. 257-310, 325-357, pl. viii et ix, et t. IV, 1844, pp. 1-45, pl. i. Le savant auteur rapporte soigneusement la plupart des textes relatifs aux expéditions contre les Germains. *Voy.* la classification des peuples germains par TACITE, *De Mor. Germ.*, II, et par PLINE, l. IV, c. XXVIII, éd. Teubner, p. 177 ; Cf. LAGNEAU, *Les Germains*, dans le *Dictionnaire encyclopédique des sciences médicales*.

4. COHEN, 2ᵉ édition, p. 220, n°ˢ 1 à 4.

milieu de deux boucliers, de quatre hastes et de
deux trompettes[1]. (*Voy.* pl. n° 7.) Quoique toutes ces
pièces aient probablement été frappées sous le
règne de Claude, elles ont rapport aux expéditions
heureuses que Néron Drusus fit, depuis 739 jusqu'en
745 (15 à 9 av. J.-C.), contre les Usipiens, les
Sicambres[2], les Marcomans, les Frisons, les Bructères, les Tenctères, les Chérusques, les Cattes et les
Suèves. Lorsqu'il mourut, le Sénat lui décerna le
nom de Germanicus ainsi qu'à ses descendants et
ordonna de lui élever un arc de triomphe avec des
trophées sur la voie Appienne[3]. C'est évidemment ce
monument qui est représenté sur les monnaies.

Des deniers et des aurei avec la tête d'Auguste
portent au revers un prince triomphant dans un quadrige, et la légende TI CAESAR AVG F TR POT
XV[4]. Ces monnaies datées de l'an 766 de Rome (12
de J.-C.) font probablement allusion aux succès remportés par Tibère sur les Germains, après la défaite
de Varus[5].

Germanicus, digne successeur de son père Néron
Drusus, avec huit légions, battit les Marses, les Bruc-
tères, les Usipiens, et les Tubantes en 765 (14 de
J. C.[6]). Il continua la guerre contre les Cattes et les

<hr>

1. Cohen, nᵒˢ 5 et 6; *Catalogue de vente de la collection du vicomte E. de
Quelen*, 1888, n° 740, pl. ii.

2. Les Sicambres sont rangés parmi les Germains, au temps de César.
Plus tard, ils sont à la tête des Francs. César, *De bello gallico*, l. IV, c. 16;
l. VI, c. 25; Suétone, *Aug.*, 21; Tacite, *Annales*, l. XXXIX; Grégoire de
Tours, *Hist. Franc.*, l. II, c. XXXI.

3. Suétone, *Claude*, 1; Dion, l. LIV, c. 33, l. LV, c. 1; Florus, IV, 30.

4. Cohen, *Auguste*, nᵒˢ 299 à 301.

5. Suétone, *Tibère*, 18-19; Velleius, II, 120-121.

6. Tacite, *Annales*, I, 31 et 50-51; IV, 5.

Chérusques, ensevelit les restes des légions de
Varus, reconquit les enseignes militaires, et vainquit les Germains dans la plaine d'Idistavisus, après
s'être avancé jusqu'au Weser avec une nombreuse
flotte [1]. Il triompha sous le consulat de Cœlius Rufus
et de L. Pomponius Flaccus, en 770 (17 de J. C. [2]), et
c'est probablement à cette date qu'il faut classer
l'intéressant moyen bronze, aux légendes SIGNIS
RECEPT, DEVICTIS GERM, qui le représente
debout, tenant une enseigne, et au revers, triomphant dans un quadrige [3].

L'expédition ridicule de Caligula contre les Germains [4] n'a pas laissé de traces dans la numismatique.

Sous Claude, Corbulon battit les Chérusques, les
Cauques et les Frisons [5]. Il est possible qu'il y ait
une relation entre ces évènements et les monnaies
d'or et d'argent qui portent la légende DE GERM et
un arc de triomphe surmonté d'une statue équestre
placée entre deux trophées [6]. Mais, comme les monnaies de Néron Drusus, émises probablement sous
Claude, portent le même type, il est probable que
les pièces de cet empereur ont été frappées avec les
mêmes coins que celles de Néron Drusus, peut-être
à l'occasion de l'arc de triomphe. Les grands
bronzes de Claude portant au revers la légende
NERO·CLAVDIVS DRVSVS·GERMAN IMP, avec

---

1. TACITE, *Annales*, I, 55.
2. TACITE *Annales*, II, 41 ; STRABON, l. VII, c. I, 4.
3. COHEN, t. I, p. 225, n° 7.
4. En 39 de J. C. SUÉTONE, *Caligula*, 43-48 ; DION, l. LIX, c. 21.
5. TACITE *Annales*, XI, 16 et 28.
6. COHEN, t. I, p. 253, n°s 25 à 29.

l'arc triomphal[1], prouvent, à mon avis, que les monnaies de Claude ont rapport aux victoires de Néron Drusus.

Le titre de Germanicus porté par Vitellius vient simplement de ce qu'il fut proclamé empereur par les légions du Rhin.

La numismatique de Domitien nous offre plusieurs pièces relatives aux victoires remportées sur les Germains. Elles portent GERMANIA CAPTA et un trophée au pied duquel, à gauche, est assise sur des boucliers une Germaine dans l'attitude de la douleur ; à droite, un Germain debout, les mains liées derrière le dos et tournant la tête vers sa droite ; il est vêtu de chausses qui le couvrent jusqu'à la ceinture, et d'une peau de bête qui garantit le dos et le côté gauche[2]. (*Voy.* pl. 1, n° 11.) Ces pièces portent la mention des onzième et treizième consulats de Domitien (838 et 840 ; 85 et 87 de J.-C.).

Il faut citer aussi les monnaies portant au revers la légende GERMANICVS avec la mention des consulats X, XIIII, XV, XVI et XVII[3]. Le type de ces pièces est tantôt Pallas armée, debout, tantôt Domitien dans un quadrige : souvent aussi, l'on voit une esclave germaine en pleurs, assise sur un bouclier ; à côté d'elle se trouve un javelot brisé. C'est sans doute la personnification de la Germanie.

D'autres pièces, avec le même type, se rapportent

1. COHEN, t. I, p. 254, n°s 48 et 49.
2. COHEN, t. I, p. 482, n°s 135 à 137.
3. COHEN, t. I. p. 482, n°s 138 à 169. Les dates sont comprises entre 837 et 848 de Rome, 84 et 95 de J.-C.

aussi aux mêmes évènements quoique la légende ne l'indique pas [1]. (*Voy*. pl. I, n° 8.)

Il faut encore citer les moyens bronzes de Domitien qui offrent au revers deux boucliers hexagonaux, posés sur des lances, une enseigne militaire et des trompettes [2]. C'est le même type que l'on rencontre sur les pièces de Néron avec la légende DE GERMANIS.

Il y eut sous le règne de Domitien deux expéditions contre les Cattes. La première eut lieu vers la fin de l'an 83 [3]. Dion et Tacite prétendent que Domitien triompha sans voir l'ennemi, mais Frontin dit qu'il les battit réellement et leur enleva une partie de leur territoire [4] qui était près de Mayence. En tout cas, Domitien célébra certainement un triomphe à cette occasion et prit le titre de Germanique, ainsi que le démontrent les monnaies portant la légende GERMANICVS et l'empereur dans un quadrige. (*Voy*. pl. I, n° 10.) Par conséquent, Suétone s'est trompé en écrivant que Domitien avait pris le titre de *Germanique* après son double triomphe sur les Daces et les Cattes [5].

La seconde guerre contre les Cattes eut lieu au

1. Cohen, t. I, p. 487, n°ˢ 177, 181 à 183, 188, 206, 211, 224, 241.
2. Cohen, t. I, p. 515, n°ˢ 536 à 538. Le n° 539 présente un trophée entre deux captifs.
3. Dion Cassius, LXVII, 4 ; Tacite, *Agricola*. 39 ; Martial, I, 4, 3. Cf. Asbach, *Westdeutsche Zeitschrift*, t. III, 1884, p. 17.
4. Frontin, *Stratagèmes*, l. I, c. 3, 10 ; II, c. 11, 17.
5. Suétone, *Domitien*, c. 13 : post autem duos triumphos, germanici cognomine assumpto. Au chapitre 6, il ne parle pas du premier triomphe sur les Cattes. La *Chronique* d'Eusèbe (édit. Schöne, p. 161) ne précise pas non plus le nombre de triomphes et dit : Domitianus de Dacis et Germanis triumphavit.

commencement de l'année 89, à l'occasion de l'appui qu'ils prêtaient à Antonius Saturninus, légat de la Germanie supérieure, révolté contre Domitien [1]. Quoique quelques auteurs aient traité cette expédition de *bellum civile* [2], les inscriptions n'hésitent pas à l'appeler *bellum germanicum* [3], et Domitien a célébré un autre triomphe à cette occasion.

Il est donc probable que les monnaies d'or et d'argent portant GERMANICVS COS XV et Domitien dans un quadrige, tenant une branche de laurier et un sceptre, se rapportent au second triomphe sur les Cattes, de même que les pièces au type de l'esclave germaine avec la mention des quinzième, seizième et dix-septième consulats peuvent se rapporter à la seconde expédition. La date du quinzième consulat de Domitien correspond, en effet, à l'an 843 de Rome, 90 de J.-C.

Sous Trajan, des monnaies d'or et d'argent portent la légende PMTRPCOSIIPP et la Germanie assise sur des boucliers et tenant une branche d'olivier. Or, nous savons que cet empereur passa en Germanie l'année de son second consulat (851 de Rome; 98 de J.-C.) [4].

Hadrien a frappé de nombreux deniers [5] qui

---

1. Berck, *Zur Geschichte und Topographie der Rheinlande*, 1882, pp. 61 et suiv.; Cf. S. Gsell, *Chronologie des expéditions de Domitien pendant l'année 89*, dans les *Mélanges d'archéologie et d'histoire de l'école de Rome*, t. IX, 1889, p. 10.

2. Suétone, *Domitien*, 9 et 10 ; Cf. Stace, *Silves*, I, 1, 80 : *Civile nefas*.

3. *C. I. L.*, VI, 1347 ; *C. I. L.*, VIII, 1026. *Archaeologisch-Epigraphische Mittheilungen aus Œsterreich*, t. VIII, 1884, p. 219.

4. Pline, *Panég.*, 12-19.

5. Cohen, t. II, p. 173, nᵒˢ 802-806. Sur le denier nᵒ 807, la Germanie tient sa lance de la main gauche ; cf. les monnaies d'Hadrien avec ITALIA, HISPANIA, etc.

montrent, au revers de son buste, la Germanie figurée par une femme debout, tenant une lance de la
main droite et ayant la main gauche appuyée sur un
bouclier hexagonal [1]. La figure est accompagnée du
mot GERMANIA. (*Voy.* pl. I, n°s 9 et 12.)

Des grands bronzes nous montrent l'empereur
Hadrien à cheval haranguant des soldats qui
tiennent des enseignes. La légende EXERCITVS
GERMANICVS nous apprend qu'il s'agit de l'armée
du Rhin [2]. Ces pièces ont certainement été émises
pour rappeler le voyage de l'empereur en Germanie,
qui eut lieu probablement en 874 et 875 de Rome
(121 et 122 de J.-C.) [3].

Sous Marc-Aurèle, le nombre des pièces relatives
aux Germains est très considérable en or, en argent
et en bronze. Ces monnaies portent souvent la
légende DE GERM ou DE GERMANIS à l'exergue, et
montrent soit un monceau d'armes (*voy.* pl. I, n° 15),
soit des captifs germains assis sur des boucliers au
pied d'un trophée, soit Marc-Aurèle et Commode

1. Sur un bas-relief provenant de Koula, en Méonie (au musée de Trieste),
on voit la Germanie, représentée sous les traits d'une femme debout, les
mains liées derrière le dos et désignée par le mot ΓΕΡΜΑΝΙΑ (*voy.* Mommsen, dans les *Mittheilungen des deutschen Instituts in Athen*, 1888, p. 18). On
a publié récemment une autre représentation de la Germanie, qui se trouve
sur une poignée de vase en terre rouge. Elle est debout et tient une lance de
la main droite ; au dessous, on lit GERMANIAS (*Archäologischer Anzeiger,
Beiblatt zum Jahrbuch des Archäologischen Instituts*, 1889, p. 166, fig. 167).

J'ai déjà parlé ailleurs des nations personnifiées (*Rev. Archéologique*,
1890, I, p. 344). Je dois citer encore les monnaies frappées en Crète, sous le
règne de Trajan, avec les légendes ΠΑΡΘΙΑ et ΑΡΜΕΝΙΑ, et la représentation des nations parthe et arménienne (*voy.* J.-N. Svoronos, *Numismatique de
la Crète ancienne*, 1890, 1re partie, pp. 345 et 347, pl. xxxiv, n°s 9, 19 et 20).

2. Cohen, t. II, p. 156, n°s 573 et 574.

3. Spartien, *Adrien*, c. 10. Greppo, *Voyages de l'empereur Hadrien*, 1842,
pp. 66 à 70 ; Cf. Dürr, *Die Reisen des Kaisers Hadrian*, 1881, pp. 35 et 36.

dans un quadrige[1]. Par la mention de la puissance tribunitienne qu'elles portent, ces pièces se placent vers les années 929 et 930 (176 et 177 de J.-C.) et sont, par conséquent, postérieures à celles qui sont marquées de la vingt-sixième puissance tribunitienne (925 de Rome; 172 de J.-C.) et nous montrent la Germanie en pleurs assise au pied d'un trophée et entourée d'armes diverses[2] (*Voy.* pl. I, n° 13). Autour, on lit GERMANIA SVBACTA, légende qui se retrouve sur un médaillon daté de l'année suivante, dont le type montre une Victoire debout, érigeant un trophée entre deux captifs; en face de la Victoire, on voit Marc-Aurèle debout en habit militaire[3]. D'autres pièces frappées en 926 (173 de J.-C.) portent GERMANICO AVG (*usto*) et un trophée entre une Germaine assise et un Germain debout. C'est un type analogue à celui de certaines monnaies de Domitien, dont j'ai parlé plus haut. Des médaillons des années 926 et 927 montrent une Victoire dans un quadrige; à l'exergue, on lit VICT. GERM[4]. Des grands bronzes et des moyens bronzes, de la même époque, ont la même légende gravée dans une couronne de laurier[5]. Nous savons que Marc-Aurèle fit la guerre aux Cattes[6]; mais il est probable que les monnaies énumérées plus haut ont rapport à d'autres peuples, que l'empereur eut aussi à combattre, c'est-

1. COHEN, t. III, p. 17, n⁰ˢ 154 à 163.
2. COHEN. t. III, p. 23, n⁰ˢ 215 à 226.
3. COHEN, t. III, p. 23, n° 214.
4. COHEN, t. III, p. 99, n⁰ˢ 993 et 994.
5. COHEN, t. III, p. 99, n⁰ˢ 995 à 998.
6. En 152, SPARTIEN, *Did. Jul.*, 1 ; SPARTIEN, *Vita M. Ant. phil.*, 8.

à-dire aux Marcomans, aux Jazyges et aux Quades[1]
que l'on confondait avec les Germains. C'est pourquoi l'on trouve tant de pièces relatives aux victoires
remportées sur les Germains.

De nombreuses monnaies de Commode, frappées
du vivant de Marc-Aurèle, portent les mêmes types
et font allusion aux mêmes évènements[2].

Caracalla, qui prit le titre de Germanique[3], frappa
des monnaies avec VICTORIA GERMANICA et une
Victoire courant à droite, tenant une couronne et
portant un trophée[4]. Ces pièces et d'autres, sur lesquelles on voit un captif au pied d'une Victoire[5],
correspondent comme date aux succès remportés, en
213, sur les Allemans, qui paraissent alors pour la
première fois dans l'histoire[6].

Nous savons par les textes que l'empereur
Alexandre Sévère dirigeait une expédition contre les
Germains lorsqu'il fut assassiné[7]. Eckhel, s'appuyant sur les différences de légendes, a pensé que
certaines pièces à la légende PROFECTIO AVGVSTI
avaient rapport à son départ pour la Germanie[8].

Sous Maximin la numismatique nous transmet de
nombreux souvenirs des victoires remportées par

1. La *Vita M. Ant. Phil.*, c. 22, cite une quinzaine de peuples. Marc Aurèle
triompha avec Commode de toutes ces nations en 929 (176).

2. COHEN, t. III, p. 237, nᵒˢ 76 à 92.

3. COHEN, t. IV, p. 168, nᵒ 239.

4. COHEN, t. IV, p. 210, nᵒ 645 et 646.

5. COHEN, t. IV, p. 171, nᵒˢ 268 et 269. Cf. ; 264 à 267, 270 et 271.

6. DUNCKER, *Annalen des Vereins für nassauische Alterthumskunde*, t. XV,
pp. 15 et 16. Cette victoire est fêtée à la date du 6 octobre par les Arvales
(HENZEN, *Acta fratrum Arvalium*, 1874, p. CXCVII).

7. HÉRODIEN, l. VI, 7 ; LAMPRIDE, *Alex. Sev.*, 59.

8. ECKHEL, *Doctr. Num.*, t. VII, p. 277. COHEN, t. IV, p. 451, nᵒˢ 491, 493 ;
p. 484, nᵒ 19.

l'empereur. La légende VICTORIA GERMANICA est associée aux types suivants : 1° Une Victoire debout, tenant une couronne et une palme ; à ses pieds, un Germain assis, les mains liées derrière le dos [1] ; 2° Maximin debout, couronné par une Victoire ; aux pieds de l'empereur, un Germain assis dans l'attitude de la tristesse ; 3° Maximin à cheval, galopant à gauche et renversant deux Germains ; il est précédé par la Victoire et suivi d'un soldat.

Ces pièces se rapportent à la guerre de Germanie commencée par Alexandre Sévère et continuée avec succès par Maximin, qui dévasta le pays ennemi et s'en fit gloire dans ses lettres au Sénat (989=236 de J.-C.).

Philippe père eut à combattre les Carpes, peuple Scythe ou Goth, en 998 (245 de J.-C.), et son triomphe sur ce peuple est rappelé par un médaillon en bronze au revers duquel on voit la Victoire dans un quadrige, offrant la main à Philippe et à son fils qui vont y monter ; derrière, on voit Mars planant dans les airs ; devant l'une des roues du char sont deux captifs, assis à terre, les mains liées derrière le dos. La légende qui accompagne ce type, GERM MAX CARPICI MAX III ET II COS donne la date de 1001 (248 de J.-C.) et permet de fixer à cette époque la fin de la guerre contre les Carpes, qui ont été considérés comme des Germains par les Romains [4].

1. COHEN, t. IV, p. 515, n°ˢ 105 à 111.
2. COHEN, t. IV, p. 516, n°ˢ 112 à 115.
3. COHEN, t. IV, p. 516, n° 116, et p. 522, n° 4 (médaillons de bronze).
4. COHEN, t. V, p. 135, n° 3. Cf. aussi le denier avec VICTORIA CARPICA, p. 117, n° 228.

En 1003 de Rome (250) les Scythes et les Gètes ou Goths, ayant passé le Danube, ravagèrent la Thrace. Trajan Dèce les défit d'abord, mais périt dans un marais en les combattant, près d'Abricium (1004-251). Je crois qu'il faut rapporter aux premières victoires remportées par Trajan Dèce le denier, frappé par lui, qui porte au revers VICTORIA GERMANICA et l'empereur à cheval précédé par la Victoire[1]. Il en est de même pour les deniers avec la même légende et le type de la Victoire courant[2], qui sont frappés aux noms de Hérennius Etruscus et d'Hostilien, tous deux fils de Trajan Dèce[3].

Sur des monnaies de Valérien père, nous trouvons le titre de GERMANICVS MAX TER accompagnant un trophée au pied duquel sont assis deux captifs[4], ou la légende VICTORIA GERMANICA avec une Victoire debout aux pieds de laquelle se trouve quelquefois un captif[5].

Ces pièces doivent être rapprochées de nombreuses monnaies de Gallien, relatives à une expédition contre les peuples germains et dont les types sont assez variés. On y voit un trophée au pied duquel sont assis deux Germains, les mains liées derrière le dos[6]; une Victoire debout, ayant un

---

1. Cohen, t. V, p. 198, n° 122.

2. Cohen, t. V, p. 221, n° 41 et p. 233, n° 70.

3. Hostilien était le fils cadet de Trajan Dèce. Cette parenté, déjà nettement indiquée par les médailles, est complètement démontrée par une inscription récemment publiée (*Rev. archéologique*, 1890, II, p. 441, et *Journal of Hellenic studies*, 1890, p. 127).

4. Cohen, t. V, p. 305, n° 79.

5. Cohen, t. V, p. 320, n°ˢ 245 à 254.

6. Cohen, t. V, p. 375, n°ˢ 305 à 315, légende : GERMAN·MAX·TR·P; GERMANICVS MAXIMVS ou GERMANICVS·MAX·TER ou GERMANICVS MAX·V (*quintum*).

captif à ses pieds ; une Victoire courant à droite ou à gauche, ou posant le pied sur un captif, ou marchant sur un globe placé entre deux captifs et quelquefois soutenu par eux ; une Victoire debout, présentant une couronne à Gallien debout et une haste [1] ; Gallien debout, tenant un sceptre et un parazonium, et couronné par la Victoire debout ; aux pieds de Gallien, derrière, un captif assis, et devant, un captif à genoux [2].

Nous savons que Gallien fut envoyé en Gaule, par Valérien, pour refouler les Germains [3]. L'historien Zonaras dit qu'il défit 300.000 Allemands à Milan [4], mais nous ne connaissons pas d'autres renseignements sur les expéditions de Gallien contre les Germains.

Les monnaies qui y font allusion sont donc doublement précieuses et indiquent même plusieurs victoires [5]. Les monnaies précitées de Valérien se rapportent certainement à ces campagnes, de même que le denier de Salonin avec VICTORIA GERMAN et la Victoire debout présentant une couronne à Gallien ou à Salonin [6].

---

1. COHEN, t. V, p. 444, nᵒˢ 1044 à 1067 ; p. 453, nᵒˢ 1158 à 1189. Légendes : VICT·GER·II ; VICT GERM ou VICTORIA GERMAN ou VICTORIA GERMANICA ou G·M·(*Germanici Maximi*).

2. COHEN, t. V, p. 455, nᵒˢ 1183 et 1184.

3. VOPISCUS, *Aurélien*, c. 8. Cf. ECKHEL, *Doctr. Num.*, t. VII, p. 400.

4. ZONARAS, l. XII, c. 24. SCHILLER, *Geschichte der röm. Kaiserzeit*, t. I, p. 814, place cet événement en 259.

5. COHEN, t. V, p. 456, nᵒˢ 1197 et 1198. Légendes : VICTORIAE AVG. GERMANICA ; VICTORIAE AVGG IT·GERM. Les monnaies avec RESTITVTOR GALLIARVM font probablement allusion aux mêmes succès (Cf. SCHILLER, p. 814).

6. COHEN, t. V, p. 528, nᵒ 96.

Postume frappa également, en souvenir de ses expéditions contre les Germains [1], des monnaies qui portent : un trophée au pied duquel sont deux captifs, les mains liées derrière le dos ; Postume debout couronné par la Victoire ; une Victoire tenant une palme et une couronne [2]. Quelques-unes portent la légende VIC GERM PM TRP V COS III P P, qui les place en l'an 1015 (262 de J.-C.).

Pour Tétricus père, nous trouvons un aureus portant VICT[OR]IA GERM et l'empereur couronné par une Victoire et ayant un captif à ses pieds [3]. C'est l'unique témoignage des succès remportés par ce prince sur les Germains.

Claude II le Gothique, nous offre plusieurs monnaies aux types du trophée ou de la Victoire avec les légendes VICTORIA G. M. VICTORIA GERMAN ou GERMANIC [4]. Nous connaissons par les auteurs les succès remportés par Claude sur les Goths [5], mais nous ignorons qu'il ait dirigé une expédition contre les Germains. Il est probable que les Romains considéraient les Goths comme une nation germanique. C'est pourquoi les pièces dont nous venons de parler peuvent faire allusion aux victoires remportées sur les Goths tout aussi bien que celles avec la légende VICTORIAE GOTHIC [6].

1. En 265. TILLEMONT, *Histoire des empereurs*, 1690-1697, t. III, p. 450.
2. COHEN, t. VI, p. 24, nᵒˢ 84 à 87 ; p. 56, nᵒˢ 367 à 369 ; p. 59, nᵒˢ 405 et 406.
3. COHEN, t. VI, p. 112, nᵒ 195.
4. COHEN, t. VI, p. 160, nᵒˢ 304 à 307.
5. En 369 de J. C. — TREB., *Claude*, 6 à 9 ; SCHILLER, *Gesch. der röm. Kaiserzeit*, t. I pp. 847-849.
6. COHEN, t. VI, p. 160, nᵒˢ 308 à 310.

Pour le règne d'Aurélien, le petit bronze avec VICTORIA GERM [1] et la Victoire marchant à gauche, se rapporte certainement aux succès de cet empereur sur les Marcomans et les Suèves, qui pénétrèrent jusqu'à Milan et furent battus en trois endroits, en 271 [2]. Je crois également que la plupart des petits bronzes d'Aurélien à la légende VICTORIA AVG [3] font allusion aux mêmes victoires. Il faut remarquer particulièrement certaines pièces sur lesquelles on voit, aux pieds de la Victoire, un captif coiffé d'une espèce de bonnet recourbé en avant.

En 1030 de Rome (277 de J. C.) Aurélien passa dans les Gaules et vainquit plusieurs peuples germains : les Francs [4], les Alamans, les Lyges ou Lygions, les Bourguignons et les Vandales [5]. Il les poursuivit au delà du Rhin, après leur avoir repris soixante ou soixante-dix villes. Ses victoires sur ces peuples sont mentionnées par les monnaies qui portent une Victoire ou un trophée entre deux captifs et la légende VICTORIA GERM [6].

1. COHEN, t. VI, p. 204, n° 259.

2. VOPISCUS, *Aurélien*, n°ˢ 18, 21.

3. COHEN, t. VI, pp. 202 et 203, n°ˢ 240 à 258.

4. Ceux-ci avaient déjà paru, vers 241, sous Gordien III (TILLEMONT, *Histoire des empereurs*, 1690-1697, t. III, p. 396). A cette époque, Aurélien, qui était alors tribun d'une légion, les avait battus près de Mayence. Les soldats chantaient dans la suite :

  Mille Sarmatas, mille Francos semel et semel occidimus.
  Mille Persas quaerimus.   (VOPISCUS, *Aurélien*, c. 7.)

Selon Duruy (*Histoire des Romains*, 1879-1885, t. VI, p. 409), la date de cet évènement est incertaine (cf. CLINTON, *Fasti romani*, 1845-1850, t. I, p. 278). Cette date est placée entre 344 et 346 par Wietersheim et Dahn (*Geschichte der Völkerwanderung*, 1880, t. I, p. 214), et vers 356 par Schiller (*Gesch. der röm. Kaiserzeit*, t. I, p. 815).

5. VOPISCUS, *Probus*, c. 14 et 15 ; SCHILLER, *Gesch. der röm. Kaiserzeit*, t. I, p. 877 et 878.

6. COHEN, t. VI, p. 326, n°ˢ 734 et 735 ; p. 328, n°ˢ 754 à 776.

Un médaillon en bronze de Numérien Auguste porte, au revers, la légende TRIVNFVQVADOR et un quadrige dans lequel se trouvent Numérien et Carin ; ils sont précédés par la Victoire et accompagnés de deux personnages derrière lesquels on voit un trophée entre deux captifs ; à l'exergue, deux captifs, dos à dos, et devant, un bouclier et un javelot. Ce remarquable médaillon indique avec précision le peuple contre lequel Numérien et Carin dirigèrent une expédition dont les auteurs ne parlent pas. On a vu, au revers de cette pièce, Carus et Numérien[1] ; mais comme Numérien porte, sur le droit, les titres d'empereur et Auguste[2], je crois plus rationnel de reconnaître Carin dans l'un des deux princes portés en triomphe. Des petits bronzes viennent à l'appui de mon hypothèse. Ce sont ceux qui portent les têtes laurées de Carin et de Numérien, désignés par la légende de CARINVS ET NVMERIANVS AVGG, et au revers une Victoire avec VICTORIA AVGG, c'est-à-dire *Victoria Augustorum*[3]. Ces monnaies se rapportent évidemment au même fait que le médaillon précité.

1. Cohen, t. VI, p. 378, n° 91.

2. On a prétendu, en s'appuyant sur des pièces qui portent VIRTVS AVGGG, que les deux fils de Carus avaient été faits empereurs du vivant de leur père. Eckhel a réfuté cette opinion (*Doctr. Num.*, t. VII, pp. 516 et 517). On a publié plus tard un petit bronze portant IMP CARVS PF AVG et au revers IMP CARINVS PF AVG (Cf. Ramus, *Catalogus Num. Veter. musei regis Daniae*, Part. II, vol. 1, 1816, p. 176). Cette pièce semble infirmer le jugement d'Eckhel, mais elle peut avoir été frappée après la mort de Carus, par l'inadvertance d'un monnayeur employant un coin de cet empereur. En tout cas, on ne cite aucune pièce analogue pour Numérien. Je dois dire que Kochne avait déjà écrit que les personnages représentés au revers du médaillon sont Numérien et Carin (*Zeitschrift fur Münz, Siegel-und Wappenkunde*, IV, 1844, p. 14).

3. Cohen, t. VI, p. 404, n°s 2, 3 et 4.

Pour Carin, on trouve des aurei avec VICTORIA GERMANICA et une Victoire dans un bige ; sous le char, un captif[1]. Ces pièces ont rapport à des faits dont les auteurs ne font pas mention.

Sous Dioclétien, qui soumit les Allemans, il y a quelques monnaies à la légende VICTORIA SARMATICA[2] qui font peut-être allusion aux succès remportés par ce prince sur les peuples de race germanique en général[3].

Pour Constance Chlore, qui vainquit les Allemans à Langres et poursuivit les Francs au delà du Weser[4], en 298, on trouve des pièces portant VICTORIA SARMAT ou simplement VICTORIA AVGG[5]. Un aureus porterait, selon Banduri, la légende VICT·CONSTANT·AVG et une Victoire ayant deux captifs à ses pieds. Cette pièce semble au premier abord se rapporter plus directement aux victoires de Constance, mais Banduri a fait remarquer que ce prince remporta ses succès sur les Germains alors qu'il était seulement César[6]. L'aureus fait probablement allusion à l'expédition dirigée contre les peuples Bretons, en 1059 (306 de J. C.).

---

1. COHEN, t. VI, p. 399, nᵒˢ 158 et 159.

2. Les types sont : quatre soldats sacrifiant devant la porte d'un camp, porte de camp ouverte (COHEN, t. VI, p. 469, nᵒˢ 487 à 492). Mêmes légendes et mêmes types pour Maximien Hercule (COHEN, t. VI, p. 550, nᵒˢ 548 à 553.)

3. BURCKHARD, *Die Zeit Konstantin's des Grossen*, 1880, p. 88. Dioclétien prit plusieurs fois les titres de Germanicus et de Sarmaticus. *Voy.* R. CAGNAT, *Cours d'épigraphie latine*, 2ᵉ éd., 1889, p. 204.

4. *Paneg. Const. Caes.*, Ed. Teubner, c. 6 ; SCHILLER, t. II, p. 135. G. GOYAU, *Chronologie de l'empire romain*, 1891, p. 362.

5. COHEN. t. VII, p. 85, nᵒˢ 282 à 291.

6. ANS. BANDURI, *Numismata imperatorum romanorum*, t. II, 1718, p. 91, note 6.

Le règne de Constantin le Grand fournit des monuments particulièrement intéressants pour le sujet qui nous occupe. Sans parler des médaillons avec les légendes DEBELLATORI GENTIVM BAR-BARARVM et EXVPERATOR OMNIVM GENTIUM sur lesquels on voit Constantin debout, traînant un barbare par les cheveux, ou assis entre deux cap-tifs[1], il y a des monnaies sur lesquelles paraissent les nations personnifiées des Francs et des Allemans. Elles ont comme type une femme assise à terre dans l'attitude de la tristesse, la main droite soutenant la tête ; derrière elle, on voit un trophée au pied duquel sont quelquefois un arc et un bouclier[2] (*Voy*. pl. I, nos 14 et 18). A l'exergue de ces pièces on lit, soit FRANCIA, soit ALAMANNIA, soit FRANC·ET ALAM. Cette dernière légende se voit sur un aureus dont le type est un trophée entre deux captives[3].

Les aurei avec la légende GAVDIVM REIPVBLI-CAE, trophée entre deux captifs (*voy*. pl. I, n° 16)[4] et ceux avec VIRTVS EXERCITVS GALL et MARS portant un trophée entre deux captifs assis à terre, ont évidemment rapport aux victoires remportées sur les Francs et les Allemans[5]. Ces deux peuples sont encore représentés sur le médaillon d'or du cabinet

1. COHEN, t. VII, p. 241, n° 117, et p. 244, n° 140. Cf. nos 237, 238, 683, etc.
2. COHEN, t. VII, p. 248, nos 165 à 168. DUCANGE, *Dissertatio de inferioris aevi numismatibus*, § LXIII (*Glossarium*. t. VII, 1850, p. 177). *Annuaire Soc. française de numismatique et d'archéol.*, t. II, 1867, p. 275, pl. XVII. *Catalogue de vente de la collection de Ponton d'Amécourt*, nos 674 et 675.
3. COHEN, t. VII, p. 249, nos 169 et 170.
4. Avec PTR à l'exergue. COHEN, t. VII, p. 248, n° 163.
5. COHEN, t. VII, p. 312, nos 702 à 704.

de France, à la légende GLORIA AVGG, qui montre la porte de la ville de Trèves surmontée de la statue de Constantin[1]. Devant, on voit un pont qui passe sur la Moselle ; à droite et à gauche sont deux captives, dont l'une porte une espèce de bonnet phrygien qui se retrouve sur une pièce de Crispus avec FRANCIA. (*Voy.* pl. I, n° 17.) Sur un autre médaillon d'or à la légende VIRTVS DN CONSTANTINVS AVG, on voit Constantin posant le pied gauche sur une captive qui porte une coiffure semblable[2]. Il est donc possible de rattacher cette dernière pièce à la série précédente.

Crispus, qui vainquit les Francs et les Alamans dans plusieurs combats et leur accorda la paix en 1073 (320 de J. C.), a frappé plusieurs monnaies qui relatent ces victoires. Sur les unes ont lit ALAMANNIA DEVICTA autour d'une Victoire portant un trophée et une palme, et posant le pied sur un captif assis, qui a les mains liées derrière le dos[3]. Un aureus aux légendes GAVDIVM ROMANORVM et ALAMANNIA est semblable à ceux que nous avons signalés avec le nom de Constantin le Grand[4].

---

1. Cohen, t. VII, p. 255, n° 236. *Catalogue de vente de la collection de Ponton d'Amécourt*, n° 663, pl. xxv ; *Annuaire Société française de numism. et d'archéol.*, t. II, 1867, p. 276, pl. xvii, n° 4.

Il s'agit certainement d'une porte de Trèves, car le médaillon présente la marque PTRE, qui désigne l'atelier de cette ville. Le monument figuré sur la médaille est très différent de la Porta Nigra que l'on voit aujourd'hui à Trèves, et doit représenter la Porta Inclyta dont il ne restait plus de vestige dès le xvii° siècle. *Voy.* à ce sujet Longpérier, *Revue numismatique*, 1864, pp. 112-117, et *Œuvres*, t. III, p. 53.

2. Cohen, t. VII, p. 311, n° 688.

3. Cohen, t. VII, p. 340, n° 1 et 2.

4. Cohen, t. VII, p. 346, n° 74. Le cabinet de France possédait, avant le vol de 1831, un quinaire en or de Crispus, avec la légende FRANCIA, qui paraît être venu plus tard en la possession de Charvet. C'était une pièce cou-

Nous trouvons pour Constantin II le Jeune des petits bronzes[1] avec ALAMANNIA DEVICTA, semblables à ceux de Crispus, et des aurei au type de l'Allemagne assise[2] ou au type de Mars entre deux captifs[3], identiques à ceux que nous avons signalés pour Constantin Ier et Crispus.

Je crois pouvoir conclure de ces observations que les monnaies dont je viens de parler se rapportent aux victoires de Crispus, et qu'elles furent frappées peu après l'an 320.

L'expédition de Constant Ier contre les Francs (1094=341 de J.-C.) étant la seule que fit ce prince, je crois devoir considérer comme y faisant allusion les pièces suivantes dont plusieurs sont frappées à Trèves : des pièces en argent au type de l'étendard entre deux captifs et la légende GAVDIVM ROMA-NORVM[4] ; un médaillon en bronze, dont le revers montre une Victoire posant le pied droit sur un captif assis, dont la coiffure en forme de bonnet est semblable à celle que j'ai déjà signalée sur des pièces de Constantin et Crispus[5] ; des aurei avec une Victoire, tenant une palme, une couronne et un trophée, et posant le pied sur une captive agenouillée qui porte

---

lée, mais intéressante à cause du bonnet phrygien que portait la nation assise, représentée au revers (*Voy.* Cohen, t. VII, p. 346, n° 75, note). Ce même bonnet recourbé sert de coiffure à un barbare représenté sur un bas-relief trouvé à Trèves. (*Voy.* Roach-Smith, *Collectanea antiqua*, vol. II, 1850, pp. 76 et 77.)

1. Cohen, t. VII, p. 366, n°s 1 et 2.
2. Cohen, t. VII, p. 377, n° 108.
3. Cohen, t. VII, p. 397, n°s 263 et 264, avec VIRTVS EXERCITVS GALL
4. Cohen, t. VII, p. 312, n° 44 et 45.
5. Cohen, t. VII, p. 416, n° 86, avec la légende GLORIA ROMANORVM.

aussi le même bonnet [1] ; un grand médaillon d'or qui montre l'empereur debout, traînant par les cheveux un captif, les mains liées derrière le dos, vêtu de chausses et d'une tunique ; à la gauche de l'empereur, on voit une captive suppliante, à demi nue [2] ; enfin, le type de Mars nu entre deux captifs [3].

Ce dernier revers se trouve encore sur des aurei de Constance II [4].

A partir de cette époque, les types des monnaies s'immobilisent en quelque sorte dans les ateliers, et les légendes *Victoria aeterna augustorum*, *Virtus Exercitus*, *Victoria Augusti* [5], etc., n'ont plus de sens historique, car elles se rencontrent sur les monnaies de princes plus souvent vaincus que vainqueurs, et ces légendes ne sortent jamais d'une vague généralité.

J'en excepterai toutefois l'aureus de Julien II, à la légende VIRTVS·EXERC·GALL, sur lequel on voit le prince casqué, traînant un captif et tenant un trophée [6]. Cette pièce se rapporte certainement aux succès remportés par Julien sur les barbares pendant son séjour de six années en Gaule.

Mais, pour la suite, nous ne trouvons, dans la numismatique, aucune trace précise des victoires gagnées sur les peuples de race germanique par

---

1. COHEN, t. VII, p. 426, n° 139, avec VICTORIA AVGVSTORVM.

2. COHEN, t. VII, p. 425, n° 133, avec VICTORIA AVGVSTI NOSTRI. Cf. FROEHNER, *les Médaillons de l'Empire romain*, p. 300.

3. COHEN, t. VII, p. 434, n° 194, aureus avec VIRTVS EXERCITVS GALL.

4. COHEN, t. VII, p. 491, n° 329.

5. Il faut ajouter celles-ci : *Gloria Romanorum, Virtus Romanorum, Reparatio Reipublicae, triumfator gentium barbararum, felicium temporum reparatio.*

6. COHEN, 1re édition, t. VI, p. 361, n° 25.

Valentinien Ier, par Gratien (en 378) et par Théodose (en 394).

Il y avait un certain intérêt à grouper les monnaies romaines qui ont rapport aux Gaulois et aux Germains, et à voir comment les maîtres du monde s'enorgueillissaient des victoires remportées par eux sur les peuples qui devaient se partager l'empire d'Auguste.

Notre étude montre également que, même quand les auteurs distinguent nettement divers peuples, la monnaie officielle ne parle que des Germains, c'est-à-dire de la race tout entière, qui, bien connue depuis le désastre de Varus, était la grande ennemie à l'occident. L'annonce d'une bataille gagnée sur les Germains frappait bien plus le peuple romain que si on lui eût parlé des Bructères, des Usipiens et des autres peuples de la même race.

C'est seulement à la fin du IIIe siècle de notre ère que les monnaies distinguent nettement les peuples vaincus.

Enfin, on a vu que les monnaies nous apportaient la mention de quelques faits historiques sur lesquels les auteurs ne nous ont pas donné de renseignements.

Aussi, quoique toutes les pièces dont nous avons parlé soient connues et publiées, nous espérons que nos lecteurs s'intéresseront surtout à l'idée qui nous a fait grouper ensemble tous ces témoins de l'histoire, auparavant disséminés, et, par ce fait même, privés de l'attention qu'on doit leur accorder.

Extrait de la *Revue Numismatique*, année 1890,
p. 385 à 387.

MÉDAILLON DE BRONZE

DE L'EMPEREUR HADRIEN

Parmi les récentes acquisitions du Cabinet des médailles, un médaillon romain nous a paru digne d'être signalé aux lecteurs de la *Revue*, à cause de sa beauté.

Voici l'image et la description de cette pièce :

IMP CAESAR HADRIANVS AVG COS III PP. Buste de l'empereur Hadrien, à mi-corps, tourné vers la droite, simplement recouvert de l'égide attachée sur l'épaule droite.

℟. Victoire tenant un fouet, dans un bige attelé de deux chevaux qui l'emportent dans les airs en se

cabrant sous la pression des rênes. Dessous : COS
III PP.

Bronze. Diamètre 0^m 04[1].

Le large modelé du buste n'exclut pas la finesse des
détails dans la tête de l'empereur, et le masque de
Méduse fixé sur l'égide est une petite merveille de
netteté. Le revers soutient la comparaison avec les
plus beaux médaillons de Syracuse. Une superbe
patine verte recouvre le droit du médaillon ; la couleur de la patine est un peu plus foncée au revers.

Tout contribue à faire de cette pièce un des plus
beaux médaillons romains connus. De plus, le buste
de l'empereur Hadrien portant l'égide[2] n'est publié
qu'avec un autre revers représentant Sylvain traînant
un bélier[3].

Le revers se voit sur un autre médaillon du Cabinet
de France, dont le droit offre le buste lauré et drapé
du même empereur, à gauche[4].

M. W. Frœhner a vu dans cette Victoire une « des
plus ravissantes créations de l'art grec », et il a cru
pouvoir attribuer à l'an 135 le médaillon alors connu
dont la Victoire lui paraît se rapporter à la révolte
des Juifs provoquée par la fondation de la colonie
d'Aelia Capitolina[5].

Il est possible aussi que cette Victoire rappelle les
courses de chars d'Olympie, auxquelles Hadrien a

---

1. Ce médaillon a été trouvé aux environs de Dourdan (Seine-et-Oise).
2. L'égide est attachée de la même manière sur l'épaule de la Minerve de
Cassel. Cf. SAGLIO, *Dic. des Antiq.*, t. I, fig. 144.
3. H. A. GRUEBER, *Roman medallions in the British Museum*, Londres, 1874,
pl. v, n° 1. Ce médaillon a été omis par Cohen dans sa nouvelle édition.
4. COHEN. *Monnaies de l'Empire romain*, 2ᵉ éd., n° 483.
5. W. FRŒHNER. *Les médaillons de l'Empire romain*, Paris, 1878, p. 34.

très probablement assisté, car il fit plusieurs voyages en Grèce [1].

Il y a lieu de faire remarquer, à l'appui du passage probable d'Hadrien à Olympie, que les monnaies impériales de l'Élide commencent à être émises sous son règne. Hadrien, qui paraît s'être intéressé vivement aux jeux [2], a peut-être fait courir dans le stade et remporté la victoire comme le firent Tibère et Néron [3]. Cette hypothèse vraisemblable permet de donner une autre explication au type de la Victoire, mais non de fixer une date certaine au médaillon, car les voyages d'Hadrien en Grèce eurent lieu entre 123 et 135.

1. J.-G.-H. GREPPO, *Mémoire sur les voyages de l'emp. Hadrien....*, Paris, 1842, p. 123-124. — Cf. DÜRR, *Die Reisen des Kaisers Hadrian*, Vienne, 1881.
2. Cf. *C. I. Gr.*, n° 1348.
3. J. HEINR. KRAUSE, *Olympia oder Darstellung der grossen Olympischen Spiele*, Vienne, 1838, p. 48 et 49.

Extrait de la *Revue numismatique* année 1890, p. 480 à 486.

REMARQUES

RELATIVES AUX

SIGNES GRAVÉS SUR LES CONTORNIATES

On sait que les médaillons contorniates portent
généralement des emblèmes ou signes gravés et
quelquefois incrustés d'argent. Voici ceux que nous
avons relevés sur les médaillons du Cabinet de France
et dans les différentes publications faites sur cette
catégorie de monuments :

Une feuille cordiforme dont les nervures sont quelquefois indiquées ; une palme, plus ou moins grande ;
une branche de laurier avec feuilles et fruits ; une
étoile à six pointes ; une étoile formée d'un cercle qui
présente extérieurement dix à douze pointes[1] ; un
cercle centré d'un point ; un coutelas ; un arc ; une
flèche ; un épieu ou javelot (?) ; un phallus ; une sta-
tuette de Pallas ; un lion ; un quadrupède (cerf ou
antilope[2]) ; enfin des monogrammes : ⫚ et ⫚ ou ⫚.

Ce dernier signe, qui revient fréquemment, a été
souvent étudié et interprété de différentes façons.
Cannegieter en fit d'abord *Palma emerita*, puis *Prae-*

---

1. On y voit une couronne.
2. On a signalé un cheval ; *Rev. numismatique*, 1865, p. 414.

mia emerita[1] ; Longpérier y trouva *Eporedia*[2]. Le père L. Bruzza a traduit le monogramme par *palma feliciter* (en sous-entendant *Victori*). Cet auteur signalait à l'appui de sa thèse une inscription relative à un cocher dont le buste est représenté en tête de l'inscription, à côté d'un cheval qui porte une palme sur la tête et le signe ℞ sur la croupe[3]. Mais le monogramme que l'on rencontre sur les contorniates paraît presque toujours renfermer la lettre E.

Le père Archangeli a proposé *palma elea* à cause d'un monument où se trouvent les lettres P et E séparées[4]. P.-C. Robert est revenu à la seconde opinion de Cannegieter d'après laquelle P signifierait *præmia*, mais il a proposé une interprétation nouvelle pour l'autre partie du monogramme qu'il considère comme étant composée de traverses horizontales correspondant suivant le nombre à des primes de 10, 20, 30 ou 40,000 sesterces qui auraient été accordées aux vainqueurs[5].

Il faut dire aussi que le monogramme ℞ se rencontre sur certains autres monuments : il est gravé sur la cuisse d'un bœuf qui fait partie d'un groupe de marbre du Musée de Berlin; on le trouve dans l'inscription du roi Théodoric relative au dessèchement

1. Dans les *Miscellaneae observationes* de Burmann ; cf. Sabatier, *Méd. contorniates*, p. 3.
2. *Rev. numismatique*, 1865, p. 416.
3. *Annali dell' inst. di corrisp. archeol.*, 1877, p. 71, pl. F G, n° 30.
4. *Gli studii in Italia*, 1879, p. 42.
5. *Etude sur les médaillons contorniates, Rev. belge de Num.* 1882, p. 129-132 (tirage à part, p. 33-36). Robert a exposé de nouveau cette théorie dans *Formes et caractères des médaillons antiques de bronze relatifs aux jeux* (*Mélanges d'archéologie et d'histoire* de l'Ecole de Rome, t. VII, 1887, p. 46; tirage à part, p. 9-10).

des Marais Pontins[1], sur des lampes du musée du collège romain (n°s 199 et 221[2]), dans l'inscription chrétienne du Latran[3], sur des *tabulae lusoriae*[4], sur des blocs de marbre encore en place dans une carrière de la Tunisie[5].

On comprend combien il est difficile de découvrir la véritable interprétation d'un monogramme dont la valeur changeait peut-être suivant la destination qu'on lui donnait.

Je vais seulement présenter quelques remarques qui ont un certain intérêt pour l'étude des contorniates.

La mosaïque de Barcelone montre un cheval sur la croupe duquel on voit une palme[6].

Un fond de coupe en verre, sur lequel est représenté un quadrige de face, montre deux des chevaux portant sur la croupe la lettre R et une palme[7].

On a trouvé dans l'amphithéâtre de Nîmes deux plaques circulaires en bronze que l'on a considérées comme des phalères pour les chevaux. Sur chacun de ces ornements, qui sont conservés au Musée de Nîmes, on voit un cheval de cirque avec son conducteur : l'un des chevaux porte sur la cuisse une feuille cordiforme ; l'autre, une palme[8].

1. J. FRIEDLAENDER, *Zeitschrift für Numismatik*, VI, 1879, p. 267 et 268.
2. E. LEBLANT, dans les *Mélanges d'Arch. de l'Ecole de Rome*, t. III, 1883, p. 445.
3. Cf. *Rev. numism.*, 1865, p. 412.
4. *Annali dell' Inst. di Corrisp. Archeol.*, 1877, pl. F G.
5. R. CAGNAT, *Explorations épigraphiques et archéologiques de Tunisie*, 2e fascicule, 1884, p. 105-107.
6. Cf. SAGLIO, *Dict. Antiquités*, fig. n° 1250.
7. R. GARUCCI, *Vetri ornati di figuri in oro*, pl. XXXIV, n° 4, p. 67.
8. Henry RÉVOIL, *Fouilles archéologiques*, n° 4, *vase antique; phalères en*

Un contorniate porte deux chevaux dont la croupe est ornée de cercles variés[1].

La cuisse d'un cheval est marquée de XPE[2], et sur la cuisse d'un cheval de quadrige on trouve un ⊕[3]; un autre cheval, représenté sur un boutoir romain, porte une couronne marquée sur la cuisse[4].

P.-C. Robert a signalé un médaillon uniface, sans légende, qu'il ne considère pas comme un contorniate, mais qui doit certainement se rattacher à cette classe de monuments. On y voit un cheval portant sur la croupe une feuille cordiforme[5].

Sur un médaillon du Cabinet de France avec la tête de Néron et, au revers, la représentation d'une course dans le cirque, un des chevaux porte sur la croupe une feuille cordiforme à longue tige[6].

Enfin, un diptyque de Brescia, représentant une course de chars, offre un intérêt capital. A chacun des chars, le cheval que l'on peut voir tout entier porte sur la croupe un signe différent : l'un, le monogramme Ᵽ ; l'autre, une feuille cordiforme ; le troisième, un signe en forme de 4 retourné, ⵙ[7].

bronze, in-8°, Paris, s. d., pl. II (*Extrait des Mémoires de l'Académie du Gard*, année 1871).

1. S. Havercamp, Dissert. de *Alex. Magni Num. et de Nummis contorniatis*, 1722, pl. xxi, n° X.

2. Caylus, *Recueil d'Antiquités*, t. V, pl. lxxxv, III.

3. Millingen, *Peintures antiques et inédites de vases grecs*, 1813, pl. xxxvi (feuille 28 et p. 110 de la nouvelle édition donnée par S. Reinach dans le tome II de la *Biblioth. des monum. figurés grecs et romains*, 1891).

4. P.-Ch. Robert, *Revue archéologique*, 1876, t. II, p. 36, pl. xi.

5. *Etude sur les méd. contorniates*, pl. v, n° 4, p. 66.

6. On se demandera comment les contorniates n'offrent pas des exemples plus fréquents de ce fait. Sans parler de diverses causes inconnues, il faut rappeler que les figures sont généralement petites et que la conservation des pièces laisse souvent à désirer.

7. Gori, *Thesaurus Diptychorum*, II, pl. xvi, p. 26 ; cf. Saglio, *Dict. des Antiquités*, fig. 1532 et 2455.

Gori explique ce dernier signe par χρέσιμον, *optimum*; quant au premier, il désignerait, selon lui, le nom du propriétaire ou peut-être la faction *prasina*[1].

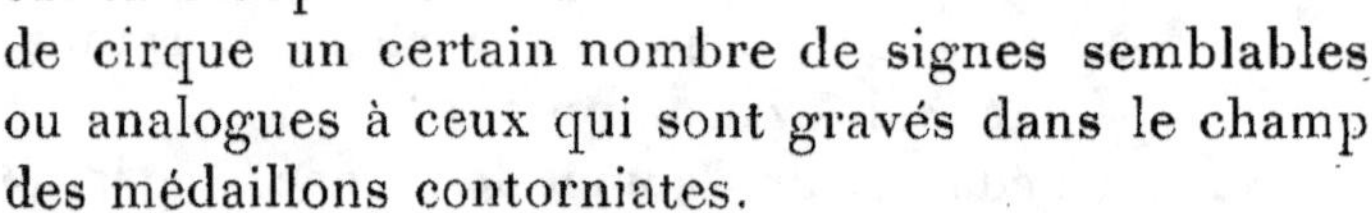

Ainsi nous retrouvons sur la croupe des chevaux de cirque un certain nombre de signes semblables ou analogues à ceux qui sont gravés dans le champ des médaillons contorniates.

On sait que, dans les haras de l'antiquité, « on « imprimait sur les chevaux une marque particulière, « soit leur nom, soit une lettre, soit un symbole « quelconque; par exemple, les chevaux marqués « d'un Σ s'appelaient σαμαφόραι[2], ceux qui avaient « un Κ étaient nommés κοππατίαι; enfin ceux qui « avaient pour signalement une tête de bœuf étaient « dits βουκέφαλοι[3]. »

D'après Pline (*Hist. nat.*, VIII, 64, 42), Bucéphale aurait été nommé ainsi soit à cause de son aspect farouche, soit parce qu'on l'avait marqué de l'empreinte d'une tête de taureau sur la cuisse.

---

1. GORI, *op. laud.*, p. 84. Cette explication est à noter, car il ne paraît pas qu'on l'ait exposée ailleurs. A. LABORDE (*Mosaïque d'Italica*, f°, 1802), qui reproduit le diptyque de Brescia, a proposé une autre explication : le Ɛ serait le monogramme de la *factio russata*; la feuille, celui de la *factio veneta*, et l'autre indiquerait la *factio albata*. La *prasina* aurait eu une palme comme marque distinctive (pl. xv, p. 59).

2. Aristoph., *Nubes*, Schol., 23, 122, 438; *Thes. ling. gr.* s. v. σαμφόρας.

3. E. BABELON, *Les rois de Syrie, d'Arménie et de Commagène* (Catalogue des monnaies grecques de la Bibliothèque nationale). Paris, 1890, Introduction, p. xxiv. — Cf. Saglio, *Dict. Antiq.*, v° *Equus*.

D'autres auteurs nous apprennent que c'était une habitude générale de marquer ainsi les troupeaux et les petits animaux aussi bien que les grands[1].

Sur la mosaïque de Barcelone, on voit des chevaux portant sur la croupe les mots CONCORDI et NICETI que l'on a considérés comme indiquant le propriétaire des chevaux.

On peut assimiler à ces noms entiers les signes dont je viens de parler et admettre que les chevaux portaient la marque du haras dont ils sortaient ou celle des propriétaires qui les faisaient courir dans le cirque, les *domini factionum*[2], ou même une marque particulière à la faction, analogue aux mentions IN VENETO, IN PRASINO, que l'on trouve assez souvent sur les contorniates[3].

Qu'on me permette maintenant de présenter une hypothèse sur la destination des contorniates[4].

On sait que les factions tiraient au sort les places qu'elles devaient occuper au départ. Un médaillon contorniate paraît représenter cette scène du tirage au sort. On y voit deux *aurigae*, avec leur fouet, tournant un appareil d'où tombent des objets ronds,

---

1. « His etiam diebus maturi agni et reliqui foetus pecudum, nec minus « maiora quadrupedia charactere signari debent. » Columelle, *De re rustica*, liv. XI, c. II, 14 (Ed. Schneider, Leipzig, 1794). — Maturi agni et animalia « omnia minora atque maiora charactere signentur ». Palladius, l. II, Janvarius, c. XVI (Éd. Schneider, Leipzig, 1795).

2. SAGLIO, *Dict. Antiq.*, v° *Circus*, p. 1199.

3. ROBERT, *Annuaire Soc. Num.*, 1879, p. 248-249. Une mosaïque du musée Kircher montre un aurige avec une sorte de couronne marquée sur les manches de son habit (Th. SCHREIBER, *Kultur Historischer Bilderatlas*, I, pl. XXVIII, fig. 2).

4. Cannegieter, d'Orville, Cavedoni et M. de Rossi ont reconnu le caractère talismanique de la plupart des contorniates. Cf. F. LENORMANT, *La monnaie dans l'antiquité*, I. p. 60.

pendant qu'un troisième personnage montre dans sa main droite un autre objet rond. Robert a reconnu, dans ces instruments du sort, des boules comme celles dont parle Constantin Porphyrogénète dans la description qu'il fait du tirage au sort des places entre les factions [1].

Ne peut-on pas supposer qu'au vɪᵉ siècle, les médaillons contorniates servaient à l'opération du tirage au sort? Chaque cocher de char possédait peut-être un contorniate d'un type distinct ou différencié des autres par quelques marques, telles que emblèmes gravés ou inscriptions tracées à la pointe [2].

On s'expliquera alors facilement pourquoi l'on retrouve les mêmes marques sur la croupe des chevaux et sur les médaillons. Les contorniates, déposés dans l'appareil, pouvaient donc servir à déterminer la place de chaque cocher au départ.

Je ne crois pas que cette hypothèse ait encore été proposée. En tous cas, l'étude des contorniates est tellement difficile que j'ai cru utile de signaler quelques remarques susceptibles d'éclairer un côté de la question.

---

1. ROBERT, *Etude sur les méd. contorniates*, 1882, p. 51 à 55; l'auteur reproduit un bas-relief de Constantinople représentant une scène analogue. Cf. SAGLIO, *Dict. Antiqu.*, fig. 1531. Voy. le bas-relief complet dans la *Rev. archéol.*, 1845, t. II, pl. XXVIII.

2. J'ai parlé plus haut des signes; quant aux inscriptions de ce genre, on en trouve sur plusieurs médaillons.

Extrait de la *Revue Numismatique*, année 1892, p. 54 à 80.

MONNAIES INÉDITES

OU PEU CONNUES

DE

LA CHERSONÈSE TAURIQUE & DE LA MŒSIE

Pl. II.

Le Département des médailles de la Bibliothèque nationale a acquis, dans ces dernières années, un certain nombre de monnaies de la Chersonèse Taurique et de la Mœsie. Il m'a paru utile de signaler celles de ces monnaies qui ne se trouvent pas décrites dans Mionnet et dans les catalogues des Musées de Londres et de Berlin, et d'y joindre quelques autres pièces inédites ou peu connues, dont l'entrée au Cabinet des médailles remonte à une époque antérieure à celle des acquisitions dont je parle.

Cherronesos.

1. Tête d'Artémis à droite. Derrière, arc et carquois. Le bas du cou et le champ au dessous de la tête sont couverts de trois contremarques, dont l'une montre un dauphin, l'autre, un foudre, et la troisième un signe entouré d'un grènetis et à moitié effacé par la contremarque du foudre.

℞. Taureau combattant à gauche. Au dessus, **XEP** et massue. Au dessous, nom de magistrat très effacé par les surfrappes du droit de la pièce. Il y a peut-être ..A....AOΣ.

Æ. Poids 13 gr. 85. Tridrachme. *Pl. II, n° 1.*

Cette pièce a été trouvée sur le plateau du monastère Saint-Georges (Crimée) en novembre 1855, et donnée en 1864 par M. Loizillon, capitaine au 9° cuirassiers.

Koehne a publié autrefois deux variétés de cette importante monnaie qui sont au musée de l'Ermitage, à Saint-Pétersbourg[1]. Elles avaient été trouvées vers le commencement de ce siècle dans le voisinage de l'antique Cherronesos. Comme noms de magistrat, l'une donne AΔΩNOΣ ; l'autre, APTEMIΔΩPOY. Ces deux pièces portent, sur le cou de la déesse une contremarque ronde offrant, dans un entourage de grènetis, un monogramme qui paraît renfermer les lettres Π, A, P, H, et Y. C'est évidemment le même monogramme qui figure sur la pièce du Cabinet de France et qui est à demi effacé par la contremarque du foudre. Quant à cette dernière, on la trouve sur une drachme de Cherronesos, aux types de la tête d'Hercule et du taureau combattant, qui appartient au British Museum[2].

Le monogramme des pièces de l'Ermitage a été lu **EYΠATOPOΣ** par Koehler[3] qui, d'après cette interpré-

---

1. B. de Koehne, *Beiträge zur Geschichte und Archäologie von Cherronesos in Taurien*, dans les *Mémoires de la Soc. d'archéol. et de numism. de Saint-Pétersbourg*, t. II, 1848, p. 180, pl. x, n°ˢ 1 et 2.

2. British Museum, *Cat. of greek coins. The Tauric Chersonese, Sarmatia, Dacia, Mœsia, Thrace*, 1877, p. 1, n° 2, figure.

3. Kœhler, *Serapis*, II, 355 (cité par Koehne).

tation, voyait là une marque de la domination de Mithridate VI. Koehne s'élève contre cette explication[1], et trouve dans ce monogramme le nom d'un magistrat monétaire[2].

Le même auteur est fort embarrassé au sujet des grandes pièces d'argent du musée de l'Ermitage qui pèsent 13 gr. 77, c'est-à-dire à peu de chose près le même poids que celle du Cabinet de France. Ces pièces ont perdu très peu par l'usure; on ne peut donc pas les considérer comme des tétradrachmes attiques frustes[3]. Comme ces pièces ne peuvent pas se rattacher non plus au système euboïque, Koehne en a fait des statères frappés spécialement pour le commerce de Cherronesos avec l'Asie[4]. C'est une conclusion difficilement acceptable. Le British Museum possède une pièce de 9 gr. 20 et une autre de 4 gr. 65[5]. Les pièces des Cabinets de France et de l'Ermitage me semblent le triple de la pièce de 4 gr. 65, comme la pièce de 9 gr. 20 en est le double. On pourrait considérer ces pièces comme appartenant au système perso-babylonien employé en Thrace depuis la haute antiquité, et dont le statère a eu, dans certaines régions, un poids inégal qui descendait jusqu'à 8 gr. 42 au lieu de 10 gr. 36[6]. Je suis donc porté à considérer les grandes pièces de Cherronesos comme des tridrachmes de ce système.

1. B. de Koehne, *loc. laud.*, p. 181; cf. p. 349.
2. B. de Koehne, *Musée Kotchoubey*, t. I, 1856, p. 137.
3. B. de Koehne, *Beiträge*, p. 230 à 232.
4. Il dit aussi que la surfrappe des grandes pièces indique qu'elles devaient être prises pour quatre deniers romains (*Musée Kotchoubey*, I, p. 137).
5. *The Tauric Chersonese*, etc., p, 1, n°ˢ 1 et 2. Cf. Head, *Historia Numorum*, p. 238.
6. Head, *Historia numorum*, Introduction, p. XLV.

2. Tête d'Artémis, surmontée d'une couronne murale à droite ; derrière, un carquois.

℟. Cerf debout à droite. Devant, **XEP**. Au dessous, **ΜΟΙΡΙΟΣ**.

Æ. Poids, 4 gr. 05. Drachme.

Comme les exemplaires des Musées de Londres et de Berlin[1], cette drachme a été surfrappée sur une pièce plus ancienne qui était aux types de la tête d'Artémis et d'Artémis posant un genou sur le cerf. Les traces de l'ancien type se voient encore sur la présente pièce : au droit, sur le cou de la déesse ; au revers, sur le corps du cerf.

Artémis, protectrice de la ville, est figurée sur cette pièce comme Tyché, de même que Déméter sur les monnaies de bronze d'Olbia.

Panticapée ?

3. Casque de cuir et arc. Entre les deux objets, **ΑΠΟΛΛ..**

℟. Astre à huit rayons et arc. Entre les deux objets, **ΑΠΟΛΛѠ**.

Bronze. Diamètre, 0,018.

On a rapproché les pièces analogues à celle-ci des grosses pièces portant une tête coiffée d'un casque de cuir, qui sont classées dans la région du Pont, à Amisus ou à Comana. M. Imhoof-Blumer en a signalé plusieurs variétés intéressantes avec les légendes **ΣΚΟΠΑ** et **ΑΙΝΙ** qui lui paraissaient représenter, non

---

1. *Cat. of Greek coins. The Tauric Chersonese*, etc., p. 2, n° 3. *Königliche Museen zu Berlin ; Beschreibung der antiken Münzen*, I, *Taurische Chersonesus, Sarmatien, Dacien, Pannonien, Moesien, Thracische Könige*, 1888, p. 2, n° 4.

pas des noms géographiques, mais des noms d'hommes, comme Σκόπας ou Αἰνιάτης. Le même auteur considère que ces pièces, frappées pendant le second siècle avant notre ère, probablement à Panticapée, sont peut-être le numéraire de quelques princes du Bosphore, dont le dernier, Pairisades, abandonna son royaume à Mithradates Eupator (110 av. J.-C. [1]).

M. Imhoof-Blumer propose une seconde hypothèse d'après laquelle Scopas et Aini... seraient des gouverneurs du Bosphore établis par Mithradates lui-même. La pièce du Cabinet de France offre un troisième nom, probablement Ἀπολλωνιάδης.

Pharzoios, roi *d'Olbia*.

4. — [BA]ΣΙΛΕΟΣ ΦΑΡΣΟΙΟΥ. Tête diadémée du roi à droite; devant, un caducée.

℞. ΟΛ ⊠ ΑΛ. Aigle éployé à droite.

Or. Poids : 6 gr. 97.

Le Musée de Berlin possède un exemplaire sur lequel on lit ΜΟΛ au lieu du dernier monogramme [2]. On a cherché du mot ΜΟΛ, qui se retrouve sur d'autres pièces, diverses interprétations; mais elles sont inadmissibles. Le monogramme du statère du Cabinet de France, qui peut être décomposé en ΑΜ ou ΜΑΛ, montre bien que le mot ΜΟΛ est plutôt un différent monétaire, peut-être le commencement d'un nom de magistrat. L'époque du règne de ce roi

<hr>

1. Imhoof-Blumer, *Griechische Münzen*, 1890, nᵒˢ 9 à 27 (p. 564 à 568).
2. *Beschreibung*, t. I, p. 30, nᵒ 146. Cf. Prokesch-Osten, *Numism. Zeitschrift*, 1869, I, 392, et Blau, *Numism. Zeitschrift*, 1876, VIII, 238.

est incertaine; il faut peut-être le placer vers le premier siècle de notre ère.

MŒSIE SUPÉRIEURE

Viminacium.

5. *Gordien III.* — [I]MP GORDIANVS PIVS FEL AVG. Buste drapé et radié à droite.

℞. P M S COL VIM. Femme debout tenant dans la main droite une enseigne militaire surmontée d'un lion, et dans la main gauche une autre enseigne surmontée d'un taureau. Exergue : AN IIII.

Bronze, 0^m 022. *Pl. II, n° 2.*

Sur les pièces connues de la colonie de Viminacium (*Provinciae Mœsiae Superioris Colonia Viminacium*), on voit ordinairement la colonie personnifiée debout entre un taureau et un lion qui sont, le premier, le symbole de la septième légion, et le second, le symbole de la quatrième. Sur d'autres monnaies, la Colonie tient deux enseignes militaires, l'une avec VII (taureau au bas), l'autre avec IIII (lion au bas). Le bronze que je publie aujourd'hui montre chaque enseigne légionnaire surmontée de l'animal symbolique.

MŒSIE INFÉRIEURE

Callatia.

6. — Tête d'Hercule, laurée, à droite.

℞. ΚΑΛΛΑ ΤΙΑΝΩΝ. Cybèle assise à gauche et tenant une petite Victoire sur sa main droite étendue. Le bras gauche de la déesse est accoudé sur le dossier de son siège.
Bronze, 0^m 019.

7. *Faustine jeune.* — ΦΑΥϹΤΕΙΝΑ ϹΕΒΑϹΤ. Buste à droite.

℞. ΚΑΛΛΑΤΙΑ, à l'exergue la finale Ν[Ω]Ν. Cybèle, tenant un sceptre de la main gauche et assise sur un lion qui marche à droite.

Bronze, 0ᵐ 018. *Pl. II, n° 3.*

Mionnet (*Supplément*, t. II, p. 57, n° 21) a décrit un bronze de Lucille avec un revers semblable.

8. *Septime Sévère.* — ΑΥ.....ΛΥ. ϹΕΠ ϹΕ..... Tête laurée à droite.

℞. ΚΑΛΛΑΤΙΑΝΩ[Ν]. Pallas debout à droite, tenant une haste dans la main droite et une chouette(?) dans la gauche.

Bronze, 0ᵐ 023.

8 *bis*. — .ΑΥΤ...Υ... .... Tête laurée à droite.

℞. ΚΑΛΛΑ ΤΙΑΝΩΝ. Serpent enroulé sur lui-même et dressant la tête.

Bronze, 0ᵐ 024.

Dionysopolis.

9. *Alexandre Sévère.* — ΑΥΤ Κ Μ ΑΥ...ΑΛΕΞΑ.... Buste lauré à droite.

℞. ΔΙΟΝΥϹΟΠΟΛ[ΙΤΩ]Ν. Torche allumée.

Bronze, 0ᵐ 011.

Istrus.

10. *Septime Sévère.* — ΑΥ Κ Λ ϹΕΠΤΙ ϹΕΥΗΡΟϹ Π. Buste lauré à droite.

℞. ΙϹΤΡΙΗΝΩΝ. La Tyché d'Istrus debout à gauche, le modius sur la tête, tenant une corne d'abondance

de la main gauche, la droite appuyée sur un gouvernail. Devant elle, un petit autel allumé ; derrière elle,
l'aigle sur le dauphin (type des monnaies autonomes
d'Istrus).

Bronze, 0^m 028.

Marcianopolis.

11. *Septime Sévère.* — AY K Λ CЄΠΤΙ CЄYHPOC Π.
Buste lauré et drapé à droite.

℞. Y Ι ΦΑYCTINIANOY ΛΡΚΙΑΝΟΠΟΛΙΤΩΝ (la dernière syllabe à l'exergue). Prince debout tenant un
globe de la main droite et une haste de la gauche.
D'après la figure, qui est imberbe, ce prince paraît
être Caracalla.

Bronze, 0^m 028.

12. *Caracalla.* — AYK[M AYP] ANTΩNINOC. Buste
imberbe, lauré à droite.

℞. Y ΦΛ ΟΥΛΠΙΑΝΟ[YMAP]ΚΙΑΝΟΠΟΛΙΤ. Aigle éployé
de face, sur une base, et tenant une couronne dans
son bec.

Mionnet (*Suppl.*, t. II, p. 80, nº 151) a décrit une
pièce qui est probablement semblable, quoique les
trois premières lettres de la légende du revers fassent
défaut dans la description.

13. *Caracalla et Julia Domna.* — ANTΩNINOC
AYΓΟYCTOC ΙΟΥΛΙΑ ΔΟΜΝΑ. Bustes affrontés de Caracalla et de sa mère.

℞. YΠ ΚΥΝΤΙΛΙΑΝΟΥ ΜΑΡΚΙΑΝΟΠΟΛΙΤΩΝ (ces trois
dernières lettres sont gravées horizontalement dans
le champ). Apollon nu debout de face, la main droite

levée au dessus de sa tête, la main gauche tenant
un arc. A sa gauche, serpent enroulé autour d'un
tronc d'arbre. Dans le champ, à gauche, Є[1].

Bronze, 0^m 027.

Comparez Mionnet, *Supplément*, II, p. 34, n° 178.

14. — .....ΩΝΙΝΟϹ ΑΥΓΟΥϹΤΟϹ..... Bustes affrontés
de Caracalla et de Julia Domna; au dessus, ΔΟΜΝΑ
(M et N liés).

℟. ΥΠ ΚΥΝΤΙΛΙΑΝΟΥ ΜΑΡΚΙΑΝΟΠΟΛΙΤΩΝ. Pallas
debout tenant une lance et une patère; devant elle,
un autel allumé. Dans le champ, à gauche, Є.

Bronze, 0^m 027.

15. — ΑΝΤΩΝΙΝΟϹ ΑΥΓΟΥϹΤΟϹ ....ΛΙΑ ΔΟΜΝΑ (M et
N liés). Bustes affrontés de Caracalla lauré et de Julia
Domna.

℟. ΥΠ ΚΥΝΤΙΛΙΑΝΟΥ ΜΑΡΚΙΑΝΟΠΟΛΙΤΩΝ (la dernière lettre est dans le champ). Esculape debout,
tenant dans la main son bâton autour duquel est le
serpent enroulé. Dans le champ, un Є.

Bronze, 0^m 026.

16. *Geta*. — [M]ΟΠΕΛΛΙΟϹ ΑΝΤΩΝΕΙΝΟϹΚ. Buste à
droite.

℟. ΜΑΡΚΙΑΝΟΠΟΛΕΙΤΩΝ. Cybèle assise à gauche
entre deux lions.

Bronze, 0^m 020.

---

1. Les lettres B, Γ, Δ, E, relevées sur les monnaies de cette ville et sur
d'autres de la même région sont expliquées comme des marques de valeur
qui auraient été mises par certaines villes formant une union monétaire. Voy.
Percy Gardner, *A monetary league on the Euxine Sea*, dans le *Numismatic
Chronicle*, N. S., XVI, 1876, p. 307 à 314.

17. — Droit du numéro précédent.

℟. MAPKIANOΠOΛEITΩN. Aigle éployé de face tenant une couronne dans son bec.

Bronze, 0^m 011.

18. — M OΠEΛΛIOC ANTΩNEINOC. Buste cuirassé, la tête nue, à droite.

℟. MAPKIANOΠOΛEITΩN. Mercure debout, regardant à gauche, tenant une haste et une bourse.

Bronze, 0^m 016.

Le Musée de Berlin possède un bronze plus grand avec le même revers (*Beschreibung*, t, I, p. 63, n° 33).

19. *Elagabale*. — [AYTKMAYP] ANTΩNEINOC. Buste lauré à gauche.

℟. [YΠ IOYΛ ANT] CEΛEYKOY MAPKIANOΠO[ΛITΩN]. Déméter assise à gauche, ayant le modius sur la tête, tenant une patère de la main droite et une corne d'abondance de la gauche.

Bronze, 0^m 024.

20. — AYT K M AYPH ANTΩNEINOC. Buste lauré à droite.

℟. YΠ IOYΛ ANT CEΛEYKOY MAPKIANOΠOΛITΩN. Victoire allant à gauche, tenant une palme et une couronne.

Bronze, 0^m 026.

21. — [A]YT K[M] AYP ANTΩNEINOC. Tête laurée à droite.

℟. MAPKIANOΠOΛI TΩN (ces trois dernières lettres à l'exergue). Lion marchant à gauche.

Bronze, 0^m 017.

22. — AYT K M AYP ANTΩN[EINOC]. Tête laurée à droite.

℞. MAPKIANOΠOΛITΩN. Aigle éployé portant une couronne dans son bec.

Bronze, 0^m 018.

23. — [AYT K M] AYP ANTΩNINOC. Tête laurée à droite.

℞. MAPKIANOΠOΛITΩN. Télesphore debout de face.

Bronze, 0^m 015. *Pl. II, n° 4.*

24. *Elagabale et Julia Maesa.* — AYT K AYP ANTΩNEINOC AYT IOYΛIA MAICA AYΓ. Bustes affrontés d'Elagabale et de Julia Maesa.

℞. YΠ IOYΛ ANT CEΛEYKOY MAPKIANOΠOΛITΩN. (Les deux dernières lettres sont liées ; les OY sont également liés et figurés par un 8, signe que l'on retrouve dans les inscriptions byzantines). Bacchus debout tenant un canthare et un thyrse. A ses pieds, à sa droite, une panthère. Dans le champ, à gauche, un E.

Bronze, 0^m 026.

Le catalogue du Musée de Berlin (t. I, p. 65, n° 45) indique une pièce analogue, sans la panthère.

25. *Sévère Alexandre.* — AY K M AYP CEYH AΛEΞ ANΔPOC. Buste lauré à droite.

℞. YΠ IOY ΓETOYΛIKOY MAPKIANOΠOΛITΩN. (Les sept dernières lettres de ce mot sont disposées dans le champ, en 3 groupes de deux lettres et une lettre seule, et se lisent de droite à gauche). Déméter debout à gauche, tenant des épis dans la main droite abaissée et une torche dans la main gauche levée.

Bronze, 0^m 024.

26. — AYT K M AYP CЄYH AΛEZANΔPOC. Buste lauré et drapé à droite.

℞. HΓOYM TEPEBENTINOY MAPKIANOΠOΛITΩN. (Les deux premières lettres sont liées ; les deux dernières sont à l'exergue.) Esculape debout de face tenant de la main droite son bâton autour duquel s'enroule un serpent.

Bronze, 0ᵐ 027.

27. — AYT K M AYP CEY AΛEZ A NΔPOC. Tête laurée à droite.

℞. HΓOYM TEREBE[NTIN]OY MAPKIANOΠOΛITΩN (H et Γ, A et P, Ω et N liés. Les deux dernières lettres à l'exergue). Mercure debout à gauche.

Bronze, 0ᵐ 025.

28. — AYT K M AYP CEY AΛEZANΔPOC. Buste lauré et drapé à droite.

℞. YΠ ΦIP ΦIΛOΠAΠΠOY MAPKIANOΠOΛITΩN. (Les deux Π sont liés, de même que les deux dernières lettres). Zeus lauré, le torse à découvert, tenant une patère et un sceptre.

Bronze, 0ᵐ 025.

29. — AYT K M AYP CEY AΛEZANΔPOC. Tête laurée à droite.

℞. MAPKIANOΠOΛITΩN. L'Abondance ou Tyché debout, à gauche, tenant une patère et une corne d'abondance.

Bronze, 0ᵐ 020.

30. — ....ZANΔPOC. Tête (laurée?) à droite.

℞. MAPKIANOΠOΛITΩN (les deux dernières lettres liées). Quatre étoiles au dessus d'un croissant.

Bronze, 0ᵐ 017.

31. *Gordien III.* — ΑΥΤ Κ Μ ΑΝΤ ΓΟΡΔΙΑΝΟC ΑΥΓ· Buste lauré et drapé à droite.

℞. ΥΠ ΜΗΝΟΦΙΛΟΥ ΜΑΡΚΙΑΝΟΠΟΛΙΤΩ Ν. (Cette dernière lettre est placée dans le champ, à droite.) Déméter debout tenant des épis de la main droite et un sceptre de la gauche.

Bronze, 0 ^m 023.

32. — Droit du numéro précédent.

℞. ΥΠ ΜΗΝΟΦΙΛΟΥ ΜΑΡΚΙΑΝΟΠΟΛΙΤ.. Apollon debout tenant la main droite levée au dessus de la tête et un arc de la main gauche. A droite, serpent enroulé autour d'un tronc d'ardre ; à gauche, un vêtement posé sur un autre tronc d'arbre.

Bronze, 0 ^m 024.

33. — ΜΑΝΤ ΓΟΡΔΙΑΝΟC ΑΥΓ. Tête laurée à droite.

℞. [Μ]ΑΡΚΙΑΝΟΠΟΛΙΤΩΝ. L'Abondance ou Tyché debout à gauche, tenant une patère et une corne d'abondance ; devant elle, un autel allumé.

Bronze, 0 ^m 019.

34. — Μ ΑΝΤ ΓΟΡΔΙΑΝΟC..... Bustes affrontés de Gordien III lauré et drapé, à gauche, et de Sérapis drapé, à droite. Au dessous, ΑΥΓ (fin de la légende).

℞. ....ΝΟΦΙΛΟΥ ΜΑΡΚΙΑΝΟΠΟΛΙΤΩΝ. (Les trois dernières syllabes sont placées à l'exergue et les deux dernières lettres sont liées.) Porte flanquée de deux tours ; le sommet des murailles est crénelé. Sous la porte, Ε.

Bronze, 0 ^m 028. *Pl. II, n° 5.*

Le British Museum possède un exemplaire de cette monnaie ; mais il est surfrappé au revers. Il y a donc lieu de rectifier la gravure donnée dans le catalogue de cette collection (*Tauric Chersonese ...Thrace*, p. 40, n° 89).

35. — AYT M...ANT ΓOPΔIANOC AYΓ. Bustes affrontés de Gordien III lauré et drapé à gauche, et de Sérapis drapé, à droite.

℞. MAPKIANO ΠOΛITΩN. Tyché debout de face, le modius sur la tête, tenant la barre d'un gouvernail de la main droite et une corne d'abondance de la gauche. Dans le champ, à gauche, E.

Bronze, 0 ^m 027.

36. — *Gordien III et Tranquilline*. — AYT K M ANT ΓOPΔIANOC..... TPANKY ΛEIN[A]. (Ce dernier nom est divisé en deux lignes horizontales placées sous les buste.) Bustes affrontés de Gordien III, lauré et drapé, à gauche, et de Tranquilline, diadémé et drapé, à droite.

℞. YΠ TEPTYΛΛIANOY MAPKIANOΠOΛITΩN. (Les quatre dernières syllabes sont placées à l'exergue en deux lignes et les deux dernières lettres sont liées). Sérapis, assis à gauche, le modius sur la tête, le bras droit étendu, la main gauche tenant le sceptre ; Cerbère est accroupi devant lui. Dans le champ, à gauche, E.

Bronze, 0^m 027. *Pl. II, n° 6*.

37. AYT K M ANT ΓOPΔIANOC AYΓ CE TPANKYΛΛEINA (Y et Γ de AYΓ liés ; le dernier mot sous les bustes). Bustes affrontés de Gordien III et de Tranquilline.

℞. YΠ TEPTYΛΛIANOY MAPKIANOΠOΛ EIT ΩN (les deux dernières lettres liées sont dans le champ ; les lettres EIT sont placées à l'exergue). Esculape debout de face, tournant la tête à gauche et tenant son bâton autour duquel est enroulé un serpent. Dans le champ, à gauche, **E**.

Bronze, 0^m 029.

Les noms que l'on trouve sur les monnaies de Marcianopolis et de Nicopolis ad Istrum sont précédés de la préposition **ΥΠΟ**, abrégé en **Υ** ou **ΥΠ**, ou de **ΗΓΟΥΜ**, abréviation de Ἡγούμενος ou Ἡγεμών, le *Praeses* romain, le gouverneur de la province. A quel titre le nom de ce fonctionnaire figure-t-il sur les monnaies de certaines villes de la Mœsie ? C'est ce que l'on ne saurait préciser. Comme on peut s'y attendre, on rencontre plusieurs fois le même nom sur les monnaies de Marcianopolis et de Nicopolis : Aurelius Gallus et Cosconius Gentianus sous Septime Sévère, Flavius Ulpianus sous Caracalla, un Pontianus et un Agrippa sous Macrin. J'ai dressé une liste de ces noms qui, même incomplète, pourra rendre service pour le classement des monnaies et l'étude des inscriptions qui donnent aussi des noms de *legati pro pretore*, gouverneurs de la province de Mœsie[1].

Liste des noms de gouverneurs inscrits au revers des monnaies de Marcianopolis et de Nicopolis.

MARCIANOPOLIS

ΑΥ ΓΑΛΛΟΥ (Aurelius Gallus). Septime Sévère; Caracalla.

Κ ΓΕΝΤΙΑΝΟΥ. (On trouve, sous Septime Sévère.
Septime Sévère à Nicopolis ad Istrum, un Cosconius Gentianus qui est certainement le même personnage que celui-ci).

---

1. Voy. Borghesi, *OEuvres*, t. II, p. 222-236, et W. Liebenam, *Forschungen zur Verwaltungs-Geschichte des römischen Kaiserreichs*, t. Ier, *Die Legaten in den römischen Provinzen, von Augustus bis Diocletian*, Leipzig, 1888, p. 285 et suiv.

Ι **ΦΑΥϹΤΙΝΙΑΝΟΥ** (L. Julius Faustinianus)[1].	Septime Sévère.
ΑΥΡ ΑΠΠΙΑΝΟΥ (Aurelius Appianus).	Septime Sévère, Julia Domna.
ΦΛ ΟΥΛΠΙΑΝΟΥ (Flavius Ulpianus).	Septime Sévère; Caracalla et Geta; Caracalla.
Λ ΚΟΥΙΝΤΙΛΙΑΝΟΥ ou **ΚΥΝΤΙΛΙΑΝΟΥ** (L. Quintilianus).	Septime Sévère; Caracalla et Julia Domna; Caracalla.
ΑΥΡ · ΠΟΝΤΙΑΝΟΥ (Aurelius Pontianus).	Septime Sévère.
ΠΟΝΤΙΑΝΟΥ (Pontianus).	Macrin; Macrin et Diaduménien.
ΑΓΡΙΠΠΑ (Agrippa).	Macrin et Diaduménien.
ΙΟΥΛ ΑΝΤ (ou **ΑΝΤΩΝΙΟΥ**) **ϹΕΛΕΥΚΟΥ** (Julius Antonius Seleucus).	Elagabale; Elagabale et Julia Maesa.
ϹΕΡΓ ΤΙΤΙΑΝΟΥ (Ser. Titianus).	Elagabale.
ΤΕΡΕΒΕΝΤΙΝΟΥ (Terebentinus).	Sévère Alexandre.
ΤΙΒ ΙΟΥΛ ΦΗϹΤΟΥ (Tib. Julius Festus).	Sévère Alexandre; Sévère Alexandre et Julia Maesa; Sévère Alexandre et Julia Mamaea.
ΙΟΥ ΓΕΤΟΥΛΙΚΟΥ (Julius Getulicus).	Sévère Alexandre.
ΦΙΡ ΦΙΛΟΠΑΠΠΟΥ (Firmus Philopappus).	Sévère Alexandre.
ΤΕΡΤΥΛΛΙΑΝΟΥ (Tertullianus).	Gordien III; Gordien III et Tranquilline.
ΜΗΝΟΦΙΛΟΥ (Menophilus[2]).	Gordien III.
ΠΡΑϹΤ ΜΕϹϹΑΛΛΕΙΝΟΥ (Prastina Messalinus[3]).	Philippe fils; Philippe et Otacilia Severa.

1. Ce personnage est connu comme gouverneur de la Mœsie inférieure. Un autel dédié à Julia Domna par les *nautae universi Danuvi*, conservé aujourd'hui au Musée de Bukarest, porte : SVB·CVRA·L·I·FAVSTINIANI LEG·AVG·NN (*Archaeolog. Epigr. Mittheilungen aus Œsterreich*, t. VIII, 1884, p. 2, n° 4). Cf. *C. I. L.* III, n° 6177 et IX, n° 729; Mommsen, *Bull. dell' Inst.*, 1864, p. 262; Eckhel, II, 16.

2. Liebenam, *op. laud.*, p. 291, cite un Tullius Menophilus d'après un fragment de Petrus Patricius (fr. 8, Muller, *fr. h. gr.*, IV, p. 186).

3. Sur ce personnage qui n'est pas connu autrement, voy. Borghesi, *Œuvres*

ΠΛ ΜΕϹϹΑΛΕΙΝΟΥ (Plautius? Messalinus).   Philippe fils et Otacilia Severa.

Λ ΚΥΙΝΤΙΛΙΑΝΟΥ (L. Quintilianus).   Philippe père et fils.

NICOPOLIS AD ISTRUM

Γ ΖΗΝΩΝΟϹ (C. Zeno).   Antonin le Pieux.

ΚΑΙΚΙ ϹΕΡΒΕΙΛΙΑΝ (Marcus Caecilius Servilianus[1]).   Commode.

Α ΠΟΛ ΑΥϹΠΙΚΟϹ (ou ΑΥϹ ΠΕΚΟϹ (A. Pollenius Auspex[2]).   Septime Sévère.

ΚΟϹΚ ΓΕΝτιαΥΟΥ (Cosconius Gentianus).   Septime Sévère; Julia Domna et Caracalla.

ΑΥΡ ΓΑΛΛΟΥ (ou Λ ΑΥΡ ΓΑΛΛΟΥ).   Caracalla; Plautille.

ΥΠ Α ΟΟΥ (ou ΟΟΥΙΝ) ΤΕΡΤΥΛΛΟΥ. (Le prénom de Ovinius Tertullus serait Gaius; la lettre Α appartiendrait à ὑπατικοῦ, d'après le *Catalogue* du Musée de Berlin, p. 77, n° 27[3]).   Caracalla; Caracalla et Geta.

ΦΛ ΟΥΛΠΙΑΝΟΥ (Flavius Ulpianus).   Caracalla; Geta.

Π ΦΟΥ ΠΟΝΤΙΑΝΟΥ (P. Furius *ou* Fulvius Pontianus).   Macrin.

ϹΤΑ ΛΟΝΓΕΙΝΟΥ *ou* ϹΤΑΤΙ ΛΟΝΓΙΝΟΥ (Statius Longinus).   Macrin; Diaduménien.

---

complètes, t. IV, p. 743. Un Prastina, qui est peut-être le même que celui des monnaies, fut *magister* du collège des frères Arvales sous Elagabale ou Alexandre Sévère (*Annali dell' Inst. di Corresp. Arch.*, 1858, p. 78).

1. Ce personnage fut aussi légat en Thrace (Voy. Mionnet, *Suppl.*, II, 456, n° 1495).

2. Ce légat alla ensuite en Norique. Cf. Liebenam, *op. laud.*, p. 284.

3. Le Musée de Bukarest possède en effet des milliaires, trouvés près de Hirschova, qui portent C·OVINIVM TERTVLLVM·LEG·PR·PR··. Voy. *Archaeolog. Epigr. Mittheilungen aus Œsterreich*, VIII, 1884, p. 29 et 30. Cf. t. XI, p 45 et *C.J.L.*, t. III, n° 781. Voy. aussi Liebenam, *op. laud.*, p. 284. Toutefois, je suis porté à considérer la lettre Α comme l'initiale d'un prénom; les lettres ΥΠ sont l'abréviation ordinaire de ΥΠΟ. De plus, le mot ὑπατικός ne se trouve pas ordinairement sur les monnaies.

ΑΓΡΙΠΑ ou **Κ** (ou **ΚΛΑΥ**) **ΑΓΡΙΠΠΑ** (Claudius Agrippa).	Macrin; Diaduménien.
ΜΑΡΚ·ΑΓΡΙΠΠΑ (Marcus Agrippa)[1].	Macrin; Diaduménien.
ΣΤΡ ΑΓΡΙΠΠΑ·	Macrin; Diaduménien.
ΚΛ ΚΟΥΙΝΤΙΛΙΑΝΟΥ· (Claudius Quintilianus).	Macrin.
ΝΟΒΙΟΥ ΡΟΥΦΟΥ (Novius Rufus).	Elagabale.
ϹΑΒ ΜΟΔΕϹΤΟΥ (Sabinus Modestus).	Gordien III.

Nicopolis ad Istrum.

38. *Commode*. — **ΑΥΤ ΚΑΙ Μ ΑΥΡΗ ΚΟΜΟΔΟϹ**. Tête laurée, à droite.

℞. **ΗΓΕΜΟ ΚΑΙΚΙ ϹΕΡΒΕΙΛΙΑΝ ΝΕΙΚΟΠΟ ΠΡΟϹ ΙϹΤ**. Jupiter assis à gauche, avec l'aigle à ses pieds.

Bronze, 0^m 29.

Variété du nº 359 du *Supplément* de Mionnet, t. II, p. 117.

39. — Autre, avec **ϹΕΡ·ΒΙΛΕΙ**.

Bronze, 0^m 028.

40. — **ΑΥ ΚΑΙ Κ ΟΜΟΔΟϹ**. Tête laurée, à droite.

℞. **ΝΕΙΚΟΠΟΛΙ ΠΡΟϹ Ι**. Aigle éployé de face sur un foudre.

Bronze, 0^m 016.

41. *Septime Sévère*. — **ΑΥΤ Λ ϹΕΠΤΙ ϹΕΥΗΡΟϹ Π**. Buste lauré et cuirassé, à droite.

℞. **[Υ]Π ΑΥΡ ΓΑΛΛΟΥ ΝΙΚΟΠΟΛΕΙΤΩΝ ΠΡΟϹΙϹΤΡΟ**. (Ces deux derniers mots sont placés à l'exergue.)

---

1. On sait par un fragment de Dion qu'un personnage de ce nom fut envoyé par Macrin en Pannonie pour y être gouverneur. (Voy. Eckhel, t. II, p. 17.)

Mercure debout à gauche, tenant une bourse de la main droite ; de la gauche, un caducée. Devant lui un bélier.

Bronze, 0^m 025.

42. — AY KΛ CEΠ CEYHPOC Π. Tête laurée, à droite.

℟. YΠ AY ΓΑΛΛΟΥ ΝΙΚΟΠΟΛΙΤΩ ΠΡΟC I (les cinq dernières lettres à l'exergue). Esculape debout de face, tournant la tête à gauche, tenant son bâton autour duquel est enroulé un serpent.

Bronze, 0^m 028.

43. — ...ΛΙ CEΠ CEYHPOC[Π]. Tête laurée, à droite.

℟. YΠ ΑΠΟΛ..........ΚΟΠΟΛΙ ΠΡΟC I. Victoire à gauche, tenant une couronne de la main droite et une palme dans la main gauche ; le coude gauche est appuyé sur une colonnette.

Bronze, 0^m 025.

44. — AY K Λ[CEΠ] CEYHPOC. Buste drapé, à droite.

℟. ΝΙΚΟΠΟΛΙΤΩΝ ΠΡΟC I. Buste radié du soleil, à droite.

Bronze, 0^m 017.

45. — AY KAIC CEYHPOC. Buste lauré, à droite.

℟. ΝΙΚΟΠΟΛΙΤ ΠΡΟC ICTPON. Aigle à gauche, retournant la tête en arrière et tenant une couronne dans son bec.

Bronze, 0^m 016.

46. *Julia Domna.* — ΙΟΥΛ ΔΟ CEBACTH. Buste drapé, à droite.

℟. ΝΙΚΟΠΟΛΙΤ ΠΡΟC ICTP. Ciste entr'ouverte d'où sort un serpent.

Bronze, 0^m 017. *Pl. II, n° 7.*

47. — ΙΟΥΛΙΑ ΔΟΜΝΑ CЄΒΑ. Buste drapé et diadémé, à droite.

℟. [ΝΙ]ΚΟΠΟΛΙΤΩΝ ΠΡΟC ΙCΤΡ. Astre.

Bronze, 0ᵐ 017.

48. — ΙΟΥΛ ΔΟΜ CЄ[ΒΑCΤΗ]. Buste drapé, à droite.

℟. ΝΙΚΟΠΟΛΙΤ ΠΡΟC ΙCΤΡΟ. Astre au dessus d'un croissant.

Bronze, 0ᵐ 018.

49. — ΙΟΥΛ[ΙΑ]Δ ΟΜΝΑ C. Buste drapé, à droite.

℟. [Ν]ΙΚΟΠΟΛΙΤΩΝ ΠΡΟC.... Lion marchant à droite.

Bronze, 0ᵐ 016.

50. *Caracalla.* — ΑΥ[Τ]ΜΑΥΡΗ ΑΝΤΩΝΙΝΟ. Buste lauré et drapé de Caracalla, à droite.

℟. ΥΠ Α ΑΥΡ ΓΑΛΛ[Ο]Υ ΝΙΚΟΠΟΛΙΤΩΝ ΠΡΟC ΙCΤΡΟ. (Les deux derniers mots à l'exergue.) Bacchus debout à gauche, tenant un thyrse de la main gauche et une grappe de la main droite. Devant lui, une panthère accroupie levant une patte.

Bronze, 0ᵐ 026.

51. — ΑΥ Κ Μ ΑΥΡ ΑΝΤΩΝΙΝΟC. Buste lauré et drapé, à droite.

℟. Υ ΦΛ ΟΥΛΠΙΑΝ ΝΙΚΟΠΟΛΙΤ ΠΡΟC ΙC. Le fleuve Ister couché à terre, tenant une branche dans la main droite; le coude gauche appuyé sur une urne renversée d'où s'échappent les eaux.

Bronze, 0ᵐ 027.

Cf. un bronze de Julia Domna, au British Museum (Catalogue, p. 44, nº 20).

52. — ΑΥΤ Μ ΑΝΤΩ...... (lettres renversées). Buste nu, à droite.

℞. ΝΙΚΟΠΟΛΙΤ[ΩΝ ΠΡΟϹ] ΙϹΤΡ. Corbeille remplie de grappes de raisin.

> Bronze, 0ᵐ 014.

53. *Geta.* — .....ϹΕΠ ΓΕΤΑϹ Κ. Buste drapé, à droite.

℞. Υ ΑΥ ΓΑΛΛΟΥ Μ Ν[ΙΚΟ...,..Ν. Bacchus debout à gauche, tenant un canthare et un thyrse.

> Bronze, 0ᵐ 025.

54. *Macrin.* — ΑΥ[Τ..]ΟΠΕΛΛ ϹΕΥ ΜΑΚΡΙΝΟϹ. Buste lauré et cuirassé, à droite.

℞. ΥΠ ϹΤΑ ΛΟΝΓΙΝΟΥ ΝΙΚΟΠΟΛΙΤΩΝ ΠΡΟϹ ΙϹΤΡΟΝ. (Le dernier mot à l'exergue.) Mars cuirassé et casqué, debout à gauche, tenant sa lance de la main gauche et appuyant la droite sur son bouclier.

> Bronze, 0ᵐ 026. *Pl. II, n° 8.*

55. — ΑΥ Κ ΟΠΠΕΛ ϹΕΥΗ ΜΑΚΡΙΝΟϹ. Buste lauré et cuirassé avec l'égide sur la poitrine.

℞. ΥΠ ΑΓΡΙΠΠΑ ΝΙΚΟΠΟΛΙΤΩΝ ΠΡΟϹ ΙϹΤΡΩ (la finale ΙΤΩΝ et les deux mots suivants sont placés en deux lignes à l'exergue). L'empereur dans un quadrige qui est précédé d'un soldat portant une enseigne militaire. Au dessus, dans le fond, trophée entre deux captifs accroupis.

> Bronze, 0ᵐ 027. *Pl. II, n° 12.*

Il faut rapprocher cette intéressante pièce d'un autre bronze de Macrin qui représente un trophée avec deux captifs entre la Victoire et l'empereur (au Musée de Berlin, *Beschreibung*, t. I, p. 82, n° 54). Voyez aussi la pièce de Tomi, que je décris sous le n° 70.

56. *Diaduménien.* — .....ΔΙΑΔΟΥΜΕΝΙΑΝΟϹ Κ. Buste drapé, à droite.

℞. ΥΠ CTA ΛΟΝΓΙΝΟΥ ΝΙΚΟΠΟΛΙΤΩΝ ΠΡΟC ΙC. (Les deux dernières lettres à l'exergue.) Hygiée debout à gauche, tenant de la main droite des épis(?) et de la gauche, une haste autour de laquelle s'enroule un serpent et qui est terminée par deux serpents. Devant elle, un serpent qui s'élance d'une ciste.

Bronze, 0^m 027.

57. — .....ΕΛ ΔΙΑΔΟΥΜΕΝΙΑΝΟ[C]. Buste drapé, à droite.

℞. ....ΙΝΟΥ ΝΙΚΟΠΟΛΙΤΩΝ ΠΡΟC Ι. (Les deux dernières lettres à l'exergue.) Aigle éployé de face, tenant une couronne dans son bec.

Bronze, 0^m 026.

58. *Elagabale.* — ΑΥΤ Μ ΑΥΡ ΑΝΤΟΝΙΝΟC. Buste lauré et drapé, à droite.

℞. ΥΠ·ΝΟΒΙΟΥ ΡΟΥΦΟΥ ΝΙΚΟΠΟΛΙ Π....... Triptolème dans un char traîné par deux dragons, à droite.

Bronze, 0^m 027.

59. — ΑΥΤ Μ ΑΥΡΗ ΑΝΤΩΝΕΙΝΟC. Buste lauré et drapé, à droite.

℞. ΥΠ ΝΟΒΙΟΥ ΡΟΥΦΟΥ ΝΙΚΟΠΟΛΙ[ΤΩΝΠ ΡΟ]CΙC ΤΡΟΝ. (Les sept dernières lettres sont disposées horizontalement dans le champ.) Mars nu et casqué, debout, tenant une lance de la main gauche et appuyant la main droite sur son bouclier.

Bronze, 0^m 027.

60. — ΑΥΤ Κ Μ ΑΥ[Ρ...] ΑΝΤΩΝΕΙΝΟC. Tête laurée, à droite.

℞. ΥΠ ΝΟΒΙΟΥ ΡΟΥΦΟΥ ΝΙΚΟΠΟΛΙΤΩΝ ΠΡΟC ΙC ΤΡ ΟΝ (ΠΡΟC ΙC est placé à l'exergue ; les lettres ΤΡ et **ON** sont disposées verticalement de chaque côté du temple). Façade d'un temple tétrastyle, dans lequel on voit une divinité debout, tenant un sceptre.

Bronze, 0^m 027.

61. — **AYT K M AYPH ANTΩNEINOC**. Buste lauré et cuirassé, à droite.

℟. **NIKOΠOΛITΩN ΠΡOC ICTPON**. Serpent replié sur lui-même et levant la tête.

Bronze, 0^m 021.

62. — **AYT M AYP AN[TΩNIN]OC**. Buste radié et drapé, à droite.

℟. **YΠ NOBIOY POYΦOY NIKOΠOΛITΩN ΠΡOC IC TPON**. (Les deux derniers mots placés à l'exergue.) Jeune homme assis à gauche sur un rocher et adossé contre un arbre, la main droite posée sur la tête qui est tournée à droite. Au bas du rocher on voit un ours, et, derrière l'arbre, on aperçoit un cerf qui prend la fuite.

Bronze, 0^m 026.

Cette représentation est certainement celle du Mont Haemus, figuré comme un jeune chasseur, assis sur un rocher et désigné par le mot **AIMOC** sur des bronzes de Macrin, conservés à Londres et à Berlin. (Catal. du British Museum, p. 48, n° 49, fig.; Catal. du Musée de Berlin, p. 81, n° 49, pl. III, n° 25.)

63. — **AYT K M AYP ANTΩNINOC**. Tête laurée, à droite.

℟. **NIKOΠOΛITΩN ΠΡOC ICTP**. Hygiée debout à droite, nourrissant un serpent.

Bronze, 0^m 018.

64. — AYT M AYPH ANTΩNIN[OC]. Tête laurée, à droite.

℞. NIKOΠOΛITΩN ΠPOC ICTPON. Serpent enroulé sur lui-même et se dressant.

Bronze, 0ᵐ 017.

65. — A M AYPH ANTΩ....... Buste lauré et drapé, à droite.

℞. NIKOΠOΛITΩN ΠPOC ICTPON. (Les deux dernières lettres dans le champ.) Serpent enroulé autour d'un bâton.

Bronze, 0ᵐ 017.

66. *Gordien III*. — ....OPΔIANOC AYΓ. (Les deux dernières lettres sont liées). Tête laurée, à droite.

℞. NEIKOΠOΛITΩN ΠPOC ICTPON. Victoire debout, à gauche, tenant une couronne et une palme.

Bronze, 0ᵐ 022.

Tomi.

67. — Tête laurée de Zeus, à droite. Grènetis.

℞. TO. Aigle éployé de face. A gauche, T et Θ. Grènetis.

Bronze, 0ᵐ 019.

68. *Vespasien, Titus et Domitien*. — KAICAP OYECΠACIANOC. Tête laurée de Vespasien, à droite. Dessous, TOMI.

℞. TITOC KAICAP ΔOMITIANOC KAICAP. Têtes affrontées de Titus et de Domitien.

Bronze, 0ᵐ 018. *Pl. II, n° 9.*

69. *Commode*. — AYT K Λ AI AY KOMOΔOC. Buste lauré et drapé, à droite.

℣. [M]ΗΤΡΟΠ ΠΟΝΤ·Υ ΤΟΜΕΩC. Tyché debout, à gauche, tenant une corne d'abondance et un gouvernail. Dans le champ, **B**.

Bronze, 0ᵐ 021.

70. *Plautille*. — ΦΟΥΛΒΙΑ ΠΛΑΥΤΙΛΛΑ CΕΒ. Buste drapé, à droite.

℣. ΜΗΤΡΟΠ ΠΟΝΤ ΤΟΜΕΩC. Trophée entre deux captifs accroupis qui sont coiffés d'un bonnet phrygien. A l'exergue : Δ.

Bronze, 0ᵐ 026. *Pl. II, n° 10.*

Les Musées de Vienne et de Munich possèdent des monnaies de Septime Sévère portant le même type, et le Musée de Bukarest, une autre de Geta César. La date de ce groupe de pièces est donnée par celle de Plautille, frappée en 202 ou 203. M. B. Pick a pensé que ce trophée pouvait représenter le monument d'Adam-Klissi, élevé à l'occasion des victoires de Trajan et que l'on retrouve sur des monnaies de ce prince, frappées également à Tomi[1]. Je crois aussi que les monnaies de Macrin, frappées à Nicopolis (voy. n° 55), rappellent le même monument.

71. *Geta*. — Π CΕΠΤ ΓΕΤΑC Κ. Buste drapé, la tête nue, à droite.

℣. ΤΟΜΕΩC. Grappe.

Bronze, 0ᵐ 017.

72. *Sévère Alexandre*. — ΑΥΤ Κ Μ ΑΥΡ CΕΥΗ ΑΛΕΞΑΝΔΡΟC. Buste lauré et drapé, à droite.

℣. ΜΗΤΡΟ ΠΟΝΤΟΥ ΤΟΜΕΩC. (Les cinq dernières

---

1. *Das Monument von Adam-Klissi, auf Münzen von Tomis,* dans les *Archæologisch-epigraphische Mittheilungen aus Œsterreich,* t. XV, 1892, p. 18 à 20.

6

lettres sont à l'exergue.) Urne des jeux contenant deux palmes. Au dessus, Δ.

Bronze, 0^m 025.

73. *Gordien III et Tranquilline.* — AYT K M ANT ΓΟΡΔΙΑΝΟC AYΓ·CE TPAN KYΛ ΛΕΙΝΑ. Bustes affrontés de l'empereur lauré et drapé, à gauche, et de l'impératrice diadémée et drapée, à droite. Le nom de celle-ci est disposé en deux lignes horizontales sous les bustes.

℞. ΜΗΤΡΟ ΠΟΝΤΟΥ ΤΟΜΕ ΩC. (Les deux dernières lettres à l'exergue.) Pallas ou Rome Nicéphore assise à gauche, tenant une lance de la main gauche. A droite et à gauche, dans le champ, un Δ.

Bronze, 0^m 027.

Cf. Mionnet, *Supplément*, II, p. 204, n° 853.

74. *Philippe fils.* — M ΙΟΥΛΙΟC ΦΙΛΙΠΠΟC KAICAP. (Le dernier mot est placé sous les bustes.) Bustes drapés de Philippe fils, à gauche, et de Sérapis, à droite.

℞. ΜΗΤΡΟΠ ΠΟΝΤΟΥ ΤΟΜΕΩC. La ville de Tomi, figurée par une femme debout de face, qui s'appuie de la main droite sur un sceptre et qui tient une grande corne d'abondance de la main gauche. Elle pose le pied gauche sur la poitrine d'un homme nu, barbu qui, vu à mi-corps, semble la regarder. Ce personnage a la tête surmontée de deux pattes de crabe.

Bronze, 0^m 028.

On connaît d'autres pièces frappées sous Caracalla, Plautille et Maximin, avec le même type (Catalogue de Londres, p. 57, n° 26 ; p. 61, n°s 48 et 51 ; Catalogue de Berlin, p. 92, n° 14). M. Von Sallet a considéré le personnage qui est aux pieds de la ville comme une divinité fluviale; M. R. S. Poole l'a nommé simplement un dieu des eaux. M. Svoronos, remarquant que les divinités des fleuves portent généralement des cornes de taureau, et s'appuyant sur le titre de la ville de Tomi, Μητρόπολις Πόντου, a démontré qu'il fallait voir sur les pièces de Tomi la représentation du Pont-Euxin[1].

Il faut comparer le superbe bronze du Cabinet des médailles, connu sous le nom de l'Océan, qui représente un homme barbu, presque nu, dont la tête est surmontée de deux pattes de crabe[2].

75. — M ΙΟΥΛ ΦΙΛΙΠΠΟΣ ΚΑΙCΑΡ. Buste drapé, à droite.

℞. ΜΗΤΡΟΠ ΠΟΝΤΟΥ ΤΟΜΕΩC. (Les dix dernières lettres sont placées à l'exergue; M et E sont liés.) Griffon à gauche, posant la patte droite sur une roue. Dans le champ, à droite, Δ.

Bronze, 0ᵐ 026.

76. — Droit de la pièce précédente.

℞. ΜΗΤ ΠΟΝΤ ΤΟΜΕΩC. Hygiée debout, à droite, nourrissant un serpent. Dans le champ, à gauche, B.

Bronze, 0ᵐ 18.

---

1. Νομισμάτικα Ἀνάλεκτα, dans l'Ἐφημερὶς Ἀρχαιολογική, 1889, p. 95. Il a reproduit la pièce du Cabinet de France (pl. II, phototypie, n° 13).

2. A. Chabouillet, *Catalogue des Camées*, n° 3029. Ce bronze, haut de 33 centim., porte aujourd'hui le n° 3454 au Cabinet des médailles. Il provient du Cabinet de Moreau de Mautour et avait fait partie du Cabinet Foucault. Cf. Montfaucon, *Antiquité expliquée*, t. II, 2ᵉ partie, p. 425, pl. 190.

Extrait de la *Revue belge de Numismatique*, année 1891,
p. 129 à 135.

LE BRACELET

CONSIDÉRÉ COMME MOYEN D'ÉCHANGE

ANTÉRIEUR A LA MONNAIE FRAPPÉE

Il y a pour les questions historiques un moment où les recherches et les faits gagnent à être groupés et mis en lumière, car les études comparatives sont éminemment profitables à la science.

La note que je publie ici a précisément pour objet d'appeler l'attention sur un certain nombre d'articles fort intéressants pour l'histoire en général et la numismatique en particulier, articles sans doute très remarqués, chacun séparément, mais qu'il est nécessaires de rapprocher.

M. H. d'Arbois de Jubainville signalait récemment une notice irlandaise, antérieure au ${IX}^e$ siècle de notre ère, dans laquelle il était question d'un payement effectué au moyen de bijoux et de bestiaux. Parmi les bijoux figure un collier ou torques pesant trois onces [1].

1. H. D'ARBOIS DE JUBAINVILLE, *De l'emploi des bijoux et de l'argenterie comme prix d'achat en Irlande avant l'introduction du monnayage. Revue archéologique*, 1888, t. II, pp. 129-131.

Un bracelet d'or celtique du musée de Saint-Germain, communiqué à M. d'Arbois de Jubainville par M. Alexandre Bertrand, est considéré par ce dernier comme n'ayant pas été fondu pour être porté, mais pour servir de moyen de transaction après avoir été pesé dans la balance [1].

L'année dernière, M. le comte Alexis de Chasteigner publiait un article fort intéressant dans lequel il étudiait l'industrie métallurgique des peuples actuels de l'Afrique centrale, du Haut-Congo et du Haut-Sénégal.

Ces peuplades ont des colliers et des bracelets de bras ou de jambes, en or, en argent, et quand ils ne les font pas avec l'un des deux métaux, ils les fabriquent en fer et en cuivre. Mais ces bijoux ne sont pas pour eux de simples ornements et constituent le capital du possesseur.

« Dans le Haut-Sénégal, aussitôt une vente réali-
« sée, le produit est porté chez le forgeron, la mon-
« naie fondue, mise en lingots, puis martelée en
« bijoux, en bracelets surtout [2]. »

C'est au moyen de leurs bijoux que les noirs acquirent le grain apporté de France pendant la disette dont souffrit le Cayor (Sénégal) en 1863 et 1864. M. de Chasteigner, qui a pu voir alors ces bijoux, à Bordeaux, chez un fondeur, M. Dupouy, a constaté qu'il y avait des bracelets en fer à cheval

1. Cf. ALEX. BERTRAND, *Bull. Soc. des Antiquaires de France*, 1878, p. 69, et 1880, p. 240.
2. Cte ALEXIS DE CHASTEIGNER, *Archéologie contemporaine; Les premiers temps de l'industrie du fer dans l'Europe ancienne et dans l'Afrique moderne*, extrait du *Bulletin de la Société d'anthropologie de Bordeaux et du Sud-Ouest* (1887, t. IV), Bordeaux, 1888, p. 11.

plus ou moins ornés de dessins au trait ou au pointillé. D'autres, ronds avec bouts enroulés ou coulants l'un dans l'autre, étaient semblables à ceux trouvés en 1873, à Manson, près Clermont-Ferrand[1]. D'autres encore, en or et en argent, étaient identiques à des spécimens figurés dans le *Musée préhistorique*[2].

M. G. de Mortillet avait déjà signalé de son côté les bracelets de bronze servant de monnaies parmi les indigènes du Dahomey[3].

Le bracelet de bronze, appelé *manille*, est employé dans toute la lagune de Grand-Bassam et dans celle de Lahou. Ces bracelets viennent de France et surtout de Birmingham, au prix de 62 livres sterling la tonne. A Grand-Bassam, la manille valait 0 fr. 30 la pièce, mais, depuis que les huiles de palme ont baissé, elle ne vaut plus que 0 fr. 20. On voit souvent des paquets de 20 manilles[4].

Tout récemment, un explorateur distingué, M. J. de Morgan, a signalé une particularité des anciens anneaux de bronze recueillis au Caucase et dans l'Arménie russe. Le poids de ces anneaux présente toujours un multiple exact du poids du sicle assyrien qui est de 8 gr. 417, selon M. Oppert. La remarque, faite sur les anneaux recueillis par M. de Morgan, dans les nécropoles préhistoriques de l'Arménie, est appli-

1. *Mémoires de l'Académie de Clermont-Ferrand*, 1873, t. XV, p. 45.
2. G. et A. DE MORTILLET, *Musée préhistorique*, Paris, 1881, in-4°, pl. LXXXIX.
3. Lettre, *Revue belge de numismatique*, 1876, p. 297. — W.-B. Dickinson signale également des pendants d'oreille et des bagues ayant cours dans l'intérieur de l'Afrique, et étudie plusieurs textes de la Bible qui peuvent être relatifs à un usage analogue. (*Numismatic Chronicle*, t. VI, 1843-1844, p. 201 ; Cf. t. VII, p. 1.)
4. E. ZAY, *Histoire monétaire des colonies françaises*, 1892, p. 246-248, figure.

cable aux bracelets rapportés du Caucase par M. E·
Chantre et conservés au musée de Saint-Germain [1].
M. de Morgan considère que ces anneaux sont antérieurs aux plus anciennes monnaies lydiennes et en
conclut que les populations du Caucase auraient
inventé ainsi l'usage de la monnaie dans l'ancien
monde [2].

Il paraît peu probable que les civilisations récemment étudiées du Caucase et de l'Arménie remontent
au vi[e] siècle avant notre ère. Or, c'est à cette date
que l'on fixe généralement l'apparition de la monnaie
en Asie mineure [3].

Quoique les conclusions de M. de Morgan soient
contestables, son travail établit avec beaucoup de pro-
babilité que les bracelets de bronze étudiés par lui
ont été employés comme bijoux et comme objets
d'échange d'un poids déterminé.

M. de Morgan a étendu son enquête à des anneaux
trouvés en Europe et conservés au musée de Saint-
Germain, mais il déclare n'avoir pas rencontré de
pesées correspondant aux mesures assyriennes.
Aucun bracelet européen ne présenterait des caractères analogues à ceux de l'Arménie, parce que tous
sont plus ou moins ornés et ont été certainement
employés comme bijoux [4].

Nous avons dit plus haut que les bracelets des

1. L'un de ces derniers donne le poids exact du sicle.
2. J. DE MORGAN, *Note sur l'usage du système pondéral assyrien dans
l'Arménie russe à l'époque préhistorique*, note lue à l'Académie des Inscriptions, le 30 août 1889, et publiée dans *Revue archéologique*, 1889, t. II (sep-
tembre-octobre), pp. 177-187. Cf. p. 291.
3. B. HEAD, *Historia Numorum*, Oxford, 1887, introduction, p. XXXV.
4. *Revue archéologique, loc. laud.*, p. 187.

nègres du Sénégal et du Congo étaient plus ou moins ornementés, ce qui n'empêche pas les possesseurs de ces bijoux de s'en servir dans leurs transactions.

Le caractère particulier des bracelets de l'Arménie et du Caucase est d'avoir un poids fixe et ce fait intéressant indique la connaissance d'un système pondéral. Mais il ne faudrait pas conclure de là que les bracelets et les colliers n'ont pu servir de moyen d'échange en Europe, parce qu'on n'a pas encore constaté entre les divers objets examinés une relation arithmétique indiquant l'emploi d'un système pondéral. Il nous semble au contraire que l'anneau a dû précéder presque partout la monnaie frappée et qu'on donnait aux métaux cette forme qui les rendait facilement transportables. Au moment de conclure une transaction, on avait recours à la balance.

En Egypte, on employait comme signe conventionnel d'échange l'*outen* de bronze (91 grammes) qui était un fil reployé sur lui-même en forme de ∽ [1].

L'Egypte recevait d'Asie l'argent en anneaux d'un poids déterminé [2].

A El Kab, on voit une vente de grains effectuée contre des anneaux d'or que l'on pèse dans une balance [3].

---

1. Chabas, *Mélanges égyptologiques*, IIIe série, Paris, 1870-1874, t. I, pp. 217-225. Cf. Chabas, *Rech. sur les poids, mesures et monnaies des anciens Egyptiens*, Paris, 1876, et Fr. Lenormant, *La Monnaie dans l'antiquité*, t. I, 1878, p. 94 et suiv.

2. G. Maspero, *L'archéologie égyptienne*, coll. Quantin, p. 296.

3. P. Pierret, *Dictionnaire d'archéologie égyptienne*, Paris, 1875, p. 352. Voyez une figure représentant une vente analogue, dans *Monnaies et médailles*, par Fr. Lenormant, Coll. Quantin, fig. 1 et 2.

César nous dit que les Bretons se servent d'anneaux de fer en guise de monnaies[1].

Cette coutume persista longtemps en Bretagne, car M. C. Roach Smith cite plusieurs passages du poème de Béowulf où il est question d'anneaux comme de monnaies. M. Roach Smith déduit de ces textes et de diverses autres considérations que les Anglo-Saxons n'avaient pas à l'origine de monnaie nationale et qu'ils suppléaient à cette lacune par l'usage d'ornements pesant un poids déterminé[2].

On a expliqué, comme étant la représentation d'anneaux-monnaies entrelacés, les figures que l'on remarque sur des boucles et des plaques mérovingiennes, sur des sceattas et sur des deniers de Pépin, de Charlemagne et de Beaudouin, comte de Flandre[3].

Sans admettre que les rouelles ont été des monnaies[4], on peut bien croire que les bracelets et les torques, trouvés en Europe et particulièrement sur le

1. *De bello Gallico*, l. V, c. XII : « Utuntur aut aere, aut annulis ferreis, ad certum pondus examinatis, pro nummo. »

2. *On Some Anglo-Saxon remains*, dans l'*Archaeologia*, Londres, 1846, t. XXXI, pp. 398-403. Cf. KEARY, *Catalogue of english coins, Anglo-Saxon series*, t. I, 1887, p. VI à IX.

3. Cᵗᵉ MAURIN NAHUYS, dans la *Revue belge de Numism.*, 1888, p. 447 et *Explication d'un emblème franc, anglo-saxon, etc.*, dans le t. III des *Annales de la Société d'Archéologie de Bruxelles.*

4. Il y a beaucoup à dire sur les anneaux servant de monnaies. *Voy.* HOLMBOE, *De prisca re monetaria Norvegiae*, Christiana, 1841, in-4°, p. 6 (anneaux-monnaies *baugr.*, pluriel, *baugar*); *Numismatic Chronicle*, 1853, t. XVI, p. 150; 1854, t. XVII, p. 62; 1858, t. XX, p. 149. Voir surtout un important article de DONOP et GROTEFEND, *Das älteste Geld*, dans *Blätter für Münzkunde* (de Grote), Leipzig, 1838, t. IV, p. 37, pl. x-xi. On y trouvera des pesées d'anneaux divers, d'après les travaux de sir William Betham, dans les *Transactions of the royal irish Academy*, à Dublin (séances des 23 mai, 27 juin, 28 novembre 1836 et 9 janvier 1837). FRANZ V. KISS, *Die Zahl und Schmuck Ringgelder*, Pest, 1859, 79 p. in-8° et 3 pl. Cf. BONSTETTEN, *Revue Archéol.*, 1870-1871, p. 44. A. MOREL-FATIO, *Annelets lacustres*, Bull. Soc. suisse de numism., t. V, 1886, 54.

sol de la Gaule, représentaient aux yeux de leurs possesseurs un capital facilement négociable par voie d'échange.

Beaucoup de trouvailles de bracelets ont été disséminées, mais si l'on faisait sérieusement une étude comparée des bijoux en forme d'anneaux, connus aujourd'hui en assez grand nombre[1], il est permis d'espérer que l'on arriverait à des résultats utiles au point de vue spécial qui nous occupe, c'est-à-dire la question de la monnaie primitive des habitants de notre sol.

En tout cas, notre but, en rédigeant cette note, était de montrer par des exemples historiques et ethnographiques que les anneaux ont souvent été à la fois des bijoux et des moyens d'échange.

1. Trésors de Matignon (1880), de Plouharnel (1849), de Belz (1862), du Hinguet ou de Quintin (1832) ; dans *Trésors archéologiques de l'Armorique occidentale*, album de la Société d'émulation des Côtes-du-Nord, Rennes et Saint-Brieuc, 1884-1886 ; Cf. *Archæologia*, Londres, 1838, t. XXVII, p. 12, note *m*, où il est fait mention de la monnaie d'anneaux des Celtes. Pour les bijoux gaulois, *Voy.* S. REINACH, *Catalogue du Musée de Saint-Germain* (cat. sommaire), pp. 176-179 ; E. CARTAILHAC, *L'or gaulois*, dans la *Revue d'anthropologie*, 1889, etc.

Extrait de l'*Annuaire de la Société française de Numismatique*,
année 1891, p. 81 à 86.

NOTES NUMISMATIQUES

I

M. W. Frœhner, entre les mains duquel passent
tant de monuments intéressants, vient de publier un
moyen bronze « comme on n'en voit pas souvent »,
dit spirituellement le savant auteur [1].

La description de M. Frœhner étant présente à
l'esprit de tous les lecteurs, il est superflu de la
reproduire. Je veux seulement proposer un rapprochement qui n'est pas dénué d'intérêt.

On connaît des grands et des moyens bronzes [2]
d'Alexandre Sévère portant la légende IOVI VLTORI P
M TR P III COS PP· Ils représentent un temple à six
colonnes dont le fronton triangulaire est orné, au
sommet, d'un quadrige de face et aux angles d'un
bige de face. Au milieu du temple, entre les colonnes
séparées par groupes de trois, on voit Jupiter, assis
de face, tenant un sceptre et un foudre. Le temple
est entouré d'une enceinte composée de galeries

1. *Annuaire de la Société française de numismatique*, 1890, p. 469.
2. Cohen, première édition, t. IV, n° 268, pl. i, deuxième édition, t. IV,
p. 411, n°⁵ 103 et 104. M. Gréau possédait autrefois un médaillon au même
type (Cohen, n° 102). Ce type, que Vaillant connaissait déjà, est reproduit
également par Stevenson, *Dictionary of roman coins*, Londres, 1889, p. 486.

couvertes latérales qui semblent se continuer derrière le temple. Devant le temple, on voit deux édifices couverts réunis par un portique composé de trois arcades et surmonté de cinq statues. En avant du portique, un escalier de plusieurs marches, vu en perspective, est précédé d'une sorte de balustrade qui permet de croire que l'on avait accès à l'escalier central par des escaliers latéraux.

Le moyen bronze d'Elagabale, décrit par M. Frœhner, est daté de l'an 222. Les monnaies d'Alexandre Sévère, son successeur immédiat, appartiennent à l'année 224. On est donc en droit de comparer les formes architecturales des monuments figurés sur ces pièces diverses.

Que l'on examine maintenant les différentes parties des bâtiments qui se correspondent sur les monnaies, en tenant compte du travail qui est beaucoup plus grossier pour le moyen bronze d'Elagabale. Les deux édifices situés en avant du temple sont très analogues Il est donc évident que les traits verticaux, dans lesquels M. Frœhner a cru voir des trépieds, figurent simplement le portique avec ses arcades; et je ne serais pas étonné que les motifs assez indistincts, tracés au dessus, représentassent des statues. La série des traits longitudinaux placée en avant des deux bâtiments doit figurer des marches. Quant aux traits horizontaux et verticaux, croisés et placés encore plus en avant, que M. Frœhner a considérés comme les piliers d'un pont, il faut certainement y chercher cette espèce de balustrade signalée, sur les monnaies d'Alexandre Sévère, à une place absolument correspondante.

Si l'on admet avec moi que le moyen bronze d'Elagabale donne une représentation moins nette et moins complète d'un temple analogue à celui qui est figuré sur les monnaies d'Alexandre Sévère, il faut renoncer à chercher un pont sur la pièce et par suite abandonner l'interprétation de M. Frœhner qui voit dans l'un des temples l'*Eliogaballium*, situé à une faible distance du Tibre.

Les médailles d'Alexandre Sévère portent IOVI VLTORI. On en a conclu qu'elles représentent le temple de Jupiter Ultor qui aurait été construit sous Alexandre Sévère[1]. On ne connaît pas le temple de Jupiter Ultor, et l'on peut contester que les représentations des monnaies se rapportent au temple de Jupiter Capitolin plutôt qu'à celui de Jupiter Tonnant. En tous cas, comme les monnaies d'Elagabale et d'Alexandre Sévère sont frappées à deux ans d'intervalle, il y a de grandes probabilités pour que toutes ces pièces représentent un seul et même temple, entouré d'une enceinte et auquel on avait accès par un escalier monumental.

---

1. Rasche, *Lexicon Universæ rei Numariæ*, t. II, 2ᵉ partie, col. 903. Cf. Cavedoni, *Revue archéologique*, t. IX, 1852, p. 142, pl. 187, n° 8.

II

L'article publié par M. J. Guiffrey[1] sur les intéressantes médailles d'Héraclius et de Constantin, dont l'une a motivé de la part de M. Frœhner[2] de sagaces observations, m'a amené à faire quelques remarques qu'il est utile de consigner ici pour qu'elles puissent servir à ceux qui s'occuperont plus tard de ces médailles.

Je dois dire tout d'abord que je ne crois pas à la possibilité de la lecture ΑΠΟΛΗΥΙC proposée par M. Frœhner au lieu de ΑΠΟΛΙΝΙC donnée par la plupart des auteurs. Quelque séduisante que soit cette nouvelle leçon, je ne pense pas qu'on puisse l'admettre. J'ai eu entre les mains la médaille reproduite sur la planche et j'en possède encore un moulage; je peux donc affirmer que l'on ne doit pas lire les lettres ΗΨ. Ces deux caractères se trouvent dans d'autres mots des légendes grecques et ont une forme nettement caractérisée; le Ψ en particulier se voit dans le mot ΥΨΙCΤ(ο)ΙC qui figure au revers de la pièce. Comme les caractères grecs du droit de la médaille ont certainement été tracés par la même main que ceux du revers, la lettre dans laquelle M. Frœhner pense voir un Ψ devrait être analogue à celle du revers. Or il n'y a aucune ressemblance entre les deux caractères. Du reste, ce mot ΑΠΟΛΙΝΙC a toujours

1. *Revue numismatique*, 1890, p. 86 à 116, pl. IV et V.
2. *Annuaire de la Société fr. de numismatique*, 1890, p. 472.

embarrassé les commentateurs et même on l'a lu
ΑΠΟΝΙΚΗϹ[1].

En comparant les deux médailles, j'ai été frappé
d'une certaine correspondance entre les titres de
Constantin et d'Héraclius.

1° CONSTANTINVS·IN XPO·DEO·FIDELIS·IMPERATOR·
ET·MODERATOR ROMANORVM·ET·SEMPER·AVGVSTVS·

2° ΗΡΑΚΛΕΙΟϹ · ΕΝ · Χ͞Ω · ΤΩ · Θ͞Ω · ΠΙϹΤΟΟ (lisez
ΠΙϹΤΟϹ·ΒΑϹΙ·ΧΑΙ·ΑΥΤΟ·ΡΩ·ΝΙΚΙΤΗϹ·ΚΑΙ·ΑΘΛΟΘΕΤΗϹ
·ΑΕΙ·ΑΥΓοΥϹΤΟϹ.

Si l'on excepte les titres de *vainqueur et triompha-
teur*, qui sont donnés seulement à Héraclius vainqueur de Chosroes et triomphant dans son char, les
légendes se correspondent parfaitement[2].

La première médaille doit représenter Constantin
le Grand, et non Constantin Paléologue, comme l'ont
dit certains auteurs. En effet, Constantin Ier est un
empereur romain et il a favorisé l'établissement du
christianisme : la légende de sa médaille est en latin,
et le revers exprime certainement le triomphe de la
croix. Héraclius est un empereur byzantin et il a
reconquis la Croix sainte enlevées par les Perses; la
légende de sa médaille est en grec et le revers nous
montre le prince triomphant rapportant la croix.

Quelques personnes ont pensé que les deux

1. *De Lucernis Antiquorum Reconditis...* Autore Fortunio Liceto, Udine,
1652, col. 985. L'auteur parle de la médaille dans un chapitre intitulé : « De
Quatuor lucernis Imperatoris Heraclii triumphantis. »

2. Sur le dessin de la médaille d'Héraclius donnée par Charles Patin
(*Introduction à la connaissance des médailles*, 2e édition, 1667, p. 175), lo
légende se termine par ΝΙΚΗΤΗϹ ΚΑΙ ΝΟΜΟΘΕΤΗϹ. Ce dernier
mot est probablement une mauvaise lecture de ΑΘΛΟΘΕΤΗϹ.

médailles n'étaient pas de la même époque. Je partage cette opinion si l'on veut parler des exemplaires qui sont reproduits sur les planches du travail de M. Guiffrey. La médaille de Constantin est creuse et composée de deux plaques d'argent dont la soudure est visible sur la tranche : cette façon de procéder était très en faveur parmi les médailleurs de Nuremberg, vers le milieu du xvie siècle. L'exemplaire du Cabinet de France n'est peut-être qu'une reproduction faite à cette époque.

Quant à la médaille d'Héraclius, parmi les exemplaires que j'ai eu l'occasion de voir, celui qui appartenait à feu M. P. Rattier m'a paru le plus net[1] ; mais je considère comme plus ancien l'exemplaire en plomb conservé au Musée de South-Kensington, à Londres, lequel est d'une grande finesse et malheureusement détérioré par places.

Nous ne connaissons certainement pas les originaux, mais, en comparant les deux médailles, on arrive à penser qu'elles sont de la même main. La tête et le costume de Constantin ressemblent fort à ceux d'Héraclius assis dans son char; le cheval de Constantin est absolument dans le même mouvement que le cheval de droite du char d'Héraclius. Ces remarques jointes à celle de la correspondance des sujets et des légendes semblent bien prouver que les originaux étaient des œuvres du même artiste.

Comme les numéros 234 et 235, qui se trouvent sur la médaille de Constantin, sont d'une explication difficile, il me paraît utile de signaler qu'ils manquent

---

1. Cet exemplaire paraît être d'un alliage analogue au billon.

sur un exemplaire en bronze de la même médaille conservée au Musée de South-Kensington.

Au sujet de la médaille de Constantin, je dois faire encore deux remarques. En décrivant le revers de cette pièce, M. Guiffrey a dit que le pied de la jeune femme était posé sur un serpent. L'animal est un quadrupède à tête allongée et ayant une queue munie de longs poils. C'est peut-être un renard, symbole de la ruse et de la perfidie.

On a dit que la vasque de la fontaine figurée sur le même revers était décorée d'arabesques et d'animaux. En examinant l'original, j'ai découvert qu'il s'agit d'un motif bien plus intéressant : c'est Hercule enfant étouffant les deux serpents. L'artiste a utilisé les serpents en faisant jaillir de leur gueule l'eau qui alimente le bassin.

Cette remarque a son importance, car elle montre que la médaille n'est pas exempte de toute influence antique.

Le sommet de la croix est orné aussi de quatre têtes de serpent d'où s'échappe l'eau qui retombe en pluie fine.

Je ne crois pas qu'on puisse prétendre avec M. Frœhner que les médailles ont été faites par un orfèvre viennois de la seconde moitié du xvie siècle [1].

Car les exemplaires que nous connaissons ne sont, je le répète, que des reproductions, et quand bien même ces copies auraient une provenance allemande, on ne saurait en conclure que les originaux ne venaient pas d'Italie.

---

1 Je partage complètement son opinion quand il refuse de donner à ces pièces Constantinople pour patrie.

Extrait de la *Revue belge de Numismatique*, année 1891,
p. 567 à 570.

A Monsieur G. Cumont, *secrétaire de la Société
royale belge de numismatique.*

Monsieur et cher Confrère,

Dans votre intéressant article, publié dans cette
même *Revue*, en 1890 [1], vous parliez de neuf pièces
franques, trouvées dans le cimetière de Noroy, canton de Saint-Just-en-Chaussée (Oise). Vous en parliez
d'après un article de M. Bazot dont les descriptions
vagues, qui accompagnaient une planche d'une étude
difficile, vous permettaient seulement de faire des
suppositions.

J'ai en ce moment, entre les mains, les empreintes
de ces curieuses monnaies qui sont conservées au
musée d'Amiens et qui ont été indiquées sommaire-
ment dans le *Catalogue des objets d'antiquité et de
curiosité exposés dans le musée de Picardie* (Amiens,
1876, p. 129, n° 1325).

J'ai pensé qu'il vous serait agréable de connaître
les rares observations que j'ai pu faire sur ces
petites pièces dont le module est variable. Voici le
résultat de mon étude :

1° ƆNIV—NAVC. Buste allongé, à droite.

1. *Revue belge de numismatique*, 1890, pp. 229 à 231.

Rev. VCI—//ΛV. Figure debout (de face?), tenant une lance dans la main droite et appuyant la main gauche sur un bouclier posé à terre.

Diamètre, 9 millimètres.

2° ƆNIV—NΛ.. Buste allongé, à droite.

Rev. VCI—/ΛV. Personnage semblable à celui du revers précédent.

Diamètre, 8 millimètres 1/2.

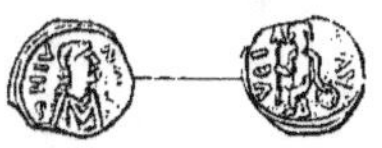

3° ƆNIV—//VC. Buste allongé, à droite.

Rev. V//—ΛΛV. Personnage semblable à celui des revers précédents.

Diamètre, 8 mill. Bord ébréché.

4° ƆIIVΛ—ΛΛVC. Buste allongé, à droite.

Rev. VCI—NΛV. Personnage semblable à celui des revers précédents.

Diamètre, 8 millimètres.

5. ƆNIVI—/////. Buste allongé, à droite.

Rev. VII—////. Personnage semblable à celui des revers précédents.

Diamètre, 8 mill. Bord ébréché.

6. ////—NΛV/. Buste allongé, à droite.

Rev. V/I—VΛV. Personnage debout semblable à celui des revers précédents.

Diamètre, 8 millimètres.

7. ƆΛRCE—NTIS//. (Lecture très douteuse.)

Rev. OI////. Figure assise, à gauche, et tenant une croix dans la main droite.

Diamètre, 13 millimètres.

8. I/IVA///. Buste diadémé, à droite.

Rev. IIII—III. Personnage dont le corps est formé par un quadrilatère ressemblant à un gril.

Diamètre, 13 millimètres.

9. AIVI—ИIVI. Buste diadémé, à droite.

Rev. ITV—ITV. Personnage debout qui paraît tenir une lance et un bouclier.

Diamètre, 13 millimètres.

Je n'ai pas le poids exact de chacune de ces pièces, mais nous savons par l'article de M. Bazot que les plus petites pèsent 7 à 9 centigrammes. Le poids des trois dernières est de 23 centigrammes pour l'une, de 24 pour l'autre et de 31 pour la troisième.

La lecture de ces pièces est fort difficile. Toutefois, on peut voir par les légendes des numéros 1 à 6 que nous sommes en présence d'un groupe déjà caractérisé par le petit diamètre des pièces. Les deux premières lettres sont faciles à interpréter et signifient évidemment *Dominus noster*. On lit ensuite IV (sur les n°s 5 et 6, il y a IVA et IVI), puis une lettre qui me paraît certainement un N, enfin le groupe AVC dont l'interprétation est facile. Il faut donc chercher un nom d'empereur commençant par IV. Il me semble que celui de Julius Nepos (474-475) conviendrait assez bien, puisqu'il explique le groupe IV (IVA et IVI) et aussi la lettre N qui serait l'abréviation de Nepos. On m'objectera que nous ne connaissons pas de monnaies d'argent de cet empereur avec ce type et ces abréviations ; mais il ne faut pas perdre de vue qu'il s'agit d'une fabrication locale et barbare. Un tiers de sou de cet empereur offre du reste une légende bien irrégulière, car il porte ƆN IVI NIOPOS, etc. (Cohen, 1ʳᵉ édit., n° 14.) En tout cas, le règne de Julius Nepos convient parfaitement comme époque d'émission des petites monnaies de Noroy, puisque toutes les pièces analogues sont de la fin du ve siècle ou du commencement du vi^e. Je m'abstiens de faire des commentaires au sujet des trois dernières pièces qui, par leur module et leur poids, ont un grand rapport avec celles d'Eprave. Je voulais seulement attirer de nouveau votre attention sur un groupe très différent de ceux que vous avez si bien étudiés.

Veuillez agréer, Monsieur et cher Confrère, l'assurance de mes sentiments distingués.

Extrait de l'*Annuaire de la Société française de numismatique*, année 1890, p. 226 à 230.

L'AMPUTATION DE LA MAIN

DANS LES ANCIENNES LOIS MONÉTAIRES

Dans une note intéressante, M. W. Frœhner a récemment parlé du *gant dans la numismaïique byzantine*[1]. Le point de départ de cette étude a été la découverte d'un sou d'or des ducs de Bénévent, qui porte dans le champ un symbole en forme de main, avec le poignet orné d'un croisillon. Cette ornementation spéciale nous force évidemment à voir un gant dans ce curieux symbole, et l'on approuvera aussi l'explication qui repose sur la signification juridique du gant chez les peuples de race germanique[2].

Tout en admettant la thèse ingénieuse de M. Frœhner, excellente pour ce cas spécial, nous avons craint que les numismatistes ne fussent tentés de voir désormais des gants dans la majeure partie des types monétaires en forme de main.

----

1. *Annuaire de la Société française de numismatique*, 1890, p. 175-178.
2. Nous ne savons si les exemples d'investiture par le gant sont fréquents au IXᵉ siècle, mais il y a dans la *Chanson de Roland*, des passages mentionnant un acte qui s'en rapprochent beaucoup. Le duc Naimes demandant à être envoyé en ambassade, dit au roi : « Livrez m'en ore le guant et le bastun » (vers 247 ; cf. 281). Cependant il est possible que le gant, donné à l'ambassadeur, fût destiné à la provocation. (Voy. J. Quicherat, *Histoire du costume*, p. 144.)

Nous sommes persuadé, au contraire, que beaucoup de monnaies offrent la représentation d'une main coupée, et ce type est facile à expliquer, car l'amputation de la main est une peine édictée fréquemment contre les faux monnayeurs.

C'est ce qui résulte des textes suivants :

1º Et sicut contra hoc fuisse comprobatus fuerit, quia non majorem fraudem facit si mixtum denarium et minus quam debeat pensantem, monetaverit, quam si in purgatione et concambio argenti per malum ingenium, fraudem de argento rcipublicæ et de argento rerum ecclesiasticarum et de facultate pauperum fecerit, sicut constitutum est de falsis monetariis in libro quarto capitulorum trigesimo tertio capitulo, manum perdat, et ut sacrilegus ac pauperum spoliator publicæ penitentiæ judicio episcopali subjiciatur. In illis autem regionibus in quibus secundum legem romanam judicia terminantur, juxta ipsam culpabilis judicetur.

(Edit de Pitres, 864 ; D. Bouquet, t. VII, p. 657 et
seq. ; § XIII.)

2º Ut si aliquis homo a proximis kalendis Julii de hac nova nostra moneta mixtum vel minus quam debeat pensantem denarium invenerit constringat eum qui ipsum denarium ad negotiandum protulit, et ipse dicat a quo eum accepit et sic de manu ad manum veniat usque dum ad falsitatis auctorem perveniatur. Et inventus mixti vel minus quam debeat pensantis denarii monetator in illa terra in qua judicia secundum legem romanam terminantur, secundum ipsam legem judicetur. Et in illa terra in qua judicia secundum legem romanam non judicantur, monetarius, sicut supra diximus, falsi denarii manum dexteram perdat, et qui hoc consenserit, si liber est, sexaginta solidos componat, si servus vel colonus, nudus cum virgis vapulet.

(Edit de Pitres, § XVI.)

3º Faber vero qui post præfatas kalendas comprobatus fuerit aurum vel argentum ad vendendum vel emendum adulterasse vel misculasse in illis regionibus in quibus judicia secundum legem romanam terminantur, juxta illam legem puniatur. In aliis autem regionibus regni nostri secundum capitulare regium, sicut falsam monetam percutiens, manum perdat. Et liber homo qui hoc consenserit sicut in præfato continetur capitulo, bannum nostrum, id est 60 solidos, componat, colonus vel servus nudus cum virgis flagelletur. Si vero judæus fuerit, ipsum quod mixtum protulerit perdat et bannum nostrum componat.

(*Edit de Pîtres*, § XXIII.)

4° Si quis sine jussionem regis aurum figuraverit aut moneta confinxerit, manus ei incidatur. (*Leges Langobardorum; Edictus Rotharii*, c. 242 ; Pertz, *Leges*, t. IV, p. 60.)

5° Si quis sine jussione regis aurum figuraverit aut munita confixerit, manus ei incidatur. (C'est le même texte que le précédent, avec des variantes; Pertz, p. 268.)

6° De falsa moneta jubemus, ut qui eam percussisse comprobatus fuerit, manus eius amputetur. Et qui hoc consenserit, si liber est, 60 solidos componat, si servus, 60 ictus accipiat. (*Leges Langobardorum, Liber Papiensis Ludovici Pii*, § 25; Pertz, *Leges*, t. IV, p. 534.)

7° Qui solidos adulteravit, circumciderit sive raserit, ubi primum hoc judex agnoverit, statim eum comprehendat : et si servus fuerit, eidem dextram manum abscindat.

....

Qui autem falsam monetam sculpserit sive formaverit quæcunque persona sit, simili sententiæ et penæ subjacebit. (*Leg. Wisigh.*, liv. VII, tit. VI; A. Heiss, *M. des rois wisigoths d'Espagne*, p. 88; P.-C. Robert, *Numism. de la province du Languedoc*, II, p. 31.)

8° Statuimus ut una moneta sit per omnem Regis ditionem, et nemo monetam cudat extra portam. Et si monetarius reus fieret, manus ejus abscindatur, quacum reatum commisit, et affigatur fabricæ monetariæ. Et si tunc accusatus sit, et ipse se purgare velit, tunc abeat ad candens ferrum, et purget manum ab illo cujus est accusatus quod fraudem hanc fecerit. Et si tunc in ordalio reus fieret, fiat ei quodlibet sicuti antea dictum est. (*Leges Æthelstani*; c. 14, De monetariis; D. Wilkins, *Leges anglo-saxonicæ*, Londres, 1721, 4°, p. 59.)

On remárquera, dans les divers passages de l'édit de Pîtres, la distinction nettement établie entre les pays jugés selon la *loi romaine* et ceux qui suivent l'autre loi. Or, dans la *loi romaine*, nous ne trouvons pas la peine de l'amputation d'une main infligée aux faux monnayeurs, mais la peine capitale[1]. L'amputation de la main paraît bien être une peine d'origine germanique, car nous la retrouvons dans la loi des Burgondes comme punition de divers délits[2].

D'après les textes que nous avons réunis, il est évident que l'amputation de la main était une peine édictée assez fréquemment contre les faux monnayeurs. Il est donc possible que cette coutume se soit perpétuée assez longtemps et qu'elle soit l'origine du type de la main sur certaines monnaies féodales[3], comme celles de Bernard-Guillaume, duc de Gascogne (984-1010)[4].

On a publié récemment un curieux denier flamand du XIIIe siècle, portant d'un côté une croix semblable à celles des deniers d'Alost. De l'autre côté, on voit un personnage debout, portant des éperons, et tenant une hache des deux mains ; sous le fer de l'arme, on voit une grande main, les doigts étendus, qui tombe évidemment tranchée par la hache. On a vu dans ce type une allusion à la justice sévère de Baudouin VII, dit à la hache[5], ou au droit de main-

---

1. Et aussi le feu et la déportation. *Cod. Theod.*, liv. IV, t. XXI à XXIII. Cf. Le Blant, *Rev. archéolog.*, 1889, I, p. 151.

2. *Leges Burgundionum, Liber legum Gundebati*, Pertz, *Leges*, t. III, p. 536, 544, 559, 573.

3. Exception faite des monnaies portant une dextre bénissante.

4. M. R. Serrure nous a signalé sur des monnaies serbes du XIVe siècle un symbole qui est certainement une main ou un gant. (Voy. Ljubic, *Opis Jugoslavenskih Novaca*, Agram, 1875.)

5. La pièce est bien postérieure à ce prince (1111-1119).

morte[1]. Ne pourrait-on pas y voir une allusion au supplice qui attendait le faux monnayeur ? A ceux qui objecteront qu'il est singulier de voir une monnaie porter l'emblème d'une peine juridique, nous rappellerons que les billets de banque actuels portent la mention du châtiment qui attend le contrefacteur.

Nous ne voulons pas du reste attacher à notre hypothèse plus d'importance qu'elle n'en mérite. Notre but était surtout de réunir un certain nombre de textes intéressants pour l'organisation monétaire d'une époque sur laquelle on sait peu de chose à ce point de vue.

1. C. Van Peteghem, *Monnaies et jetons de Courtrai et de sa châtellenie* *Revue belge de numismatique*, 1889, p. 166, fig.

Extrait de *l'Annuaire de la Société de Numismatique*,
année 1888, p. 304 à 314.

SCEAU

DE LA MONNAIE DE TOURNAI

Le sceau que nous publions figure sous le numéro
7212 dans l'inventaire dressé pour le compte de la
section sigillographique du musée de Bruxelles et
comprenant les empreintes de sceaux recueillies par
Alexandre Pinchart dans les archives de la Belgique [1].

....ESPⱫOVVOS Z LES ƆPAᴦⱤOⱤS DE LE MOV-
ⱤOIE DET..... Entre deux lignes concentriques renfermées elles-mêmes entre deux grènetis.

1. Cette empreinte a été communiquée à la Société belge de numismatique
dans l'assemblée de Namur, le 11 mai 1884, par M. Pety de Thozée, qui ren-
voyait aux lettres de l'an 1352 conservées aux archives de Tournai, 28e tiroir.
M. Maques, archiviste de Tournai, nous a obligeamment transmis les renseignements relatifs à la teneur du titre en question.

C'est une lettre, datée du 19 mai 1352, donnée par les prévôts, ouvriers et
monnoyers du Roi, à Tournai, et ayant pour objet d'entériner une transaction
où figurait comme partie intéressée un « Jehans Escarlatte, monyers »
mineur émancipé pour la circonstance. Faut-il conclure de ce fait que la
Monnaie avait la faculté d'émanciper ceux qu'elle employait ?

Le procès avait été jugé successivement par les échevins de Tournai, les
eswardeurs, les jurés, la Cour du parlement de Paris. Le point de départ du
litige était la question de savoir qui était propriétaire d'une maison hypo-
théquée dont le créancier hypothécaire était devenu possesseur à titre précaire par suite de l'insolvabilité de son débiteur.

Le moulage du sceau de Tournai a été mis obligeamment à notre disposition par M. R. Serrure.

Edifice composé d'une façade flanquée de chaque côté d'une tourelle à trois étages. La tour centrale présente un grand portail à la voûte duquel est suspendu un écu semé de six lis, posés, 3, 2, 1. Au dessus, entre deux fenêtres, une rose dont le dessin est indistinct. Au second étage s'ouvrent trois fenêtres, celle du centre beaucoup plus large.

Le toit, conique, paraît imbriqué, et les encognures sont relevées en volutes.

La cassure de l'empreinte effleure le toit des tourelles et coupe le toit central que traversait le grènetis.

L'édifice est entouré d'un cercle de lobes dont les angles rentrants intérieurs sont ornés de lis.

Le cercle est interrompu par la base et le toit des tourelles.

Sceau rond de 45 mill., pendant, à double queue, en cire brune.

Le monument représenté sur ce sceau paraît être le beffroi de Tournai, le plus ancien de Belgique [1].

1. *Tournai ancien et moderne*, par A.-F.-J. Bozière. Tournai, 1864, p. 320.

Cet édifice, muni de ses contreforts, de ses deux galeries crénelées et de son campanile, au centre de l'enceinte fortifiée de la ville, est figuré sur des sceaux, au champ semé de lis, qui sont appendus à des chartes de 1370 et 1371 [1].

Le clocher à flèche était surmonté d'une girouette, un dragon ailé de six pieds de diamètre. Les campaniles et les contreforts datent seulement de 1294.

Le beffroi, incendié en 1391, a dû présenter des aspects différents, par suite de remaniements successifs.

Du reste, il ne faudrait point s'étonner si la représentation du sceau n'offrait pas une ressemblance parfaite avec le monument, car les graveurs de sceaux ont souvent traité leurs sujets avec plus ou moins de fantaisie.

La présence des lobes fleurdelisés et de l'écusson semé de lis s'explique facilement sur un scel de monnaie royale. Un peu plus tard, Charles V ordonnera aux Tournaisiens de faire un scel « portraité d'une tour, avec fleur de lis [2] ».

Parmi les empreintes qui ont une certaine ressemblance de type avec le sceau de la monnaie, il convient de citer celle-ci :

✠ SIGILLUM : AD : CAUSAS : CIUI : .ORNACENSIS Château à trois tours, sur champ festonné et bordé de lis [3].

---

1. BOZIÈRE, *op. cit.*, pl. XXX ; cf. G. DEMAY, *Inv. des sceaux de la Flandre*, n° 4101, sur une pièce de 1428.

2. BOZIÈRE, p. 320 ; charte de février 1366.

3. G. DEMAY, *Inv. des sceaux de l'Artois*, n° 1061, appendu à une quittance de 1397.

Le plus ancien hôtel affecté à la fabrication des monnaies était situé dans l'Ile de Saint-Pancrace-en-Bruille. Sous Charles V (1364-1380), on y fabriquait des monnaies d'or et de billon.

Les comptes communaux de 1414 citent cet atelier dans les termes suivants : « Le capielle de Saint Pancrace en le maison de la monnoie » ; et ailleurs : « maisons adjacentes à la monnoie au pied du pont « du Castiel. »

Un autre document dit encore : « Lorsque le Sei-« gneur de Mortagne eut vendu l'Isle de Saint Pan-« crace à la commune de Tournay, la chapelle dudit « saint servit aux ouvriers de la monnoie. L'évêque, « Guy de Bologne, ayant cédé au roy ce droit en « 1340 (*sic*), le roi cédant aux magistrats de Tournay « le droit des châtelains, alors les titres de cette « chapelle furent transportés dans la Tour des Six[1]. »

Tournai ne devint pas tout d'un coup une monnaie royale. Un court résumé des faits montrera comment l'atelier se forma.

En 1202, Philippe-Auguste avait acheté d'Evrard des Vignes le tiers des émoluments de la monnaie de Tournai[2]. Toutefois, la fabrication monétaire ne fut pas placée dès ce moment sous l'autorité du roi de France.

On a vivement discuté la question de savoir si Philippe-Auguste et Louis VIII ont frappé monnaie à Tournai. Aujourd'hui, la plupart des numismatistes ont adopté la solution négative[3].

1. Ms. *Varii Eventus*, n° ccxxxv de la Bibl. publique. Bozière, p. 316.
2. F. DE SAULCY, *Ateliers monétaires*, p. 94.
3. E. GARIEL, *Rev. belge de Num.*, 1881, p. 140 et 373. — EM. TAILLEBOIS, *Rev. belge*, 1881, p. 302. — Général COCHETEUX, *Rev. belge*, 1883, p. 308.

Suivant Poutrain, l'évêque Philippe Muskes aurait concédé, en 1279, au roi Philippe le Hardi, le droit de forger sa grosse monnaie d'argent dans la ville épiscopale. M. Cocheteux, qui n'a pu retrouver cette charte, en cite une de 1294, d'après laquelle il appert que Philippe IV a battu monnaie à Tournai[1].

A partir de cette époque, l'atelier royal ne cessa plus d'être en activité, quoique ce soit seulement en 1306 qu'il fut placé parmi les huit ateliers royaux.

Enfin, en 1320, cette monnaie devint exclusivement du serment royal, par suite de l'abandon fait par le prélat Guy de Boulogne de droits lui appartenant[2].

Le point secret sous la seizième lettre servit de différent monétaire, à partir de l'ordonnance du 11 septembre 1389 jusqu'en 1521[3].

Parmi less monnaies frappée dans la nouvelle officine pendant la seconde moitié du xvıᵉ siècle, il faut citer les suivantes : gros, gros blanc, petit blanc, double et denier et maille tournois, denier parisis, mouton, franc, royal, écu et florin.

L'année même où paraît notre sceau a été signalée par une grande fabrication.

Du 9 juillet au 14 janvier 1352, Pierre de Soissons, maître particulier de la monnaie de Tournai, frappe des blancs deniers d'argent de 15 deniers tournois à

<hr>

1. COCHETEUX, *Rev. belge*, 1882, p. 552.

2. LEMAISTRE D'ANSTAING, *Recherches sur l'église de Tournai*, t. II, p. 68-69.

3. ALEX. HERMAND, notice sur les monnaies de Tournai, *Rev. belge*, 1847, p. 34. — COCHETEUX, *Rev. belge*, 1881, p. 512. — Comte de NEDONCHEL, *Sommaire historique de la numismatique tournaisienne*, *Rev. belge*, 1882, p. 333.

7 deniers de loi et de 7 sous de poids (84 pièces). On met en boîte 9 sous 2 deniers, ce qui représente 110.000 pièces frappées. Il émet encore soixante-dix livres de petits tournois pesant 80 marcs.

Les gardes de la monnaie sont alors Raymon de Cubri et Pierre de Vannes. Le contre-garde est Martin de Drolense [1].

Le 26 juillet de la même année, un exécutoire est envoyé à Tournai, ainsi qu'en d'autres villes par lequel on ordonne la fabrication de doubles tournois à 2 d. A. R. et de 16 s. 8 d. de poids au marc, et des gros tournois de 8 d. t. la pièce, à 4 d. A. R. et de 8 s. 4 d. au marc [2].

Au 30 avril 1353, le maître de la monnaie de Tournai porte le nom de Nicolas Fournier [3].

C'est donc dans une période d'activité remarquable que le sceau de la monnaie de Tournai a scellé l'acte qui est parvenu jusqu'à nous.

Parmi les monuments de cette catégorie, qui sont du reste fort rares, il faut citer :

✠ LE : SCEL : DE : MORROIE : DE : TOVRS : DV : SERMERT DEFRACE entre deux grènetis.

Ecu de France accosté de deux tours ; au dessus de l'écu, le buste mitré de saint Martin, accosté des lettres S ℳ surmontées chacune d'un lis ; deux palmes de chaque côté de la pointe de l'écu ; cercle de lobes avec angles intérieurs tréflés.

1. F. DE SAULCY, *Documents*, 1879, in-4°, p. 304. — A. N. Z 1ᵇ, 999.
2. F. DE SAULCY, *loc. cit.*, p. 306. — A. N. Z 1ᵇ 55, f. 111.
3. F. DE SAULCY, *loc. cit.*, p. 311.

Matrice de sceau rond de 49 mill., fin du xiv° siècle[1].

Entre divers points de ressemblance, le sceau de Tours et celui de Tournai ont certainement communauté de type : les tours et le monument que nous avons décrit, armes parlantes des deux cités.

Autre remarque digne d'attention : ces sceaux, ainsi que celui de la monnaie de Vierzon[2] sont en langue vulgaire.

Il n'est donc pas superflu de faire une étude des formes orthographiques des mots qui leur sont communs, sans toutefois en rien conclure.

Le sceau de Tours donne *monnoie*, celui de Vierzon *monoie* et celui de Tournai, *mounoie*.

Cette forme nous est fournie également par un jeton à la légende : *de : la : mounoie : du roi*[3].

Le mot *compagnons*, sur le sceau de Tournai, est écrit *compaignons* sur celui de Vierzon. Notre sceau offre l'expression *de le*, tandis que la matrice de Vierzon présente *de la*[4].

Les monnayeurs du Saint-Empire avaient un sceau qui servait dans leurs parlements. Publié à diffé-

1. *Rev. numism.*, 1846, pl. xviii, Cat. de la vente Charvet, 1883, gravé, p. 70.

2. *Rev. numism.*, 1839, p. 142 ; Douet d'Arcq, collection de sceaux, n° 5910 ; Cat. Charvet, p. 77. ✠ S'AVↃ PAIGNOS·DOV·SMAT D'FRAGE·Ƶ·D' LAMONOIE D. V'SO. Ecu au lion de Brabant, chargé d'un lambel à 5 pendants. Sceau rond, 40 mill.

3. Rouyer et Hucher, *Hist. du jeton*, 1858, pl. iii, f. 26. Le mot *monaie* avec un *a* se trouve sur un jeton de la chambre au maître des monnaies du xiv° siècle, f. 25.

4. Ce sceau fournit aussi la leçon *dou* contre *du* qui se lit sur celui de Tours. Du reste, en admettant même que le sceau de Vierzon est de l'époque de Marie de Brabant (1303-1330), et que celui de Tours est de la fin du xiv° siècle, ces trois monuments ont des localisations dans l'espace et dans le temps trop diverses pour que les rapprochements soient faits autrement qu'à titre de curiosité.

rentes reprises, il a fait en dernier lieu l'objet d'un travail du docteur J.-J. Chaponnière, qui assigne au monument la date de 1349 [1].

Ce sceau est donc contemporain de celui de la monnaie de Tournai, mais il n'y a pas lieu de les comparer, car le premier est un sceau d'une nature particulière, ainsi que le montre son type (série de dix écussons) et sa légende ✠ S'MAGRVM·COMVRE· PARLAMENTI·GENERALIS:COSTI.

Quant à l'artiste qui a gravé le sceau de la monnaie de Tournai, son nom nous est inconnu. Parmi les orfèvres de Tournai on trouve Jean de Rumes, en 1351 [2], et Pierre Crissembien, graveur fameux, cité en 1356 [3].

Comme il n'y a rien de certain, on doit se contenter de supposer que le sceau a dû plutôt être fait par le graveur de la monnaie.

Avant de terminer, il faut dire quelques mots de la curieuse organisation des monnoyers qui forment véritablement une classe à part.

Les monnayeurs du serment de France avaient une sorte de constitution qu'ils appelaient la grande charte de Bourges. Ce document, qui n'a pas été retrouvé, est cité comme seule charte non annulée dans le règlement qui fut fait à Paris, en juin 1354 [4].

1. De l'institution des ouvriers monnoyers du Saint-Empire romain et de leurs parlements. *Mém. de la Soc. d'hist. et d'archéol. de Genève*, t. II, 1842 p. 29-94, p. 45. Cf. G. Vallier, *Sceaux et actes des parlements généraux des monnayers du Saint-Empire romain*, dans la *Revue de Marseille et de Provence*, 1873.

2. A. Pinchart, *Bull. acad. roy. de Belgique*, 1882, 2e partie, p. 577.

3. A. Pinchart, *Recherches sur les graveurs... des Pays-Bas*, 1858, p. 93.

4. Règlement des ouvriers et monnayers, de 1354, publié par Cartier, *Revue num.*, 1846, p. 367-392. Cf. Le Blanc, p. 177 ; Abot de Bazinghen. t. II, p. 303 à 321.

Parmi les monnaies représentées à cette assemblée solennelle des prévôts et des procureurs, ouvriers et monnoyers du serment de France, l'atelier de Tournai est au troisième rang, après Paris et Rouen. Ce règlement contient, en soixante-six paragraphes, le code des monnayeurs, leurs droits, comme leurs devoirs.

Tout y est réglé de manière à faire régner la concorde parmi les membres de la corporation ; il y a même jusqu'à la caisse des secours mutuels, car les malades reçoivent par jour 2 sols payés par les ouvriers ou les monnoyers (§ 46).

Il y avait également une caisse commune qui se composait des retenues, des réceptions, des cotisations et des amendes. Le principal privilège des monnoyers consistait dans la juridiction particulière qui leur ordonnait de ne répondre devant aucun juge autre que leur prévôt, hormis dans les trois cas de meurtre, larcin et rapt.

Les peines que le prévôt avait droit d'infliger étaient : 1° les amendes, qui s'élevaient de XIII deniers à X marcs d'argent ; 2° l'interdiction de travail pendant un an et un jour ; 3° la défense d'invoquer les privilèges ; 5° l'expulsion de la Compagnie[1].

Dans le serment du Saint-Empire, le fils de monnoyer avait à payer comme droit d'entrée un marc d'argent, le fils de fille, neveu ou cousin, deux marcs. Le récipiendaire donnait un haut de chausses au prévôt, pour boire aux compagnons et payait les lettres

---

1. Chaponnière, *op. cit.*, p. 74.

du notaire. S'il se mariait postérieurement à sa réception, il payait un marc d'argent[1].

A 12 ans, les apprentis peuvent devenir ouvriers monnoyers et doivent faire leur épreuve[2]. Le fils de fille et neveux, les *droits neveux*, étaient ouvriers[3].

Les compagnons contribuent à la dot des filles de monnoyers ou ouvriers qui se marient (§ 47). En général, les compagnons d'une monnaie sont placés sous le commandement d'un seul prévôt. Cependant le sceau de la monnaie de Tournai présente l'article pluriel devant le mot *prowos*; il y avait donc à cette époque, à Tournai, un prévôt des monnayeurs et un prévôt des ouvriers[4]. La charge de prévôt était annuelle[5].

A chaque nouveau règne, le roi avait le droit d'instituer un ouvrier du serment de France dans chacun des quarante hôtels des monnaies[6].

Quoique les serments de France fussent bien distincts, néanmoins Charles le Bel, Philippe IV, Jean II et Charles V admettent que les monnayers du Saint-Empire peuvent aider temporairement les mon-

---

1. CHAPONNIÈRE, *op. cit.*, p. 72.

2. Règl. de 1354, § 42, 43 et 44.

3. CONSTANT, *Traité de la cour des M.* (convention de 1339), preuves, p. 6. Cf. Chaponnière, p. 79.

4. Nous connaissons des documents, bien postérieurs, il est vrai, qui mentionnent également deux prévôts. Dans un acte de réception d'Oger de May comme monnayer à Bayonne, sont cités Germain d'Andoinchs, prévôt des ouvriers, et Gracien de la Vache, prévôt des monnayers, 14 septembre 1545. A. N. Z 1ᵇ, 12, f. 18 verso. Cf. Z 1ᵇ, 821, etc.

5. A. EBEL, *La Chambre des monnaies*, l. II, c. III. Positions de thèses, Ecole des Chartes ; promotion 1888.

6. AMANS ALEXIS MONTEIL, *Histoire des Français des divers états aux cinq derniers siècles*, 1830, t. IV, p. 452.

noyers de France, lorsque ceux-ci ne sont pas en nombre suffisant [1].

Enfin les rois de France avaient accordé aux monnoyers des exemptions *de toutes tailles, coustumes, paiages, travers, châucées, passaiges, festaiges, trentiesme, cinquantiesme, malestostes* [2].

Les monnoyers de Troyes ne paient pas la *jurée*, impôt sur la propriété que devaient les franches personnes appelées bourgeois du roi [3].

Ces exceptions étaient universellement concédées aux monnoyers, et nous voyons Guy, comte de Flandre et marquis de Namur, accorder, par une charte datée du mois de mai 1290, à ses monnoyers, les mêmes privilèges que le roi de France aux siens, et les rendre justiciables seulement de leur prévôt et maîtres de la monnaie, excepté en cas de rapt, meurtre et larcin [4].

Un certain nombre de petits monuments sont parvenus jusqu'à nous et confirment les textes au sujet de diverses exemptions.

---

1. Ordonnances, 25 septembre 1327, t. I, p. 806 ; t. II, p. 139, 197, 417, 418, 583.

2. Lettres pat. de 1399 et 1400, relatives aux monnayers de Blois. J. DE PÉTIGNY, *Privilèges des monnayers de Blois, Revue numism.*, 1840, p. 273. Ordonn. des rois de France, t. I, p. 30 : « liberi et immunes ab omni tallia et exercitu. » A. DE BARTHÉLEMY, *Lettres à M. Lecointre-Dupont sur les magistrats et les corporations préposés à la fabrication des monnaies, Revue numism.*, 1847, p. 350-368 ; 1848, p. 165, 180, 267, 285 ; 1850, p. 120.

3. A. DE BARTHÉLEMY, *Les monnoyers de Troyes au XVIe siècle. Revue de Champagne et de Brie*, t. III, premier sem., p. 100.

4. A. DE BARTHÉLEMY, *Revue franç.*, 1850, p. 133 ; *Num. moderne*, préface, p. XV. — Le roi de France exerçait du reste une certaine surveillance sur les monnaies de Flandre. V. Ducange, IV, col. 905.

Nous voulons parler des pièces d'argent servant de laissez-passer[1].

Cependant, l'étendue de ces droits, en général bien établis et universellement respectés, était quelquefois contestée.

Ainsi, sous Gui II, comte de Blois (1381-1391), dans un procès relatif à divers privilèges réclamés par la veuve d'un monnayer, le procureur du comte prétendait que le privilège ne devait s'appliquer qu'à l'exemption des taxes personnelles, comme les péages, et non à une taxe réelle, à un impôt foncier comme le droit de festage, qui était « *ung droit de V sols imposés sur chacune meson estant en la ville et banlieue de Blois*[2].

A côté de ces privilèges, il y avait de réelles servitudes, car le monnoyeur *ne se peust appliquer à nul autre mestier comme proprement il est déclaré ou texte de leur privilege et encore plus la loy vieult que ilz soient puniz* SUPLICIO ET MORTE *et leurs biens confisqués se ils se appliquent ailleurs. Ils n'ont nule administration de la chose publique, mais ils sont seulement exécuteurs de la fabrique comme ung sergent de fere le commandement d'un bailli ou d'un prévost*[3].

Le procureur du comte n'a pas d'ailleurs une grande estime pour la corporation et il dit : « *Si des*

---

1. A. DE LONGPÉRIER, *Revue num.*, 1839, p. 216. DE COURTOIS, *Méreaux des monnayers de Tarascon* ; *Revue num.*, 1848, p. 66, etc.

2. J. DE PETIGNY, *Revue numism.*, 1840, p. 275.

3. Philippe le Bel, en septembre 1327, exempte les monnayeurs de tous impôts, soit qu'ils ouvrent, soient qu'ils n'ouvrent pas. Le roi ajoute qu'il agit ainsi « *attendu qu'ils sont si abstrains et obligez a ce faire que a nul* « *autre mestier, office ne estat ne se peuvent ordonner et ainsi sont serfs à y* « *chose faire.* »

*privilèges ont été accordés aux monnayeurs, c'est
seullement en recompensacion de leurs misères, paines
et travaux*[1].

En considérant l'importance et la célébrité des
corporations de monnoyeurs, on conviendra que le
sceau de Tournai acquiert un grand intérêt.

C'est pourquoi nous l'avons étudié aussi longuement, en rappelant des privilèges bien connus, il est
vrai, mais dont le côté curieux offre toujours un
regain de nouveauté.

1. Bibliothèqne de Blois, fonds Joursanvault, *Revue numism.*, 1840, p. 275.

Extrait de la *Revue numismatique*, année 1889, p. 423 à 428.

SCEAUX JUIFS DU MOYEN AGE

Quoique l'étude des sceaux à légendes hébraïques forme une branche intéressante de la sigillographie médiévale, il n'y a pas longtemps qu'on a commencé à s'en occuper. A. de Longpérier fut l'un des premiers à étudier un certain nombre de sceaux juifs[1]. Quelques autres sceaux furent publiés en Allemagne; mais, en somme, les monuments de ce genre sont peu nombreux. C'est donc pour nous une véritable bonne fortune que de pouvoir signaler les deux sceaux qui suivent.

I

☆ יצחק : יהודה : בר : יהודה : לוביל

Isaac Juda fils de Juda Lobel — entre deux cercles de grènetis.

Au milieu du champ, quadrupède passant.

Matrice de cuivre; l'appendice a disparu.

---

1. *Bull. de la Soc. des Antiquaires de France*, 1859, p. 164, vignette. — *C. r. Acad. des Inscr. et belles-lettres*, 3ᵉ série, t. VIII, 1872, p. 234-242; — *Idem*, 4ᵉ série, t. I, 1873, p. 205 et 230. — Voy. une note signalant deux autres sceaux juifs dans les *Comptes rendus de la Soc. franç. de numismatique*, 1869, t. I, p. 93.

Ce sceau, acquis par moi à Pau, présente le nom de *Lobel*, qui se retrouve six fois dans les listes de Juifs habitant à Barcelone, en 1383 et 1392 [1]. On rencontre même les noms de *Juda* et de *Lobell* réunis sous la forme Jaffuda Lobell.

Ces notions, et aussi la provenance du sceau, indiquent suffisamment la langue dans laquelle il faut chercher l'origine du nom *Lobell*, *Lobel* ou *Lobil*. En effet, en espagnol, *lobo*, qui veut dire loup, donne le diminutif *lobillo*, *-illa* [2]. La finale brève disparaissant, nous avons *lobil* qui est transcrit littéralement par l'hébreu לוביל.

Si l'on admet cette étymologie, la figure représentée dans le champ du sceau sera forcément un loup. On ne saurait du reste reconnaître un lion dans cet animal au museau pointu. Nous obtenons ainsi les armes parlantes du personnage. C'est un fait fréquent, non seulement dans la sigillographie chré-

1. I. Loeb, Liste nominative des Juifs de Barcelone en 1392, *Revue des Etudes juives*, janvier 1882, p. 56. — Lobel est transcrit en hébreu par לוביל; *Consult. R. Nissim.* Edit. constpl. n° 36.

2. Cf. *louba*, louve (prov.); *Lobàl*, adj. qui tient du loup, féroce, etc. (portugais); les noms espagnols *Lope, Lopez, Llobet*, et enfin le nom français *Louvel*.

tienne, mais aussi sur les sceaux juifs. Ainsi, le *croissant* et le *portail* faisant allusion aux noms des possesseurs ; le *lion* signifiant *Juda*, l'*ours* pour Issakar[1]. Sur les pierres tumulaires juives de Pragues, on trouve aussi le dessin d'animaux qui ont quelque relation avec le nom du défunt.

II

שלמהברגדליהנע [2]

Salomon, fils de Guedalia[3], *il repose dans l'Eden.* Matrice de cuivre avec oreillette. — *Cabinet de France.*

Ce second sceau offre une forme particulière, déjà connue, du reste, qui a beaucoup de ressemblance avec la rosace figurée au revers du royal d'or pendant la seconde moitié du xive siècle.

Le type de ce cachet est intéressant. La figure hexagonale représentée ici est employée pour le

---

1. Cf. D. Kaufmann, *Revue des Etudes juives*, 1887, t. XV.
2. Les deux dernières lettres עֵ représentent les mots נוחוֹ עֵדֶן

3. גְדַלְיָה (*Quem Jehova educavit vel roboravit*) Gedalias (Gesenius).

pentalpha, connu chez les Juifs et chez les musulmans sous le nom de *signe de Salomon*[1]. Ces deux figures géométriques ont, du reste, été souvent confondues dans la cabale. L'*hexalpha*, formé par deux triangles se coupant, a été souvent préféré à cause de son aspect symétrique.

Le sceau du Cabinet de France offre par conséquent l'emblème parlant du nom de son propriétaire. De même, sur le sceau de *Crescas de Masela*, le *pentalpha* paraît pour indiquer le nom du père, qui est appelé Salomon.

Ce signe se trouve sur les monnaies arabes, depuis les premiers califes jusqu'aux derniers empereurs du Maroc. L'emblème salomonien y tient lieu du nom du prince, Soleiman[2].

La légende de notre sceau se trouve divisée en groupes de trois lettres, si l'on excepte le troisième groupe qui compte en plus le *iod*. Or, M. Isidore Loeb, publiant un sceau, identique à celui du Cabinet de France pour la forme extérieure et la dimension, a déja remarqué que la légende était divisée en quatre groupes de trois lettres[3]. Il pense que cette disposition peut avoir été recherchée à cause de son

1. A. DE LONGPÉRIER, *Œuvres*, t. I, p. 287.

2. B. FILLON, *Cat. Rousseau*, p. 196. Lettre du 25 mai 1850, écrite par Duchalais, à propos de l'étoile des monnaies de Déols. — Un peintre lyonnais, Bernard Salomon (1540-1572), fait figurer à la suite de sa signature le *pentalpha*. (*Les peintres de Lyon du XIV° au XVIII° siècle*, par M. Natalis Rondot. Paris, Plon, 1888, in-8°, p. 97.) Sur le *pentalpha* et l'*hexalpha*, appelés *sceau de David* et *sceau de Salomon*, V. *Annuaire Soc. fr. de numism.*, 1868, p. 307 ; *Wiener numismatische Monatshefte*. III, p. 37, et *Numismatische Zeitschrift*, 1870, p. 256.

3. *Revue des Etudes juives*, 1887, t. XIV, p. 268. Notes sur l'histoire des Juifs en Espagne. Ce sceau porte un écusson à un lis.

apparence cabalistique. La présence de l'*hexalpha* sur le sceau du Cabinet de France donnerait encore plus de force à cette hypothèse.

Le sceau publié par M. Loeb appartient à M. Gago, de Séville. La ressemblance entre ce cachet et celui du Cabinet de France nous porterait à croire que ces deux monuments, du même âge, ont peut-être la même provenance.

M. A. Lévy a publié un sceau du British Museum qui offre aussi la forme des précédents. La légende est disposée sur les côtés d'un quadrilatère dont le centre est occupé par un édifice à trois tours. Chaque arc de cercle renferme un lis, motif d'ornementation qui se trouve également sur le sceau du Cabinet de France. M. A. Lévy suppose que ce monument est une synagogue dont Todros aurait été l'architecte[1]. Il voit également une synagogue sur un autre sceau du British Museum, portant le nom de Séville, avec la vieille forme arabe אשביליה. Ce sceau est certainement antérieur au massacre des Juifs à Séville en 1391[2].

Par analogie, le monument qui figure au centre de l'hexalpha, sur notre sceau n° 2, pourrait être considéré comme une synagogue, ou peut-être comme une représentation du quartier juif.

On voit que tous ces cachets sont probablement contemporains. On peut les considérer comme appar-

---

1. *Epigraphische Beitræge zur Geschichte der Jüden*, p. 261-324 du *Jahrbuch für die Geschichte der Juden und des Judenthums*, 2ᵉ vol. Leipzig, 1861. — Le sceau porte : « Todros Ha-Levi, fils de Samuel Ha-Levi, il repose dans l'Eden, » p. 289.

2. A. Lévy, *op. cit.*, p. 288.

tenant à la fin du xive siècle ou au commencement du xve siècle. Les considérations de style ne sauraient prévaloir ici ; il s'agit d'une classe de monuments tout à fait à part où la paléographie ne peut donner aucune indication certaine. Il faut donc se baser uniquement sur les données historiques qui permettent de fournir une date approximative.

Quant à l'identification des personnages, il est impossible même de la tenter[1].

1. Nous tenons à remercier ici M. Isidore Loeb pour l'obligeance avec laquelle il nous a communiqué divers renseignements.

Extrait de la *Revue numismatique*, année 1888, p. 457 à 460.

DENIER CORONAT

DE CHARLES LE MAUVAIS (1343-1387).

La numismatique de Charles le Mauvais, roi de Navarre, comte d'Evreux, déjà si riche en types variés, a été l'objet d'un chapitre intéressant dans l'ouvrage de M. E. Caron, qui, avec le florin d'or, a publié des variétés inédites de gros et de deniers[1].

Aujourd'hui, nous apportons encore un complément à ce chapitre, en faisant connaître une monnaie nouvelle dont voici l'image et la description :

✠ K· DI· GA· NAVA[rre] REX· entre deux grènetis. Grande couronne fleurdelisée dont les deux lis latéraux coupent la légende. Sous la couronne : K.

℞. CO[mes] E—BRO—ICEN. entre deux grènetis. Croix fleurdelisée dont les lis coupent la légende ; la croix est cantonnée de quatre fleurs de lis.

Denier. — Argent : poids 1 gr. 05.

Le métal, sans être bon, est à un titre bien supé-

1. E. Caron, *Monnaies féodales françaises*, 1882, p. 17 et suiv.

rieur à celui du billon des deniers et doubles du même prince. Nous avons offert au Cabinet de France cette précieuse monnaie qui vient de Pau, où nous l'avons acquise avec un denier également de Charles le Mauvais[1].

La comparaison de notre pièce avec les sols coronats aux mêmes types, s'impose naturellement, et devient encore plus facile si l'on étudie une variété de sol coronat que voici :

✠ K·DI·GA·NAVARRE·REX. Couronne.

℞. COM—ES E—BRO—ICEN. Croix fleurdelisée cantonnée de quatre lis[2].

On remarquera que les légendes et les types de ce sol coronat sont identiquement semblables à ceux de notre pièce qui porte en plus le K, initial du nom du prince. Il est évident que les deux pièces ont dû être émises à la même époque.

On sait que le sol coronat de Charles le Mauvais est une copie servile des sols de Provence[3]. Il est donc naturel que nous proposions de voir dans notre denier décrit plus haut, une imitation d'un denier de Robert de Provence (1309-1343) dont il existe plusieurs variétés :

✠ RO·IHR·ET·SICIL·REX. Couronne dans le champ ; au dessous, un lis.

℞. COS PVINCIE. Croix fleurdelisée coupant la légende, cantonnée au 1ᵉʳ d'un lis[4].

---

1. Ce denier porte : **KAROLVS REX** et au ℞. **NAVARRE**. Voyez Poey d'Avant, n° 190.

2. *Catalogue de la vente Gariel*, n° 2235. Cf. Poey d'Avant, pl, VII, n° 8.

3. B. FILLON, *Etudes numism.*, 1856, p. 162.

4. POEY D'AVANT, pl. XC, n° 2 ; variété, XC, n° 3. Autre avec **COMES PROVINCIE**, pl. XC, n° 5.

Denier 0 gr. 91.

Il y a bien quelques différences dans les deux pièces, notamment le lis qui se trouve remplacé par un K, mais rien ne prouve que l'on connaisse toutes les variétés du denier de Provence. Il a pu exister un denier de Robert avec un R sous la couronne et l'on comprend combien il était facile de remplacer le R par le K.

Rappelons aussi le parisis noir du roi de France, Charles IV (1322-1328), qui porte un K sous une couronne [1]. Toutefois, nous ne pensons nullement que le parisis noir ait servi de prototype à notre denier. Il serait bien extraordinaire en effet que le métal de la pièce copiée fût supérieur à celui du modèle.

Si nous sommes grandement porté à croire que notre denier coronat est une copie, c'est que nous songeons au nombre considérable des contrefaçons dont est composé le numéraire du « prince billonneur [2] ».

A ce propos, il nous paraît intéressant de faire brièvement l'énumération des monnaies copiées par Charles le Mauvais.

Ce sont :

L'écu d'or de Philippe VI et de Jean II [3].

La chaise d'or de Philippe VI [4].

---

1. H. Hoffmann, *Monnaies royales*, pl. xv, n° 12.

2. B. Fillon, *Etudes numism.*, 1856, p. 161.

3. Poey d'Avant, pl. vii, n° 2. Lecointre-Dupont, *Lettres sur l'histoire monétaire de la Normandie et du Perche*, 1846, p. 40, et A. de Lonpérier, *Monnaies françaises inédites*, du cabinet de M. Dassy, p. 30.

4. Poey d'Avant, n° 182, vignette.

Le florin d'or de Charles V, dauphin[1].

Le gros blanc à l'étoile de Jean II[2].

Le gros blanc dit compagnon, du même[3].

Le gros tournois de Charles V[4].

Le sol coronat de Robert de Provence[5].

Le double parisis de Jean II[6].

Le denier parisis, du même[7].

Le denier tournois de Charles V[8].

Le grand blanc, signalé par Duby[9] et publié par M. E. Caron[10].

Le blanc à la couronne à trois fleurs de lis, publié par M. E. Caron, d'abord sans désignation et ensuite sous le nom de denier aux trois fleurs de lys[11].

Enfin, le denier coronat de Provence, car nous persistons à présenter la pièce que nous publions aujourd'hui comme une imitation du denier provençal, destinée à servir de monnaie divisionnaire du sol coronat.

1. CARON, *Monnaies féodales*, pl. I, n° 19.
2. POEY D'AVANT, pl. VII, n° 3.
3. CARON, *op. cit.*, pl. I, n° 20.
4. POEY D'AVANT, pl. VII, n° 7.
5. POEY D'AVANT, pl. VII, n° 8.
6. POEY D'AVANT, pl. VII, n° 12.
7. CARON, *op. cit.*, pl. I, n° 23.
8. POEY D'AVANT, pl. VII, n°s 9 et 10, et CARON, pl. I, n° 21.
9. *Monnaies des prélats et barons*, 1790, pl. XVIII, n° 4.
10. *Annuaire de la Soc. fr. de numism. et d'archéologie*, t. X, 1886, p. 116-118.
11. *Monnaies féodales*, pl. I, n° 22, et *Quelques mots de numismatique normande*, dans le *Congrès archéol. de France*, LVI° session (à Evreux, en 1889), 1890, p. 348, n° 10.

Extrait du *Bulletin de numismatique et d'archéologie*, t. VI, 1888, p. 136 à 139.

MONNAIE INÉDITE

DE PIERRE IV, D'ANDRÉ, ÉVÊQUE DE CAMBRAI

(1349-1368).

La numismatique cambrésienne est loin d'avoir dit son dernier mot.

Après le livre magistral de P. Ch. Robert, on pouvait croire qu'il ne restait plus rien à écrire sur cette série monétaire si intéressante. Cependant, pour ne citer qu'un de nos confrères, M. Raymond Serrure, après avoir publié en 1879[1] une monnaie inédite de Pierre Mirepoix, passait en revue toute une série de mailles dans lesquelles les numismates sont à peu près unanimes aujourd'hui à reconnaître les plus anciens souvenirs des évêques de Cambrai[2]. Il y a peu de temps, il avait la bonne fortune de découvrir en Belgique le double mouton déjà fameux du chapitre cambrésien, *Capitulum Cameracence sede vacante*, dont vient de s'enrichir le Cabinet de France et que la *Revue numismatique* a publié dans un article posthume de P. Charles Robert, notre regretté maître.

1. *Revue belge de numismatique*, 1879, p. 234, pl. x.
2. *Bulletin de numismatique*, t. I, 1881-1882, p. 97–102, pl. vii.

La pièce suivante qui, elle aussi, vient utilement
compléter la série monétaire des évêques de Cambrai, est entrée récemment dans les cartons de
M. Feuardent et c'est à lui que nous devons de pouvoir la publier. En voici la description :

P/////VƧ DEI:GRꓵ EPIS. Dans le champ, en deux
lignes le mot ꓚꓵꟿꓵ—ꓚORV. Grènetis extérieur.

Rev. ✠ ꟿORE//// ////LEX entre deux grènetis. Au
centre, une croix pattée à long pied, les deux bras
horizontaux feuillus, la branche supérieure surmontée d'une mitre.

Billon noir.

M. Robert avait déjà publié un double, à la
légende horizontale, mais portant au milieu du
champ, le mot *Petrus* au lieu de *Cam(er)acoru.*

Il faisait remarquer que cette pièce pouvait cor-
respondre au double tournois que l'on a dû, d'après
un titre de 1347, frapper sous Guy IV, prédécesseur
de Pierre IV[1].

Nous croyons devoir rappeler un passage de ce
titre, en vertu duquel Jehan Bougier d'Arras devait
fabriquer les monnaies de l'évêque de Guy, car c'est
le document qui se rapporte le mieux à notre pièce.

1. *Numismatique de Cambrai*, Paris, 1861, p. 110.

« Item fera pour nous et en nostre nom deniers
« noirs que on appellera *Vallans*, esquelx deniers
« nous volons qu'il ayt ou lez devers le croix deux
« grènetures et puis escript. Et dedens le mendre
« greneture, il y avera une croix a maniere... Et par
« devers le pille d'icheulx deniers ara a l'environ une
« simple greneture apres laquelle avera au commen-
« chement deux croches et C. Et enssuivant autour
« avera escript..... et après au mylieu ara escript en
« deux roies Cameracen. Et coura ichelle monnoie
« pour deux deniers tournois le pieche, et seront les
« deux deniers d'alloy a deux deniers et X grains
« à deux grains de remède tout argent le Roy. Et
« se déliveront de taille deux deniers fors ou deux
« deniers febles à xviii s, lesdits deniers sur le marq
« d'œuvre par amandement[1]. »

On voit que notre pièce se rapproche sensiblement de la description donnée par le document. Le
nom de la ville y est bien en deux lignes et s'il n'est
pas écrit comme sur le titre, c'est qu'une ordonnance
de Pierre IV a probablement modifié les termes de
celle de son prédécesseur.

Il y a peut-être aussi une raison pratique, et
naturelle à cette époque où les contrefaçons monétaires sortaient de tous les ateliers seigneuriaux.

En donnant une ordonnance écrite, le seigneur pouvait ajouter ses instructions verbales et
modifier le type de sa monnaie. Ainsi l'ordonnance
parlait d'une monnaie qui n'était pas une contrefa-

1. Ordonnance de Mars 1347, ROBERT, *op. cit.* p. 328.

çon du numéraire royal, mais, en fait, les pièces frappées étaient destinées à passer pour des monnaies royales.

Par exemple, la pièce que nous venons de publier est bien une imitation des doubles deniers de Philippe VI et de Jean-le-Bon dont voici le type ordinaire :

⚬IOhⵉⵍⵍⴻS⚬REX⚬. Dans le champ en deux lignes FRⵉⵍⴲORV. — *Rev.* ⚬✠⚬ⵉⵍOⵍⴻTⵉ⚬DVPLEX. Croix à long pied fleurdelisée aux trois bras supérieurs[1]. Billon.

Les doubles deniers de Philippe de Valois avaient été contrefaits dès 1335, par Jean III, duc de Bretagne, puisque la procédure instruite contre ce seigneur en 1338, nous apprend qu'il y a entre la monnaie incriminée, qui est le double denier, *et le coing du roi si petite différence que le commun peuple ne la peut connaître*[2].

Plus tard, Charles de Blois (1341-1364) reprend le type du double et inscrit BRIT-TONV, sur ses imitations[3].

Citons encore les doubles de Yolande de Flandre, d'Edouard II et de Robert, avec la légende BRANCORV[4].

C'est à côté de ces pièces que notre monnaie de Pierre IV vient prendre une place intéressante dans l'histoire des contrefaçons monétaires.

1. F. DE SAULCY, *Histoire monétaire de Jean le Bon*, 1880, nᵒˢ 2, 80, 81, 82.
2. CARON. *Monnaies féodales*, p. 31.
3. POEY D'AVANT, pl. XII, n° 21, et pl. XIV, n° 15.
4. L. MAXE-WERLY, *Monnaies seigneuriales inédites*, dans la *Revue numismatique*, 1883, p. 189 et seq.

Extrait du *Bulletin de la Société de Borda*, Dax, 1891,
t. XVI, pp. 43 à 50.

LA MONNAIE

DU

VICOMTE DE CASTELBON

(1374—1377)

L'histoire de la vicomté de Castelbon est intimement liée à celle du comté de Foix. En effet, la vicomté, quoique située de l'autre côté des Pyrénées[1], était très proche du comté et, de plus, posséda divers fiefs dans le Bigorre. Ce fait curieux, établi par le texte d'un traité que nous citons plus loin, a évidemment donné naissance à l'erreur dans laquelle sont tombés les auteurs qui placent la vicomté de Castelbon en Bigorre[2].

Sans vouloir tracer une étude historique dont les éléments nous feraient sans doute défaut, nous

1. Castellbo, province de Lérida, diocèse d'Urgel; ruines d'un antique château bâti par les Maures et qui devint la possession des seigneurs féodaux de cette contrée (Pascal MADOZ, *Di cionario geografico-estadistico-historico de Espana*, Madrid, 1847, t. VI). GIRAULT DE SAINT-FARGEAU, dans son *Dictionnaire des communes*, cite une localité de Castelbon, située dans le canton de Lagor (arr. d'Orthez), mais ce lieu n'a certainement pas été le siège de la vicomté.

2. LE BAS, *Dictionnaire encyclopédique de la France*, t. III, p. 249; — F. POEY D'AVANT, *Monnaies féodales de France*, t. II, p. 235. Nous avons eu le tort de suivre cet auteur dans notre *Manuel de Numismatique du moyen âge et moderne*, Paris, 1890, t. Ier, p. 311.

croyons utile de noter quelques faits qui permettront de mieux connaître la situation politique de la vicomté de Castelbon et son état de dépendance vis-à-vis du comté de Foix.

En 1202, Raymond-Roger, comte de Foix, qui était en guerre permanente contre le comte d'Urgel, voulut fortifier son parti en mariant son fils aîné, Roger-Bernard, à Ermessinde, fille unique héritière d'Arnaud, vicomte de Castelbon. Ce dernier donna à sa fille, par contrat du 10 janvier 1202, la comtorie de Caboed et la vicomté de Castelbon, excepté les vallées d'Andorre et de Saint-Jean [1]. C'est ainsi que la vicomté fut réunie au comté de Foix.

En 1237, Castelbon appartenait à Roger, auquel son père, Roger-Bernard, l'avait cédé depuis peu [2]. Ce fief devient ainsi l'apanage de l'héritier du comté de Foix. En 1265, Roger IV, par son testament, fait son fils Roger-Bernard héritier du comté de Foix, de la vicomté de Castelbon ou de Cerdagne, de ses terres du Carcassez et de tous ses autres domaines [3]. Le comte de Foix, Roger-Bernard, donne, en 1278, la vicomté de Castelbon à sa fille Constance [4], mais n'en porte pas moins les titres de *comes Fuxensis et vicecomes Castriboni* dans un traité conclu, en 1284, avec le roi d'Aragon [5].

En 1315, Gaston Ier, comte de Foix, vicomte de

1. D. VAISSETTE, *Histoire de Languedoc*, 1re édition, t. III, p. 115.
2. *Histoire de Languedoc*, t. III, p. 412; cf. 342, et *Preuves*, p. 347.
3. *Histoire de Languedoc*, t. III, p. 504.
4. *Histoire de Languedoc*, t. IV, p. 29. C'était la dot de la princesse, mais le mariage avec l'infant d'Aragon n'eut pas lieu.
5. *Histoire de Languedoc*, t. IV, Preuves XXI, p. 77; cf. le texte. p. 46.

Castelbon, légua à Roger-Bernard, son second fils, la même vicomté d'Urgelet ou de Castelbon [1].

Mais le légataire n'entra probablement pas en possession sur le champ, puisque nous voyons que son frère aîné, Gaston II, comte de Foix, lui cède, le 5 juillet 1329, la vicomté de Castelbon, la terre d'Urgelet, les baronnies de Montcade et de Castelvieil et tous les domaines de Catalogne, excepté le château de Son, la terre de Donazan, et la vallée d'Andorre [2]. A partir de cette époque, la maison de Castelbon est définitivement créée et la vicomté n'est plus qu'un fief distinct du comté de Foix. C'est ainsi que Gaston-Phœbus, comte de Foix, recevra dans la cathédrale de Lescar l'hommage de son cousin, Roger-Bernard II, vicomte de Castelbon et seigneur de Navailles, pour la vicomté et les autres domaines qu'il possédait en Catalogne [3]. Le vicomte de Castelbon suivit naturellement le comte de Foix dans la guerre que ce dernier fit en 1362, contre le comte d'Armagnac, au sujet de la succession de Béarn. En 1366, Roger-Bernard de Foix, vicomte de Castelbon, est un des deux ambassadeurs de Pierre IV d'Aragon, qui renouvellent, à Gaillac, l'alliance conclue entre ce roi et Louis, duc d'Anjou [4]. Huit ans plus tard, ce dernier prince, accompagné de Bertrand du Guesclin et d'une partie de ses troupes, se rendit en Bigorre, où il

1. *Histoire de Languedoc*, t. IV, p. 162.

2. *Histoire de Languedoc*, t. IV, p. 164. Les enfants du comte de Foix restèrent en effet, pendant leur minorité, sous la tutelle de leur mère, Jeanne d'Artois.

3. 29 juin 1352; *Histoire de Languedoc*, t. IV, p. 278. L'hommage avait été rendu de même par Roger-Bernard Ier à son frère.

4. *Histoire de Languedoc*, t. IV, p. 331.

devait avoir une entrevue avec le comte de Foix et où
il voulait soumettre des places qui étaient aux mains
des Anglais. Pendant que le connétable prenait d'as-
saut le château de Lourdes, le duc d'Anjou mit le
siège devant celui de Mauvoisin [1] qui appartenait au
vicomte de Castelbon et s'en empara [2]. Par le traité
de 1374, le vicomte obtint en compensation la ville
et le château de Sauveterre, et comme il dut quitter
le parti du roi d'Angleterre, il lui fallut aussi abandonner le Marencin que ce souverain lui avait donné.
Pour l'indemniser de cette perte, le duc d'Anjou
accorda au vicomte de Castelbon le droit de faire des
monnaies blanches et noires, c'est-à-dire d'émettre
des espèces en argent et en billon, comme celles que
le sire de Lescun avait fait faire de son vivant [3].
Le type, l'aloi, la taille et le poids devaient être,
pour les monnaies fabriquées par le vicomte de Castelbon, les mêmes que pour les espèces émises par
le roi dans ses ateliers du Midi [4]. La concession
n'était pas limitée, et Poey d'Avant [5], qui a parfaitement compris la difficulté de reconnaître le
monnayage du vicomte de Castelbon, a pensé que
cette concession devait avoir été courte. Le document que nous publions aujourd'hui apporte de nouveaux renseignements qui permettent de parler
d'une manière plus intéressante de la monnaie de

1. Mauvezin, canton de Lannemezan (Hautes-Pyrénées).
2. *Histoire de Languedoc*, t. IV, p. 355.
3. C'est à tort que Poey d'Avant considère le sire de Lescun comme devant
être vivant en 1374 (*Monnaies féodales*, t. II, p. 173). Le document dit
formellement qu'il était mort.
4. Voy. Pièce justificative n° 1.
5. *Monnaies féodales de France*, t. II, p. 235.

Castelbon. Le vicomte Roger-Bernard, après avoir usé pendant deux ans des droits qui lui avaient été donnés, demanda une autre concession plus importante encore. Le duc d'Anjou, par des lettres datées du six février 1376, accorda au vicomte le droit de frapper de la monnaie d'or [1], mais seulement pendant deux ans et sans que l'émission dépassât le poids de mille marcs d'or. Le numéraire frappé en vertu de cette concession devait être du poids, de l'aloi et du coin de celui que l'on émettait dans les ateliers royaux. Le vicomte devait sans doute établir l'officine sur l'une des terres qu'il possédait dans les sénéchaussées de Toulouse [2], Carcassonne et Beaucaire, comme cela était stipulé pour la monnaie d'argent et de billon. La moitié des bénéfices faits pendant la fabrication des monnaies d'or et d'argent devait appartenir au roi ; l'autre moitié, au vicomte.

D'après les termes des documents, on voit que les monnaies émises par le vicomte de Castelbon devaient être semblables aux espèces frappées par le roi de France. Il en résulte que les pièces d'argent et de billon fabriquées depuis 1374 par Roger-Bernard sont probablement des *gros tournois*, des *blancs aux fleurs de lis* et des *deniers tournois* [3]. Pour établir quelle était la monnaie d'or frappée par le vicomte de Castelbon, il est utile de faire une petite incursion dans le domaine de la numisma-

1. Voy. Pièce justificative n° 2.

2. Nous savons par le traité de 1374 que le vicomte avait reçu la ville de Sauveterre. Il s'agit probablement de la localité de ce nom, située dans le canton de Maubourguet (Hautes-Pyrénées).

3. H. HOFFMANN, *Monnaies royales de France*, Charles V, n°ˢ 6, 7 et 9, pl. XXIV.

tique royale. On donne habituellement à Charles V des *francs-à-pied* et des *francs-à-cheval*[1], et la série des monnaies d'or de ce règne n'aurait compris que ces deux variétés de type. Cependant les documents nous fournissent des appellations diverses des monnaies d'or de Charles V qui sont faites pour nous dérouter. En 1365, il fut ordonné de commencer la fabrication de « deniers d'or fin appelez deniers d'or aux fleurs de lys », de 64 au marc, ayant cours pour 20 sous tournois la pièce; mais on cessa de monnayer des francs d'or[2].

La fabrication des deniers d'or aux fleurs de lis continua jusqu'à la mort de Charles V dans les ateliers de Toulouse, Montpellier, Paris, Troyes, Poitiers et La Rochelle[3]. Cependant un autre document parle de *francs* d'or fabriqués à Montpellier et à Rochegude en Dauphiné[4]. Enfin les monnaies d'or de l'abbé de Saint-Oyen-de-Joux, Guillaume de Beauregard, sont appelées *francs contrefaits*[5].

La trouvaille de la rue Vieille-du-Temple, renfermant des monnaies de la fin du règne de Charles V, ne comprenait que des espèces connues sous le nom de franc-à-pied et de franc-à-cheval[6]; il faut donc admettre que la dénomination de *denier d'or aux fleurs de lis* s'applique à l'une ou à l'autre des mon-

---

1. HOFFMANN, *Monnaies royales de France*, n⁰ˢ 2 et 4, pl. XXIV.

2. F. DE SAULCY, *Recueil de documents monétaires*, I, pp. 487 et 490 (20 et 28 avril 1365).

3. SAULCY, *Documents*, pp, 492 à 548.

4. SAULCY, *Documents*, p. 503 (13 décembre 1367).

5. SAULCY, *Documents*, p. 525 (15 février 1373).

6. *Catalogue de monnaies françaises. Trouvaille faite le 6 juin 1882, rue Vieille-du-Temple, 26 et 28*. Vente à Paris, le 15 février 1883.

naies que nous appelons un *franc*. En effet, Le Blanc nous dit que, sous Charles V, une espèce nouvelle fut nommée « *Fleurs de lys d'or* ou *Florin d'or aux* « *Fleurs de Lys*, à cause que le champ de la pièce et « la cotte-d'armes du Roy sont semez de Fleurs de « Lys [1] ». Cette monnaie valait 20 sols et dans la suite on lui donna le nom de franc d'or. « Pour le « distinguer du *Franc-à-cheval*, on le nomma *Franc-* « *à-pied*, à cause que le Roy y est représenté étant à « pied [2] ». La monnaie d'or frappée en 1376 était par conséquent le *denier aux fleurs de lys* autrement dit *franc-à-pied*. La taille de ces pièces étant de 63 à 64 au marc [3], les mille marcs d'or de la monnaie de Castelbon ont dù produire environ 64.000 pièces d'or, ce qui est déjà considérable.

Il sera probablement toujours impossible de reconnaître les monnaies frappées par le vicomte de Castelbon, quoique certaines monnaies d'or de Charles V présentent des différents [4].

Mais, de la petite étude que nous venons de faire, il faut retenir un fait intéressant : le droit accordé par le roi de France à un vassal de frapper des monnaies d'argent et de billon, puis de la monnaie d'or.

. Ces concessions, auxquelles il faut ajouter celle obtenue jadis par le sire de Lescun, s'expliquent facilement quand on songe à l'état précaire de la puissance royale dans le Midi à cette époque. Les conces-

---

1. *Traité historique des monnoies de France*, 1690, p. 281.
2. Le Blanc, *op. laud.*, p. 282.
3. Ce qui correspond au poids moyen de 3 gr. 80 à 3 gr. 85.
4. Les lettres R, L, A ou N. Voy. le catalogue déjà cité de la trouvaille de la rue Vieille-du-Temple, pp. 11 et 12.

sions monétaires étaient d'habiles moyens politiques qui attachaient au roi des alliés intéressés, et Charles V gagnait doublement à émettre ainsi, dans ces régions éloignées, des monnaies qui répandaient son nom et qui lui rapportaient une part de bénéfice [1].

PIÈCES JUSTIFICATIVES

I. 1374.

Traité entre le duc d'Anjou, lieutenant en Languedoc, et le vicomte de Castelbon.

1° Que pour recompensation du chastel et ville de Malveisin et de ses appartenances, que nostredit cousin avoit et tenoit en Bigorre, et que il avoit perdu, et nous les avons pris par force d'armes, les gens dudit chastel et ville estans en rebellion et en l'obeissance desdits ennemis, nous lui avons donné et donnons de notre certaine science, grace speciale, et autorité royale de laquelle nous usons en ceste partie, le chastel, ville et chastelenie de Sauveterre de Bercodan, en la sénéchaussée de Tolose, et en la jugerie de Riviere, avec toute jurisdiction, haute, moyenne et basse, mere et mixte impere, et les hommages et seigneuries appartenant au dit chastel.

Art. II. Item avons octroyé et accordé, octroyons et accordons à nostredit cousin, que pour recompensation des pertes et dommages qu'il soustendra à laissier la terre de Marencin et autres terres que le roi d'Angleterre li avoit données, lesquelles il perdra et li conviendra à laissier, il ait et puisse avoir monnoyage et faire faire monnoyes blanches et noires, tant seulement en un de ces lieux qu'il a ou aie hors toutes voyes de les seneschaucies de Tholose, de Carcassonne et de Beaucaire, en la

---

1. La vicomté de Castelbon passa en 1381 à Archambaud de Grailly, captal de Buch.

fourme et maniere que le sire de Lescuinh avoit et faisoit faire au temps qu'il vivoit. Et par ainsi et par celle condition, que lesdites monnoyes qui seront faites oudit monnoyage, soient de coin et de telle loy, taille et pois, comme sont ou seront celles que mondit seigneur fera faire ou ordenera estre faite en ses autres monnoyages et que la moitié de tous les proufis et émolumens qui escheiront ou avendront dudit monnoyage soit de mondit seigneur et li appartiengne et l'autre moitié de nostredit cousin.

Et en oultre que les maistres, gardes, fondeurs, assayeurs et autres officiers nécessaires audit monnoyage y soient mis et instituez par mondit seigneur ou par nous ou par les maistres generals des monnoyes de mondit seigneur ou autres de l'autorité et aians à ce pouvoir de mondit seigneur ou de nous ou desdits maistres generals, toutesfois et quantesfois qu'il en sera besoing ou il semblera bon ou expediant de faire et que punition et correction desdits officiers et ouvriers dudit monnoyage soit de mondit seigneur ou de nous ou desdits maistres et autres officiers de mondit seigneur et nostres, ausquels il appartient et appartiendra et non mie de nostredit cousin ne de ses officiers ne d'autres personnes.

Donné à Thoulouse, l'an de grace MCCCLXXIV, au mois de juillet.

Château de Foix, caisse 26. Doat, vol. 199, fᵒ 3. D. Vaissette, Hist. de Languedoc, 1ʳᵉ édition, t. IV, page 321 ; Edition Privat, t. X, Preuves CXLIII, col. 1482.

II. 1376. v. s. (1377).

Louis, duc d'Anjou, frère de Charles V, accorde à Roger-Bernard de Foix, vicomte de Castelbon, le droit de battre monnaie blanche et noire et monnaie d'or jusqu'à 1000 marcs.

Loys, filz de Roy de France, frere de Monseigneur le Roy et son lieutenant en toute la langue doc, duc d'Aniou et de Touraine et conte du Maine.

Au Senechal des Landes et à touz autres justiciés et oficiés royaulx de la dicte sénéchaucé, et a notre bon amé Jacme Guinel

maistre general et a touz autres maistres generaulx des monoyes
de monseigneur, et à chacun deulz ou aleurs lieuxtenants, salut.
Comme parmi certain traictié et accort que nous eusmes avec
notre très cher et amé cousin messire Rogier Bernars de Foix,
visconte de Castelbon, quant il vint alobéissance de monseigneur
et la nostre, entre les autres choses que nous li octroiasmes
parmi le dit traictié nous li aions octroyé qu'il puisse faire
monnoier et faire batre monnoye blanche et noire tant seulement
en un de ses lieux quel qu'il lui plaira, qu'il a apresent ou ara
en toutesvoyes des troiz sénéchaucés de Tholose, Carcassone et
Beaucaire, Et que de l'émolument et profit qui yssira de la dicte
monnoye mon dit seigneur aie et doie avoir la moitié et notre dit
cousin l'autre [1]... certaines condicions et retencions contenuez
plus aplain ou dit article. Et pour ce nous aye nostre dit cousin
supplié que de notre grace especial nous lui veuillons octroyer
que pour [deux ans] il puisse faire monnoyer et faire faire monnoye dor jusques ala quantité de mil mars dor en laquelle mondit
seigneur aura la moitié du profit qui en viendra. Savoir fesons
que nous voulans plair à notre dit cousin de tout notre pouvoir,
li avons octroyé et octroyons, par ces presentes de grace especial et auctorité royal dont nous usons en ceste pais, congié et
licence qu'il puisse jusques ala dicte quantité de mil mars d'or
faire monnoyer et faire fere monnoye dor du coing, du poys,
delaloy et de autel taille quil est acoustumé de faire es autres
monnoyes de monseigneur ; en sera dedens deux ans que nous lui
donons de tenir depuis linstitucion de la dicte monnoye, et voulons que les diz mil mars dor dedans ledit temps face monnoier
une foiz tant seulement puis que mondit seigneur aura la droite
moitié de tout le profit et emolument qui en eschaira et par la
première forme et maime condicions et retencions contenuez ou
dit article et avec ce voulons que en cas que en ladicte monnoye
vous maistres dessusdiz ne trouvies ouvriers monnoyers ou autres
officiés et personnes soufficiens pour fere la dicte monnoye dor
vous y en mettez et instituez qui soient à ce souffisans et expers
et se mestier est la faitez faire, monnoyer et ouvrer par devant
vous affin de plus bonne et briesve expedicion du dit fait, Et
vous mandons, commandons et estroitement enioignons, et a

1. Lacune de deux ou trois mots.

chascun de vous si come alui appartendra que nostre dit cousin vous lessiez jouir et user paisiblement de nostre dicte grace et octroyance. Car ainsi le voulons nous estre fait nonobstant la restrincion contenue oudit article. Ces presentes apres ledit terme de deux ans ensuivant la dicte institucion de la dicte mon-noye non valables. Donné à Tarbe le VIe jour de fevrier lan de grace mil CCC soixante et seze.

> De par Monseigneur le duc, présent le Sénéchal
> de Beaucaire (le sceau a disparu).

(Archives des Basses-Pyrénées, E 410).

Extrait du *Bulletin de la Société de Borda*, Dax 1888, t. XIII,
p. 189 à 207.

LES GRAVEURS EN BÉARN

L'histoire des graveurs français offre un vaste champ d'étude fort peu exploré, et les renseignements recueillis servent à faire mieux entrevoir l'importance de ceux qui nous manquent encore.

En effet, la vie des plus célèbres artistes est toujours une énigme : On sait bien peu de chose sur Nicolas Briot ; on n'est pas même fixé sur la nationalité de Jean Warin [1].

Naguère encore, avant l'excellent travail de M. Natalis Rondot [2], on ne songeait nullement à Claude Warin, un artiste lyonnais, dont les œuvres furent recherchées de son temps.

Le travail intéressssant de M. A. Barre [3] a ouvert la voie ; mais les précieuses indications qu'on y trouve sont privées de références, et, par conséquent, il est difficile de se reporter aux sources qui donneraient sans doute des renseignements plus étendus. Le travail est donc à refaire entièrement.

1. Voir nos notes sur J. WARIN, *Annuaire de la Soc. franç. de numismatique*, 1888, p. 84, et les renseignements donnés par M. N. RONDOT, *Revue num.*, 1888, p. 121, et 1889, p. 255.

2. Claude WARIN, *Revue numism.*, 1888, p. 121.

3. *Graveurs généraux et particuliers des monnaies de France*, 1867 (dans l'*Annuaire de la Soc. franç. de numism.*, p. 147).

Pour le Béarn, les Archives nationales n'ont pas fourni beaucoup de graveurs. Barre ne connaît que Pierre *Bouchet*, et Duvivé. Il cite encore quelques graveurs de Paris ayant travaillé pour la cour de Navarre, et là s'arrêtent les renseignements.

C'est dans les Archives des Basses-Pyrénées qu'il faut chercher l'histoire de la monnaie béarnaise et de tout ce qui s'y rattache. Le regretté Paul Raymond, dans une étude sur les artistes en Béarn [1], annonçait l'intention de publier des notes relatives aux graveurs et orfèvres béarnais ; mais la mort vint le surprendre avant qu'il eût pu donner suite à cette idée.

Nous sommes certain que notre travail est loin d'être aussi complet que le sien eût pu l'être ; car nous n'avons sans doute pas connaissance de bien des documents que P. Raymond a notés pendant qu'il faisait le classement des archives confiées à sa garde.

Cependant nous espérons qu'on y trouvera beaucoup de nouveau, puisque nous donnons les noms, la vie quand nous avons pu l'écrire, de près de trente graveurs béarnais ou ayant travaillé pour le Béarn.

Après la réunion de cette province à la France, les artistes ne sont plus que des graveurs particuliers, des copistes reproduisant, avec plus ou moins d'exactitude et de talent, les types dessinés par le tailleur général, approuvés par le contrôleur général des effigies et la Cour des Monnaies.

La période vraiment intéressante est par conséquent celle des dernières années de l'autonomie

---

1. *Bull. de la Soc. des Lettres, Sciences et Arts de Pau*, 1873-74, p. 402.

béarnaise, et c'est pour nous une véritable bonne fortune que d'avoir pu faire revivre des artistes comme Jérôme Lenormant et Guillaume Lamy.

JOSUÉ BALLAY (1531)

Josué Ballay était un graveur parisien. Barre le cite comme ayant gravé un jeton pour la reine de Navarre, en 1531[1]. Le manque d'indications rend à peu près impossible la recherche du jeton de 1531 parmi ceux de Marguerite de France.

NICOLAS AYMERY (1531-1534)

Autre graveur parisien, demeurant au Palais, sur les grands degrés, était né en 1510[2]. Le 27 juin 1531, il fut permis à Nicolas Aymery de graver une pille aux armes de la reine de Navarre et trois trousseaux aux armes des officiers de la dite dame. Un jeton malheureusement très rogné, et par conséquent illisible, offre un cartouche avec une tête de lion et deux grenades dont il est question dans le document[3].

Le 21 mai 1534, Aymery obtient la permission de graver un trousseau pour faire des jetons du secrétaire de la reine de Navarre. Ce jeton est celui de Gallio Mandat et répond à la description succincte donnée par le document.

1. *Op. laud.*, p. 30.
2. ESMERY, dans BARRE, *Op. laud.*, p. 30.
3. *Archives nationales*, Z¹ᵇ 8, f° 157, v°.

JEAN BEAUCOUSIN (1550-1579)

Jean Beaucousin père, marchand orfèvre et graveur de la vieille Monnaie au marteau. C'est lui qui s'opposa en 1557 à la réception de Guyot Brucher comme tailleur particulier [1]. Le 23 septembre 1553, il lui fut permis de graver des coins aux armes de Madame la princesse de Navarre et à celles d'un de ses officiers nommé Lancelot de Monceau. Beaucousin est encore cité par Barre comme gravant en 1564 un jeton pour la reine de Navarre [2].

JEAN ERONDELLE (1552-1556)

Jean Erondelle fut commis, avec Etienne Delaune, par lettres patentes du 25 avril 1552, pour exercer la charge de graveur particulier à la monnaie des étuves autrement dite monnaie au moulin [3]. Le nom de Jean Erondelle est par suite étroitement lié à cette réforme de monnayage qui devait plus tard être reprise par Briot et Warin.

M. Paul Raymond a publié une lettre écrite par Erondelle, en 1554, au roi de Navarre Henri II [4]. Elle nous apprend que ce prince, au courant des découvertes et trouvant sans doute trop long les procédés

1. A. JAL. *Dict. critique*, Plon, 1872, in-8°. Il fut plusieurs fois garde de sa corporation ; TEXIER, *Dict. de l'Orfèvrerie*. Cf. *Revue de l'art français*, 1885, p. 22.
2. *Op. laud.*, p. 13.
3. BARRE, *op. laud.*, p. 18. A. BÉRARD, *Dict. biog. des artistes français*, du XIIᵉ au XVIIᵉ siècle ; Paris, 1872, in-8°.
4. Archives des Basses-Pyrénées, B 2132. — Lettre datée de Paris, le 29 avril 1554. *Bull. de la Soc. Sc. L. et Arts de Pau*, 1873-74, p. 402.

en usage pour la fabrication des monnaies, avait
commandé une nouvelle machine. Jean Erondelle
nous apparaît comme un véritable mécanicien, exé-
cutant ses modèles en bois et s'efforçant d'apporter
à son œuvre toute la perfection dont elle est suscep-
tible[1]. Il est question dans le document d'un « engin
pour la justification des rouleaux ».

Il n'y a pas lieu de penser que ces rouleaux fussent
analogues à ceux employés pour la fabrication de
nombreuses monnaies allemandes et dont l'emploi a
été si clairement exposé par M. Lehr[2]. Les produits
de cette fabrication sont bien faciles à reconnaître et
le monnayage béarnais n'a jamais rien fourni d'analogue.

Il s'agit ici des rouleaux d'acier en forme de
cylindres qui servaient à donner aux flans l'épaisseur règlementaire. D'après Boizard, ces rouleaux
sont « d'environ deux pouces d'épaisseur et de
« quatre de diamètre, fort serrez sur leur épaisseur,
« enclavez par le milieu dans des branches de fer
« quarré, et tournez par les rouës d'un moulin, que
« des chevaux font tourner. »

Afin de donner aux flans l'épaisseur voulue, « on
« serre à cet effet les rouleaux plus ou moins par le

---

1. Ce n'est pas la première fois qu'on trouve le nom d'Erondelle dans
l'histoire de Navarre.

M. J.-J. GUIFFREY a publié un document daté du 3 octobre 1541, à Dijon, et
signé de Marguerite de France, reine de Navarre, où nous voyons un Guillaume Erondelle, orfèvre de cette princesse.

Arch. N. Z¹ᴮ 639. *Revue de l'art français*, 1885, p. 49.

2. ENGEL et LEHR, *Numismatique de l'Alsace*, Paris 1887 ; Article
Ensisheim.

« moyen des écrouës, et des visses qui servent à
« cela[1]. »

C'est évidemment à cette opération que le passage
de la lettre à rapport.

Jean Erondelle, écrivant de Paris, devait être
encore au service du roi de France, puisqu'il a des
facilités pour voir les machines nouvelles que l'on
allait employer à la monnaie des Etuves. Mais son
zèle pour le roi de Navarre et le secret qu'il met dans
ses petites trahisons font voir qu'il compte bien être
appelé en Béarn et y faire manœuvrer la machine
construite par lui[2].

C'est du reste ce qui advint; car le 17 août 1556,
dans un inventaire du matériel de la monnaie de
Pau, on trouve « Erondelle, maistre de ladite monnoie ». Le document se termine par la mention suivante :

« Montent les aprisations des ostilz et autres
« choses fournyes par ledit Arondelle contenuz en
« vingt articles troys cens soixante-six livres neuf
« sols tournois. » (A. B.-Pyr. B. 925.)

Jean Erondelle étant connu comme graveur, on
peut supposer que les coins monétaires de cette
époque furent gravés par lui.

GUILLAUME MARTIN (1557-1590).

Sculpteur, orfèvre et graveur, mort vers 1590. Il

---

1. Jean Boizart, *Traité des Monoyes, de leurs circonstances et dépendances*, Paris, 1692, c. XVI, p. 133 et 134.

2. Sous Jeanne d'Albret, le moulin de Pau fabriquera de très belles monnoies. On s'y servait de balanciers en acier basque et de Piémont. (Voir nos
documents pour servir à l'hist. monét. de la Navarre et du Béarn, article
ecus.)

avait obtenu en 1564 le titre de graveur général de la reine de Navarre et, avec l'autorisation de la Cour des Monnaies, il fit des poinçons et des coins à l'effigie de Jeanne d'Albret, pour frapper des ducats et des testons [1]. (Voir plus loin, à l'article *Brucher*.)

JEAN BAZET (1543-1566)

Jean Baset ou Bazet paraît en 1543, comme graveur de la monnaie de Morlaas (B. 236) [2].

Il l'est encore de 1562 à 1566, période pendant laquelle le vieil atelier béarnais émet des testons, des baquettes et des ardits. Là s'arrêtent nos renseignements, et nous ne pouvons dire quel est le nom de celui qui a succédé à Bazet, comme graveur particulier de Morlaas.

Un Bernard de Bazet, receveur de Bic-Bilh est cité en 1600.

PIERRE BRUCHER (1564-1572)

Le dictionnaire critique de Jal donne deux Brucher, Guyot, mort en 1556, et Antoine, en 1568, qui furent tous deux tailleurs à la Monnaie des Etuves [3]. Il est probable que Pierre Brucher, dont nous avons à nous occuper ici, était de la même famille. Il faut évidemment l'identifier avec Pierre Bouchet, cité par Barre [4]. Du reste, l'orthographe n'est pas toujours fixée avec certitude.

1. BARRE, *Op. laud.*, p. 33.
2. Les cotes placées entre parenthèses sont celles des Archives des Basses-Pyrénées.
3. Cf. BARRE, *op. laud.*, p. 19.
4. *Op. laud.*, p. 22.

Le 19 janvier 1563, Pierre *Boucher* est pourvu de l'office de graveur de la monnaie de Pau, et Mᵉ Pierre de Bonnefont, conseiller et maître ordinaire des requêtes de l'hôtel est commis pour prendre le serment accoutumé et le mettre en possession [1].

Pierre Brucher ou Bruchier est nommé comme graveur dans les délivrances d'écus d'or, testons et demi-testons de Jeanne d'Albret, frappés à Pau de 1564 à 1566 et des testons frappés de 1568 à 1472 [2].

Mais nous avons vu plus haut que Guillaume Martin, un graveur de Paris, avait fait, en 1564, des coins de testons et ducats pour Jeanne d'Albret.

Dès lors il devient probable que Pierre Brucher fut un simple graveur particulier, copiant les modèles envoyés par Guillaume Martin, qualifié de graveur général de la reine de Navarre.

Quoi qu'il en soit, les pièces dont nous parlons sont assurément supérieures comme style à la plupart des monnaies de cette époque.

Les documents relatifs à Pierre Brucher n'abondent pas. Nous trouvons son testament daté du 30 mars 1571. (E. 2001, fᵒ 68 vᵒ.) Il y est nommé Pierre Broche et y fait mention d'une montre appartenant à la femme du maître de la monnaie de Morlaas. Notre graveur est évidemment un orfèvre, comme presque tous ses confrères. Il est encore nommé Pierre Brocher, graveur de la monnaie de Pau, en même temps que Jérôme Lenormant, en 1572 (B. 2192) [3].

1. *Bull. de la S. des Sc., L. et Arts de Pau*, 1871-72, p. 92.

2. La fabrication commença seulement au mois de novembre 1564, V. S. (Voir nos documents.)

3. En 1618, à la monnaie de Bayonne, un garde héréditaire se nomme Estienne de Brucher, peut-être un fils.

JÉROME LENORMANT (1572-1580)

On voit paraître Jérôme Lenormant en 1572 ; il est alors graveur de la monnaie de Pau, avec Brucher.

L'année suivante, il est nommé dans le contrat de mariage entre Pierre Nicolas et Anne Vergeron qui, à défaut de parents, se fait assister par lui ; il y est qualifié de graveur de monnaies du Béarn (E. 2002).

Ce titre équivaut-il à celui de graveur général et peut-on en conclure que Guillaume Martin n'exerçait plus cette fonction ? Nous ne pouvons l'assurer ; mais Jérôme Lenormant est un artiste ; il grave des sceaux et, par conséquent, il a assez de talent pour faire les coins de la monnaie de Navarre.

Le 4 septembre 1576, le conseil de Navarre alloue la somme de neuf testons « à mestre Jerosme Le Normant graveur et orphèvre deu roy per aveir feyt ung cachet d'argent » qui devait servir à sceller les actes secrets dudit conseil. Lenormant donna quittance de cette somme le premier octobre suivant (B. 2231).

En 1577, il reçut la somme de 60 livres pour la gravure des sceaux de Catherine de Navarre, régente (B. 152).

Nous avons cherché dans la description des sceaux des Archives [1], mais nous n'en avons pas trouvé que l'on puisse rapprocher avec certitude des documents mentionnés.

En 1578, on trouve la mention suivante : « A

---

1. P. RAYMOND, *Bull. Soc. Sc., L. et Arts de Pau*, 1872-73, p. 147.

« Jérôme Lenormant, graveur des monnaies du pré-
« sent pays, 210 livres tournois pour pareille somme
« délivrée ès mains du Roy, en 60 écus soleil et 30
« livres tournois en pièces de 20 et 10 sols tournois
« qui ont été forgées nouvellement sur le pied des
« espèces d'or et d'argent que le Roy de France a fait
« faire en son royaume » (B. 2413).

Le premier septembre 1579, la monnaie de Pau, de
Morlaas et celle de Navarre, à laquelle on n'avait
encore rien fait, furent affermées à Mes Jérôme de
Normand et Auger de la Garde, pour six ans, à raison
de 33.000 livres, et à charge pour les impétrants de
construire la monnaie de Navarre[1] à leurs frais[2].

Lenormant est donc, comme il arrive fréquemment à cette époque, à la fois graveur et maître de la
monnaie.

Il mourut vers le milieu de l'année 1580 ; c'est du
moins ce que permet d'avancer le passage suivant
tiré d'un registre de la Chambre des comptes :

« A M. Hyerosme Lenormant tailleur et graveur
« des dites deux monnaies (Pau et Morlaas), quatre
« cens livres..... IIII c. l. t. En marge : « Alloué par
« ledit estat et par deux acquits l'un dudit Le Nor-
« mant de cent livres, l'autre de Agne de Lescude,
« vefve dudit Le Normant de cent cinquante livres et
« par autre acquit de Me Guillaume Lamy la somme
« de cent cinquante livres lequel Lamy despuis la

1. Il s'agit de l'atelier de Saint-Palay, dont les délivrances n'apparaissent
que vers 1581.

2. Registres de la Chambre des Comptes brûlés le 23 janvier 1716 ; extraits
d'un manuscrit appartenant au baron de Laussat, publié par P. RAYMOND ;
Bull. de la S. des L., Sc. et Arts de Pau, 1871-72, p. 134.

« mort dudit Le Normant a exercé la charge de gra-
« veur ; lesditz trois acquitz faisant la présente par-
« tie cy-rendue » (B. 155, fol. 28 v°).

Comme complément intéressant, nous empruntons
ce qui suit aux précieux extraits du manuscrit de
Laussat :

« Les héritiers de maître Jérôme Le Normant, en
« son vivant maître graveur de Pau, sont gratifiés, en
« considération de ses services, de la faculté de
« bâtir un colombier en la métairie du Normand, à la
« charge d'une paire de pigeonneaux de fief annuel,
« par patente du 18 juillet 1581, vérifiée le 20 février
« 1582[1] . »

Une fille de Jérôme, nommée Anne, fut mariée en
1595, à Bernard de Lacoste, maître des requêtes
(E. 2014).

GUILLAUME LAMY (1577-1610?)

La personnalité de ce graveur est des plus intéressantes pour l'histoire du Béarn. On en jugera par
le récit de sa vie tel que nous avons pu le dégager
d'un nombre assez considérable de notes.

Nous ne savons pas si sa famille était originaire du
Béarn. Bérard, d'après Barre, parle d'un Pierre
Lamy qui était graveur particulier de la monnaie
d'Aix, en 1560[2].

Il est possible que notre Lamy soit sinon le fils, du
moins un parent du précédent. Guillaume Lamy est

1. *Op. laud.*, p. 189.
2. *Dict. des artistes.* Il l'est encore en 1566 ; Arch. nat. Z¹ᵇ 15.

sans doute un élève de Jérôme Lenormant, car le document reproduit plus haut le désigne comme son successeur immédiat.

La première mention qui est faite de Lamy date de 1577, à propos d'un paiement de 802 livres pour dix bagues garnies de diamants, rubis et opales (B. 152).

Deux ans plus tard, une ordonnance du roi concerne le paiement à Guillaume Lamy de quatre bagues d'or garnies de diamants (B. 2382).

En 1581, Lamy touche 195 livres pour façon de bijoux et montures de perles fines, puis 14 livres, 12 sols 6 deniers « pour avoir accoustré les flacons d'ar- « gent et autres bijoux du roi, étant alors à Pau, par « ordonnance de M⁰ Xaintrailles, M⁰ d'hôtel, du der- « nier jour de Mars 1581 » (B. 63 et 2378).

A cette époque, nous le trouvons comme essayeur à la monnaie de Morlaas (B. 935).

Enfin nous voyons que, le 27 mai 1581, furent « feytz et passats pactes matrimonials entre M⁰ « Guillaume Lamy, orphevre deu roy et graveur de « las monedes deu present pays de Bearn, et Agne « de Lescuder; témoins, Pierre Proust, horloger, « Arnaud Cabrery, peintre » (E. 2004, fol. 313, v⁰.). La femme de Lamy est évidemment la veuve de Jérôme le Normant déjà mentionnée.

L'année suivante, l'atelier de Morlaas émet, sous le différent de Lamy, des pièces de vingt sous, des liards et des baquettes ; en 1583, des liards (B. 936 et 938).

Nous ne connaissons pas encore ce différent, pas plus que le poinçon employé par Guillaume Lamy, pour ses travaux d'orfèvrerie ; mais nous ne désespérons nullement de les retrouver.

Notre graveur fait la visite des joyaux du cabinet du Roi, en 1582 (B. 2645 et 269)[1].

Il devient maître particulier de la monnaie de Pau où il fabrique des pièces de vingt sous, marquées de son différent. Cette émission continue pendant les années 1584 et 1585 (B. 938 et 940).

Lamy commence déjà à se trouver dans une situation florissante, car il est à même d'obliger les gentilshommes de la cour, aussi gênés que le roi. C'est ainsi que nous voyons Jean de Bordeu, seigneur d'Idron, contracter envers notre orfèvre une obligation de 380 livres (E. 2005).

En 1585, nous le retrouvons à la monnaie de Morlaas signant les cahiers de délivrances de pièces de quinze sols et de baquettes (1586) « sous le diffe- « rant de M° Guillaume Lamy, maître associat à « Mre Roger de Vergez, étant M° particulier de ladite « monnoye » (B. 940 et 2706).

Il remplit encore la même fonction, dans les mêmes conditions, à Morlaas, en 1587. Il n'avait pas pour cela abandonné la maîtrise de la monnaie de Pau, car des pièces de quinze sous sont frappées à Pau, sous son différent, en 1586 (B. 2797). Du reste il cumule les charges, car il est nommé ailleurs, à propos de ses gages, graveur des monnaies de Morlaas et de Pau (B. 2802, 1586).

1. C'est peut-être Lamy qui assista le président du Pont, lorsque celui-ci fit l'inventaire des meubles, des médailles antiques d'or et d'argent et des précieuses reliques du cabinet du roi à Pau et à Navarrenx (1601). — V. Ms. LAUSSAT, *op. laud.*, 1872-73, p. 141.

Sa fortune paraît s'accroître rapidement ; il devient en quelque sorte, le Jacques Cœur de la Cour de Béarn[1]. Aussi bien, en cette même année, les jurats de la ville de Pau lui empruntent 600 livres pour les donner à Catherine de Navarre (E 2006 ; cf. canton de Pau-Est. CC. 128[2]).

En 1589 et 1590, nous retrouvons Lamy comme associé de Bertrand de la Lande, seigneur de Gayon, bourgeois de Bayonne ; il marque de son différent les pièces de quinze sous, de six deniers et les baquettes frappées à Morlaas.

Puis Guillaume Lamy abandonne sa maîtrise, car nous le voyons remplacé par Bertrand de la Lande « maître particulier de la monnoye et moline de Pau. » Cette retraite a-t-elle été motivée par les plaintes portées contre son associé au sujet du mauvais aloi des pièces de six deniers[3] ? C'est une simple hypothèse.

Il ne paraît pas que Guillaume Lamy ait été incriminé dans cette affaire, ni qu'il ait perdu de son crédit, car nous voyons, en 1590, la régente Catherine reconnaître une créance de 10.000 livres sur le domaine en faveur de Guillaume Lamy, maître des monnaies de Béarn, qui avait avancé cette somme pour fournir dix milliers de poudre destinés à l'armée du maréchal de Matignon (B. 3086)[4].

---

1. Il possède une maison citée à la date du 22 juin 1586 (E 2006, fol. 181).

2. Lamy, quoique le premier, n'était pas le seul orfèvre de la Cour de Béarn, et à maintes reprises, nous rencontrons un Antoine Belleville, orfèvre du roi et essayeur des monnaies, qui avait épousé Anne de Hague (E 2013, 1594, etc.; cité dans nos *Documents*). — Roger de Gassie, un autre essayeur des monnaies, est également contemporain et assez fréquemment cité comme orfèvre.

3. Voir nos *Documents*, article pièces de six deniers.

4. Jacques de Goyon, comte de Matignon, maréchal de France, né le

Cette créance fut confirmée en 1591 (E 2009), mais elle fut longue à régler, si nous en croyons l'exposé suivant emprunté au manuscrit Laussat : « M⁰ Guil- « laume de Lamy, graveur, s'étant obligé en faveur « de Guillaume Constantin de la somme de 10.000 « francs bordelais à raison de certaine quantité de « poudre envoyée au maréchal de Matignon, et ledit « de Lamy ne faisant néanmoins que prêter le nom « et ayant dans la vérité Madame la gouvernante « pour garante de son acte obligatoire, il aurait été « contraint de payer lui-même en effet de ses deniers « tant la dite somme que les intérêts échus et n'au- « rait pu obtenir son remboursement qu'avec des « peines incroyables ; la Chambre ayant résisté à sept « ou huit diverses déclarations de Madame la gouver- « nante la chose enfin aurait été terminée, en sorte « que le revenu des moulins de Pau, Gan, Nay et « Jurançon aurait été affecté pour ce jusqu'à l'entier « paiement de la dite somme, à quoi la dite Chambre « aurait finalement consenti le 13 avril 1592[1]. »

Guillaume Lamy signe le 24 juin 1591, un reçu de 500 livres qu'on lui devait en paiement de jetons d'argent et de laiton dont la Régente avait fait pré- sent aux seigneurs de la Chambre des Comptes de Pau[2].

26 septembre 1525, mort le 27 juin 1597 à Lesparre. Après la mort de Henri III, Matignon maintint la Guyenne dans l'obéissance due au souverain légitime, Henri IV. Il reprit aux ligueurs Agen et Blaye, et battit sur la Gironde une flotille espagnole. — V. CALLIÈRE, *Hist. de J. de Matignon*, Paris, 1661, in-f°, etc.

1. *Op. laud.*, 1871-72, p. 258.

2. V. nos *Jetons de la famille de Henri II de Navarre*, p. 13. L'aimable conservateur du Musée de Pau, M. E. Picot, notre collègue et ami, nous a

A cette époque, on peut le considérer comme le plus riche orfèvre de la région, et Jean de Hargues, orfèvre de Bordeaux, contracte envers lui une obligation de 3.480 livres pour achat de neuf paquets contenant 15.514 perles (E 2010, 1592).

A la même époque, Lamy se fait concéder par Antoine d'Incamps, seigneur d'Abère, gouverneur de Nay, le bail du haut fourneau d'Asson (E 2010[1]). Il est nommé, dans cet acte, orfèvre du roi et graveur des monnaies. En effet, même après avoir quitté sa maîtrise, il continue à remplir sa charge de tailleur (B. 3149 et 3419).

En 1598, il est encore graveur général des monnaies de Béarn. C'est un personnage ; il prend même, sans doute avec la permission du roi, des titres de noblesse, puisque, l'année d'avant, on trouve l'acte d'une vente de terre faite par Jean du Py à Guillaume Lamy, seigneur de Momy, orfèvre du roi (E 2015). Jean de Bordenave, secrétaire du roi, traite au contraire avec notre orfèvre pour acquisition de terrains (E 2020).

En 1599, Guillaume Lamy remplit la charge de maître particulier de la monnaie de Bayonne, depuis le mois de juin, et y fait frapper des quarts et des huitièmes d'écu[2]. Les lacunes qui existent dans la

signalé un jeton que nous pensons pouvoir appartenir à cette fabrication. Il porte :

+ HENRICVS. 4. D. G. FR. ET. NAVR. REX. DB (liés) ✳. Entre deux branches de laurier, écu parti au 1 de France, au 2, coupé de Navarre et Béarn. R/DABIT VICTORIA PACEM, 1591, Henri IV armé à l'antique ; à ses pieds, deux vaincus. — Cuivre ; Musée de Pau.

1. Asson, commune de l'arrondissement de Pau, possède encore des forges considérables (Larousse).

2. Arch. Nat. Z1ᴮ 824. Cf. Archives de Bayonne, HH, 143.

série des cahiers de délivrance de cet atelier ne permettent pas de dire jusqu'à quelle date il conserva cet emploi ; néanmoins, on peut assurer que ce ne fut pas au delà de 1604, car à cette époque le maître de la monnaie de Bayonne se nomme Menion Dulivier. Guillaume Lamy est qualifié, le 26 avril 1606, de cy-devant fermier de la monnaie de Bayonne [1].

Lamy est toujours maintenu dans son office d'orfèvre royal, à Pau. Il touche, en 1602, la somme de 900 écus, pour des bagues, jetons et chandeliers d'argent (B 173).

Nous le retrouvons encore, en 1604 et 1609, avec le titre de graveur des monnaies de Béarn (B 3363 et 3458), et comme, à partir de cette époque, nous ne connaissons plus de titre le concernant, nous conjecturons qu'il mourut vers 1610 et que son âge devait alors approcher de soixante ans [2].

PHILIPPE DANFRIE L'ANCIEN (1582-1605)

On sait que Philippe Danfrie ne fut pas seulement graveur général des monnaies de France. Il s'occupait de gravure typographique ; il construisait également des instruments de précision destinés aux travaux topographiques, et écrivit un volume sur leur emploi [3]. Barre· nous dit qu'il fut nommé, en 1590,

1. Arch. Nat. Z¹ᵇ 395.

2. Un Guillaume Lamy est procureur de la Chambre du roi, puis secrétaire en la chancellerie, cité dans plusieurs pièces de 1594 à 1660 (Bibl. nat., Cab. des Titres). Nous pensons que ce Lamy appartient à une famille autre que celle de notre orfèvre.

3. *Déclaration de l'usage du graphomètre, suivie de l'usage du trigomètre... pour faire plans de villes et forteresses, cartes géographiques, inventé nouvelle-*

tailleur général des monnaies de Béarn et de Basse-Navarre [1]. A partir de cette époque, Guillaume de Lamy ne fut plus évidemment qu'un graveur particulier. La charge de graveur général des monnaies de Béarn, créée au moment de l'annexion de cette province à la France, a dû se confondre ensuite avec la charge de tailleur général des monnaies de France.

En 1598, Danfrie l'ancien résigna son emploi au profit de son fils qui portait également le prénom de Philippe.

RICHARD LAMY (1591-1653 ?)

Un des fils de Guillaume. Le 26 juin 1591, « Richard « Lamy est pourvu de l'état d'orfèvre du roi et tout « incontinent mis en possession de la loge destinée « à l'orfèvre, par le sieur de la Roque, commissaire « de la chambre des comptes [2]. »

Qualifié encore d'orfèvre en 1594 (B 285 et 3171), nous le voyons employé comme graveur à la monnaie de Pau, en 1607, et il conserve cette charge jusqu'en 1652 (plusieurs mentions intermédiaires, B 3491 à 3898). Il mourut avant 1654, car à cette époque il est question d'une pension devant être accordée à Madame de Sauguis, veuve de Richard Lamy, graveur de la monnaie de Pau (B 376).

JEAN LAMY (1613-1637)

Second fils de Guillaume; paraît en 1613 comme

ment par *Philippe Danfrie, tailleur général des monnoyes de France*. A Paris, chez le dict Danfrie, rue des Carmes, avec privilège du Roy, 1597; petit in-4°.

1. *Op. laud.*, p. 9.

2. Extraits du ms. Laussat, *op. laud.*, 1871-72, p. 257.

graveur de la monnaie de Morlaas ; cité avec ce titre, à différentes reprises, jusqu'en 1637 (B 3594 à 3813). Jean avait épousé, en 1617, Catherine de Lescuder, une de ses cousines probablement, puisque sa mère était également une Lescuder (E 2027).

JEAN CATILLON (1589)

Bérard cite une famille d'orfèvres, du nom de Castillon, qui florissait à Paris, dans la première moitié du xvi° siècle. Quant à Jean Catillon, nous n'avons trouvé aucun renseignement historique qui permette de dire où il habitait. Il devait cependant jouir d'une certaine notoriété puisqu'on lui confia l'exécution du grand sceau du Roi. C'est pour ce travail qu'il reçut, en 1589, la somme de 60 écus (B 3048).

JEAN WOS OU DE VOS (1594)

Aucun ouvrage ne parle d'un artiste de ce nom. Nous savons qu'il était graveur à Paris et qu'il reçut la somme de 66 écus pour les sceaux de la Chancellerie de Navarre, en 1694 (B 167) ; il est nommé Jean Wos dans ce document, et Jean de Vos dans B 3173, qui a rapport au même fait [1].

JEAN BOURGEOIS, DIT PICARD (1595)

C'est encore un graveur inconnu que la note suivante va nous révéler :

[1]. Nous donnons ces indications d'après l'inventaire sommaire des Archives dressé par P. Raymond, car nous n'avons pas vu les documents originaux. Nous ne savons par conséquent s'ils renferment des indications plus précises. Mais en général, — nous avons pu nous en assurer, — on ne trouve que de courtes mentions,

1595, « à Jean Bourgeois dit Picart, orfèvre pour façon du sceau du greffe du sénéchal d'Oloron : 5 écus » (B 286).

Malheureusement nous ne connaissons pas ce sceau ; espérons qu'on le retrouvera.

FRANÇOIS PABIE (1600)

Pabie ne fut probablement pas un artiste, quoiqu'il soit qualifié d'orfèvre à propos d'un payement qui lui est fait pour la gravure de poinçons devant servir à la marque des draps d'Oloron, en 1600 (B 5978).

CLAUDE GRAVAL, (1604-1606)

Bérard connaît un Jean Graval, orfèvre d'Amiens en 1480.

Claude Graval paraît avoir joui d'un certain renom comme graveur de sceaux. Nous voyons, en effet, qu'en 1604, il fit le sceau de la chambre criminelle de Pau (B 3364) et, deux ans après, il reçoit dix écus pour la façon des sceaux des sénéchaux de Pau et de Sauveterre (B 305 et 3398). Deux des documents donnent son nom sous la forme Gravail.

PIERRE TURPIN (1595-1630)

Ce graveur parisien est un des mieux connus depuis l'article que Jal lui a consacré dans son dictionnaire [1], Les états de la maison du roi, pour les années 1599,

---

1. Le maréchal de Bassompierre parle de Turpin dans ses *Mémoires*, tome I. p. 186, éd. 1721. à propos d'un cachet de lettre brisé.

1611, nomment Pierre Turpin, le disant « graveur
« pour les cachets et valet de chambre de sa majesté ».
Il était encore au service de Louis XIII, en 1626, car,
dans une requête présentée à la cour des monnaies,
il est appelé « graveur ordinaire pour le Roi des
« sceaulx de la chancellerie de France et des cachets
« de sa majesté ». Jal en conclut que, de 1599 à 1626,
les cachets d'Henri IV et de Louis XIII et les sceaux
de la chancellerie furent gravés par Pierre Turpin.
Cette affirmation est trop générale ; nous savons, en
effet, par un document encore inédit, qu'un cachet
pour la chancellerie fut gravé, en 1620, par Nicolas
Briot.

Un document, trouvé par nous dans les archives
des Basses-Pyrénées, prouve que Pierre Turpin fut
graveur de la monnaie au moulin, en 1613[1] :

« Au sieur Turpin, graveur de la moline de Paris, la
« somme de soixante-douze livres tornois de laquelle
« payement luy a esté faict par ce comptable de
« l'ordonnance verballe de Messieurs du Conseil de
« Navarre pour avoir faict les coings pour faire les-
« dicts gettons dargent de ladicte année du présent
« compte duquel payement faict audict Turpin appert
« par ses deux quictances cy-rendues. » Cy lxxxii l. t.
(B 181, f° xliii V°).

Ces jetons, aux armes de Navarre, étaient pour les
gens du Conseil.

PIERRE REGNIER (1607-1636)

Maître graveur, pourvu d'un quart de l'office par

---

1. Barre ne le connait pas.

suite de son mariage avec Michelle, fille d'Alexandre Olivier, exerce à la monnaie des Etuves, au nom de ses neveux, Gilbert, Aubin et René. Dans une requête présentée par lui à la cour des monnaies, en 1610, il est appelé « M⁰ garde et conducteur des engins de la « monnoie du moulin, establie en ceste ville de Paris « ès galleries du Louvre[1]. Regnier fait fonction, de 1626 à 1629, le tailleur particulier de la même monnaie, en attendant que les héritiers de Beaucousin présentent un successeur[2].

De 1625 à 1630, il fait également fonction de graveur général. Il était devenu contrôleur général des boîtes.

Il a gravé, à plusieurs reprises, des jetons pour des services particuliers du Béarn et de la Navarre.

En 1614, les jetons pour le Conseil de Navarre (B 3531 et 182).

En 1620, des jetons d'argent et de cuivre pour la Chambre des Comptes de Pau (B 3638).

En 1623 et 1634, d'autres jetons pour le conseil de Navarre (B 3682 et 3691[3]).

SIMON D'ARMAGNAC (1634)

Simon d'Armagnac n'est cité qu'une fois, en 1634, comme graveur de la monnaie de Navarre (B 3798).

---

1. JAL, *Diction. Critique*. Quelques années auparavant, la monnaie du Moulin avait été transférée, du logis des Etuves, au rez-de-chaussée de la grande galerie du Louvre élevée par Henri IV. C'est la construction du Pont-Neuf qui avait nécessité ce changement. BARRE, *op. laud*, p. 14 et sq.

2. BARRE, *op. laud.*, p. 13, pp. 9 et 17.

3. Quelques jetons paraissent pouvoir se rapporter à ces documents : Ils portent les écus de France et de Navarre, accostés et dessous une vache clarinée passante. Nous en connaissons avec les dates de 1615 à 1617.

PIERRE D'ARMAGNAC (1660)

En 1660, Pierre d'Armagnac, frère ou fils du précédent, est graveur de la monnaie de Saint-Palais (B 932[1]).

DANIEL DE DAY (1657)

Daniel de Day paraît avec le titre de graveur de la monnaie de Pau, en 1657 (B 387).

JACQUES DE SOUBIRAN (1660-1686 ?)

En l'année 1660, on fit la remise des matrices de louis d'or à Jacques de Soubiran, graveur des monnaies, successeur de Richard Lamy (B 3944).

Nous revoyons Jacques de Soubiran, graveur des monnaies de Pau, comme témoin dans le mariage de Jérôme de Day, trésorier général de Navarre, et Catherine de Nays (1672, E 2100).

Nous ne connaissons pas la date de sa mort, mais on trouve, en 1687, le contrat de mariage entre Pierre de Loyard, maître des Comptes et Catherine de Day, veuve de Jacques de Soubiran, graveur des monnaies de Pau (E 2063).

MINVIELLE (1661).

En 1661, Minvielle est graveur de la monnaie de Morlaas (B 3950).

---

1. J'ai l'intention d'exposer, dans un travail futur, les différentes phases de l'histoire monétaire du Béarn. On voit dès maintenant que les trois ateliers de Pau, Morlaas et Saint-Palais fonctionnaient encore simultanément pendant la seconde moitié du XVIIe siècle.

BERTRAND DE BEAUMONT (1661)

Bertrand de Beaumont fut graveur de la monnaie de Morlaas la même année que Minvielle (B 3950).

ARNAUD DE LALANE (1685).

Arnaud de Lalane, cité en 1685, est un graveur de la ville de Nay, qui n'a probablement jamais travaillé pour la monnaie (E 2059).

LOYARD (1695-1717)

Dans le compte de la monnoie de Pau, en 1695, on trouve les mentions suivantes :

« Payé au Sr Loyard, graveur en tiltre de cette « monoye la somme de cent trente neuf livres douze « sols huit deniers pour son droit de ferrage au tra- « vail, etc. [1].

« Plus audit sieur pour ses gages pendant ledict « temps de huit mois depuis le 1 may jusqu'au « dernier Décembre à raison de 200 livres par « an. ».......................... 133 l. 6[s] 8[d]

Dans le compte de 1696 (avril) :

« Au S[r] Loyard, à compte de ses « droits et gages de cette année.... 114 l. 15[s] 8[d] [2]

Loyard est encore graveur des monnaies de Pau en 1717 (B 224).

---

1. BOIZARD, *Traité des Monoyes*, 401.

Le droit de *ferrage*, de 16 deniers pour marc d'or, de 8 deniers pour marc d'argent, est accordé aux tailleurs particuliers, comme indemnité, parce qu'ils sont obligés de fournir les fers nécessaires pour monnoyer les espèces.

1 Arch. Nat. Z[1b] 934.

PIERRE DUVIVÉ (1718)

Pierre Duvivé succéda probablement à Loyard, car, en 1718, nous le voyons apparaître avec les titres d'armurier et graveur de la monnaie de Pau (B 4806).

PIERRE-JOSEPH DUVIVÉ (1759-1779)

Barre[1] cite Pierre-Joseph Duvivé dit Duffaut à la date de 1759. Nous l'avons trouvé mentionné en 1779, à propos d'une fabrication de sols de cuivre de 12 deniers qui devaient porter « pour différand du « Sr Duvivé graveur particulier de ladite monnoie[2] « une gerbe placée à cotté du millézième » (B 4344).

Des monnaies d'argent, antérieures de quinze années à la date du document, portent déjà ce différent.

LISTE DES GRAVEURS[3]

Pau :

Pierre Brucher, 1563-72.
Jérôme Lenormant, 1572-80.
Guillaume Lamy, 1580-1609.
Richard Lamy, 1607-1652.
Daniel de Day, 1657.
Jacques de Soubiran, 1660-72.
Loyard, 1685-1717.
Pierre Duvivé, 1718.
Pierre-Joseph Duvivé, 1759-79.

Morlàas :

Jean Bazet, 1543-66.
Jérôme Lenormant, 1573-80.
Guillaume Lamy, 1580-1609.
Jean Lamy, 1613-1637.
Minvielle, 1661.
Bertrand de Beaumont, 1661.

Saint-Palais :

Simon d'Armagnac, 1634.
Pierre d'Armagnac, 1660.

1. *Op. cit.*, p. 25,
2. . .de Pau.
3. N.-B. — Nous donnons ici les dates auxquelles les artistes sont cités comme graveurs travaillant pour le Béarn.

Artistes parisiens :

Josué Ballay, 1531.
Nicolas Aymery, 1531-34.
Jean Beaucousin, 1553-64.
Jean Erondelle, 1554-56.
Guillaume Martin, 1564.
Philippe Danfrye, 1590.
Jean Wos, 1594.
Pierre Turpin, 1613.
Pierre Regnier, 1614-1624

Divers :

Jean Catillon, 1589.
Jean Bourgeois, 1595.
François Pabie, 1600.
Claude Gravail, 1604-1606.
Arnaud de Lalanne (de Nay),
1685.

Extrait du *Bulletin de la Société de Borda*, Dax, 1888,
pp. 91 à 100.

JETONS DU DUC D'ÉPERNON

ET DE SA FAMILLE

L'intéressant débat soulevé par la question du mariage morganatique du duc d'Epernon nous a donné l'idée de réunir les jetons du célèbre personnage et de ses proches.

La famille Nogaret de La Valette, qui, au xive siècle, a donné des capitouls à Toulouse, marque d'une façon particulière dans l'histoire de la Guyenne, car plusieurs de ses membres ont exercé de hautes fonctions en cette province. Enfin, l'alliance avec la maison de Foix-Candale achève de rendre la famille de Nogaret particulièrement intéressante pour ceux qui s'occupent de l'histoire du Sud-Ouest de la France [1].

Le chef de la famille fut Jean de Nogaret, chevalier, seigneur et baron de La Valette, de Casaux et de Caumont. D'abord mestre de Camp de la cavalerie légère, il devint lieutenant général au gouvernement de Guyenne [2].

---

1. On connaît les curieuses recherches faites sur les monogrammes du château de Candale, à Doazit, par MM. TAILLEBOIS, SORBETS et BRAQUEHAYE (*Bull. de la Soc. de Borda*, Dax, 1886, 1887, p. 47, et 1888, p. 51).

2. P. ANSELME, *Histoire généalogique*, III, p. 855 ; *Dict.* de Moreri ; Biographie Didot.

12

Il avait épousé, en 1551, une sœur du maréchal de Bellegarde, Jeanne de Saint-Lary de Bellegarde, dont il eut six enfants :

1. Bernard de Nogaret.
2. Jean-Louis, duc d'Epernon.
3. Jean de Nogaret, mort à quinze ans.
4. Hélène de Nogaret, mariée à Jacques de Goth, grand-sénéchal de Guyenne.
5. Catherine, épouse de Henri de Joyeuse.
6. Anne, épouse de Charles de Luxembourg.

BERNARD DE NOGARET

Bernard de Nogaret, marquis de la Valette, né en 1553. Mestre de camp général de cavalerie, en 1578, puis gouverneur de Saluces (1580), il obtint par le crédit de son frère le gouvernement du Dauphiné (1583), puis celui de Provence (1587) et la charge d'amiral de France, le 7 décembre 1588. Après avoir repris, au duc de Savoie, Digne, Beynes et les forts de Marseille, il assiégeait Roquebrune, près Fréjus, lorsqu'il fut tué d'un coup d'arquebuse, le 11 février 1592 [1].

De Thou a peint son caractère en peu de mots qui valent mieux que des phrases : *In periculis imperterritus, in adversis constans, in prosperis moderatus.*

Voici un jeton à son nom :

BER·D·LAVALETTE·ADMIRAL·D·FR·ET·GOV· D·PROVENCE. Sur une ancre, entourée des colliers de Saint-Michel et du Saint-Esprit, écu parti : au 1er,

---

1. *Dictionnaire* de MORERI. — DE THOU, *Hist. sui temporis.* — Honoré MAUROY, *Discours de la vie et faits héroïques de La Valette,* Metz, 1624, in-4°,

coupé, au 1ᵉʳ à la croix pattée d'argent; au 2ᵉ, au noyer de sinople et de gueules; au 2ᵉ du parti, à la demi-croix pommetée d'or, qui est de l'Ile.

℞. Rosace HAC rosace LVCE rosace VIAM rosace. Trophée avec armure posée sur un canon, entre deux lances, le tout environné de flammes. Exergue : 1597.

Cuivre. Cab. Fr. et Coll. d'Affry (M. de Cluny).

Voy. pl. III, n° 1.

La légende du revers contient évidemment une allusion à la valeur guerrière de Bernard.

J. de Bie l'explique de la façon suivante :

« Pour signifier par le Seigneur nommé ; que par « la force des armes il se feroit passage en tous les « lieux et aux occasions où il seroit utile pour le « service de son Prince [1]. »

La date est moins facile à expliquer, car les auteurs font mourir le gouverneur de Provence en 1592, et le jeton porte la date de 1597. Il ne peut cependant appartenir au second fils du duc d'Epernon, né en 1592, qui ne remplit jamais les fonctions précitées. Il y a là une curieuse énigme.

LE DUC D'ÉPERNON

Jean de Nogaret [2], né en mai 1554, sauva la vie à son père au combat de Mauvesin, en Armagnac, parut

---

1. *Les familles de la France illustrées par les monuments des médailles,* 1634, p. 105, fig. LXXIII, p. 103 ; pièce donnée comme étant en or.

2. Dans son testament, il prend les titres suivants : J.-L. de Nogaret et de la Valette, duc d'Epernon, pair et colonel général de l'infanterie de France et de Piedmont, gouverneur, lieutenant-général pour le roy en Guyenne, marquis de la Valette, comte de Plassacq et sire de l'Esparre, vicomte de Castillon et de Fontenay-en-Brie et autres places.

au siège de La Rochelle en 1573. S'étant distingué à la prise de Chartres (1577), il est fait mestre de camp en 1579. Ambassadeur près d'Emmanuel Philibert, il devient successivement gouverneur des Trois Évêchés, du Boulonais (1583), de l'Angoumois, de la Saintonge, de l'Aunis, de la Touraine, de l'Anjou et de la Normandie (1587). Il avait succédé, en 1581, à Strozzi dans la charge de colonel général de l'infanterie qui fut érigée pour lui en charge de la couronne (décembre 1584), et devint amiral en 1587[1].

Ayant froissé Henri III par son entrée triomphale à Rouen, il se vit exilé à Loches (mai 1588). Cependant l'idée qu'il eut d'envoyer des troupes à Blois le fit rentrer en faveur. C'est alors qu'avec Biron, il prit Montereau et Pontoise. Puis, refusant de reconnaître le Béarnais, il garda le gouvernement de Provence dont il sortit le 27 mai 1596, chassé par Guise. Henri IV lui donna 50.000 écus et, quelques années plus tard, le gouvernement du Limousin.

Le duc reparaît pour faire nommer régente Marie de Médicis, indispose la cour par sa hauteur et, à la suite d'une querelle avec le garde des sceaux, se retire dans son gouvernement de Metz (1618).

Il fait évader Marie exilée à Blois (22 février 1619), dicte la paix d'Angoulême qui lui donne le gouverne-

---

1. P. De l'Estoile, dans son journal, nous dit :

« Le mardi 27 novembre 1581, La Valette vint au parlement où furent, en « sa présence, entérinées les lettres d'érection de sa châtellenie d'Epernon, « que le roi avait achetée pour lui du roi de Navarre, en duché-pairie : « portaient lesdites lettres qu'en considération de ce que La Valette devait « être beau-frère du roi (en effet, la main de la jeune Christine, la dernière « des sœurs de la reine, était réservée au duc d'Epernon), il précèderait tous « les autres ducs et pairs, après les princes et le duc de Joyeuse. »

ment de Guyenne (27 août 1622), devenu vacant par la mort du duc de Mayenne.

Mais, à la suite des plaintes du parlement et de l'archevêque de Bordeaux, d'Escoubleau de Sourdis, qu'il avoit frappé, le duc fut exilé à Coutras (1633). Louis XIII l'obligea à s'humilier devant le prélat, lui donna, en 1638, le prince de Condé pour lieutenant en Guyenne et le relégua définitivement à Loches en 1641. Il y mourut le 13 janvier 1642 [1].

Le duc d'Epernon avait épousé Marguerite de Foix, comtesse de Candale, qui lui donna trois fils : Henri, comte de Candale, Bernard et Louis, le cardinal. Il eut aussi plusieurs enfants naturels parmi lesquels Jean-Louis, chevalier de La Valette, lieutenant-général de l'armée navale des Vénitiens, mort en 1650, en Guyenne, et Louis de La Valette, évêque de Carcassonne, mort le 10 septembre 1679. Enfin, d'après des découvertes récentes, le duc se serait uni secrètement à Anne Monier, le 24 février 1596, à Pignans, près Fréjus (Var) [2].

Voici les jetons qui ont été frappés pour le puissant duc :

·1·LOYS·D·LAVALETE·D·DESPERNON·P·ADM· ET·COL·D·FRA·G·D·NORM. Sur une ancre, couronné et entouré des colliers de Saint-Michel et du Saint-Esprit, écu parti : au 1er, d'argent au noyer de

---

1. Guill. GIRARD, *Histoire de la vie du duc d'Epernon*, Paris, 1655. — P. ANSELME, t. VII, p. 887, et t. VIII, 219.

2. L'abbé CAZAURAN, *Mariage morganatique du duc de Lavalette, Bull. de la Soc. de Borda*, 2e trim. 1886, pp. 117-129 ; 2e trim. 1887, pp. 96-106, et 1er trimestre 1888, pp. 1 à 10.

Cet évènement a été contesté par F. Mireur, dans trois mémoires.

sinople qui est Nogaret ; au 2ᵉ de gueules à la croix évidée, cléchée et pommetée d'or, qui est l'Isle-Jourdain ; au chef de gueules chargé d'une croix potencée d'argent, et, sur le tout, d'azur à la cloche d'argent bataillée de sable, qui est de Lagourson-Bellegarde-Saint-Lary.

℞. Rosace IBIT · DVCE · TVTA · COLVMBA rosace.

Jason et les Argonautes, lâchant la colombe qui doit leur apprendre la manière de passer entre les Roches Cyaneae, qui s'élèvent devant leur vaisseau [1]. Exergue : 1488.

Arg. et cuivre jaune avec centre de cuivre rouge. Cab. de France et Coll. d'Affry, au musée de Cluny.

Voy. pl. III, nº 2.

Voici l'explication qu'a donnée de ce type un auteur du xvıᵉ siècle :

« En ce temps-là le seigneur nommé attaqué, tant
« par divers libelles que la faction de la Ligue semoit
« parmi le peuple, que par des effets sinistres vou-
« loit monstrer ; qu'estant protégé de la faveur divine
« désignée par la Colombe, il esperoit surmonter la
« calomnie, et de se maintenir tousiours en seureté,
« ne craignant point que le vaisseau de sa bonne for-
« tune fist naufrage, quoy qu'il fust agité et furieuse-
« ment attaqué pendant les grands orages et mou-
« vemens, qui troubloient la France [2]. »

---

1. Les Iles Cyaneæ ou Symplegades sont citées par plusieurs auteurs anciens ; Herod. IV, 85 ; Strabon, 21, 149, 319 ; Denis le Periégète, 144 ; Eurip. Med. 2 ; Mela, II, 7 ; Plin, IV, 13.

2. Jacques DE BIE, *Les familles de la France illustrées par les monuments des médailles*, 1634, p. 94 ; fig. LX, p. 91.

2. Rosace. I·LOYS·DE·LAVALETTE·D·DESP·
PAIR·D·FR·COL·G·DE·LINF. Ecu couronné et
entouré des colliers des ordres. comme celui du
jeton précédent.

℞. ADVERSIS·CLARIVS. Rocher d'où sortent
des flammes sur lesquelles soufflent des vents per-
sonnifiés. Ex. 1597.

Cuivre. Coll. d'Affry ; Arg., Cab. de France.

Voy. pl. III, n° 3.

J. de Bie : Le duc nommé a voulu donner à
entendre ; Que les afflictions desquelles il était travaillé, le rendroient d'autant plus illustre ; qu'il les
surmonteroit et enfin demeureroit ferme comme un
rocher contre les assauts de la Fortune adverse [1].

3. Rosace I·LOYS·D·LAVALLETTE·D·DES-
PERN·P·COLL·GNAL·D·FRANC. Ecu comme
celui du n° 1.

℞. HINC·DECVS·VNDE·LABOR. Trophée d'armes.
Exergue : 1599. Cuivre. Collection d'Affry ; Arg. et
C. Cabinet de France.

Voy. pl. III, n° 4.

J. de Bie dit que ce jeton signifie : Que le péril,
l'exercice et pénible travail de la guerre suivy par le
Duc nommé dez ses ieunes ans, est recompensé
d'honneur et de gloire [2].

4. Droit du numéro 3.

℞. INTACTVS·VTRINQVE. Au milieu d'un pay
sage, un lion qui se retourne vers la Discorde ou

---

1. *Les familles de la France illustrées*, p. 124, fig. XCVI. p. 123 ; pièce
donnée comme étant en or.

2. *Les familles de la France illustrées*, p. 114 ; fig. LXXXIII, p. 113.

l'Envie tenant deux flambeaux ; de l'autre côté, au fond, un animal qui paraît être un renard. Exergue : 1607.

Cuivre. Arg. et C. Cab. de France.

Voy. pl. III, n° 5.

Ce revers, par son type comme par sa légende, semble faire allusion à la haute fortune qui n'abandonna jamais entièrement le duc, malgré ses ennemis [1].

J. de Bie a donné de ce type une explication analogue [2].

Il existe une médaille avec ce même revers, sauf quelques légères variantes dans l'agencement des figures et du paysage. Le droit mérite d'être décrit spécialement :

I·L·A·LAVALETA·D·ESPERN·P·ET·TOT·GAL· PEDIT·PRÆF. Buste barbu, avec armure, le front chauve, à droite. Sous les premières lettres de la légende, on lit la signature de l'artiste : G·DVPRE· F·1607.

Trésor de numismatique et de glyptique, 2ᵉ partie, pl. XV, n° 2. Argent et bronze, médaille de 55 mill. [3].

1. Le revers du jeton décrit sous le numéro 2 exprime la même idée. M. MAXE-WERLY a eu l'obligeance de nous communiquer le dessin d'une variété de jeton n° 4 qui porte la date de 1620. — Dans le *Catalogue de la collection des monnaies, médailles et jetons de la Lorraine,* de M. MONNIER (vente en 1874), sous le n° 1163, p. 94, on trouve un jeton de 1620, en argent. La description est conçue comme suit : Ex. : 1620. D'EPERNON, GOVVERNEVR DE METZ. Je crois que cette légende n'existe pas sur la pièce et qu'elle est le résultat d'une erreur d'impression.

2. *Les familles de la France illustrées,* p, 96 ; fig. LXI, p. 95.

3. *Note sur un médaillon de la Valette, duc d'Epernon,* par F.-M. CHABERT, *Mém. de l'Académie de Metz,* 1863-64, pp. 309-312. (Exemplaire en argent trouvé dans la Seille, en 1848.) — Cette médaille a été publiée par KÖHLER, *Münz-Belustigung,* t. 19, 1747, pp. 145 à 152.

Il est possible que le jeton ait été gravé également par Guillaume Dupré. Mais il se peut aussi que la médaille ait été copiée par un autre graveur qui ne nous est pas connu.

P. Charles Robert a décrit des petites pièces à pans coupés portant un écu aux armes d'Épernon et au revers l'écu de France, tous deux entourés du collier de Saint-Michel. L'un porte BASTILLE ; un autre ANFER et un troisième CHAMP... probablement La Tour Champenèze. Ces pièces sont des marrons de ronde qui ont servi dans les fortifications de Metz, sous le gouvernement du duc d'Épernon [1].

MARGUERITE DE FOIX-CANDALE

Marguerite de Foix, comtesse de Candale, Benanges et Astarac, captale de Buch, fille aînée et héritière de Henry de Foix, comte de Candale, et de Marie de Montmorency, fut mariée au duc d'Epernon. Elle apporta à son mari tous les biens de sa maison, à condition que leur fils aîné prendrait le nom et les armes de Foix. Le contrat fut passé au Bois de Vincennes, le 23 août 1587, et le roi assista, avec sa cour, au festin de noce qui eut lieu dans l'hôtel de Montmorency, le 30 du même mois.

Marguerite mourut à Angoulême, le 23 septembre 1503, laissant tous ses biens à son mari, à qui elle fit promettre de ne pas se remarier. Elle était âgée de vingt-six ans [2].

1. P.-Ch. ROBERT, *Recherches sur les monnaies et les jetons des maîtres-échevins et description de jetons divers*, Metz, 1853, pp. 76 et 77, pl. VI, n° 3.
2. P. ANSELME, t. III, pp. 386 et 856. Cf. Mémoire de M. de Castelbajac, *Revue de Gascogne*, t. XXVI, p. 367.

Le jeton que nous classons à la duchesse d'Epernon appartient à une catégorie de pièces que l'on peut appeler jetons de mariage. Une face porte le nom et les armes du mari ; le revers appartient à la femme.

Rosace. I·LOYS·DELAVALETTE·D·DESP·PAIR· D·FR·COL·G·DE·LINF. Ecu couronné, entouré des colliers des ordres, aux armes du duc.

℞. — MARGVERITE·DE·FOIX·D·DESPERNON· CONT·DE·CANDALLES. Ecu couronné, entouré d'une cordelière, parti ; au d'Epernon, au 2, de Foix Candale (coupé : au 1, d'or à trois pals de gueules: au 2, d'or à deux vaches de gueules).

Argent. Cab. de France.

Voy. pl. III, n° 6.

HENRI DE FOIX

Henri de Nogaret de la Valette, dit de Foix, comte de Candale, captal de Buch, né en 1591. Il obtint, le 17 septembre 1596, en survivance de son père, les charges de gouverneur et lieutenant-général en Angoumois. S'éloignant ensuite de son père, il servit le grand-duc de Toscane, contre les Turcs. De retour en France, en 1614, il fut nommé premier gentilhomme de la Chambre de Louis XIII, se jeta dans le parti des mécontents, parmi les calvinistes qui le nommèrent général des Cévennes, dans leur assemblée de Nîmes (1615).

Revenu à son roi, il obtint, en 1621, les titres de duc de Candale et pair de France.

S'étant démis de son gouvernement d'Angoumois, il prit, en 1624, le commandement des troupes de la République de Venise, dans la Valteline. Chevalier des ordres du roi (14 mai 1633), il obtint successivement le commandement des armées de Guyenne (1636), de Picardie (1637) et d'Italie, sous le cardinal son frère. Il mourut à Casal, le 11 février 1639[1]. Le jeton suivant, qui lui appartient, a pour revers la face d'un des jetons du duc son père.

1. Rosace. II·DEFOYS·CANDALE·D·ET·P·D· FR·P·GENTIL·D·LA·CH·D·ROY. Entre deux branches de laurier, écu couronné aux armes de Foix-Candale (écartelé, aux 1 et 4, d'or à trois paux de gueules; aux 2 et 3, d'or à deux vaches de gueules accornées, accolées et clarinées d'azur).

℞. — Rosace. I·LOYS·D·LAVALLETTE·D·DES-PERN·P·COLL·GNAL·D·FRANC. Écu couronné aux armes d'Epernon entouré des colliers des ordres

Argent. Cab. de France.

Voy. pl. III, n° 7.

2. Droit du jeton précédent.

℞. ❋ ARGENTER ❋ ❋ IE ❋ DV·ROY ❋. Écu de France couronné, entouré des colliers de Saint-Michel et du Saint-Esprit.

Argent. Cab. de France

Voy. pl. III, n° 8.

BERNARD, DUC DE LA VALETTE

Bernard de Nogaret, né en 1592, prit le titre de duc d'Épernon, à la mort de son père. Colonel-général de l'infanterie, en survivance du duc, en 1610, il ser-

1. PINARD, *Chronol. milit.*, t. 1, p. 476. — P. ANSELME, t, III, 856.

vit à Royan (1621), au Pas-de-Suze (1629) et en Picardie (1636). Accusé par Condé de l'échec devant Fontarabie (1638), il fut condamné à mort pour haute trahison par Richelieu (24 mai 1639) et exécuté, en effigie, car il avait passé en Angleterre, où on lui donna la Jarretière. Après la mort du roi, réhabilité par arrêt du parlement (16 juillet 1643), il fut rétabli dans son gouvernement de Guyenne qu'il conserva jusqu'à sa mort (juillet 1661) à l'exception d'une période de six ans (1654-1660) pendant laquelle il occupa celui de Bourgogne, rendu à Condé lors de la paix des Pyrénées.

Marié deux fois : à Gabrielle, fille légitimée d'Henri IV, et à Marie de Cambout, nièce du cardinal de Richelieu. Il eut pour maîtresse une bourgeoise d'Agen, Nanon Lartigue, qui sut prendre un grand ascendant sur son esprit.

La famille de La Valette s'éteignit avec ses enfants, Louis-Charles-Gaston [1], mort sans postérité en 1658, et Anne-Louise-Christine, morte aux Carmélites, en 1701 [2].

Astérisque. B·DE·FOIS·DE·LA·VALLETE·DVC· DESPERNON·DE·CANDALLE·ET. Tête nue avec collerette, cheveux retombant sur les épaules, à droite [3].

℞. — Rosace. PRINCE·DE·BVCH·G·ET·L·GNAL.

---

1. Louis-Charles-Gaston de Nogaret de Foix, duc de Candale, commanda en Espagne, sous le prince de Conti, et s'y distingua. — PINARD. *Chron. milit.*, t, I, p. 528. — LORET, *Gazette* du 25 août 1652.

2. Mémoires de Mad. de Motteville et de Retz, *passim.*

3. On voit par les jetons combien est variable l'orthographe des noms de Candale et La Valette.

POVR·LE·R·EN·GVIENNE·1648. Ecu couronné, entouré des colliers des ordres et supporté de deux lions. Ecartelé : au 1ᵉʳ, parti : au 1 c.-éc. ; a et d. de gu. à un château de trois tours d'or ; b. et c. d'argent au lion de gu. (Castille-Léon) ; au 2, d'or à trois pals de gueules ; au IIᵉ parti ; au 1, de gu. aux chaînes de Navarre d'or ; au 2, écartelé en sautoir ; a et d. d'or à 4 pals de gueules ; b et c, d'argent à l'aigle de sable (Aragon-Sicile) ; au IIIᵉ parti, au 1, burelé de sable et d'or, au crancelin de sinople brochant en bande ; au 2, d'or plein (Bordeaux-Puy-Paulin) ; au IVᵉ parti, au 1, c.-éc. a et d. d'azur à la fasce d'or, acc. de 3 têtes de lion du même (de la Pole) ; b. et c. d'azur à la bande d'argent, ch. de trois vols de sable, posés dans le sens de la bande (Suffolk-Candale) ; au 2, c.-éc. de Foix-Candale ; sur le tout, d'Épernon [1].

Argent. Cab. de France.

Voy. pl. III, n° 9.

LOUIS, CARDINAL DE LA VALETTE

Louis, troisième fils du duc d'Épernon, né en 1593. Archevêque de Toulouse, puis cardinal, le 11 janvier 1621, il n'avait point encore reçu les ordres quand il se démit de son archevêché en faveur de Charles de Montchal, son ancien précepteur (1628).

Après avoir servi en Italie, il devint gouverneur

---

1. L'armorial de Rietstap (Gouda, 1887) donne ces mêmes armes sauf que les chaînes de Navarre sont au premier quartier et les trois pals au second.

Ces armoiries sont bien différentes de celles données par le P. Anselme (III, 856 et VIII, 220) : Ecartelé au 1, contrécartelé de Castille et de Léon ; au 2, contrécartelé de Navarre et d'Aragon-Sicile ; au 3, de France et d'Albret ; au 4, parti d'Evreux et de Nogaret et, sur le tout, écartelé de Foix et de Béarn.

d'Anjou (1631), commandeur des ordres du roi (1633), et gouverneur du pays Messin, après la démission de son père (31 décembre 1634). Il commanda successivement les armées d'Allemagne, de Picardie (1637) et d'Italie. Il venait de ravitailler Verceil et de sauver Turin, lorsqu'il mourut, le 28 septembre 1639 [1].

Le jeton que nous connaissons a été frappé par Louis, lorsqu'il devint archevêque de Toulouse :

✠LVD·DE LA VALETTE·ARCH·TOLOSANENSIS. Écu écartelé aux 1 et 4, d'Épernon ; aux 2 et 3, de Foix-Candale. L'écusson est posé sur la croix épiscopale surmontée d'un chapeau de cardinal.

℟. — ✠INVENIET·VIAM·AVT·FACIET·1618. Le soleil entouré de nuages qu'il dissipe.

Arg. Cab. de France.

Voy. pl. III, n° 10.

On trouvera sans doute que, pour une courte notice de cette nature, nous avons fourni une bien longue et bien sèche série de renseignements historiques. Notre excuse est d'avoir voulu esquisser la curieuse histoire de cette famille remuante qui s'éteint brusquement, après un siècle de gloire et de puissance, de faveurs et de disgrâces [2].

---

1. P. ANSELME, t. III, 856.
2. Si Louis-Félix, marquis de La Valette, et sa sœur Eléonore sont reconnus comme les petits-enfants du duc d'Epernon et d'Anne de Monier, la légitimité des La Valette, seigneurs de Caumont, est par là démontrée ; mais, en raison du caractère secret de l'union, ces descendants n'empêchent pas le nom d'être officiellement éteint.

Extrait du *Bulletin de Numismatique et d'archéologie*, t. VI (1890), p. 149 à 170.

MÉDAILLES ET JETONS

DU SACRE DES ROIS DE FRANCE

En publiant cette monographie, j'ai voulu appeler l'attention sur cette série de monuments d'un grand intérêt historique et, généralement, d'une belle exécution.

Le type des pièces et le cérémonial du sacre présentent des particularités curieuses : c'est ce qui va être, en premier lieu, l'objet de cette étude.

I

Nous savons que le roi allait à l'offrande, précédé de hérauts d'armes, du grand-maître des cérémonies et de quatre chevaliers du Saint-Esprit portant un pain d'or, un pain d'argent, un vase de vermeil ou buire rempli de vin et une bourse de velours rouge brodée en or dans laquelle se trouvaient treize pièces d'or, aux mêmes types et légendes que les médailles distribuées au peuple pendant la cérémonie de l'Intronisation [1].

Que signifient ces treize pièces d'or ?

---

[1] « Rex autem debet offerre panem unum, vinum in urceo argenteo, tredecim bisantos aureos et regina similiter. » T. GODEFROY, *Cérémonial français*, 1649, p. 47 ; cf. DU TILLET, *Recueil des rois de France*, 1618, f. 197. — Les treize pièces étaient quelquefois attachées à un cierge, *Cérémonial français*, p. 580.

Selon Marlot[1], elles marqueraient une sorte d'épousailles, l'union étroite du prince et de la nation.

On a prétendu que le nombre treize venait d'une ancienne coutume des Francs, chez lesquels l'offrande d'un sou et d'un denier, de la bourse et de l'anneau, aurait fait partie des rites de la célébration du mariage[2].

Cette théorie est fondée sur un passage de Frédégaire qui dit : « *Legati offerentes solido et denario,* « *ut mos erat Francorum, eam partibus Clodovaei* « *sponsant*[3]. »

En admettant que la division du sou en douze deniers remonte à cette époque[4], on aura une origine *relative* de cette coutume, mais non une explication entière et rationnelle.

En tout cas, l'offrande de métal monnayé est un rite particulier au cérémonial du mariage et sa signification symbolique se rattache peut-être à une disposition matérielle des contrats : la coutume antique de donner des arrhes comme signe d'engagement.

Les *Etablissements de Saint-Louis* constatent l'existence de cette coutume au XIII° siècle[5].

D'après la coutume de Paris, le jour des épousailles, le mari donnait à la femme treize pièces

---

1. DOM GUILLAUME MARLOT, *Le théâtre d'honneur et de magnificence*, liv. 4, p. 687. Reims, 1654.

2. Parmi les auteurs qui ont exprimé cette opinion, il faut citer MARTIN MORIZOT, *Du sacre des rois de France*, 1772 et 1822.

3. *De nuptiis Chlodovei et Chlotildis*. Patrol., t. 71, p. 585 ; cf. BALUZE, *Capitularia*, t. 2, col. 980.

4. Cette division se trouve dans la loi des Ripuaires, art. XII, titre 36. Mais ce code ne fut fixé que sous Dagobert ; BALUZE, *Capit.*, t. I, p. 26.

5. Edit. de la Société de l'histoire de France. Introd. par PAUL VIOLLET, p. 146. Cf. Cod. Theod. III, 5 ; Cod. Just. I, IV.

d'or ou d'argent. En remettant le treizain, — quelquefois trois deniers seulement, les dix autres étant réservés au prêtre, — le fiancé disait à sa future : « *Cum his petiis te arrho in nomine sanctissimae Tri-* « *nitatis et duodecim Apostolorum, in communicatio-* « *nem bonorum spiritualium et temporalium*[1]. »

L'*Histoire de Charles VI*, par Juvénal des Ursins, nous fournit aussi un texte intéressant : « Le 2 juin « 1420, le roi d'Angleterre, Henri V, épousa Madame « Catherine et voulut que la solennité se fit entière- « ment selon la coutume de France. Ils allèrent en la « paroisse, c'est à savoir à Saint-Jean de Troyes, où « les épousa Maître Henri de Savoisy, soi-disant « archevêque de Sens, et au lieu de treize deniers, le « roi mit sur le livre treize nobles[2]. »

C'est un reste de cette pratique qu'il faut reconnaître dans les pièces de mariage moderne qui ont remplacé les « treize deniers pour épouser », dont le souvenir existe encore dans le Berry[3].

Un exemple, curieux entre tous, du chiffre fatidique nous est donné par Marlot. Cet auteur dit que les treizes pièces d'or de la bourse offerte par Louis XIII, le jour de son sacre, valaient chacune treize écus[4].

Leber, qui s'occupe assez longuement de la question, pense que le roi et ses douze pairs sont asso-

---

1· D. De Vert, *Cérémonial de l'église*, I, p. 220, cf. les Rituels et un missel de Béziers de 1535. La Trinité est prise pour une selon le dogme de l'Eglise.

2. Edition du *Panthéon littéraire*, 1841, p. 560.

3. *Catalogue des poinçons, coins et médailles du Musée monétaire*, Paris, 1833, in-8º, dans l'avis.

4. *Théâtre d'honneur*, p. 585.

ciés dans l'offrande comme ils doivent l'être dans les événements[1].

Il serait possible que le nombre de pairs eût été réglé sur celui des apôtres.

En résumé, on peut considérer le curieux rite des treize pièces comme symbolisant l'union, l'association de deux puissances ; mais il faut se garder de préciser, car l'explication des rites est toujours bien ardue et bien problématique.

Nous avons maintenant à nous occuper du type le plus fréquent des pièces du sacre. La première en date est du règne de Henri II ; elle représente une main sortant des nuages et tenant la Sainte-Ampoule.

C'est le type des jetons des médailles de François II et de Louis XIII. Sur les pièces de Charles IX, Henri III et Louis XIV, on trouve une colombe descendant du ciel et apportant la Sainte-Ampoule.

Pour expliquer ces différences de types, il faut évidemment recourir aux traditions, aux légendes, qui se sont formées sur l'origine de la Sainte-Ampoule.

Les Bollandistes publient un testament de Saint-Remy où il est question du sacre de Clovis ; mais d'autres testaments n'en font pas mention. En tout cas, on n'y trouve rien relativement au miracle.

Saint Avit, évêque de Vienne, dans sa lettre de congratulation à Clovis, à l'occasion de son baptême, ne dit rien de cette glorieuse particularité, qu'il eût relevée si elle avait été vraie[2].

Grégoire de Tours, sans parler du miracle, dépeint

1. C. LEBER, *Cérémonies du sacre*, 1825, in-8°, p. 420.
2. *Dictionnaire des miracles*, t. II, p. 827 (t. XXV de l'Encyclopédie de MIGNE).

la pompe de la cérémonie et dit que le lieu étant
rempli d'une odeur divine, les assistants se croyaient
en paradis [1].

On a supposé que ce passage a été la source de la
fable imaginée par Hincmar, au sujet de la fiole
d'huile sainte apportée du ciel par une colombe [2].

Il y a une explication plus rationnelle et plus plau-
sible.

On sait que la colombe apparaît comme symbole
de l'Esprit-Saint au dessus de la tête de Jésus-Christ,
à son baptême [3].

C'est pourquoi les monuments chrétiens des premiers siècles présentent de nombreux exemples de
cette image symbolique. Citons la cuve baptismale
de l'église de Gondrecourt [4] et le font de Pont-à-
Mousson [5].

Les auteurs rapportent que c'était un usage ancien
de suspendre des colombes d'or ou d'argent, dans les
baptistères, au dessus de la piscine [6]. Il est donc très
probable qu'une colombe d'or fut suspendue dans la

1. « Totumque templum baptisterii divino respergitur ab odore. » Edition
de la Société de l'histoire de France, 1836, l. II, c. XXXI. — La même idée est
exprimée dans les *Gesta Rerum Francorum* (BOUQUET, II, p. 552) : talem enim
gratiam dominus subministravit in populo ut estimarent se Paradisi odoribus
repletos fuisse. — Voyez ce que dit BOUQUET, II (*Hist. Francorum*), p. 177,
note G, sur le miracle de Reims.

2. GRÉG. DE TOURS, *loc. cit.*, note de l'éditeur.

3. LUC, III, 24, et MATT, III.

4. *Revue archéologique*, t. I, 1844, p. 129.

5. *Bull. monumental*, t. XII, article de M. DIGOT, cf. DIDRON, *Archives
archéologiques*.

6. DURANT, *De Rit. Eccl.*, XIX, 7. MABILL. *Iter German, In analect*, p. 4. —
In epistola Clericorum Antiochiae de Severi Sacrilegio : « Columbas aureas
et argenteas in formam Spiritus Sancti super divina lavacra et Altaria
appensas... » (Notes du P. LEBRUN, dans son édition in-4° des *OEuvres de
saint Paulin*, évêque de Nole.)

basilique de Reims, au baptême de Clovis[1]. C'est encore l'opinion de l'abbé Bourassé qui dit :
« Lorsque saint Remy baptisa Clovis, l'évêque prit
« les saintes huiles dans la colombe du baptistère,
« et dans son enthousiasme le narrateur aura parlé
« d'une colombe descendue du ciel [2]. »

De plus, plusieurs pères mentionnent des colombes renfermant le Saint-Chrême.

Or, nous savons que Hourelle, officier municipal, ayant tiré, le 17 octobre 1794, le reliquaire du tombeau de saint Remy, trouva une petite fiole de verre remplie d'huile, dans le ventre d'une colombe d'or ou d'argent doré, revêtue d'émail blanc, ayant le bec et les pattes rouges, les ailes déployées [3].

Il faut encore citer Juvencus, un poète du quatrième siècle, car il a dû contribuer puissamment à la formation de cette légende de la Sainte-Ampoule. Il dit :

> Corpoream gerens speciem descendit ab alto
> Spiritus, aeream similans ex nube columbam [4].

Quelle que soit l'origine de la légende, c'est Hincmar, qui, le premier, lui donne corps dans son discours, au concile de Metz, en l'an 869, tenu à l'occasion du sacre de Charles le Chauve, en qualité de roi de Lorraine [5].

---

1. MARTIGNY, *Dict. des Antiquités chrétiennes*, 1877, p. 88 et 189 ; cf. *Dict.* LAROUSSE.

2. *Dict. d'archéol. sacrée*, t. I, p. 211. J. Corblet conteste les conclusions de Bourassé ; voyez *Iconographie du baptême, Revue de l'art chrétien*, 1879, 1er sem., p. 379, et 2e sem., p. 114.

3. *Dict. des miracles*, t. II, p. 830.

4. *Hist. Evang.*, l. I, V. 393-4, t. XXI de la Patrol.-Migne. Ces deux vers pourraient servir de description aux jetons qui représentent la colombe sortant d'un nuage.

5. « *Coelitus sumpto chrismate* » en parlant de Clovis. Vid. BARON, *Ann.* sub anno 869, n° 101. cf. HINCMAR, *Vie de saint Remy*, c 21.

Flodoard[1] vient ensuite et raconte en ces termes le miracle arrivé au baptême de Clovis, le samedi de Pâques de l'an 500 : « Clericus chrisma ferens a « populo interceptus ad fontem pertingere penitus « est impeditus. Sanctificato denique fonte, nutu « divino chrisma defuit. Sanctus autem pontifex « Remigius, oculis ad coelum porrectis, tacite tradi- « tur orasse cum lachrymis. Et ecce subito columba « ceu nix advolat candida rostro deferens ampullam « coelestis doni chrismate repletam, cujus odoris « mirabili respersi nectare, inaestimabili qui ade- « rant, super omnia quibus antea delectati fuerant « replentur suavitate. Accepta itaque sanctus prae- « sul ampulla postquam chrismate frontem consper- « sit, species mox columbae disparuit. »

Cette version répétée par Aimon[2] et par Antonin[3] devint traditionnelle et dominante. Bien d'autres encore l'adoptent et nous voyons un des plus gracieux poètes français chanter la Sainte-Ampoule apportée par *ung coulomb qui est plein de simplesse*[4].

Le grand sceau du monastère de Saint-Remy, à Reims, représentant le baptême de Clovis, montre l'évêque recevant l'ampoule apportée par une colombe[5].

1. *Hist. de l'église de Reims*, publiée par l'Académie de Reims, 1854, l. I, c. 13.

2. *Ecce subito non alias sine dubio quam Sanctus apparuit Spiritus, in columbae visibili figuratae specie.* (AIMON, dans BOUQUET, t. III, p. 171.)

3. *Cum Sanctum chrisma deesset subito columba nivea e coelo lapsa ampullam cum chrismate attulit.* (SAINT-ANTONIN, *Somme historiale*, titre II, c. 2.)

4. CHARLES D'ORLÉANS, *Poésies*, La Complainte de France, v. 37-40.

5. Avec la légende : BAPTS·PMI·REGIS FRANCIA ; cité par FAVIN, *Histoire de Navarre*, 1612, p. 1327. G. DEMAY, *Inv. des sceaux de la Flandre*, n° 6783.

Cette même représentation existe sur une feuille de diptyque d'ivoire

Les quatre barons et chevaliers de l'Ordre de la Sainte-Ampoule portent, suspendue au cou par un ruban de soie noire, une croix d'or, émaillée de blanc, portant d'un côté l'image de saint Remy et de l'autre une colombe tenant dans son bec la Sainte-Ampoule reçue par une main [1].

Avec les jetons au type de la colombe, nous pouvons encore citer les plombs et médailles qui représentent aussi l'oiseau céleste apportant l'ampoule à saint Remy [2]. Cette même scène se trouve figurée sur une gravure de 1575 [3].

Chose des plus curieuses, à côté de cette tradition, il s'était formé une autre légende qui apparaît pour la première fois dans le formulaire de Louis-le-Jeune [4] : l'huile sainte aurait été apportée par la main d'un ange.

Cette théorie est soutenue par plusieurs auteurs. Godefroy de Viterbe écrit : « Dum baptisatur Clodo- « vaeus in Urbe Remensi, Angelus, e coelo oleum « dedit omnipotentis gracia baptismi quo celebrata « fuit [5]. »

conservée au musée d'Amiens, publiée par Du Sommerard, *Les Arts au moyen âge*, t. II, p. 289, et par Rigollot, *Notice sur une feuille de diptyque d'ivoire représentant le baptême de Clovis.*

1. Favin, *loc. cit.* (donne une figure). Les quatre croix destinées aux chevaliers de l'Ordre, pour le sacre de Louis XVI, coûtèrent 120 l. chacune chez Coudray, un joaillier de Paris, à qui le prieur de Saint-Remy, Dom Gabriel Debar, les avait commandées.

(J. L. H. S. Deperthes ? Mémoire sur les barons de la Sainte-A., cité par Lacatte-Joltrois, *Recherches historiques sur la Sainte-Ampoule*, p. 47, Reims, 1825.)

2. Maxe-Werly, *Essai sur la numismatique rémoise*, 1862, pl. vii et viii.

3. *Sacre du roy de France.* Reims, Jean de Foigny, 1575, à la fin de l'opuscule.

4. Du Tillet, *Recueil*, 1618, f. 195.

5. *Dict. des miracles, loc. cit.*

Guillaume-le-Breton [1] admet cette tradition qui est encore confirmée par la chronique de Morigny, en ces termes : « Olea quo Sanctus Remigius per angeli- « cam manum sibi proesentato Clodovaeum unxe- « rat [2]. »

Cette seconde légende s'est formée, croyons-nous, d'après des récits qui se rapportent à une autre Sainte-Ampoule : celle de l'abbaye de Marmoutier, renfermant l'huile céleste envoyée à Saint-Martin, évêque de Tours.

Sulpitius Severus [3] rapporte le miracle en ces termes : « Ipse autem cum casu quodam esset de « cœnaculo devolutus et per confragosos scalae gra- « dus decidens multis vulneribus esset affectus, cùm « exanimis jaceret in cellula, et non modicis dolori- « bus cruciaretur, nocte, ei angelus visus est eluere « vulnera, et salubri unguento contusi corporis « superlinire livores ; atque ita postero die restitutus « est sanitati, ut nihil unquam pertulisse incommodi « putaretur [4]. » Fortunat [5] nous donne un récit analogue, ainsi que Paulin [6]. Alcuin réédite l'his- toire du miracle en ces lignes : « *Idem quoque Sanctus* « *Martinus cadens per gradus graviter pene attritus*

1. *Philippide*, lib. I. v. 336-350 ; « *Cum sacro vase liquorem — E coelo missus, quem detulit angelus ipse.* »
2. *Chron. Moriniancense*, an. 1147, Duchesne, t. IV.
3. *Vie de saint Martin*, l. I, c. XIX. Patrol. XX.
4. Il y a lieu de rapprocher de ce passage une inscription qui se trouve sur le col d'un vase en terre noire, d'époque mérovingienne : divi martini antistitis balsamvm. olevm. pro. benedictione. (Lecoy de la Marche, *Saint Martin*, 1881, fig., p. 489, cf. p. 241, miniature représentant saint Mar- tin assisté par un ange.)
5. *Actes de saint Martin*, 2e liv., vers 40-55.
6. *Vie de saint Martin*, l. 2. Patrol. t. 61. p. 1030.

« *membris, nocte ab angelo ad integram restitutus*
« *est sanitatem*[1]. »

Il est bien établi, par les textes précédents, que ce
fut un ange qui apporta l'huile miraculeuse à saint
Martin.

On peut donc supposer que cette tradition, distincte de la tradition rémoise, a contribué à la formation d'une légende qui présente la Sainte-Ampoule
de Reims comme un don de la divinité transmis par
la main d'un ange. Cela est d'autant plus vraisemblable que cette seconde forme traditionnelle ne
paraît que fort tard.

Nous devons rappeler aussi que si le Saint-Esprit
est représenté par une colombe nimbée, dans l'*Iconographie chrétienne*, Dieu le Père l'est souvent par
une main sortant des nuages entourée également d'un
nimbe crucifère[2]. Toutefois nous ne croyons pas
qu'on puisse tirer avec certitude, de ce rapprochement, une explication des types de la colombe et de
la main apportant l'ampoule.

En somme, il y a une certaine hésitation sur la
manière dont le miracle de Reims doit être symbolisé,
et cette incertitude paraît clairement sur les petits
monuments que nous allons étudier.

1. *Sermons sur les miracles de saint Martin*, Patrol. t. 101, p. 661.
Dans le *Sacre de Henri IV*, par N. DE THOU, évêque de Chartres, 1594, on
trouve les vers suivants signés N. RAPIN :

> Heureuses mains qui l'ont oingt
> De l'huyle saincte des cieux
> Que l'ange mesme apporta
> Au grand Prélat tourangeois
> Pour prompt remède à son mal.
>   etc. (p. 3.)

2. A. DE CAUMONT, *Architecture religieuse*, p. 252.

II

HENRI II

Sacré à Reims, le 26 juillet 1547, par Charles de Lorraine, archevêque de Reims.

HENRICVS. II. DEI. GRATIA. FRANCORVM. REX. Buste cuirassé et lauré, à gauche. *Rev.* SACRA. AC. SALVTA. 26. IVL. AN. DO. 1547. REMIS. Main sortant des nuages et tenant la Sainte-Ampoule.

Arg. 24 mill. [1]. C. de Fr.. — Voy. pl. IV, nᵒ 1.

Trésor de Num. et Glyptique, choix de médailles françaises, pl. XI, nᵒ 4.

Cette pièce était de celles que l'on jetait au peuple au moment du sacre. Leblanc [2] nous apprend que Henri II fit faire treize pièces d'or, chacune d'un double ducat environ, qui furent nommées byzantines « afin d'entretenir l'ancienne coutume des rois, « de présenter à la messe 13 besants le jour de leur « sacre [3] ».

Il ne semble pas qu'un seul des treize exemplaires nous soit parvenu, de même que pour les règnes suivants. Ces pièces déposées dans le trésor de la cathédrale de Reims ont probablement disparu en 1793.

---

1. Cette pièce a l'apparence d'une monnaie ; publiée par J. DE BIE, *La France métallique*, pl. 55, sans le mot REMIS.

2. *Traité des monnoyes de France*, 1690, p. 169, longue dissertation sur le nom et la valeur des besants ; reprise par LEBER, *Cérémonies du sacre*, 1825, p. 426. Fillon a pensé que les pièces d'or ou dorées des carolingiens, le *munus divinum*, étaient peut-être des pièces d'offrande destinées au service divin. (*Considér. sur les monnaies de Fr.*, p. 116 et 117). Cartier les considère comme des pièces de largesse (IVᵉ lettre, p. 251), cf. R. Chalon, *Revue belge de Num*, 1850, p. 377.

3. Les largesses faites au peuple pendant le sacre sont aussi le souvenir

FRANÇOIS II

Sacré le 17 septembre 1559, par Charles de Lorraine.

1. ♣ ⚬⚬ FRANCISCVS. II. D. G. FRANCO-
RVM. REX. Buste lauré et cuirassé, à gauche.
Rev. ♣ ⚬⚬ SACRA. AC. SALVTA. 17 SEPT. A. D.
1559. REMIS. Main sortant d'un nuage et tenant la
Sainte-Ampoule.

    Arg., C., 28 mill. C. de Fr. — *Trésor*, pl. XVII, n° 1 [1].

2. Buste à g. avec FRANCOR. C. 24 mill. C. de Fr.

3. Buste à dr. avec FRANCOR. Arg. 28 mill. C. de
Fr. — *Voy.* pl. IV, n° 2.

CHARLES IX

Sacré le 15 mai 1561, par Charles de Lorraine,
archevêque de Reims.

1. ⚬⚬ CAROLVS. IX. D. G. FRANCOR. REX.
Buste lauré et cuirassé à gauche. Dessous : 1561.
Rev. + REMIS. SACRA. AC. SALVTA. 15 MAII.
1561. Le Saint-Esprit sous la forme d'une colombe
descend du ciel et apporte la Sainte-Ampoule entourée de rayons.

    Arg. 31 mill. C. de Fr. — *Cuivre.* Collect. de M. de Barthélemy.

Frappée au moulin. *Trésor*, pl. XVII, n° 5. — *Voy.*
pl. IV, n° 4.

---

des congiaires romains. Clovis, nommé Consul par Anastase, suivit l'habitude des consuls de Rome, en jetant de l'argent au peuple : « Aurum argen-
tumque praesentibus populis manu propria spargens. » GREG. DE TOURS,
Hist. Francorum, c. XXXVIII, l. 2.

    1. J. DE BIE, *La France métallique*, pl. 61.

2. CAROLVS. IX. D. G. FRANCOR. REX. Buste cuirassé, avec la tête nue, à g. *Rev.* comme le précédent. Le premier 5 de la légende a tout à fait la forme d'un 8.

Arg., C., 28 mill. Cab. Fr. [1] —*Arg.* 24 mill. Cab. Fr. — *Voy.* pl. IV, n° 3.

HENRI III

Sacré à Reims, le 15 février 1575, par Louis Ier de Lorraine, cardinal de Guise, évêque de Metz [2].

HENRICVS. 3. D. G. FRAN. ET. POL. REX. Buste lauré à dr., avec fraise, armure et collier de saint Michel; dessous 1575. *Rev.* **SACRA. AC. SALVTA. REMIS FEB. XIII.** Le Saint-Esprit, sous la forme d'une colombe, sortant d'un nuage, place la Sainte-Ampoule rayonnante sur le chiffre de Henri III ; à droite et à gauche une couronne, celle de France et celle de Pologne ; au dessous 3 lis posés 2 et 1, entourant le chiffre.

Arg. 30 mill. C. de Fr. — *Or.* Mus. Reims. *Trésor,* pl. XXI, n° 7 [3]. — *Voy.* pl. IV, n° 5.

2. Variété avec **HENRICVS. III** et **SALVT.**

Arg. 27 mill. — C. de Fr.

3. HENRICVS. III. D. G. FRA. ET. POL. Type du revers précédent. *Rev.* **NIL. NISI. CONSILIO.** Ecu de France, couronné, entouré du collier de saint Michel.

1. Kœhler, *Historische Münzbelustigungen,* t. V, p. 65, 1733. J. de Bie, *op. laud,* pl. 63.
2. Le jeune Louis II de Lorraine, archevêque de Reims, n'avait pas encore reçu l'ordre de la prêtrise. — Voy. *Reims, ses monuments, sacre des rois,* par le baron I. Taylor, publié par Lemaitre. Paris et Reims, s. d. inf.
3. J. de Bie, *op. laud.,* avec la légende **SACRA AC SALVT. REMIS 1575,** pl. 74.

Jeton du conseil du roi.

C., C. de Fr.

4. HENRICVS. III. D. G. FRANC. ET. POL. REX.
Buste lauré à droite, avec fraise et armure ; dessous,
A. *Rev*. SACRA. AC. SAL. REMIS. FEBR. XIII. 1575.
Colombe apportant la Sainte-Ampoule entourée de
rayons.

Arg. 26 mill. — C. de Fr. — *Arg.* 23 mill. — C. de Fr. [1].

5. Variété avec FEB.

CHARLES X

Cardinal de Bourbon.

1. CAROLVS. X. D. G. FRANCORVM. REX.
1590. A. Buste à gauche avec la couronne royale sur
la calotte rouge. *Rev*. ⁘. REGALE. SACERDO-
TIVM ⁘. Autel sur lequel sont la crosse, la mitre,
le ciboire surmonté de l'hostie et la couronne avec le
sceptre et la main de justice.

Médaille. *Arg. Trésor*, XXIV, n° 3.

2. CAROLVS. X. DEI. GRATIA. FRANCORVM.
REX. Buste comme sur la précédente pièce. *Rev*.
OMNIA. IN. MANV. DOMINI. Le cardinal à genoux,
devant un autel ; derrière, deux caudataires dont l'un
porte sa calotte ; un prêtre, appuyé sur un coin de
l'autel, regarde avec étonnement une main qui sort
du ciel, et couronne le cardinal.

Médaille. *Arg. Trésor*, XXIV, n° 4 [2].

1. J. DE BIE, *op. laud.*, pl. 74.

2. Par leurs types, ces médailles se rapprochent beaucoup des pièces de
sacre.

HENRI IV

Sacré à Chartres[1], *par Nicolas de Thou, évêque de cette ville, le 27 février 1594.*

Nous savons par Favin qu'il y eut des pièces frappées pour le sacre de Henri IV.

Voici le passage où cet historien en parle :

« Durant ces acclamations d'allégresse, les héraux
« et roys d'armes, du haut du Jubé, jectèrent dans
« la nef sur le peuple nombre de pièces d'or et d'ar-
« gent tant de la monnoye courante que d'autres
« expressément fabriquées à la marque et devise de
« sa majesté, telle qui l'avoit alors, asçavoir un Her-
« cules revestu de sa peau de lyon et sa massue sur
« l'espaule, et pour légende à l'entour, *Invia virtuti*
« *nulla est via.* De l'autre costé, comme à la mon-
« noye commune d'or et d'argent et autres estoit
« l'image de maiesté avec ceste légende : *Henricus.*
« *IIII. Franc. et Navar. rex 1594*[2]. »

Nous trouvons également dans *La France métallique* une pièce qui ne diffère de la précédente que par la date qui se trouve au revers. Voici du reste la description donnée dans cet ouvrage ; elle complète celle de Favin : « Demy buste, armé, le chef
« nud, ceint d'une couronne de laurier, à doubles
« feuilles pointées vers le front et arrestées par der-
« rière avec le nœud coulant du diadème ; sur les
« armes paroist l'escharpe passée et tournante de

1. Reims était alors un des principaux foyers de la Ligue.
2. *Hist. de Navarre*, p. 1032. Le *sacre de Henri IIII*, p. N. DE THOU, 1594, donne une description semblable de ces pièces, p. 44 et 47.

« l'épaule droitte vers la gauche. *Revers* : INVIA.
« VIRTVTI. NVLLA. EST. VIA. Le corps est d'un
« Hercule en pied, la peau du lion coiffée passant
« sur le nœud de l'espaule gauche et une partie sur
« le bras droict, qui est à l'appuy de sa massuë por-
« tée à terre eslevant le bras et la main gauche vers
« le ciel comme pour l'appeler à témoin, et faire juge
« de la sincérité de ses actions. Sous l'exergue :
« MD. XCIIII. » — L'auteur ajoute ensuite qu'on fit
largesse de médailles d'or et d'argent, plus petites,
mais semblables à la grande qui se donna en main
aux princes du sang, aux officiers de la couronne
et à la noblesse présente à la cérémonie. [1]

J. de Bie ne donne que la reproduction, peu soignée comme toutes celles de son ouvrage, du revers
de la médaille et le mot EST ne se trouve pas sur la
gravure.

Nous avons vainement cherché dans différentes
collections cette pièce intéressante [2].

MARIE DE MÉDICIS

Couronnée le 13 mai 1610 [3].

1. + MARIA. DEI. GRATIA. FRANCORVM. ET.
NAVARRAE. REGINA. Buste à droite, couronné,
portant une grande collerette, un collier de perles et
un corsage brodé de fleurs de lis et enrichi de pierreries. *Rev.* ⁙ SAECVLI. ⁙ FOELICITAS. ⁙ La cou-

1. JACQUES DE BIE. *La France métallique*, 1636, pl. 84, n° 11.
1. L'*Inventaire des poinçons de* 1697 ne mentionne rien de relatif à cette médaille.
3. Ce couronnement peut être considéré comme un véritable sacre.

ronne royale sur la quelle sont posées les tiges d'une palme et de deux branches de laurier et d'olivier. Exergue : 1610.

Arg. et Br. 50 mill. — Cab. de Fr. — *Trésor*, pl. XXXIII, n° 3.

2. MARIA. DEI. GRA. FRAN. ET. NAVAR. REGINA. Buste de la pièce précédente. *Rev.* ✱ SECVLI. ✱ FAELICITAS ✱ 1610 ✱. Type analogue, mais les tiges sont passées dans la couronne.

Arg. 48 mill. — Cab. de Fr. — *Trésor*, pl. XXXV, n° 1.

3. Mêmes types et légendes. *Arg.* Jeton 24 mill. C. de Fr. [1]. — *Voy.* IV, n° 6.

C'est à ces pièces qu'il faut rapporter ce que nous dit Favin à propos du mariage de Marie de Médicis. Voici le passage : « La bource contenait treize pièces
« d'or faictes expressément de 14 ou 15 escus pesant
« la pièce, d'un costé estait la figure de la reine et
« pour légendes son nom, surnom et qualités :
« de l'autre estait une couronne impériale au travers
« de laquelle estaient élevés trois reinceaux de
« palme, d'olivier et de meurre et pour légendes
« FOELICITAS SAECVLI... Largesse fut faicte au
« peuple de pièces d'or et d'argent marquées ainsi
« que celles de l'offrande, mais de moindre pris, il y
« en avait d'or et de quatre écus et en diminuant, les
« moindres pièces estaient de dix sols ou environ
« faictes au moulinet. Ce dernier acte se fit durant
« la fanfare des haut-bois, trompettes et clairons, les
« héraulx ayant crié largesse [2]. »

---

1. Kœhler a publié une pièce de ce module en or, *Historische Münzbelusti-gungen*, t. III, p. 385, 1751. Vignette.

2. *Histoire de Navarre*, p. 1260. Paris, 1612.

Godefroy parle aussi de ces pièces, mais son récit n'est pas tout à fait d'accord avec celui de Favin. Il dit : « Aussi tost que la messe fut finie, les hérauts « estans au jubé crièrent largesse, jettans de poignées « des pièces d'argent monnoyées en l'une des faces « desquelles estoient empreintes l'image de la reine « couronnée, avec l'inscription : *Maria Dei gratia* « *Franciae et Navarrae Regina*, et au revers une cou- « ronne qui jettoit un espi et deux branches d'olive « avec ses mots : *sæculi felicitas*. Ces pièces valoient « environ 8 sols chacune. Il s'en fit aussi d'or de « pareil poids et façon, qui furent données à « quelques seigneurs de la cour et à Messieurs du « Conseil, comme aussi aux Ambassadeurs [1]. »

Il est en effet probable que les pièces d'or étaient réservées aux personnages importants qui assistaient à la cérémonie.

Nous trouvons dans l'inventaire des poinçons de 1697, sous le n° 1038, la mention suivante : « Un « carré de dix-huit lignes de diamètre représentant « un portrait en buste de la reine Marie de Médicis « avec la couronne sur la teste, un collet monté « autour du col. On lit autour *Maria Augusta Med.* « *Fr. reg. moderatrix*, ce qui a servy à frapper des « médailles qui de l'autre costé, ont une couronne « de France, une palme et des branches de laurier « et d'olivier passées dedans avec ses autres mots « *Sæculi Fælicitas* 1610, pour exprimer le commen- « cement de la Régence de la reine Marie de Médi- « cis [2]. »

1. *Cérémonial français*, t. I, p. 576.
2. *Arch. Nat. KK.* 960, p. 174, V°. L'académicien J. P. Bignon fut un des

De son côté, de Bie nous donne la description d'une médaille à peu près semblable : « MARIA. D. « G. FRANC. ET. NAV. R. REGNI. MODERATRIX.. « effigie de la reine sans aucun ornement de majesté, « le grand deuil ne le permettant point... *Rev.* « SECVLI. FELICITAS. Inscription restituée de la « médaille de Faustine, femme de Marc-Aurèle, mais « soustenuë d'un corps tout différant... etc. Il faut « observer qu'elle est encore restituée ou plutost « empruntée avec quelque changement de la pièce de « largesse du couronnement de cette reine qui porte « l'effigie vestuë en majesté, à tiers de buste, une « petite couronne fermée sur le chef avec l'in- « scription : MARIA. DEI. GRA. FRAN. ET. « NAVAR. REGINA. Sans aucune diversité de revers « d'autant qu'entre les deux actions, il y eut peu « d'intervalle et beaucoup de changement aux « affaires [1]. »

LOUIS XIII

Sacré à Reims, le 18 octobre 1610, par François, cardinal de Joyeuse, évêque de Rouen [2].

1. LVDO. XIII. D. G. FR. ET. NA. REX. CHRIS-TIANISSIMVS. Buste à droite, avec la couronne fer-mée, la fraise, le manteau d'hermine et le cordon du Saint-Esprit. *Rev.* FRANCIS. DATA. MVNERA.

---

rédacteurs de ce précieux inventaire ; — *id*, n° 444, avec SECVLI. FOELICITAS. 1610, « en mémoire du couronnement de cette princesse. »

1. En effet, le couronnement de la reine eut lieu le 13 mai 1610 et Henri IV fut assassiné le lendemain. J. DE BIE, *La France métallique*, pl. 103, p. 310.

2. Louis III de Lorraine, depuis cardinal de Guise, archevêque de Reims, n'était alors que sous-diacre. Cf. TAYLOR, *op. cit.*

14

COELI. 17. OCTOBRIS. 1610. Main sortant d'un nuage, tenant la Sainte-Ampoule au dessus de touffes d'herbe.

Arg. et *Br.* 41 mill. — Cab. de France [1].

Trésor, choix de médailles fr., 2° partie. Œuvres de Dupré et Warin, pl. IV, n° 3 [2].

2. La même avec CHRISTIANI et 17 OCTOBER 1610.

Arg. 25 mill. — *Trésor*, ii, pl. IV, n° 6.

Autre avec CHRISTIANISS. Arg., coll. Chautard.

3. Mêmes lég. et types que le n° 1.

Arg., 47 mill. — *Etain*, 47 mill. — *Cuivre*, d°. — Cab. de Fr. et Reims.

4. Comme le n° 1, avec CHRISTIANISSIM et dessous, 1610 ; même revers.

Arg., 28 mill. et 24 mill. — Cab. de Fr. — *Voy.* pl. IV, n° 7.

5. LVDOVICVS. XIII. D. G. FRANCORVM. ET. NAV. REX. CHRISTIANISSIMVS. Buste jeune, à droite, avec couronne fermée, fraise et colliers des ordres de Saint-Michel et du Saint-Esprit. *Rev.* FRANCIS DATA. MVNERA. COELI. XVII. OCTOBRIS. 1610. NB. Une main sortant des nuages et tenant la Sainte-Ampoule au dessus de la ville de Reims. Ex. : RHEMIS.

Arg., C., 47 mill. et 45 mill. — *Trésor*, ii, pl. IV, n° 3 [3]. — Cab. de Fr.

6. LVDO. XIII. D. G. FRANC. ET. NAVA. REX.

1. Selon MARLOT, *th. d'honneur*, p. 585, les treize pièces d'or de la bourse étaient de 13 écus chacune et portaient LUDOVICUS. XIII. FRANCORVM. ET. NAVARRAE REX. M. DC. X., et au *Rev.* FRANCIS DATA. MVNERA COELI, et la main.

2. *Inventaire des poinçons*, A. N, KK. 960. n° 103. — J. DE BIE, pl. 110, I, avec 17 oct. 1610.

3. Cette belle médaille a été publiée depuis par M. A. DAUBAN, qui appelle l'attention sur la signature de Nicolas Briot. Selon le même auteur, les pièces que nous décrivons, sous les n°s 1 à 4, sont probablement de Dupré. (*Rev. numism.*, 1857, pl. i, n° 4.)

CHRISTIANISSIMVS. Buste comme au n° 5. *Rev.* Celui du n° 5 avec XVII OCT. — Arg. 30 mill. C. de Fr. — *Voy.* pl. IV, n° 8.

7. Légende du n° 6, avec buste, tête nue, avec fraise et les colliers des ordres de Saint-Michel et du Saint-Esprit. Revers du n° 6.

Arg., 25 mill. — *Trésor*, II, pl. IV, n° 7. — Cab. de Fr.

Favin ne manque pas de nous parler des pièces du sacre de Louis XIII. Voici ce qu'il en dit : « Les treize « pièces d'or présentées par le roi à l'offrande et « celles d'or et d'argent qui furent jettées au peuple « par les héraults, criant largesse, en la manière « accoutumée, avaient d'un revers l'image du roy « couronné, et pour légende LVDOVICVS XIII. DEI. « GRA. FRANC. et NAVARRAE. REX. CHRISTIA- « NISSIMVS, et de l'autre une nüe d'où sortait une « main à longs doigts en fuseaux, tenans une « ampoulle, sous laquelle estait la représentation « d'une ville, comme si c'eust esté celle de Reims, « avec la datte de la millesime dix septième octobre « mil six cents dix, et pour légende : FRANCIS. « DATA. MVNERA. COELI, devise vraye et la « représentation faulse, et laquelle de soy-même « argüe son autheur d'ignorance grossière. » Suit une dissertation dans laquelle Favin conclut que ce fut une colombe qui apporta la Sainte-Ampoule[1].

On a vu, par les jetons de Henri II et de François II, que cette erreur remontait plus loin et n'est pas

---

1. *Histoire de Navarre*, p. 1326. MARLOT, *op. cit.*, p. 699, fait la même remarque.

imputable aux artistes qui ont gravé les pièces de sacre de Louis XIII.

Un ouvrage très curieux nous fournit une indication précieuse, par laquelle nous voyons que, si les médailles et jetons portent une main, la colombe n'en fut pas moins représentée à propos du sacre de Louis XIII.

Voici le passage en question : « Sous l'ancienne « voute de la porte Saint-Denys, au-dessus de l'ar- « cade d'icelle, en la face qui regarde l'Eglise Nostre- « Dame, fut dépeint un autel, et au-dessus d'iceluy, « un coulom blanc, partant d'une nue et apportant en « son bec la Sainte-Ampoule, avec cette devise : « oriens ex alto [1]. »

Nous devons encore signaler les jetons de fabrication allemande qui ont été copiés ou imités des pièces officielles du sacre.

1. LVDO. XIII. D. G. FRANC. ET. NAVA. REX. CHRISTIAN. Buste à droite, avec couronne fermée, fraise et les colliers des ordres ; dessous H. L. *Rev.* FRANC. DATA. MVNER. COELI XVII. O. Main tenant la Sainte-Ampoule au dessus de la ville de Reims. Ex. : RHEMIS — 1610, en deux lignes.

C Jeton — de la fabrique de Hans Laufer à Nuremberg. — Cab. de Fr.

2. Droit du précédent avec HK sous le buste. *Rev.* Le même avec MVNERA. COELI. XVII. OCT.

C. Jeton de la fabrique de Hans Krawinckel à Nuremberg.

3. LVDO. XIII. D. G. FRANC. ET. NAVA. REX.

1. *Le Bouquet royal ou le parterre des riches inventions qui ont servi à l'entrée du roi Louis le Juste en la ville de Reims,* par NIC. BERGIER. Reims, 1637, in-4°.

Buste lauré et armé, avec le cordon du Saint-Esprit, à droite. *Rev.* REMIS. FRANC. Main tenant la Sainte-Ampoule au dessus de Reims. Ex. : MATHEVS — LAVFER en deux lignes. — Style grossier.

C. Jeton, fabrique de Mathieu Laufer à Nuremberg.

4. Légende du précédent. Buste à droite, avec fraise, couronne fermée et colliers des ordres. *Rev.* HANS. LAFER. IN. NVRMBE. Main tenant la Sainte-Ampoule au dessus de Reims. Ex. : REM-MES — H. L. en deux lignes.

C. Jeton, fabrique de Hans Laufer à Nuremberg.

5. LVDO + XIII + D G + FR + ET + NA + REX + CHRISTIANVS. Buste à droite, avec couronne, fraise et cordon du Saint-Esprit. *Rev.* FRANC. DATA. MVNERA. COELI. XVII. Main tenant l'ampoule au dessus de Reims. Ex. : RHEMIS. W. L. — 1615, en deux lignes.

C. Jeton, fabrique de Wolf Laufer à Nuremberg.

Ce dernier donne, avec le type du sacre, la date de 1615. Cela prouve évidemment que ce type fut très en vogue et que les jetons de pacotille en portèrent l'empreinte pendant plusieurs années.

LOUIS XIV

Sacré à Reims le 7 juin 1654, par Simon le Bras, évêque de Soissons[1].

1. LVD. XIIII. D. G. FR. ET. NAV. REX. CHRIS-TIANISSIMVS. Buste à droite, avec couronne fer-

---

1. Le siège de Reims était vacant. Le sacre avait d'abord été fixé au 31 mai.

mée, boucles de cheveux flottantes, manteau d'her
mine et les colliers de Saint-Michel et du Saint
Esprit. *Rev.* SACRA. AC. SALVT. REMIS. MAII.
XXXI. 1654. Colombe sortant des nuages et apportant la Sainte-Ampoule qui est entourée de rayons ;
au dessous, la ville de Reims, dont les murs sont bai-
gnés par la rivière La Vesle. Exergue : RHEMIS.

C., 34 mill., 27 et 25 mill. — *Trésor*, II, pl. XXIV, n° 3. — *Voy.* pl. IV, n° 9.

L'inventaire de 1697 nous dit que les poinçons ont
servi à frapper des pièces « pour exprimer le jour
« qu'on avait d'abord désigné pour le sacre du roy,
« dont la cérémonie fut différée jusqu'au 7 de juin de
« la dite année[1] ».

2. LVDOVICVS. XIIII. REX. CHRISTIANISSI-
MVS. Buste à mi-corps, à droite, avec couronne fermée, cheveux flottants et collier du Saint-Esprit ;
à droite, R. *Rev.* SACRAT. AC. SALVT. RHEMIS
IVNII VII. 1654.

Type du n° 1.   Signé : MOLART. S.

Arg. C., 68 mill. — *Trésor*, III° partie, pl. IV, n° 7.

3. LVDOVICVS. XIIII. REX. CHRISTIANISSI-
MVS. Tête du roi, cheveux longs. *Rev.* SACRATVS
AC SALVTATVS REMIS. Type du n° 2. Exergue :
IVNII. VII. M. D. C. LIIII.

Arg, Br., 40 mill. [2]. — Musee de Reims.

3. LVD. XIIII. D. G. FR. ET. NAV. REX. CHRIS-
TIANISSIMVS. Buste à droite, avec manteau, les

1. *Arch. nat.* KK. 960, n° 1725.
2. *Cat. des poinçons, coins et médailles du Musée monétaire*, p. 48. Paris,
1833, in-8°.

colliers des ordres, la couronne fermée, et les cheveux flottants. *Rev*. SACRAT, etc., comme au n° 2.

Vermeil, arg. 28 mill. C. de Fr. [1].

4. Tête et légende du n° 3. *Rev*. REX. COELESTI. OLEO. VNCTVS. L'évêque de Soissons pose la couronne du roi à genoux, en présence des pairs laïques et ecclésiastiques. Exergue : REMIS. VII. IVN. MDCLIV. (ou IVNII.)

Cérémonie du lendemain du sacre. Mod. 18 mill. [2].

Sous le buste. L. MAVGERF. — *Arg.* et *Br.* 42 mill. Musée de Reims.

5. L. XIIII D. G. F. ET. N. R. S. D. VII. IVN. 1654. Buste du roi couronné de laurier ; dessous I. V. F. (J. Warin). *Rev*. LVMEN DE NVMINE, DE LVMINE. NVMEN. Le roi à genoux sur un prie-Dieu. La Foi et l'Espérance soutiennent au dessus la couronne royale surmontée d'une flamme qui représente la Charité. Le Saint-Esprit, sous la forme d'une colombe, descend de cette couronne. Sur le tapis du prie-Dieu, on lit : CH. IN. COR. D. P. SP. SANC (*charitas in corde diffusa per spiritum sanctum*). Ovale, 14 mill. [3].

6. LVD. XIIII. D. G. FR. ET. NAV. REX. CHRISTIA. Buste comme au n° 1. *Rev*. COMME VN SOLEIL IE FAITS NAISTRE DES PALMES 1654. La Sainte-Ampoule rayonnante, descendant du ciel ; au dessous, des palmes poussant de terre

C. Jeton. — Cab. de Fr.

---

1. *Arch. nat.* KK 960, n° 1731.
2. *Cat. des poinçons du Musée mon.*, p. 48 ; GODONNESCHE, *médailles de Louis XIV*, pl. 36. Ces médailles font partie de la série historique uniforme.
3. *Cat. des poinçons*, p. 168. Cité *Arch. nat.* KK. 960, n° 1090.

LOUIS XV

*Sacré par l'archevêque Armand-Jules de Rohan,
le 25 octobre 1722.*

1. LVDOVICVS — REX CHRISTIANISSIMVS.
Buste à droite, collier du Saint-Esprit : Ex. : DV.
VIVIER. F. *Rev.* REX. COELESTI. OLEO. VNCTVS.
L'archevêque fait au roi l'onction du front en pré-
sence des pairs. Exergue : REMIS. XXV. OCTOBRIS
— MDCCXXII. en deux lignes. Au dessus de
l'exergue : DVVIVIER. F.

Médaille, 72 mill. — *Trésor*, 3° partie XLII, n° 1.

2. LVD. *ou* LVDO *ou* LVDOVICVS. XV. D. G.
FR. ET. NAV. REX. CHRISTIANISSIMVS. Plusieurs
variétés de tête ou buste, soit lauré, soit couronné.
Rev. Celui du n° 1, avec REMIS. 25 OCT. — 1722.

Jeton et médaille, 24, 27 mill., 33, 38 et 42. — *Or*, coll. A. de Barthélemy
et mus. de Reims ; — *Arg.* et C. [1]. — *Voy.* pl. IV, n° 10.

On en trouve de fabrique allemande, avec la date
fautive de 1723 (Coll. Chautard, etc.).

3. LVDOVICVS XV. REX. CHRISTIANISSIMVS.
Buste en costume royal. Dessous : ROG. *Rev.* Celui
du n° 1.

Médaille 41 mill. [2].

4. LVD. XV. REX. CHRISTIANISSIMVS. Buste à
droite, en grand costume, couronne fermée, cheveux
flottants ; dessous en monogramme J. C. R. *Rev.* JAM

---

1. JÉROME LOCHNER a publié une pièce à ces types : *Sammlung merkwürdi-
gen Medaillen*, 1737, p. 347. — Cf. G. R. FLEURIMONT, *méd. de Louis XV*,
pl. 21.

2. *Cat. des poinçons du Musée monét.*, p. 219,

REGNO MATVRVS. L'archevêque de Reims pose la couronne du roi à genoux sur les marches de l'autel. Exergue : 25 oct. 1722. J. C. R. en mon. (Roettiers.)

Or, Arg., série uniforme, 41 mill. — *Arg.* 31 mill. Cabinet de Fr. [1]. — Voy. pl. IV. n° 11.

5. LVDOVICVS. XV. REX. CHRISTIANISSIMVS. Le roi debout, vêtu des habits royaux, tenant un sceptre et une main de Justice. D. V. (Duvivier). Exergue : M. D. CC. XXII.

Or, Br. série uniforme, 41 mill. [2]. — Cabinet de Fr. [3]. Reims.

6. LVDOVICVS. XV. D. G. FR. ET. NAV. REX. Buste couronné à droite ; dessous : AV. *Rev.* oLeo sanCto De PoLo re[X a] Me VngeBatVr rhemIs. Colombe volant avec la Sainte-Ampoule dans son bec au dessus de la ville de Reims. Ex. : XXV. OCT.

Etain, 38 mill. — Musée de Reims.

Il doit y avoir dans cette légende la date 1722, mais le chronogramme ne paraît pas régulièrement établi.

LOUIS XVI

Sacré le 21 juin 1775 par le cardinal Charles-Antoine de la Roche-Aymon, archevêque de Reims.

1. LVDOVICVS. XVI. REX. CHRISTIANISS. Buste du roi à droite, avec manteau, cordon du Saint-Esprit, couronne fermée ; cheveux flottants ; dessous : L. LEONARD. *Rev.* DEO CONSECRATORI.

1. *Cat. des poinçons du Musée monét.*, p. 220. — Un jeton des Etats du Languedoc présente le même revers.
2. *Ibid.*, p. 219.
3. FLEURIMONT, pl. 22.

La religion portée sur un nuage, au dessus d'un autel, tenant de la main gauche un calice surmonté d'une hostie rayonnante, verse de la main droite le saint-chrême et oint le roi agenouillé devant elle ; à côté de l'autel, sur un tabouret, sont posés le sceptre, la couronne et la main de justice. Exergue : VNCTIO. REGIA. RHEMIS — 11 JVNII. 1775[1].

Or 31 mill. — *Arg* et *Br.* 31 mill. — Cab. de Fr.

2. La même.

Arg. 37 mill. — Duvivier.

3. La même.

Arg. et *C.* 36 mill. — N. Gatteaux[2].

4. La même avec XI JVN. MDCCLXXV. Par B. Duvivier[2]. — *Voy.* pl. IV, n° 12.

5. Droit du n° 1. *Rev.* VRBIS — PRIMARIAE — DECVS — FIRMATVM — TRECIS — A LVDOVICO XVI — SIGNANTE. DEO — CHRISTVM. SVVM — OVANTE GALLIA — MDCCLXXV.

Or, Br. 41 mill. — Cab. de Fr. [3].

6. A pour droit le revers du précédent, et pour revers celui du n° 1.

Or, Arg., 41 mill — Cab. de Fr. [4].

7. LVD. XVI. REX CHRISTIANISS. Buste du roi. *Rev.* LES SIX CORPS DES MARCHANDS PRÉSENTÉS PAR LE DVC DE COSSÉ GOVVERNEVR DE PARIS, ONT COMPLIMENTÉ LE ROY SVR SON

1. Ce type se trouve sur des jetons de Charles X, sacré par M. *De Latil*, archevêque de Reims, le 11 mai 1825.
2. *Cat. des poinçons*, p. 280.
3. *Ibid.*, p. 281. *Trésor*, 3ᵉ partie, pl. LIII, n° 3. Une gravure de cette pièce se trouve dans *Le Journal historique du sacre et cour*, de L. XVI. Paris, 1775, gr. in-8. p. 50.
4. *Cat. des poinçons*, p. 282.

SACRE ET COVRONNEMENT. LE 2 JVILLET 1775.
41 mill.[1].

8. Chiffre de Louis XVI, accosté de trois lis et
surmonté d'une couronne. *Rev.* SACRE — DV ROY
— LOVIS XVI — 1775, en quatre lignes, dans une
couronne de laurier.

Br. 40 mill. *Etain.* — Cab. de Fr. et Reims.

9. LOVIS. XVI. ROY. DE FRAN. ET. N. Buste,
tête nue, cheveux noués sur la nuque. *Rev.* 67. NÉ
LE 23 AOUT — MDCCLIV. — SVCCÈDE LE 10
MAI. — MDCCLXXIV. — SACRÉ LE XI JUIN. —
MDCCLXX (*sic*). — A REIMS.

Plomb, 32 mill. — Coll. A. de Barthélemy.

10. LOUIS 16 — SACRÉ A REIMS — le 11 JUIN
— 1775. *Rev.* L'archevêque sacre le roi en présence
des pairs ; sans légende.

Plomb, 25 mill. — Coll. A. de Barthélemy.

Variétés avec MDCCLXXV. — *Plomb*, 30, 43 mill. — Musée de Reims
(méd. avec bélière).

11. LOVIS. 16. SACRÉ A REIMS EN 1775. Ecu
couronné entre deux palmes ; posé sur des livres et
des instruments. *Rev.* LES — MENVS — PLAISIRS.
DV. ROY. en quatre lignes.

Etain, 40 mill. — Musée de Reims

12. SACRE. A. REIM... E. II JOIN 1775. Bustes
affrontés de Louis XVI et de Marie-Antoinette. Dessous, sur une banderolle : LVD. XVI.

℞. SACRAT. AC. SALV... IS. MAII 1654. Colombe
avec la Sainte-Ampoule au dessus de la ville de
Reims. Exergue : RHEMIS.

Plomb. 29 mill. Communiqué par M. Maxe-Werly.

1. *Ibid.*, p. 283.

Le revers de cette pièce est évidemment emprunté au ℞. du type n° 1 de Louis XIV.

Je m'arrête au règne de Louis XVI, bien qu'il y ait encore des pièces de sacre pour Napoléon, Charles X et Louis-Philippe. Mais ces pièces, pour ainsi dire contemporaines, n'ont plus le même intérêt.

On en trouvera un certain nombre décrites dans le Catalogue des poinçons du Musée monétaire, auquel nous avons dû faire de fréquents emprunts, n'ayant pu voir toutes les médailles originales [1].

Du reste, ce n'est pas comme une monographie complète que je présente ce travail, mais simplement comme un essai d'explication des principaux types de cette curieuse numismatique.

1. Nous adressons nos remerciements à M. Demaison, l'aimable archiviste de Reims, qui a bien voulu nous envoyer les indications relatives aux pièces du musée de Reims.

Extrait de l'*Annuaire de la Société française de numismatique*,
1889, pp. 15 à 20.

JETONS DE HENRI & DE FRANÇOIS

DUCS D'ORLÉANS ET D'ANJOU

Aux yeux de beaucoup de numismatistes, les jetons ont passé et passent encore pour de petits monuments bons tout au plus à fournir des corrections et des additions à l'armorial de d'Hozier.

Cependant, sans exagérer l'importance des jetons, on ne saurait nier leur intérêt au point de vue de l'histoire de la gravure en France.

Il en est un grand nombre, surtout au xvie siècle, qui ne le cèdent pas en mérite artistique aux médailles.

A bien des points de vue, il y a des milliers de faits qui passeraient inaperçus, si les jetons ne venaient, sinon les révéler, du moins forcer à les étudier; et, cependant, c'est en réunissant les faits les moins importants, en apparence, que l'on arrive à constituer le corps de l'histoire.

Comme exemple du parti qu'on peut tirer de l'étude comparée des jetons et des documents historiques, parlons des duchés d'Orléans et d'Anjou.

Un auteur bien souvent consulté et copié, le P. Anselme, à propos d'Henri III, raconte qu'il fut nommé d'abord Alexandre-Edouard[1] et que la reine, sa mère, lui fit changer ces noms et prendre celui de Henri, en mémoire du roi, son père[2].

Le roi Charles IX lui fit don « des duchés d'Anjou « et de Bourbonnois, du comté de Forez et de la sei- « gneurie de Senoncheaux, pour en jouir par luy à « titre de pairie et d'apanage, à la charge qu'au « défaut de masle descendant par la ligne des masles » dudit duc d'Anjou, ils retourneront à la couronne[3] ».

S'appuyant sur ce texte, le P. Anselme signale une erreur commise par le P. Buffier dans le passage suivant :

« Ainsi l'édit de Moulins, pour assigner des apa- « nages aux deux frères de ce monarque, savoir, « Orléans à l'un et Alençon à l'autre, est daté de « 1566[4]. »

Mais, si le P. Anselme a raison de rectifier cette erreur, d'autre part, il est incomplet, car il ne dit pas que le troisième fils de Henri II a d'abord porté le titre de duc d'Orléans.

C'est un autre auteur qui nous l'apprend dans des termes exprès :

« Charles (qui fut le roy Charles IX) estant roy, son « frère qui fut après Henri III, roy de France et de « Pologne, prit la qualité de duc d'Orléans, tant aux « estats d'Orléans que lorsqu'il fit son entrée à Rouen,

1. Ces noms lui avaient été donnés par le roi d'Angleterre et par celui de Navarre. (*Dict. de la convers.* Article Henri III.)

2. *Histoire généalogique*, 1726, t. I, p. 139.

3. Guillaume BLANCHARD, *Compilation chronologique. Recueil des ordon- nances, déclar., lettres-patentes des rois de France*, Paris, 1715, t. I, col. 896.

4. P. BUFFIER, *Introduction à l'histoire des maisons souveraines de l'Europe*, Paris, 1717, t. I, pp. 23-24.

« où le Roy se déclara majeur le 27 aoust 1563,
« et depuis il prit le nom de duc d'Anjou, lequel
« luy fut baillé en apanage [1]. »

On a aussi de Claude de Laubespine la note suivante :

« Le samedy 20 de septembre 1551, à Fontaine-
« bleau, à trois quarts d'heure après minuit [nais-
« sance] de Edouard Alexandre, duc d'Anjou, Poy-
« tiers, depuis d'Angoulesme, et à présent duc d'Or-
« léans. Ses parrains furent le roy d'Angleterre,
« Édouard, et Monseigneur de Vendosme, sa mar-
« raine Madame la duchesse de Mantoue [2]. »

Nous ne connaissons pas les lettres-patentes par
lesquelles Henri était autorisé à prendre le titre de
duc d'Orléans, mais ce fait historique n'en est pas
moins certain, car nous avons plusieurs jetons portant
le nom d'un Alexandre, duc d'Orléans, avec des dates
postérieures à 1560.

Voici la description de ces pièces :

1. — ∴ ALEXANDER · DVX · AVRELIAR'. Écu de
France, brisé du lambel à trois pendants, couronné.

1. François Le Maire *Histoire et antiquités de la ville et duché d'Orléans*, etc.
Orléans, 1648, in-f°, au chapitre XXVIII, intitulé : « Comme le tiltre et qua-
« lité de duc d'Orléans a été donnée au second fils de France. » (Tome I, 109).
2. Louis Paris, *Négociations, lettres et pièces diverses relatives au règne de*

℞. QVI·REGIT·HÆC·REGNAT. Un ours, un bouc couché sur le gazon, et un loup, tous trois attachés à une colonne. Une couronne et un sceptre sont suspendus à mi-hauteur de la colonne. Exergue : 1561.

C. Cab. de Fr.

Les trois vices symbolisés par les animaux paraissent être la violence, l'incontinence et la rapacité, qu'il faut mépriser pour être vraiment roi.

2. — Autre avec 1563. (Dans le commerce.)

3. — Autre avec 1567. Fleuron avant QVI et après AVRELIAR' L'écusson est entouré du collier de Saint-Michel. C. Cab. de Fr.

S'il fallait encore une preuve de l'attribution de ces jetons à Henri, duc d'Orléans, nous la trouverions dans un jeton, sans date, qui porte la légende suivante :

✳ HENRICVS·DVX·ANDEGAVENSIS. Écu de France, brisé du lambel à trois pendants, couronné, entouré du collier de Saint-Michel.

℞. Même légende et même type que sur les jetons décrits plus haut. A l'exergue, la date est remplacée par deux palmettes en sautoir.

C. Cab. de Fr.

Il est curieux de voir que le troisième fils de Henri II prend encore le nom d'Alexandre sur un jeton daté de 1567, alors qu'il est appelé Henri dans les lettres-patentes données à Moulins, le 8 février 1566.

Quant au duché d'Anjou, aucun auteur ne paraît avoir dit entre les mains de qui le fief se trouvait avant d'être donné à Henri-Alexandre.

François II, 1841, p. 894 (coll. des *Documents inédits*) et *Revue des Sociétés savantes*, 6ᵉ série, t. III, p. 508.

La lacune peut être comblée au moyen du jeton suivant :

✠ HERCVLES·DVX·ANDEGAVORVM·1563. Entre deux H, cartouche couronné, aux armes de France, brisées d'un lambel à quatre pendants.

℞. CÆLVM·VIRTVTE. Massue et peau de lion sur un manteau. Au dessus, des étoiles dans le ciel.

C. Cab. de Fr.

Le prénom inscrit sur la pièce semble encore une énigme ; mais le P. Anselme nous apprend que François de France, né le 18 mars 1554, reçut le nom d'Hercule au baptême et que ce nom fut changé, au moment de la confirmation en celui de François [1].

C'est donc le plus jeune fils de France qui portait le titre de duc d'Anjou, en 1563, et qui l'abandonna à son frère Henri, pour prendre celui d'Alençon [2].

Toutefois il nous paraît certain que François porta d'abord le titre de duc d'Anjou, et Henri celui d'Orléans, sans avoir la possession de ce duché. Car la teneur des lettres-patentes données à Moulins, le 8 février 1566 [3], permet d'établir que les deux frères cadets de Charles IX n'avaient reçu aucun apanage.

Voici, du reste, les termes de la déclaration :

« Nos treschers et tresamez freres Henry duc d'An-
« jou, et François duc d'Alençon, soyent demourez

---

1. *Loc. cit.*, t. I. p. 135. — *Négociations du règne de François II*, p. 894. — Dans une lettre à la reine-mère, le duc d'Alençon écrit : « Madame, suivant « ce qu'il vous a pleu m'escrire, je changé hier le nom d'Hercules en celuy « de François, que j'ay pris comme aussi j'avoys auparavant reçeu le titre « d'Alençon. » *Négociations*, p. 779.

2. On sait qu'il devint duc d'Anjou quand Henri succéda à Charles IX.

3. Enregistrées par le Parlement le 21 mars 1565 (vieux style).

15

« en si bas aage, qu'il n'a esté possible à feu nostre
« dict seigneur leur donner aucun appanage. Au
« moyen dequoy depuis son trespas, et mesmes
« depuis nostre advenement à la couronne, ils ont par
« la grande prudence de nostre tres honnorée dame
« et mere, et pour la singuliere et fraternelle amitié
« que nous leur avons tousiours portée, et portons
« encores de present, esté conduicts et entretenus en
« l'honneur et bon traictement que ils méritent [1]. »

Les termes de l'ordonnance qui concernent particulièrement le duc François sont les mêmes. Cela explique la phrase écrite par Le Maire, où il dit que Catherine de Médicis fut duchesse d'Orléans, « pour
« en jouir par usufruit sa vie durant, avec la nomi
« nation et provision des bénéfices et offices [2]. »

La reine Catherine avait les revenus, et Henri portait le titre de duc d'Orléans [3].

Il en était probablement de même pour l'Anjou, avec François.

On voit, par ce qui précède, que l'étude des jetons peut quelquefois apporter son tribut à l'histoire et éclairer des faits que les auteurs n'ont pas toujours songé à préciser.

1. Robert ESTIENNE, *Les édits et ordonnances du roy Charles IX*, Paris, in-8°, 1568, fol. 503 et 509.
2. *Loc. cit.*, t. I, p. 109.
3. Le jeton de 1567, décrit plus haut, semble démontrer que Henri garda encore ce titre après l'ordonnance de Moulins.

Extrait de la *Revue Numismatique*, année 1892, p. 161 à 167.

JETONS DU XVIIe SIÈCLE

AUX TYPES DES MONNAIES DE CHIO.

A la suite des monnaies de Chio, M. G. Schlumberger a décrit deux pièces dont il disait : « Je ne puis
« me dispenser de mentionner, en terminant, deux
« belles monnaies ou plutôt médailles d'époque pos-
« térieure, frappées certainement en Italie, bien
« après la chute du gouvernement des Giustiniani à
« Chio, peut-être par ordre d'un de leurs nombreux
« descendants, en commémoration de la domination
« de ses ancêtres sur cette île lointaine des côtes
« d'Asie [1].

Ces deux pièces avaient attiré mon attention, mais
je ne pouvais rien dire de plus à leur sujet, jusqu'au
jour où le hasard me mit sous les yeux un passage
relatif à Pierre Blaru, graveur particulier de la monnaie de Paris (1637-1656) :

« Il avait commencé par exercer l'état d'orfèvre.
« En 1624, il grava un jeton pour *Abraham Marti-*
« *neau, chevalier de la Besne? mari d'Isabeau*
« *Justinien* (sic), *dont l'aïeul étoit souverain de Chio,*
« *et y battoit monnoye.* Abraham Martineau ayant
« fait copier par Blaru une de ces monnaies, la Cour

1. *Numismatique de l'Orient latin*, Paris, 1878, p. 431.

« permit d'en frapper trois cents exemplaires sous
« forme de jeton, à 11 deniers de fin [1]. »

Le rapprochement à faire entre cette note et les
médailles de Chio était évident.

Je fis rechercher et copier aux Archives nationales
le document signalé par Barre.

Il y est fait mention de trois paires de coins présentés par Pierre Blaru. D'autre part, nous voyons
qu'une requête avait été adressée à la Cour des Monnaies par Abraham Martineau, chevalier, sieur de la
Beyne, capitaine d'une compagnie au régiment des
gardes du Roi. Il était marié à Isabeau Justinien dont
l'aïeul, Vincent Justinien, avait gouverné Chio et y
avait battu monnaie. Martineau, en possession de
quelques échantillons de ce monnayage, demanda de
faire graver par Blaru des coins aux types de ces
pièces. La Cour accorda en effet à Blaru la permission
de graver trois piles et trois trousseaux pour fabriquer
à la monnaie de Paris trois cents pièces en forme de
jetons ou médailles, au titre de onze deniers douze
grains.

Le Cabinet des médailles de Paris conserve les
pièces dont voici la description :

1. ✳CIVITAS★CHII· Le château à trois tours
surmonté de l'aigle naissante entre les lettres V et I,
qui sont les initiales de Vincenzo di Tommaso Gius-

---

1. A. Barre, *graveurs généraux et particuliers des m. de France*, dans
l'*Annuaire de la Soc. de numismatique*, 1867, p. 156, note. — Jal a donné d'intéressants renseignements sur Pierre Blaru (*Dictionnaire biographique et historique*, p. 228). Sur la famille Blaru ou Blarru, voy. aussi le travail de
M. J. Rouyer, intitulé *Le testament de Pierre de Blarru, Parisien, auteur de la
Nancéide*, Nancy, 1888, p. 22. (Extrait des *Mémoires de la Société d'archéologie
lorraine*, pour 1888.)

tiniani, dernier podestat de la colonie génoise de Chio avant la conquête turque, qui eut lieu en 1566. Sous le château, la date 1562.

℟. ✠ CONRADVS · REX · ROM. Croix évidée et fleuronnée. *Argent*. Diamètre, 30 mill[1].

Cette pièce est la copie exacte, mais grandie, d'une monnaie d'argent frappée en 1562 et dont le diamètre est de 25 mill[2].

2. CIVITAT · CHIO · MONET · IVSTINIANA. Sur un sol herbagé, château à trois tours surmonté de l'aigle naissante.

℟. ✻ · CORADVS ✻ REX ✻ ROMANORVM. Croix. *Argent* et *Cuivre*. Diamètre, 28 mill[3].

1. G. Schlumberger, *Numism. de l'Orient latin*, p. 431, pl. xv, n° 23.

2. Lambros, *Mélanges de numismatique*, t. II, n° 19; G. Schlumberger, *op. laud.*, pl xv, n° 18.

3. Promis, *La Zecca di Scio durante il dominio dei Genovesi*, Turin, 1865, pl. iv, n° 54; G. Schlumberger, *op. laud.*, pl. xv, n° 20.

Cette pièce est visiblement imitée de monnaies de Chio frappées au xvie siècle, mais la croix du revers est modifiée et la légende du droit est certainement une innovation destinée à rappeler que la figure du château surmonté de l'aigle était le type de l'ancienne *monnaie justinienne de la cité de Chio.*

Les deux pièces que je viens de décrire appartiennent bien par leur style au commencement du xviie siècle. Ce sont par conséquent les jetons dont Pierre Blaru a gravé les coins, et, sur ce point, le doute ne paraît guère possible. Dans le document, il n'est question que de jetons en argent, et l'on possède des exemplaires en cuivre de la seconde pièce. Comme le document parle de trois paires de coins gravés par Blaru, j'avais d'abord supposé qu'on avait fait des coins différents pour l'argent et pour le cuivre. C'est un fait qui se présente fréquemment aux xviie et xviiie siècles. Mais l'examen des deux jetons en argent et en cuivre du Cabinet de France m'a convaincu qu'ils avaient été frappés avec les mêmes coins. Il fallait donc chercher la troisième paire de coins de Blaru. Voici la pièce qui, selon moi, doit être rattachée à cette curieuse fabrication :

:DRAGO·REX·ARMEN·AGAPI. Femme à mi-corps, de face, la tête entourée d'un nimbe, les deux bras étendus horizontalement (on ne voit pas les mains); sur la poitrine, on remarque une fleur de lis.

℟ :MONETA·MACRI·CHIO· et trois signes dont le deuxième est un *sampi* grec. Le champ de la pièce est parti : A gauche, est une queue de dragon ou de dauphin ; à droite, une femme à mi-corps, de profil, à gauche, étendant en avant le bras gauche, dont on ne voit pas l'avant-bras.

Argent. Diamètre, 30 mill. Cab. de France.

D. Promis[1] a cité cette pièce d'après Vlastos[2], qui la donnait comme une monnaie frappée antérieurement à l'établissement des Giustiniani. Promis a bien vu que cette hypothèse est inadmissible; il dit que la pièce ne peut appartenir qu'au xvie siècle avancé et qu'elle portait probablement, comme beaucoup de monnaies allemandes, la légende *Moneta Marchio* pour *marchionis* ou *marchionum*. En cela, l'auteur italien se trompe, car l'exemplaire du Cabinet de France est dans un parfait état de conservation et ne peut fournir de lecture autre que celle donnée plus haut.

Macris est un ancien nom de Chio, qui fut sans doute donné à cette île à cause de sa forme[3].

Quant aux types et aux inscriptions, ils sont inspirés par une légende d'après laquelle Dracon l'Aimable (Ἀγαπητός), roi d'Arménie, tyran de Doride, après avoir fait une expédition à Chio, épousa

1. *La Zecca di Scio durante il dominio dei Genovesi.* 1865, p. 61 et 62.
2. ΧΙΑΚΑ ΗΤΟΙ ΙΣΤΟΡΙΑ ΤΗΣ ΝΗΣΟΥ ΧΙΟΥ. Ἐν ἑρμούπολει, 1840, tome II, p. 45.
3. *Macris,* dans Pline, 5, 31, 37.

Eumorphia, fille de Sclérion, roi de cette île, et devint lui-même roi de Chio [1].

Le mot AGAPI est par conséquent l'abrégé du grec ἀγαπητός et la lettre I, remplaçant la lettre η dans la transcription latine, est un simple exemple d'*iotacisme*.

Je ne crois pas qu'on retrouve un prototype de cette pièce bizarre, inspirée par la légende et qui ne se rattache guère aux Justiniani que par la mention de Chio. Toutefois, l'aspect de la pièce est assez semblable à celui des jetons décrits plus haut, si l'on tient compte de la recherche d'archaïsme que dénotent surtout les légendes. Aussi je crois fermement que ce jeton est frappé avec le troisième coin de Pierre Blaru.

Voici le document relatif aux jetons de Martineau :

Veu par la Cour la requeste a elle presentée par Pierre Blaru, graveur au Palais, aux fins qu'il pleust à la dicte Cour luy permettre de graver trois paires de coings aux armes et devises dont les emprainctes sont attachées au bas de ladicte requeste, arrest de ladicte Cour du xvi[e] du present moys portant que ladicte requeste et emprainctes seroi[en]t communiquées au procureur general du Roy, autre requeste presentée à ladicte Cour par Abraham Martineau, chevalier, sieur de la Beyne [2], cappitaine d'une compagnye au regiment des gardes du Roy, narrative qu'ayant espousé dame Isabeau Justinien, issue et descendue de l'ilustre et très antienne famille des Justiniens, aucuns desquels ont eu l'honneur d'estre souverains seigneurs de plusieurs pays, mesmes Vincent Justinien, ayeul de ladicte dame Isabeau Justinien, qui a tenu et possedé en souveraineté les isles de Chio

---

1. Vlastos, Χιακα, etc., 1840, t. II, p. 45, note 4.
2. *La requéte originale de Martineau, conservée dans le même carton, porte :* Sieur de La Besne.

où il a exercé tous actes de puissance souveraine mesmes faict
battre monnoye aux armes de ladicte famille des Justiniens, et
qu'ayant ledit Martineau recouvert quelques unes desdictes
pieces il auroit désiré d'en faire graver des coings par ledit
Blaru, qui auroit baillé sa requeste à ceste fin et presenté six
figures de ladicte monnoye requerant qu'il plust à ladicte Cour
permettre audit Blaru graver lesdits coings pour sur iceulx faire
frapper et marquer le nombre et quantité qu'il aura besoings,
laquelle requeste ainsi que la preceddente auroit esté le xxiii^e
du present moys communicquée audit procureur general; veu ses
conclusions sur icelles, tout considéré.

La Cour, faisant droict sur ladicte requeste, a permis et permet audit Blaru de graver trois pilles et trois trousseaux pour
sur iceulx faire fabricquer en la Monnoye de Paris par les
ouvriers et monnoyers d'icelle en forme de jectons ou medailles
jusques à la quantité de trois cens pieces, du tiltre de unze
deniers douze grains, suivant les figures attachées à ladicte
requeste et ce en présence de Mre Jehan Bricet, conseiller et general en ladicte Cour pour, ce faict, estre lesdictes figures rapportées au greffe de ladicte Cour pour demeurer attachées à
ladicte requeste et lesdictes fera difformer. Faict en la Cour des
Monnoyes le vingtneufiesme juillet mil six cens vingt quatre.

Signé Regon, Buie.

(Archives Nationales, Z 1ᴮ 402, à la date du 29 juillet 1624.
Minute.)

Extrait de l'*Annuaire de la Société française de numismatique*,
1891, pp. 285 à 290.

UN MINISTRE NUMISMATISTE

AU XVIII° SIÈCLE

Machault d'Arnouville, un des meilleurs ministres du siècle dernier, était doué d'une grande activité et, en dehors de ses occupations financières, il trouvait encore le temps de réunir une collection de monnaies nationales, en profitant des facilités que lui procurait sa situation. Les documents suivants montrent combien cette collection lui tenait à cœur.

Circulaire aux subdélégués

Ce 12 7bre 1752.

« M. le Garde des sceaux fàit travailler, Monsieur, à une col-
« lection des monnoyes de France et indépendamment des ordres
« qu'il a donnés au directeur des monnoyes de rassembler une
« ou deux pièces de chacune des différentes espèces fabriquées
« dans le royaume soit en or, argent, billon ou cuivre qui ont eu
« cours antérieurement au règne de Louis XIV et autant de
« chacune des divisions de ces menues espèces, ainsi que les
« pieds forts. Il désire que je donne en particulier mes soins
« pour faire en sorte d'en découvrir tant par moi-même, que
« par mes subdélégués pour remplir en cela son objet autant
« qu'il peut être possible. Je vous prie de informer, s'il n'y
« auroit point dans votre département des particuliers qui
« auroient quelques pièces anciennes et qui les gardent plustôt

« par habitude que par quelqu'autre raison. Il est aussi de cer-
« taines personnes que la curiosité des médailles conduit à
« rechercher de ces sortes de monnoyes, et comme il n'y a pas
« lieu de douter que les uns et les autres ne fussent charmés
« d'aider M. le Garde des sceaux de celles qu'ils pourront avoir,
« vous me ferés plaisir, si vous en trouvés quelques uns, de les
« engager à m'envoyer les pièces qu'ils auront pour les faire
« passer au ministre à qui j'aurai attention de désigner ceux de
« qui je les tiendrai.

(Non signé.)

Dans une lettre datée de Versailles, le 23 août
1752, et adressée à M. d'Etigny, intendant à Auch,
Machault recommande encore de faire des recherches
auprès des particuliers qui conservent des monnaies.

Les directeurs des ateliers monétaires, auxquels
on apportait tant de matières d'or et d'argent, étaient
par suite en situation de recueillir des pièces intéressantes. Aussi nous avons trouvé une lettre d'Arnaud, directeur de la monnaie de Bayonne, datée du
15 août 1752, et une autre lettre de Darippe, directeur
de la monnaie de Pau, datée du 11 août de la même
année. Toutes deux sont relatives aux monnaies
recueillies, mais elles ne fournissent aucun détail de
nature à nous intéresser. Du reste, voici une autre
lettre qui renseigne sur le genre des pièces recueillies
dans le Sud-Ouest de la France.

« A Versailles, le 12 X^{bre} 1752. »

« Monsieur,
« J'ay reçu la lettre que vous m'avés écritte le 22 du mois der-
« nier, par laquelle vous me marqués que vous etes parvenû à
« rassembler plusieurs especes pour ma collection, mais qu'elles
« sont la pluxpart des Roys de Navarre et des princes de Béarn ;
« que cependant vous me les envoyés telles qu'elles sont et que

« vous en userez de mesme à mesure qu'il vous en viendra, sauf
« a supprimer celles qui ne pourront être d'aucune utilité. Je
« n'ay point trouvé les espèces jointes à votre lettre, et il n'y
« avoit aucune marque qu'elles y eussent été mises ; l'Enveloppe
« et le cachet en étoient sains et entiers ; il faut nécessairement
« qu'elles ayent été oubliées dans vos bureaux. Je vous remercie
« au surplus des soins que vous voulés bien vous donner pour
« le succès de ma collection et vous prie de continuer vos
« recherches. Je suis,
   « Monsieur,
        « Votre affectionné serviteur
            Machault

« M. d'Etigny, intendant à Auch. »

Voulant compléter sa collection, le ministre jugea
utile de donner quelques renseignements complémentaires à ses correspondants. Voici une autre de
ses lettres :
       « A Versailles le 11 9ᵇʳᵉ 1752. »
   « Monsieur »
« Depuis la lettre que je vous écrivis le 22 du mois de juillet
« dernier pour vous inviter à concourir au succès d'une collec-
« tion des monoyes de France à laquelle je fais travailler, les
« différents envoys que j'ay reçus, et les espèces que j'avois
« déjà rassemblées commencent à rendre ce travail assez avancé
« en remontant jusqu'à Saint-Louis, mais il n'en est pas de
« même de ce qui est antérieur à cette époque et quoyque j'aye
« un certain nombre d'especes fabriquées sous la première et la
« seconde race, il m'en manque une si grande quantité que c'est
« présentement sur celles-là que vous me ferés plaisir d'appliquer
« le plus vos recherches. Le mémoire cy joint vous indiquera
« quelles sont les monoyes dont j'ay besoin et vous aprendra à
« les connoître. Si cependant il vous en vient de postérieures à
« Saint Louis qui fussent bien belles et bien conservées ne negli-
« gés pas de me les envoyer parce qu'elles me serviront à faire
« des échanges.
« Je suis, Monsieur, votre affectionné serviteur
            Machault

« M. d'Etigny, intendant à Pau. »

Vóici le mémoire dont il est question dans cette lettre :

« Mémoire sur la collection des monoyes de France.

« La collection des monoyes de France à laquelle M. le Garde
« des sceaux fait travailler, est à la faveur des envoys qui ont
« été faits par M^rs les Intendants au point de pouvoir se flater de
« la compléter depuis St Louis jusqu'à Louis 15 à l'exception
« de quelques especes qui manquent encore, mais qu'on se per-
« suade qu'il ne sera pas difficile de recouvrer. Si cependant il
« en venoit dans cette époque qui fussent belles et bien conser-
« vées, M^rs les Intendants sont priez de ne les point négliger,
« sous le prétexte qu'elles seroient déjà dans la collection par-
« cequ'elles serviront à les échanger contre les moins belles.

« Il n'en est pas de même de ce qui est antérieur à St Louis
« en remontant au tems les plus reculez et quoiqu'on soit par-
« venû à rassembler plusieurs monoyes fabriquées sous la pre-
« miere et seconde race, il en manque une si grande quantité que
« c'est à la recherche de celles-là qu'il seroit à désirer que l'on
« s'apliquât davantage.

« Les Especes dont il s'agit sont de trois ou quatre sortes.

« Des sols et tiers de sol d'or qui ressemblent beaucoup aux
« médailles du bas Empire, ce qui est cause qu'on les prend sou-
« vent les unes pour les autres et la raison pour laquelle on a
« prié d'envoyer toutes celles qui paraîtroient douteuses.

« Des monétaires, la plupart en or, très peu en argent ; ce sont
« encore des espéces de petites médailles sur l'un des côtés des-
« quelles pour la plupart est une tête de Roy, avec le nom d'une
« ville comme *Paris*, *Angers*, *Lion*, et sur le revers un nom,
« comme *Arnoaldus*, *Figidius*, *Badulfus*, accompagné de ces lettres
« *M* ou *Mo*, *Moni*, *Monit*, *Monitario*, autour d'une croix ou de
« quelqu'autre figure approchant.

« Des deniers d'argent, sous *Pépin*, *Charlemagne*, *Louis le*
« *Débonnaire* et autres roys de la seconde race, les premiers ne
« contiennent des deux cotéz que des lettres mal en ordre, qui
« signifient *Pipinus* ou *Carolus* ou *Ludovicus*, quelquefois sur les
« revers des noms de villes. D'autres deniers qui ont un mono-
« gramme au milieu comme ci contre (*monogramme de Karolus*

« *par K*) enfermé dans un rond ou un portail d'église, ou une
« figure et pour légende *Ludovicus, Carolus, Carlus, Lotharius,*
« &ᵃ et des noms de villes de l'autre côté communément avec une
« croix.

« D'autres deniers en billon avec différentes figures et des
« lettres dispersées avec les légendes de Hugues, Philipe,
« Robert, Henry, &ᵃ ; revers, des croix avec des noms de ville
« ou autres. Et enfin des deniers tournois, deniers parisis,
« double parisis et doubles tournois, oboles &ᵃ, portant pour la
« plupart d'un côté une espèce de château avec le nom du prince
« et au revers celui de la ville, quelquefois des fleurs de lis ou
« des croix fleurdelisées avec les mots *turones, franco, Regalis.*

« Toutes espèces qui porteront les unes ou les autres de ces
« marques, légendes ou caractères sont bonnes à envoyer. »

Tous les documents qui précèdent sont tirés des
Archives des Basses-Pyrénées (C 304). Mais Machault
n'avait pas borné ses recherches à cette seule région.
Les archives de la Marne renferment des documents
relatifs à la collection des monnaies de France entreprise par le ministre, et entre autres : une correspondance échangée à ce sujet avec l'intendant de la
Chasteigneraye et divers ; la description des monnaies
remises à l'intendant et des empreintes de pièces
envoyées par le sieur Vaveray de Vitry (1752-1753)[1].

J'avais d'abord songé que cette correspondance
active avait eu pour but de compléter les séries du
Cabinet de France. Mais comme Machault parle de
sa collection et non de celle du roi, il s'agit bien d'une
collection particulière. Je dois faire remarquer que le
mémoire, envoyé par le ministre, pour guider ses
correspondants, dénote un numismatiste déjà fort

---

1. Archives civiles de la Marne, *Inventaire sommaire*, Châlons, 1883,
tome Iᵉʳ, C 1136·

connaisseur, car il paraît attacher aux monnaies mérovingiennes beaucoup plus d'intérêt qu'on ne le faisait généralement au xviiie siècle.

En effet, la vente de la célèbre collection d'Ennery, le mercredi 30 avril 1788, une série de 54 pièces mérovingiennes, la plupart en or, atteignit le prix bien minime de 153 livres 3 sous [1].

Il n'est donc pas sans intérêt de montrer que Machault était un numismatiste éclairé qui ne négligeait pas les plus anciens monuments de notre histoire.

1. *Catalogue des médailles... du cabinet de M. d'Ennery*, Paris, 1788, p. 679, nᵒˢ 450 et 453.

AFFIQUE

PORTANT DES INSTRUMENTS MONÉTAIRES

———

Le Musée royal des antiquités du Nord, à Copenhague, conserve une affique en argent dont voici la figure et la description :

Sur la circonférence de l'affique qui affecte la forme d'une roue dentelée, on lit l'inscription suivante :

✠ THEDRICVS·FRATER·MONETARII·AMOR
VINCIT OMNIA

Les huit dents de la roue sont ornées chacune d'un instrument monétaire, pince, marteau, coin de pile, coin de trousseau.

Ce curieux bijou a été trouvé, en 1823, dans l'île de Bornholm, et signalé par Worsaae[1]. Celui-ci l'indiquait comme un objet en or, mais M. J. Herbst, conservateur du Musée royal de Copenhague, en m'envoyant une photographie de l'affique[2], a eu l'obligeance de me dire qu'elle est en argent.

L'inscription fait mention d'un certain *Thedricus, frère du monétaire.* Il n'est pas possible d'identifier ce personnage.

Le bijou paraît appartenir au xve siècle, et l'on peut comparer les instruments de monnayage qui y sont figurés avec ceux que l'on remarque sur les méreaux des monnayers français du xve siècle[3].

Quant à la devise *Amor vincit omnia,* on peut citer de nombreux exemples de son emploi.

Elle figurait sur l'agrafe portée par la prieure, dans les célèbres contes de Chaucer :

> — A broch of gold ful shene
> On whiche was first i-written a crowned A,
> And after, *Amor vincit omnia.*
>
> (Canterbury Tales, I, 160.)[4]

Je citerai une autre affique brisée que je possède et qui porte la même devise.

Sur un sceau ovale de la collection Charvet on lit aussi *Amor vincit omnia* en lettres du xiiie siècle.

---

1. *Nordiske Oldsager i det Kongelige Museum i Kjöbenhavn,* Copenhague, 1854, p. 162, fig. 567.
2. J'ai communiqué cette photographie à la Société des antiquaires de France, le 5 février 1890 ; voy. le *Bulletin* de cette société, 1890, p. 181.
3. *Revue numism.,* 1839, p. 216, et 1848, p. 66.
4. Voy. les *Collectanea Antiqua* de Roach-Smith, t. IV, 1857, p. 109. n° 4.

La légende accompagne une branche de fleurs sur laquelle sont perchés deux tourtereaux affrontés [1].

Quelquefois, la devise se modifie ; ainsi, sur une maison de Caen, on lit : *Amor vincit mortem* [2].

1. *Catalogue de la vente Charvet*, 1883, n° 1196.
2. *Bulletin monumental*, 1881, p. 835.

Extrait de la *Revue numismatique*, 1891, pp. 60 à 86 et 165 à 203

LE LIVRE

DU CHANGEUR DUHAMEL

Ce manuscrit, écrit antérieurement à l'année 1524, est composé de feuillets de papier de 31 centimètres de hauteur et de 21 de largeur [1]. Le filigrane de papier représente une petite aiguière à anse. La tranche est dorée et porte le nom NICOLAS DVHA-MEL imprimé en creux, ainsi que divers fleurons. Le volume est protégé par une reliure avec plats composés de planchettes en bois recouvertes en cuir gaufré présentant des ornements en losange et en demi-cercles, des rinceaux et des abeilles alternant avec des rosaces. Les fermoirs ont disparu.

Le manuscrit commence au f° III par le titre :

« Livre de change et monnoies. »

« Sencuyvent les cris des monnoys estably par messieurs les « Generaulx. »

Suivent de brèves indications sur la valeur des différentes monnaies.

F°s v à VIII. « Les Evaluations des escus. Les evalutions (*sic*)

---

1. Ce manuscrit a été mis à notre disposition par MM. Sulpis et Mlle Alice Sulpis, les graveurs bien connus. Nous tenons à leur exprimer ici tous les remerciements que nous leur devons pour leur grande obligeance. Ce curieux registre a été acquis tout récemment par le département des manuscrits de la Bibliothèque nationale, où il est inscrit sous la cote suivante : Fr. Nouv. acquis. 6289.

« des : monnoyes et de quel or est le pris pourquoy il ont estees
« forgees. »

(Indications sommaires qui se retrouvent avec les empreintes
des monnaies.)

F⁰ IX « Les evaluations de nobles. »

F⁰ X. « Les evaluations des Ducats. »

Fᵒˢ XIII et XIIII. « Les evaluations des mailles et obolles. »

Fᵒˢ XVIII et XIX. « Les evaluations des pieces : anticques. »

Fᵒˢ XX et XXI. « Cry des monnoyes. C'est le double du cry des
« monnoyes qui fut faict à Paris le samedi neufᵉ jour de fevvrier
« mil quatrecens quatre vingtz et sept touchant ce qui vallent et
« pour combien lesdictes pieces ont este forgées. ».

(Monnaies d'or et d'argent très brièvement indiquées.)

Fᵒˢ XXV à XXX. « Pieces anticques. Autres pices antiques les-
« quelles pieces antiques on peut congnoistre cy dessoubz lequel
« or ilz sont et a combien de karactz et de poix d'icelle avecques
« la vailleur dauchunes et combien il y en pourroit avoir au
« marc. »

F⁰ XXXIX. « Ensuivent les monnoies establiz de par le Roy ou
« autres ses facteurs en son royaulme. »

Cremeur	Limoges	Tournay
Roman	Chinon	Sᵗ Quentin
Mirabel	Nyor	Paris
Moncpellier	Poitou	Sᵗ Lau
Tolouze	Sᵗ Porsain	Sᵗ André
Tours	Macon	Sᵗ Auxerre
Angers	Diion	Sᵗ Menehou
Potiers	Troyes	Lyon
La Rocelle	Rouan	

F⁰ XL. « Ensuyt la Rigle du poix tant de lor que de largeant ».

F⁰ XLII, « S'ensuivent les evaluations de lor et ce que en donne
« le Roy notre sire en ses monnoies. »

Fᵒˢ L à LIIII. Titre des différentes monnaies.

Fᵒˢ LV à LVII. « Empirances» (terminé par : « finis τελως » (sic).

Fᵒˢ LXI à LXIII. Instructions sur le titre des monnaies et la division du marc.

Fᵒˢ LXV à LXVIII. Note sommaire sur les monnaies d'or et d'argent dont le cours a varié depuis 1518.

F° lxxi. « La maniere de faire une délivrance a la monnoie et
« savoir combien le Roy tire du marc d'argent. »

F° lxxii. « La maniere de faire et congoistre le poix dung
« essay. »

F°⁵ lxxiiii et lxxv. « La maniere de gecter sommes de loy. »

F°⁵ lxxvi et lxxvii. « Maniere de gecter karactz et de ne achep-
« ter point dor ou lon y puisse perdre tant au taux et coustume
« du Roy ordonnant en ses monnoies que au taux qui court pour
« le present cinq cens et dix huyt. »

F° lxxviii. « La maniere de faire des ampirances. »

F°⁵ iiiiˣˣ et iiiiˣˣi. « Ensuit la table du billon emprint ci apres
« par figures en ce présent vollume. »

F° iiiiˣˣii· « Ensuit la table des testons et autres pieces d'ar-
« gent tant faictes a plaisir que ayant cours toutes lesquelles
« pieces on pourra trouver pourtraictes en ce présent volume cy
« apres. »

F° iiiiˣˣiii. « Ensuyt la table des escuz pourtraictz cy apres en
« ce present volume les ungs aians cours en ce royaulme les
« autres non faictz et forgez en plusieurs et diverses contrées et
« royaulmes. »

F° iiiiˣˣiiii verso et iiiiˣˣv. « Ensuit la table des ducatz cy
« apres pourtraictz et les aucuns ayant de present cours en notre
« pays de france. »

F° iiiiˣˣvi verso. Table des florins (*en blanc*).

F° ci verso. « Icy consecutivement ensuit le billon de ce pre-
« sent volume. » (Jusqu'au f° cxi, texte et empreintes de monnaies de billon contenues dans le manuscrit, dont on trouvera la
mention à leur place respective dans le présent travail. Les
f°⁵ cxii à cxvi contiennent des textes incomplets relatifs à des
monnaies dont l'empreinte ne figure pas dans le manuscrit. Nous
avons négligé ces indications sans intérêt. Du f° cxviii au f° viˣˣvii
continue la série des monnaies de billon avec empreintes.

F° viˣˣvii verso. « Icy sont les pourtraictz tant des gros de
« Millan qne de pieces d'argeant et aultres (*signé :*) N. Duhamel
« (f°⁵ viˣˣviii à viˣˣxv, f°⁵ viiˣˣiiii à viiˣˣxi, texte et empreintes de
« monnaies d'argent; f°⁵ viiˣˣxviii à viiiˣˣv, f°⁵ viiiˣˣxiiii, à
« viiiˣˣxix, texte et empreintes de monnaies d'or (quelques-
« unes de ces empreintes sont teintées en jaune).

Après huit feuillets blancs vient le titre suivant :

« Ensuit plusieurs ducatz tant doubles simples que demys
« pourtraictz en ce present volume (*signé* : Duhamel). »

La pagination originale n'étant pas continuée, j'ai
donné aux feuillets, à partir de ce titre, une pagination en chiffres arabes dont je me suis servi pour les
références.

Les f°s 1 à 9, 17 à 26, 30, 33 à 52, 62 et 63, 77 à 80,
82, 93, 100, 106 à 110, 135 et 136 portent des
empreintes de monnaies d'or (florins) accompagnées
d'un texte.

Les f°s 53 et 54, 57 et 58, 60 à 61, 64 à 68, 74, 77 à
81, 83 à 85, 90 à 92, 94 à 99, 101, 105, 111 et 112, 119
à 130, 133, 137 à 143, 145, portent des empreintes
sans texte ou accompagnées seulement de la mention
« Bonne » ou « Mauvaise ».

F^{os} 148 et 149. Estimation de monnaies.

F^{os} 151 à 164. Sommes de change.

F^{os} 168 à 169. « Ordonnances faictes à paris sur le Regime et
« gouvernement des monnoyes de par Loys derrenier Roy
« deceddé mil V^e et unze. »

A la fin, on trouve le dessin d'un écusson, accosté
des lettres N D [1], qui peut se blasonner comme suit :
*De... à trois têtes de rois maures, accostant un che-
vron de... chargé de trois coquilles de Saint-Jacques,
au chef de... chargé de trois croissants.*

Malgré ces indications, je n'ai pas réussi à déterminer exactement la résidence du changeur.

Le manuscrit renferme un certain nombre de feuillets blancs alternant avec ceux qui présentent un
texte et des empreintes.

Après avoir décrit brièvement ce livre de changeur,

____

1. Initiales du nom du changeur Nicolas Duhamel.

je vais noter les textes (sans empreintes) qui m'ont
paru les plus intéressants.

F° VII verso. « Escuz couronne faictz du temps du roy Charles
« Sept^e sont sains et bons a la fonte et sont les marques desdicts
« escuz[1] au commancement de la lectre sur lecussum une
« estoille ou ungne croissette les aultres sont une fleur de lys ung
« petit mouton une naviere ung croissant ung b reversé et plu-
« sieurs aultres marques que ont lesdicts escuz et sont bien a
« vingt et troys karactz et demy et du poids de deux deniers seze
« grains et de soixante et douze au marc et vault la piece au taulx
« du roy XXXV s. t. »

F° IX. « Il est à noter que pour congnoistre les nobles à la roze
« et les nobles Edouart il est a noter que les nobles Edouart ont
« quatre fleurs de lys et les nobles roze n'en ont que troys. »

Dans le chapitre intitulé des « Pièces antiques »,
je relève l'indication des grandes pièces dont les
empreintes manquent malheureusement.

F° XXV. « Pieces dor qui sont forgees pour cinquante cinq
« ducatz sont du poix de cinq onces deux grains et sont à vingt
« et III karactz III grains et vault la piece apris de lor (*en blanc*).

F° XXV verso. « Pieces de Castille forges pour dix ducatz du
« poix de ungne once troys estellins et est or a vingt et troys
« karatz troys quars et vault au pris de lor (*en blanc* [2]). Pieces
« de Portugal forgee pour dix ducatz (mêmes poids et titre;
« valeur en blanc). Pieces forgees pour dix ducatz ou il y a dung
« costé ugne dame et de l'autre costé ung homme et du poix de
« ungne once troys estellins or a vingt et deux karactz et vault
« au pris (*en blanc*). »

F° XXIX verso. « Salemande du poix de cinq deniers vingt
« grains or a vingt et ung karact et demy et a ladicte piece du
« costé de la pille troys petiz moutons et dict la lectre Accippe
« minisculù de manib^9 nris et de l'autre causté ungne salemande

---

1. A cet endroit et en quelques autres, le mot *escuz* a été indiqué par un
signe de forme triangulaire représentant évidemment la forme d'un écusson.

2. Ces pièces sont sans doute analogues à celles gravées pl. 12, n° 8, et
pl. 14, n° 16, dans les *Monedas hispano-cristianas*, par A. HEISS.

« ayant feu a lentour delle et environnée de fleurs de lys et dict
« la lectre dudict costé ex tin go nu tri or et vault (*en blanc* [1]).

F° xxx. « Sensum [2] dor fin ayant d'un costé ung homme qui
« deschire ung lion par les machouers et entouré de fleurs de lys
« et est ledict homme couronné et de l'autre coste ung ecussum
« et est par le cler de la croix couronne de fleurs de lys du poix
« de cinq estellins or a ving et troys karactz troys quars et vault
« au pris de l'or (*en blanc* [3]). »

F° xxxix verso. « Regnettes d'or fin du poix de troys deniers
« douze grains or a vingt et troys quars et vault (*en blanc*). »

F° iiii^xx v. « Ducat forge de par le roy Childebert [4]. »

Les empreintes qui accompagnent souvent le
texte de ce manuscrit et en font l'intérêt principal
sont prises sur les pièces mêmes. Duhamel, ou la personne qui a fait ces empreintes, devait noircir les
monnaies, les appliquer sur le papier, du même côté
que le texte et au dessous, puis frotter au verso du
papier avec un objet assez dur, un morceau de bois
probablement [5]. Malgré l'épaisseur du papier du
manuscrit, les empreintes ainsi obtenues sont d'une
netteté suffisante, mais variant naturellement avec le
degré de conservation de la monnaie qui a servi pour

1. La description répond parfaitement aux types d'une médaille frappée à
Bourges sous François Ier Un exemplaire en argent est gravé dans l'*Histoire
monétaire du Berry*, par PIERQUIN DE GEMBLOUX, 1840, pl. 8, n° 13; cf. *Revue
numism.*, 1873-1877, p. 409. Le Cabinet de France possède une médaille en
or, à ces types, qui pèse 7 gr. 36. La légende *Accipe munusculum* est inspirée
du texte de la *Genèse*, 33, 10.

2. Au f° L, on trouve le mot « Sensons », dans une énumération de monnaies
faite sans détails.

3. Cette description répond assez bien aux types du *fort d'or* de Charles
de France, duc d'Aquitaine; POEY D'AVANT, pl. 67, 8, et CARON, pl. xi, n° 13.

4. Nous citons cette attribution à cause de sa singularité. Le texte n'est pas
accompagné d'une empreinte; mais il est probable qu'il s'agit d'un exemplaire
du ducat *Perdam Babillonis nomen*, comme celui dont il est parlé au § consacré à Louis XII.

5. Des empreintes analogues ont été signalées sur un manuscrit de la
Bibliothèque nationale par M. J. Rouyer, *Revue belge de Numism.*, 1882,
p. 415.

l'opération. Il y a lieu de remarquer que les empreintes sont renversées et cette circonstance ajoute aux difficultés de lecture qui se présentaient dans certains cas.

FRANCE

— « Gros de Loys le piteulx forgeez pour (*en blanc*) du poix de un denier six grains et de loys à xi denier six grains. »

(f° CVI.)

Denier de Louis. Gariel, t. II, pl. XLIII, n° 4.

— « Gros de saint Martin du poix de (*en blanc*) et de loy à sept « denier treze grains ung quart fin et vault la dicte piece (*en* « *blanc*). Et sont au marc (*en blanc*) et vault ledict marc (*en* « *blanc*. »

(f° VI^{xx}III.)

(Sans figure.)

PHILIPPE III

Denier d'or dit *Petite masse* (qui est plutôt le denier *à la reine*; *Rev. numism.*, 1889, pl i, n° 2, p. 591).

(f° 125.)

LOUIS X

Agnel d'or, *Rev. num.*, 1889, pl. i, n° 9.

(f° 122.)

CHARLES IV

Royal d'or, Hoffmann, n° 2.

(f° 121.)

PHILIPPE VI

Royal d'or, H. n° 1.

(f° 121.)

Couronne d'or, H. n° 9.

(f° 120.)

JEAN LE BON

Mouton d'or, H. 3.

(f° 122.)

— « Pieces appellee franc à cheval du poix de deux deniers

« vingt et ung grain or a vingt et troys karactz troys quars vault
« la piece au pris de lor v^c et xx. »   XLIIII s. t. (f° 136.)
   H. 10.

Ecu, H. 1 (sans texte).   (f° 137.)

CHARLES V

— « Pieces appellee franc à pied, etc.   XLIIII s. t. » (f° 136.)
   H. 2.

CHARLES VI

« Escuz vieulx trebuchans du poix de troys deniers or a vingt
« et troys karactz et demy vall. de cours v^c et xx,   XLVI s. t. »

Ecu à la couronne, H. 1.   (f° VIII^{xx}.)

Salut d'or, H. 7.   (f° 124.)

— « Genars aultrement appellez douzains sans chappellet for-
« geez (*sic*) du temps du roy Karolus, du poix de (*en blanc*) et
« de loy a (*en blanc*) et vault la piece (*en blanc*) et sont au marc
« (*en blanc*). »   (f° CXVIII.)

Blanc dit *guenar*, H. 22.

HENRI VI

Salut d'or, Rouen, H. 2.   (f° 124.)
Demi-angelot, H. 4.   (f° 133.)

CHARLES VII

« Piece appellee royal forgee de par le roi Karolus du poix
« de deux deniers vingt et ung grain or a vingt et trois karactz
« troys quars vault la piece au pris du cours v^c et xx, XLIII s. t. »

Royal, H. 9, différent non visible.   (f° 136.)

— « Demys escus couronne forgeez au pays de france du poix
« de ung deniers sept grains or a vingt trois karactz vallent au
« prix du cours de lor v^c et xx, XIX s. VI d. t. » (f° VIII^{xx}XVIII.)

Demi-écu à la couronne, H. 7.

LOUIS XI

« Escuz couronne trebuchans du poix de deux deniers qua-
« torze grains, or à vingt et troys karactz vallant de cours
« v^e et xx   XXXIX s. t. »   (f° VIII^{xx}.)

Ecu à la couronne, H. 4.

— « Traisins forgez pour treze deniers tournois. »   (f° CII.)
H. 19[1].

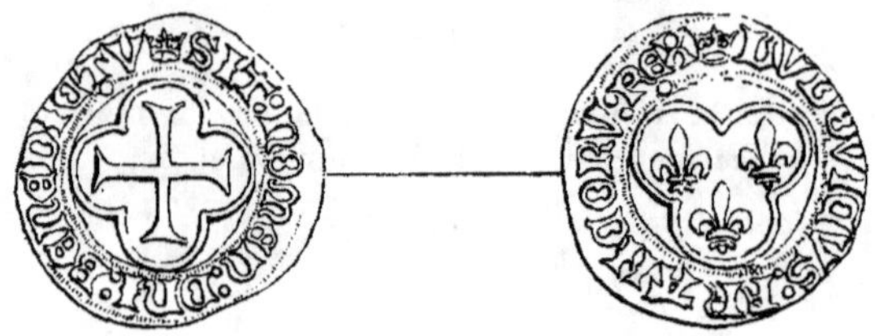

CHARLES VIII

« Ducatz de Napples forges de par le petit Roy Charles, roy
« de France du poix de cinq deniers dix grains or à vingt et
« troys karactz vallent au pris de lor cours v^e et xx IIII l. III s. »
(f° 18).

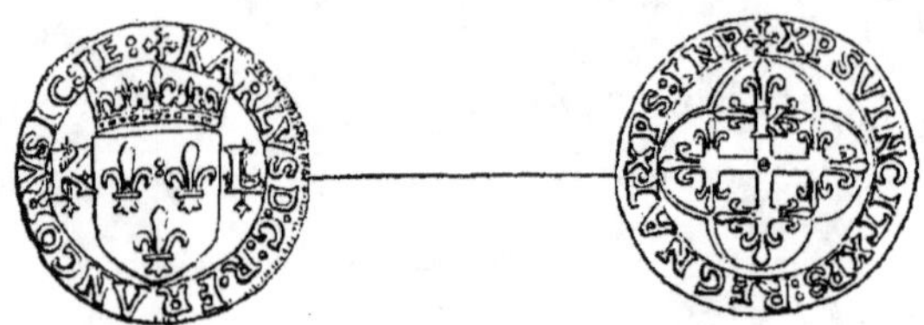

✠ KARLVS D : G ⦂ R ○ FRANCORV SIC⦂IE⦂. Écu
couronné entre K et L surfrappés sur deux croix
pattées.

℞. ✠ XPS VINCIT XPS ⦂ REGNAT ○ XPS : INP.
Dans un quadrilobe, croix à traverses fleurdelisées ;

1. On trouve une légère variété de cette pièce, sous le nom de « *trezain de
France* », dans une ordonnance sur les monnaies pour 1559, imprimée à
Amsterdam.

celle du haut est surfrappée d'un K. L'empreinte est teintée en jaune.

Cf. H. 50. Cette monnaie a été donnée, à tort, comme un double écu. La gravure de Dardel, faite d'après l'exemplaire du Cabinet de France, ne laisse pas voir la disposition des lettres K et L gravées après coup sur une croix de Jérusalem.

Blanc, H. 10. (f⁰ xviii.)

— « Douzains forgez du temps du roy Karolus pour douze « deniers tournois. » (f⁰ cii.)

H. 11.

— « Escuz du Roy Charles forgez de par luy du poix de deux « deniers seze grains. Or à vingt et deux karactz et demy vallent « de cours vᶜ et vingt XL s. t. » (f⁰ vii^{xx}xix.)

Ecu au soleil, H. 2.

— « Escuz de Bretaigne forges de par le Roy Charles » « (mêmes titre, taille et valeur). (f⁰ viii^{xx}i.)

Ecu de Bretagne, H. 7.

— « Pieces appelees Karrolus forgeez pour x d. t. » (f⁰ ciii.)

Karolus, H. 19.

— « Liars forgez pour troys deniers tournois et sont de loy a « deux deniers vingt grains fin et du poix de (*en blanc*). Et sont « au marc (*en blanc*). Et vault l'once (*en blanc*). » (f⁰ cxix.)

Liard au dauphin, H. 40.

LOUIS XII

« Escuz soleil forgez de par le roy Loys douzeiesme du poix « de deux deniers seze grains or a vingt et ii karactz et demy « vallent de cours vᶜ xx. XL s. t. » (f⁰ vii^{xx}xviii.)

H. 1, frappé à Bayonne.

— « Escuz au porc espic forgez de par ledict Roy Loys XII, « derrenier deceddé, etc. XL s. t. » (f⁰ vii^{xx}xviii.)

Ecu aux porcs-épics, H. 6.

— « Escuz de Daulphiné, » etc.   XL s. t. »   (f° VII^{xx}XIX.)

H. 11.

— « Grans blans au porc espic forgez de par le roy Loys douze
« pour douze deniers tournois et de loy a quatre deniers sept
« grains. »   (f° CV.)

H. 33.

— « Doubles forgez pour deux deniers tournois, et sont de loy
« a deux deniers argeant le Roy et du poix de (*en blanc*). Et sont
« au marc de (*en blanc*). Et vault l'once (*en blanc*). »   (f° CXIX.)

Double tournois, H. 41.

— « Gros forgeez de par le roy Loys du poix de neuf deniers
« et vallent   X s. t. »   (f° VI^{xx}X.)

H. 19.

— « Autres gros forgeez de par le Roy Loys duc de Millan du
« poix de neuf deniers et vallent   X s. t. »   (f° VI^{xx}X.)

H. 88.

— « Testons du roy Loys forgeez en Mediolan du poix de sept
« deniers douze grains argeant a unze deniers douze grains
« qui est au pris de unze livres le marc ne vault de cours pour
« le present   VI s. t. »   (f°VII^{xx}VIII.)

H. 86.

— « Testons de Gennes du poix de sept deniers douze grains
« argeant a unze deniers douze grains qui est au pris de unze
« livres le marc a la monnaie vault la monnoye de mise   X s. t. »

H. 107.   (f° VII^{xx}VII.)

— « Autre gros forgeez de par le Roy Loys de ce nom et Duc.
« de Mediolanences du poix dessusdict, sont bons à fondre pourveu
« qui soient pesans et vaullent dix solz tournois. »   (f° VI^{xx}XV.)

Teston de Milan, H. 80.

— « Ducatz forgez de par le Roy Childebert roi de france du
« poix de deux deniers dix sept grains or a vingt et troys qua-
« ratz troys quars et vault la piece au pris du cours de lor
« V^c et XX   XLI s. VI d. t. »   (f° 20.)

Ducat de Naples, Perdam Babillonis nomen, H. 76.

FRANÇOIS Iᵉʳ

— « Escuz soleil forgez de par le Roy Francoys premier de ce
« nom du poix de deux deniers seze grains or a vingt et troys
« karactz et demy vallent de cours vᶜ xx   XL s. t. »
H. 2.   (fᵒ VIIˣˣXVIII.)

— « Gros forgeez de par le roy Francoys premier de ce nom
« du poix de neuf deniers et vallent   x s. t. »   (fᵒ VIˣˣX.)

Teston, H. 42, sans P.

— « Autre gros dudict roy Francoys rongnez du poix de neuf
« deniers et vault la piece   x s. t. » (fᵒ VIˣˣXI.)

Teston, H. 63.

Bourgogne.

« Piece de Bourgongne du poix de deux deniers cinq grains
« forgee pour dix deniers et sont au marc de IIIIxx l'once. »

Blanc de Charles le Téméraire, Poey d'Avant
nᵒ 5747.   (fᵒ VIˣˣIII.)

— « Autre piece de Bourgongne du poix de deux deniers forgee
« pour six deniers et sont au marc de quatre vingt seze l'once. »
                                          (fᵒ VIˣˣIII.)

Blanc du même prince, P. d'A., nᵒ 5749.

Bretagne.

« Terge de Bretaigne du poix de (*en blanc*) et de loy a quatre
« deniers unze grains fin. »   (fᵒ CXI.)

Blanc de François Iᵉʳ. P. d'A., pl. XXIII, 1.

Blancs à l'écu de François Iᵉʳ avec ꓤ et R au centre
de la croix, P. d'A., XXIV, 6.   (fᵒ VIˣˣVII.)

— « Johannes de Flandre ou dict la lectre Johanne britonu
« dux. »   (fᵒ CXI.)

(Sans figure.)

— « Escuz de Bertaigne forges de par la duchesse Anne femme
« du Roy Loys douzeiesme du poix de deux deniers seze grains
« or a vingt et deux karactz et demy vault ladicte piece de cours
« v^c xx   xl s. t. »   (f° viii^{xx}i.)

Cadière d'or, avec ℞, P. d'A., pl. xxv, 9.

— « Escuz du Roy francoys duc de Bretaigne du poix de deux
« deniers seze grains or a vingt et deux karactz et demy vault la
« piece au pris du cours de lor v^c et vingt   xl s. t. »
                           (f° viii^{xx}iiii.)

Ecu de François Ier ou François II, fr. à Rennes,
P. d'A., pl. xxiii, 15.

Aquitaine.

Pavillon d'or d'Edouard, prince Noir, avec le différent D ou ℞, P. d'A., pl. lxiv, 14.   (f° 119, sans texte.)

Hardi d'or de Richard II, fr. à Bordeaux, P. d'A.,
pl. lxvi, 1.   (f° 128, sans texte.)

— « Escuz forgez en Gienne du poix de deux deniers seze
« grains or a vingt et deux karactz et demy vault la piece de cours
« au pris de lor v^c et xx   xl s. t. »
       (feuille supplémentaire après le f° viii^{xx}xv.)

Hardi d'or du duc Charles de France, P. d'A.,
pl. lxvii, 5 [1].

— « Escuz demy forgez au pays de Guyenne du poix de ung
« denier huict grains or a vingt et deux karactz et demy vault la
« piece au pris du cours de lor v^c et xx, xx s. t. »   (f° viii^{xx}xvi.)

Demi-hardi, P. d'A., pl. lxvii, 6.

Béarn.

— « Escuz forgez de par Germain le baron et duc de foucx [2]

---

1. Le dessin du ℞ a été retourné sur la planche de Poey d'Avant.
2. Ce nom est probablement mis pour *Foix*, en latin *Fuxum*.

« du poix de deux deniers seze grains or a vingt et deux karactz
« et demy vault la piece au pris du cours de lor v^c xx,   XL s t. »

Ecu d'or de Catherine de Béarn, P. d'A., pl. LXX,
11. Variété avec BOℲINℲ[1].   (f° VIII^{xx}IIII)

Provence.

Florin d'or de Louis et Jeanne, P. d'A., pl. LXXXXI,
14.   (f° 67, sans texte.)

Avignon.

« Escuz du legat autrement appellez escuz davignon du poix
« de deux deniers seze grains. Or a vingt et deux karactz et
« demy vault la piece au pris de lor cours v^c et xx,   XL s. t. »

Ecu d'or de Jules II et Georges d'Amboise, P. d'A.,
pl. xcv, 10.   (f° VIII^{xx}III.)

— « Douzains d'Avignon forgez de par Julus papa 2^{dus} pour
« douze deniers tournois. »   (f° CIII.)

Douzain de Georges d'Amboise, P. d'A., pl. xcv,
11.

Lorraine.

« Bonne obolle de Cecille du poix de ung denier six grins
« forgees de par Regnault roy pour lors dudict lieu vallant or a
« XVIII karactz et demy   XV s. t. » (f° 78.)

Demi-florin de René II au saint Nicolas; variété
avec SIℲILLIℲ du n° 3, pl. xII, de Saulcy, *Monnaies
de Lorraine*, 1841.

Florin d'Antoine, Saulcy, pl. xv, n° 14.
                      (f° 64 avec la mention « Bonne ».)

Teston de 1516; *Catalogue Monnier*, n° 293.
                                        (f° VII^{xx}XI.)

---

1. Cette forme B pour D n'a du reste aucune importance.

Cambrai.

« Frorins darragon du poix de (*en blanc*) or a dix sept qua-
« ractz vault la piece au pris de lor v^c et vingt (*en blanc*). »

Florin de Gui IV de Ventadour, avec tête de
faucon encapuchonnée (?). Cf. *Cat. Vente Robert*,
1886, n° 318.   (f° 63.)

Strasbourg.

« Bonne. »   (f° 81.)

Florin de la cité; Engel et Lehr, *Num. de l'Alsace*,
pl. xxxiii, 10.

Metz.

« Gros de Mez du poix de (*en blanc*) et forge pour deux solz
« et six et de loy a dix deniers vingt grains fin et demy fin. »

Pas de figure.   (f° vɪˣˣɪɪ.)

— « Bonnes obolles à Mez du poix de deux deniers douze
« grains or a dix huit karactz et demy vault la piece au pris du
« cours de lor v^c et xx   xxx s. t. » (f° 62.)

Florin, *Catalogue Robert*, n° 739.

FLANDRE PAYS-BAS, etc.

Flandre.

Noble d'or de Philippe le Hardi (1384-1405).
                                        (f° 112, sans texte.)

Deschamps de Pas, *Essai sur l'hist. monétaire des
comtes de Flandre, maison de Bourgogne*, n° 15.

Chaise d'or de Philippe le Bon (1419-1467).
                                        (f° 137, sans texte.)

Deschamps de Pas, *Maison de Bourgogne*, n° 39.

« Noble de Bourgongne du poix de cinq deniers sept grains or
« a vingt et troys karatz troys quars vallent de cours pour le
« present cinq cens vingt et troys la somme de   IIII l. III s. t. »

(f° 110.)

Noble d'or de Philippe le Bon (1419-1467). Deschamps de Pas. *M. de Bourgogne*, n° 52.

« Bonnes obolles sainct Andry forgez de par Phillebert duc de
« bourgonne du poix de deux deniers douze grains or a dix huict
« karactz et demy vault la piece au pris du cours de lor v^e et XX. »

XXX s. t.   (f° 62.)

Florin Saint-André.

« Treze et maille forgeez pour treze deniers et maille. »

(f° VI^{xx}I.)

Briquet de Charles le Téméraire, pour 1474, Deschamps de Pas, n° 66.

Patard de Philippe le Beau et Maximilien.

(f° VI^{xx}, sans texte.)

Deschamps de Pas, *Maison d'Autriche*, n° 83, *R.N.*, 1874-77, pl III, n° 50.

« Piece de d..... du poix de deux estellins deulx grains et de
« loy a cinq deniers vingt et deux grains et sont au marc (*en*
« *blanc*).   (f° VI^{xx}II.)

Double patard de Philippe le Beau, Deschamps de Pas, *Maison d'Autriche*, n° 57, *R. N.*, 1869-70, pl. XVII, n° 32.

« Bonnes oboles forgees de par phelippes duc de flandres du
« poix de deux deniers douze grains or a dix huict karactz et
« demy vault ladicte piece de cours v^e et XX. »   XXX s. t.   (f° 48.)

Florin au lion de Gand révoltée (1488-89), Deschamps de Pas, *M. d'Autriche*, n° 58, *R. N.*, 1869-70, pl. XVII, 33.

« Bonne. »   (f° 95.)

Demi-florin de Gand révoltée, variété avec **DVX·
GO·FL**. Deschamps de Pas, *M. d'Autriche*, n° 59,
R. N., 1869-70, pl. xvii, 34[1].

Toison d'or de Philippe le Beau   (f° 123, sans texte.)
Variété avec **DV·B** et au ℞. **IVDICATIS TER·**

Deschamps de Pas, *M. d'Autriche*, n° 128 ; *R. N.*,
1874, pl. vii, n° 79.

Brabant.

Saint-Pierre de Louvain, en *or*, de Wenceslas et
Jeanne (1355-83).   (f° 126, sans texte.)
Van der Chijs, *Braband*, pl. ix, n° 2.

« Pieces appellees lyons du poix de troys den. six grains or
« a vingt et troys karactz vault la piece au pris du cours de lor
« cinq cens vingt   xlviii s. t. » (f° 135.)

Lion d'or de Philippe le Bon (1430-67). Van der
Chijs, *Braband*, pl. xv, 3.

« Picces appeelles Riddes du poix de deux deniers dix-neuf
« grains or a vingt et troys kararactz (*sic*) troy quars vault la
« pièce au pris de lor v^c xx   xliii s. vi d. t. »(f° 135.)

Cavalier d'or de Philippe le Bon, Chijs, xv, 1.

Demi-florin Saint-Philippe de Philippe le Beau.
    (f° 61, sans texte.)
Chijs, pl. xxi, n° 7.

---

1. Ces pièces peuvent être classées à bon droit dans la série féodale française, car elles furent émises à la suite d'une charte du 17 janvier 1487 (v. st.)
par laquelle Charles VIII, suzerain du comté de Flandre accorde « ausdits
« eschevins et doyens de ceste ville de Gand, congyé et auctorité de soubz
« le nom et coing de nostre dit frère le conte de Flandres, faire et forgier
« audit lieu de Gand, bonne et loyalle monnoye tant d'or et d'argent, tout
« ainsi qu'ilz feroient se notre frère estoit dans ladite ville, et ce par maniere
« de provision et jusques à ce que par icelluy nostre frère venu en icelle
« ville autrement y soit pourvu ». Deschamps de Pas, *Maison d'Autriche*,
« p. 31-32 ; *R. N.*, 1869-70, p. 245-247.

Griffon d'argent de Philippe le Beau et Maximilien.

(f⁰ CVII.)

Chijs, pl. XIX, 15.

Florin Saint-Philippe de la minorité de Charles-Quint (1506-15). (f⁰ 61, sans texte.)

Variété de Chijs, pl. XXI, n° 1, avec ✠ MO ⁑ AVRE ⁑ ARCHIDVCV ⁑ AVSTRIE ⁑ DVCV ⁑ BG ⁑ B'.

Liège.

« Florinus » (f⁰ 127.)

Ange d'or ou *double florin* de Jean VIII de Heinsberg, évêque (1419-1456). Chestret de Haneffe, *Num. de la Princip. de Liège*, 1888-90, n° 302.

Double florin d'or de Louis de Bourbon, évêque (1456-1482). (f⁰ 127, sans texte.)
Chestret de Haneffe, n° 341.

Florin de Jean IX de Horn (1482-1505).

(f⁰ 101, sans texte.)

Chestret, n° 387.

« Philippus a *linqintes?* forgees aux pays du Liege et aux
« armes de La Marche dudict poix (2 d. 12 gr.) or a quinze
« karactz vault lad. piece du cours v⁰ et XX (*en blanc*). » (f⁰ 45.)

Florin de Erard de la Marck (1505-1538). Chestret de Haneffe, n° 428.

« Philippus aux armes de Bourgoygne du poix de deux
« deniers douze grains or a quinze karactz et demy vault de
« cours v⁰ et XX. » XXVI s. VI d. t (f⁰ 45.)

Empreinte peu distincte d'un *florin* avec saint Philippe debout.

Hollande.

Chaise d'or de Guillaume V (1346-1389).

(f⁰ 141, sans texte.)

Van der Chijs, *Holland*, pl. v, n° 4.

Ecu clinckaert de Philippe le Bon (1433-1467).

(f⁰ 145, sans texte.)

Chijs, pl. xii, n° 2.

Gueldre.

« Mauvaise du poix (*en blanc*) or a (*en blanc*) et vault xx s. t. »

(f⁰ 83.)

Florin du duc Arnould d'Egmont (1423-1473). Van der Chijs, *Gelderland*, pl. ix, n° 1.

Autre *florin* du même. (f⁰ 57, sans texte.)

« Autre piece appellee en la mesme sorte (*treze et maille* « comme une piece de Flandre; voy. plus haut). (f⁰ vi^xx i.)

M. d'argent de Philippe le Beau et Maximilien (1482-1494) pour la Gueldre. Chijs, pl. xiii, n° 5, variété avec ꟉOꟼˀ ARChIDVCˣAVˑ ‡ bꟅˀˣꟅELRI.

« Neufves mailles aux lyons rampans du poix de deux deniers « douze grains or a (*en blanc*) vallant lesdictes pieces de cours « v^c xx. » xxvi s. t. (f⁰ 93.)

Clemmergulden de Charles d'Egmond (1492-1538), duc de Gueldre et Juliers. Chijs, pl. xv, n° 6.

Utrecht.

Florin de Rodolphe de Diepholt, évêque (1433-1455). (f⁰ 101, sans texte.)

Van der Chijs, *Utrecht*, pl. xv, n° 2.

« Obolle trect du poix de deux deniers douze grains or a seze « karactz et sans plus vault la piece au pris du cours de lor cinq « cens et vingt. » (f⁰ 63.)

Florin de David de Bourgogne, évêque (1445-1496). Chijs, pl. xvii, 9.

Sans texte. (f° 90.)

Florin de Frédéric de Bade, évêque (1496-1517) avec ✠ ꟿO' ꟿO' ꙞVRꙄ·ꟻRIDIRIꙄI ꙄPI ꙜꙞ'. Croix fleuronnée cantonnée de quatre écussons.

℞. DꙄSIDꙄRIVM — PꙄꙄꙞ' PꙄRI. Le Christ assis ; dessous, écu de Bade à la bande.

Chijs, *Utrecht*, p. 229.

Deventer.

« Nefves mailles forgeez de par ferdinant qui autreffoys fut « empereur des Italles et espaignes du poix de deux deniers « douze grains or a (*en blanc*) vallant lesdictes pieces de cours « v° et xx. »   xxv s. t. (f° 93.)

Florin au nom de l'empereur Frédéric avec ꟿOꙞ'★ DꙄ★DꙞVꙄꙞꙖRIꙞ★. Chijs, *Overyssel*, pl. xi, n° 1.

Nimègue.

Sans texte. (f° 97.)

Florin au Saint-Etienne avec ꙞOVIMꙞꙄꙞ'. *Catalogue Garthe*, n° 8940.

Luxembourg.

« Piece dallemaigne forgee pour (*en blanc*) du poix de ung « estellin 1 felin et de loy a cinq deniers quinze grains 3 felins « et sont au marc de six vingtz et huyt. L'once vault (*en blanc*).» (f° cvi.)

Monnaie de Philippe le Beau, pour le Luxembourg, avec la date 1502. *Catalogue Thomsen*, n° 3669.

ANGLETERRE

« Gros d'Angleterre forgez pour troys solz tournois. »

(f° CIX.)

Demi-gros d'Edouard III, frappé à Londres. E. Hawkins, *The Silver coins of England*, Londres, 1887, pl. 23, n° 307.

— « Nobles Roze forgez par le Roy Edouart dangleterre du
« poix de six deniers or a vingt et troys karactz troy quars
« vault la piece au pris du cours v° et xx, IIII l. XII s. XI d. t. ».

(f° 109.)

Noble d'Edouard IV, 2° émission, R. Lloyd Kenyon, *The gold coins of England*, Londres, 1884, pl. V, n° 36.

— « Demys nobles Roze forgez de par ledict Roy edouart en
« engleterre du poix de six deniers or a vingt et troys karactz
« troys quars vault la pièce au pris du cours v° et xx. »

XLVI s. I d. ob. t.   (f° 109.)

Demi-ryal, Kenyon, pl. v, n° 39.

— *Ange d'or* d'Edouard IV.   (f° 140, sans texte.)
Kenyon, pl. v, n° 38.

— *Noble d'or* de Henri VI.   (f° 111, sans texte.)
Kenyon, pl. iv, n° 27.

— Ange d'or de Henri VI, rétabli, avec les armes écartelées d'Angleterre et de France. (f° 140, sans texte).

— « Double noble dangleterre du poix de demye once qui
« vault douze deniers forgez de par le Roy henry or a vingt et
« troys karactz troys quarts vault la pièce au pris du cours de
« lor v° et xx. »   IX l. v s. t.   (f° 107.)

Souverain de Henri VII, Kenyon, pl. VII, n° 47.

ECOSSE

« Ducat descosse du poix de deux deniers dix grains or a
« vingt et troys karactz troys quars vault la pièce au pris de lor
« vᶜ et vingt.   XLI s. VI d. t. » (fᵒ 30.)

Lion d'or de Jacques Iᵉʳ ou de J. II. Ed. Burns, *The
coinage of Scotland,* Edimbourg, 1887, nᵒ 483.

— « Autre escu forgez de par le Jacques Roy descosse du
« poix de deux deniers quatorze grains or a ving et deux karactz
« et demy vault ladicte piece de cours vᶜ et xx.

                    XXXV s. t.   » (fᵒ VIIIˣˣv.)

Lion d'or de Jacques Iᵉʳ ou J. II. Burns, nᵒ 456ᵉ.

— « Autres escu forgez par ledict Roy descosse dudict poix
« de deux deniers seze grains or a vingt et deux karatz et demy
« vault ladicte piece de cours vᶜ et xx   XL s. t. »

Rider d'or de Jacques III. Burns, nᵒ 602.

— « Demy escuz forgez de par Jacques roy descosse du poix
« de II d. XVI gr. or a XXII karactz et demy. Vauller a pris du
« cours vᶜ et xx   XX s. t. » (fᵒ VIIIˣˣXVII *bis.*)

Demi-unicorne d'or de Jacques IV, Burns, nᵒ 663.

« Escuz forgez de par Jacques roy descosse du poix de deux
« deniers seze grains or a vingt et deux karactz et demy vault
« la piece au pris du cours de lor vᶜ etxx, XL. s. t. » (fᵒ VIIIˣˣv.)

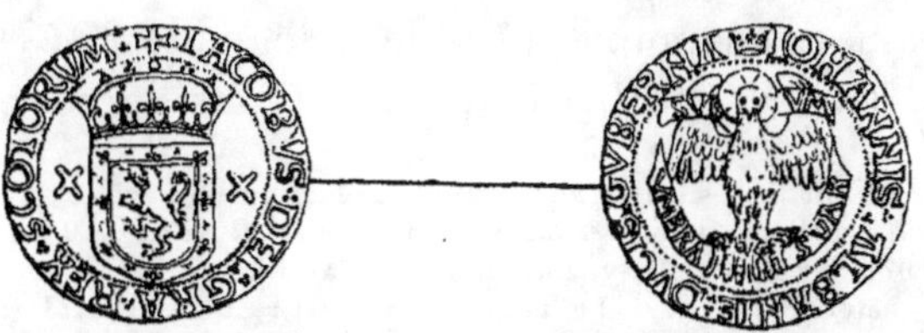

✠ : IACOBVS ⚜ DEI ⚜ GRA ⚜ REX ⚜ SCOTORVM ⚜
Ecu d'Ecosse, couronné entre deux sautoirs.
℟. Couronnelle IOHANNIS ⚜ ALBANIE ⚜ DVCIS ⚜

GVBERNA ✧. La colombe du Saint-Esprit[1] avec un nimbe crucigère, tenant dans ses pattes un phylactère qui remonte autour des ailes éployées et sur lequel on lit : SVB VMBRA TVARVM[2].

Cette pièce est d'un intérêt capital pour la numismatique de l'Ecosse, car elle est la seule qui porte le nom de Jean, duc d'Albany, lequel succéda en 1515 comme régent[3] à la reine Marguerite, veuve de Jacques IV. Cette monnaie a donc été frappée entre 1515 et 1520, date donnée par le manuscrit. L'indication de deux deniers seize grains (3 gr. 17) correspond bien au poids des couronnes d'or de Jacques V (3 gr. 43) dont le droit est semblable à celui de la pièce que je viens de décrire et qui, par conséquent, est bien une monnaie. Le type de l'oiseau nimbé est très remarquable, car on ne le trouve pas sur les autres monnais écossaises.

Le Cabinet des Médailles de Paris possède deux grandes pièces d'or qui portent aussi au revers la colombe accompagnée de la légende SVB VMBRA TVARVM. L'une de ces médailles, présentant au droit les armes de Jean d'Albany et celles de Anne, son épouse, accompagnées de la légende IOANNIS· ALBANIE·DVC'·GVBERN, a été considérée plutôt

1. On pourrait peut-être y voir aussi un phénix ou un paon, symboles de l'immortalité de l'âme (voy. *Mémoires Acad. Inscrip. et Belles-Lettres*, t. XIII, 1838, p. 207-208 ; cf. Martigny, *Dict. des Ant. Chrét.*).

2. Sous entendu ALARVM. Le texte complet est : Sub umbra alarum tuarum protege me (*Psal.*, XVII, 8). Devise qui se trouve sur la monnaie de Ferdinand et Isabelle, sur des jetons de Louise de Savoie, etc. On peut voir au Louvre, dans la galerie d'Apollon, un émail peint qui représente deux ailes et un phylactère sur lequel est écrit la légende SVB VMBRA TVARVM.

3. Jean d'Albany fit frapper des monnaies semblables aux plaques de la reine ; Burns, *op. laud.*, t. II, p. 202.

comme une monnaie[1]. L'autre pièce porte la légende :
IOHIS ⚜ ALBANIE DVC' ⚜ GVB' NAT' ⚜ SCO'.

Le poids de ces grandes pièces, 16 gr. 90 pour la
première, 20 gr. 40 pour la seconde, me porte à
croire qu'elles ne sont pas des monnaies. Le poids
est différent pour chacune d'elles ; de plus, il n'est
pas un multiple du poids des monnaies d'or de
l'époque[2].

ESPAGNE

Sans texte.   (f° 138.)

Dobla de la banda de Jean II, roi de Castille et de
Léon (1406-1454), Al. Heiss. *Descripcion general de
las monedas hispano-cristianas*, Madrid, 1865-69,
pl. 11, n° 3.

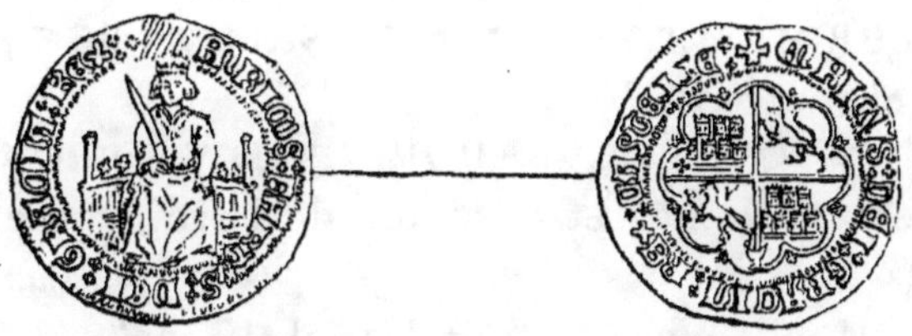

✠ ENRICVS ‡ CARTVS ‡ DEI ‡ GRACIA ‡ REX ‡ + ‡ .
Le roi assis.

℞. ✠ ENRICVS ‡ DEI ‡ GRATIA ‡ REX ‡ CASTEL-
LE ‡ , champ écartelé de Castille et de Léon dans un
épicycloïde.   (f° 142, sans texte.)

Or. 21 mill. Variété de Heiss, pl. 13, n° 6.

1. Hawkins, Franks et Grueber, *Medallic illustrations of the history of
Great Britain and Ireland*, 1885, t. I, p. 28. Dans une lettre de Thomas
Wharlton au Lord Chancellor, datée de York, 1 décembre 1546, il est fait
mention de pièces d'or frappées par l'ordre du duc d'Albany avec de l'or
trouvé à Craufurd Moor. (*State Papers*, Scot., Henr. VIII, vol. V, p. 575.)

2. La licorne pèse 3 gr. 82 ; la couronne, 3 gr. 43 ; le ducat, 5 gr. 70.

✠ ЄRRICVS ✳ QVƛRTVS ✳ DЄI ✳ ᏀRƛᏟIƛ ✳ RЄX.
Champ écartelé dans un épicycloïde ; dessous S.

℞. ✠ ЄRRIᏟVS ✳ QVƛRᏳVS ✳ DЄI ✳ ᏀRƛᏟIƛ ✳ RЄX.
Le roi assis dans une chaise gothique. (f° 142, sans texte.)

Or. 21 mill. Variété de Heiss, pl. 13, n° 6.

✠ ЄRRIᏟVS : ᏟƛRTVS : DЄI : ᏀRƛᏟIƛ. Dans un épicycloïde, châtel de Castille.

℞. ✠ XPS : VIRᏟIT : XPS : RЄᏀRƛᏪ : XPS : Dans un épicycloïde, lion couronné. (f° 142, sans texte.)

Or. 21 mill. Heiss, pl. 13, n° 4.

« Autre gros dangleterre forgeez pour troys sols tournois du
« poix de deux esterlins et de loy a unze deniers. Et sont au
« marc de (*en blanc*) et vault ledict marc (*en blanc*). » (f° cix.)

Gros de Ferdinand (1479-1516), avec FЄRDIRƛRDB,
pour Barcelone, var. de Heiss, pl. 79, n° 1.

✠ FЄRDIRƛRDVS ✳ ЄT ✳ ЄLISABЄT ★ RЄᏀ ✳. Ecu
écartelé entre deux S.

℞. ✠ QVS ★ DЄVS ★ ᏟORIVRᏀIT ★ �OᏅO ★ ROR.
Bustes couronnés et affrontés de Ferdinand et Isabelle. (f° 143, sans texte.)

Or. 21 mill. Variété de Heiss, pl. 17, n° 3.

« Piece de Castille du poix de dix deniers vingt grains or a
« vingt et troys karactz troys quars vault la piece au pris du
« cours de vᶜ et vingt   viii l. vi s. t.» (f° 106.)

Quadruple d'or de Ferdinand et Isabelle. Variété de
Heiss, pl. 20, n° 60, avec VRBRA.

« Duacatz autres forgez de par ferdinant duc et seigneur de
« Castille du poix de deux deniers dix sept grains or a vingt
« troys karactz troys quars vault la piecé au pris du cours de
« lor vᶜ et vingt   xli s. vi d. t. » (f° 40.)

Or. 21 mill. Heiss, pl. 20, n° 69.

« Ducatz forgez de par le duc de castille du poix de deux
« deniers dix sept grains or a vingt et troys karactz troys quars
« vault la piece au pris du cours de lor vᶜ et vingt.

XLI s. vi d. t. » (fᵒ 40.)

Or, 21 mill. Ferdinand II (V de Castille), série de
Barcelone, Heiss, t. II, pl. 80, nᵒ 16.

« Ducatz autres forgez par frederic duc de Millan seigneur en
« partie des italles du poix de deux deniers dix sept grains or a
« vingt et troys karactz troys quars vault la piece de cours vᶜ et
« xx

XLI s. vi d. t. » (fᵒ 35.)

Or. 21 mill. Ferdinand, série de Valence, Heiss,
pl. 99, nᵒ 3.

Navarre.

« Double ducat de Millan forge de par Scfforce or a vingt et
« troys karactz troys quars du poix de cinq deniers dix grains
« de cours vaulx vᶜ et xx

IIII l. III s. t. » (fᵒ 3.)

Double ducat d'or de Ferdinand le Catholique, A.
Heiss, *Monedas hispano-cristianas*, pl. 147, nᵒ 4.

— « Escuz de Navere du poix de deux deniers seze grains or
« a dix neuf karactz ung grain vault la piece au pris de lour qui
« a cours vᶜ et xx

XXXIII s. t. » (fᵒ VIIIˣˣXIIII.)

✠ : IOHANES : ETKATHRINA : REG : NAV. Ecu
écartelé de Bourbon-Navarre entre I et K couronnés.
℞. ✠ : SIT : NOMEN DOMINI : BENEDICTVM
Croix pattée dans un quadrilobe.

Variété de Poey d'Avant, pl. LXXII, nᵒ 4.

Dinar des Almohades. (fᵒ 130, sans texte.)

PORTUGAL

« Testons de Portugal dudit poix de sept deniers douze

« grains argeant a unze deniers douze grains qui est au pris de
« unze livres le marc vault de mise   x s. t. » (f° vii^xxvii.)

Teston d'Emmanuel avec **D : GVINE**. Variété de
Teixera de Aragao, *Descripçao geral das moedas… de
Portugal*, Lisbonne, 1874-80, t. I, pl. xiv, n° 7.

« Ducatz de Portugal du poix de deux deniers dix sept grains
« or a vingt et troys karactz troys quars vault la piece au pris du
« cours de lor v^e et xx   xli s. vi d. t. » (f° 22.)

Cruzade d'or d'Emmanuel. Teixera, pl. xiii, n° 4.

ITALIE

Bologne.

« Ducatz de Mantue forgez par le marquis de Mantoue
« appelle Johannes bentivolles second marcquis de boulongne et
« pour lors appelle empereur second maximilian, du poix de
« cinq deniers dix grains or a vingt et troys karactz troys quars
« et vault la piece de cours v^e et vingt.   iiii l. iii s. t. » (f° 19.)

·IOANNES·BENTIVO — LVS·II·BONONIENSIS·
Buste à droite.

℞. MAXIMILIANI·—IMPERA·MVNVS. Écu écartelé, sommé d'un heaume surmonté d'un aigle.

Double sequin de Jean II Bentivoglio († 1508). [1]

Catalogue Welzl de Wellenheim, II, 1re partie, 4599.

« Simple ducat forge de par ledict marquis et empereur du
« poix de deux deniers dix sept grains or a vingt et trois karactz
« troys quars vault la piece au pris du cours de lor v^e et xx.
                « xli s. vi d. t. » (f° 19.)

·:·IOANNES·BENTIVOLVS·II·BONONIEN.Buste
à droite [2].

---

1. Le teston existe avec les mêmes types et légendes.
2. Le cabinet des médailles de France possède une variété de cette monnaie
avec **BONO**.

℞. MAXIMILI—ANI·MVNVS. Écu écartelé, surmonté d'un aigle.

« Demys ducatz forgez par ledict seigneur et marquis et
« empereur du poix de ung denier neuf grains donze quarubles
« or a vingt et troys quaractz troys quars vault la piece au pris
« du cours de lor vᶜ et xx.   xx s. ıx d. t. » (fᵒ 19.)

·IOANNI·II·BENTIVOLO. Ecu écartelé.

℞. MA—XIMILIANI—IMPERA·MVN—VS·MCCCC
—LXXXX—IIII en six lignes.

« Double ducat de boulongne du poix de cinq deniers dix
« grains or a vingt et troys karactz troys quars vault la piece au
« pris du cours de lor vᶜ et xx.   ıııı l. ııı s. t. » (fᵒ 7.)

Double sequin de Jean II Bentivoglio. Bellini, IV,
25 ; *Catalogue Morbio*, 1119.

« Testons de Mantue du poix de huict deniers xıı grains.
« Vault de cours   x s. t. » (fᵒvııˣˣıx.)

Demi-teston de Jean II. Droit et revers identiques
à ceux du double sequin à la tête

« Ducatz de boulongne forgez de par ung duc appelle auger du
« poix de deux deniers dix sept grains or a vingt et troys
« karactz troys quars vault la piece au pris de lor vᶜ et xx.
                                « xlı s. vı d. t. » (fᵒ 36.)¹

S·PETRVS·DE—·BONONIA. Saint Pierre debout.

℞. BONONIA—DOCET. Lion debout avec l'étendard.

Sequin.

« Ducatz autres de boulongne forgez de par le pape Leon
« dixiesme, » mêmes poids, titre et valeur.   (fᵒ 36.)

Sequin de Léon X ; Cinagli, nᵒ 21.

---

1. Dans l'ordonnance de 1540, ce sequin vaut 46 sous 3 deniers. Il en est de
même de quelques autres florins dont la valeur est de 41 s. 6 d. dans *notre*
manuscrit.

Ferrare.

« Gros de ferrare du poix de viii deniers et forgeez pour dix
« solz tournois. Et sont bons à fondre pourveu qui soient de
« poix. » (f° vii^{xx}v).

Teston du duc Hercule (1471-1505). Vincenzo Bellini, *Delle monete di Ferrara*, Ferrare, 1761, p. 138,
n° 3.

« Gros de Montferrat, lesquelz sont du poix de neuf deniers
« et vault la piece x s. t. » (f° vi^{xx}xiiii.)

Teston avec buste barbu d'Alphonse I (1505-34);
Bellini, 191, n° 1 [1].

Florence.

« Ducatz forgez en fleurence aux armes du croissant du poix
« de deux deniers dix sept grains or a vingt et troys quaractz
« troys quars vaut la piece au pris du cours de lor v^c et xx.
 « xli s. vi d. t. » (f° 37.)

Florin. Au dessus de la main droite de saint Jean
un écusson ovale portant deux clefs en sautoir, un
lambel et un croissant. A gauche de l'écu, un **A**. Cette
marque est donnée, à l'année 1478, par Orsini, *Storia
delle monete della Repubblica fiorentina*, Florence,
1760, p. 245.

« Ducatz autres forgez audict pays de fleurence aux armes du
« Lyon du poix de deux deniers seze grains, » mêmes titre et
« prix. (f° 37.) [2]

---

1. Dans l'ordonnance de 1540, les testons du même prince imberbe valent
10 s. 8 deniers.

2. L'ordonnance de 1540 donne à un florin analogue la valeur de 46 sols 9
deniers. Dans le *Cry des Monoyes* publié à Poitiers le 29 décembre 1516,
sans figures (BB. N. Réserve F 2167), les ducats de Venise, Florence et
Gênes (sans autre dénomination) valent 37 sous 6 deniers.

18

Florin. L'écusson porte un lion. Cette marque est peut-être celle qui est donnée par Orsini, à l'année 1479 (*op. laud.*, p. 247).

Lucques.

« Ducatz forgez par Luc duc de Millan au pays ditallie du
« poix de deux deniers dix sept grains or a vingt et troys
« karactz troys quars vault la piece au pris du cours de lor v° et
« xx.   « XLI s. VI d. t. » (f° 35.)

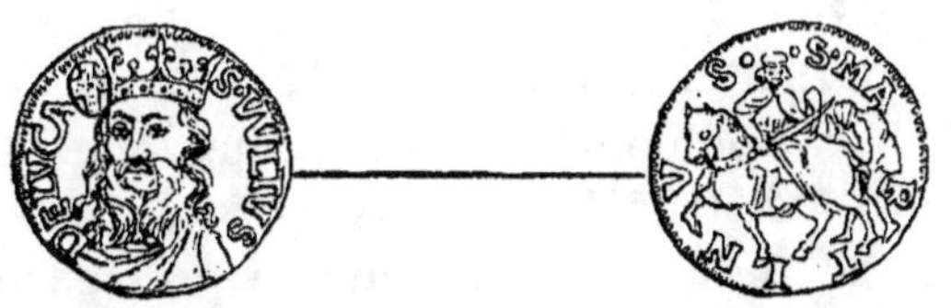

S VVLTVS DE LVCA. Buste du Christ drapé et couronné de face ; à droite de la tête, près de la couronne, un petit écusson ovale avec armoiries peu distinctes.

℞. ·S·MA RTINV S. Saint Martin à cheval partageant son manteau avec un pauvre. Cf. Koehler, *Ducaten-Cabinet*, n° 2534.

Mantoue.

Sans texte.   (f° 41.)
FRANCISCVS · MAR · MANTVE QVART. Buste cuirassé avec cheveux longs.

℞. Petite monstrance D PROBASTI ME E COGNO-VISTI M. Un paquet de tiges de métal au milieu des flammes. *Or*, 22 mill. Cf. *Catalogue Morbio*, n° 1717.

« Gros de Mantuve du poix de neuf deniers forgez pour dix
« solz tournois lequelz sont bons à reffondre pourveu qu'ilz
« soient de poix. »   (f° VI^xx xv.)

FR·MAR·MAN**T**VE·IIII. Buste barbu, cuirassé, à cheveux longs.

℞. D·PROBASTI·M·ET·COGNOVISTI·ME. Creuset au feu.

Teston de Jean-François II de Gonzague, marquis de Mantoue (1484-1519); variété du n° 1720 du *Catalogue Morbio*, 1882.

« Gros de lempereur francisque du poix de viii d. t. xii
« grains vault .... x s. t. » (f° viii*xx*x.)

FRANCISCVS·ΛAR·ΛANT·IIII. Buste cuirassé, avec la barbe en pointe et les cheveux longs, à droite.

℞. ✠XPI ✠ IHESV ✠ SANGVINIS. Ostensoir.

Arg., 27 mill. *Teston* du même prince; cf. le n° 1722 du *Catalogue Morbio*.

Messerano.

« Escuz autres de Lampereur aussi dictz Jehan Jacques autre-
« ment appellez escuz de Merene du poix de deux estellins ung
« fellin or a vingt et deux karactz et demy vaullent de cours au
« pris de lor v*c* et xx. .... xli s. t. » (f° viii*xx*xv.)

Ecu de Louis II Fieschi; Promis, *Monete delle zecche di Messerano e Crevacuore*, 1869, pl. iii, n° 10.

Milan.

« Ducatz forgez a Millan au pays ditallie du poix de deux
« deniers dix sept grains or a vingt et troys karactz troys quars
« vault la piece au pris de lor v*c* et vingt cours
.... « xli s. vi d. t. » (f° 35.)

Ducat de Galeas-Marie Sforza, duc (1468-1476); F. et E. Gnecchi, *Le monete di Milano*, 1884, pl. xiii, n° 9.

« Autre gros forgeez audict Millan dudict poix de neuf deniers
« lesquelz gros comme te dit cy dessus sont bons à fondre et
« principallement ceulx qui icy sont pourtraictz. Rend de gaing
« sur marc. daventaige que la mise en quoy y sont ii s. vi d. au
« plus bas, vallent tous lesdicts gros à   x s. t. » (f⁰ vɪˣˣxɪɪɪ.) [1]

Teston du même duc ; Gnecchi, pl. xɪv, n° 1.
Texte incomplet.   (f⁰ vɪˣˣvɪ.)

Grosso du même duc ; Gnecchi, pl. xɪv, n° 7.

« Gros appellé gros de Millan ce nom obstant qui soient for-
« gez de par Marguerite duchesse de Flandres lesquelz sont bons
« a fondre a locasion qui sont de bon argeant du poix de neuf
« deniers et vault la piece dix solz tournois. »   (f⁰ vɪˣˣxɪɪɪɪ.)

Teston de Bonne et de Jean-Galéas (1476-1483) ;
Gnecchi, pl. xv, n° 2.

« Autre gros de Millan forgeez de par Loys Sforce du poix
« dessusdict sont bons a fondre pourveu qui poisent leur poix et
« vallent lesdicts gros dix solz tournois piece. »   (f⁰ vɪˣˣxv.)

Teston de Jean-Galeas sous la tutelle de son oncle
Louis le Maure (1476-1494) ; Gnecchi, pl. xvɪ, n° 2,
avec tête de chaque côté.

« Autre gros de ladicte duché de Millan du poix et de la val-
« leur dessusdictz.   x s. t. » (f⁰ vɪˣˣxɪɪɪ.)

Teston de Jean-Galéas sous la tutelle de son oncle ;
Gnecchi, pl. xvɪ, n° 3, avec l'écu écartelé.

« Ducat doble de Milan forgé pour quatre livres troys sols or
« a vingt et troys karactz troys quars du poix de cinq deniers
« dix grains vault de cours de présent ladicte somme de vᶜ et xx
« (*sic*).   ɪɪɪɪ l. ɪɪɪ s. t. » (f⁰ 3.)

---

1. Les testons de Galéas-Marie Sforza et de Louis le Maure valent dix solz
huyt deniers dans l'ordonnance sur les monnaies de 1540. En 1543, les testons valent 11 sous. Dans le *Cry des Monoyes* édité à Poitiers le 29 décembre
1516 (BB. N. Réserve F. 2167), le gros de Milan (sans autre dénomination)
valait 8 sous 6 deniers.

Double ducat de Louis le Maure (1494-1590);
Gnecchi, pl. XVII, n° 2.

« Gros forgeez a millan du poix de neuf deniers et lesquelz
« gros quant ils poise ledict ilz sont bons a fondre, vallent
« X s. t. » (f° VI^{xx}XIII.)

Teston de Louis le Maure, Gnecchi, pl. XVII, n° 4.

« Autre piece de mille ayant la croix faicte en la maniere de
« ceste premiere présente figure[1] et a la pille ung ecussum
« couronné remply de troys fleurs de lys et deulx angilles des
« deux costez et dit la lettre Ludovic[9] du poix de (*en blanc*) et de
« loy a cinq deniers dix huyt grains fin. »   (f° VI^{xx}VI.)

Sans figure.

Montferrat.

« Double ducat forgé de par Guillaume macquis de ferrare
« du poix de cinq deniers dix grains or a vingt et troys karactz
« troys quars vault la piece au pris du covrs de lor v° et xx.
« IIII l. III s. t. » (f° 8.)

· *Double ducat* de Guillaume II, marquis (1494-1518).
D. Promis, *Monete dei Paleologi, marchesi di Monfer-
rato*, Turin, 1858, pl. IV, n° 6.

« Gros de Ferrare du poix de sept estellins et vault ladicte
« piece   VIII s. VI d. » (f° VI^{xx}XII.)

Teston du même prince; Promis, pl. IV, n° 6.

« Escuz du Roy des Roumains autrement appellez escuz Jehan
« Jacques du poix de deux deniers seze grains or a vingt et ung
« karact vault la piece au pris du cours de lor v° et xx.
« XXXV s. t. » (f° VIII^{xx}XV.)

Ecu de Boniface II (1518-1530); Promis, pl. V, n° 2.

1. La figure du *grosso* de Galéas-Marie Sforza.

Reggio de Lombardie.

« Ducat forge de par le duc dallefonce troysiesme de ce nom
« du poix de deux deniers xvii grains or a vingt et troys karactz
« troys quars vaul la piece au pris du cours de lor v^c et xx.

XLI s. vi d. t. » (f° 21.)

ALFONSVS·DVX ·III· Buste cuirassé, tête nue.

℞. S·PROSPER··EPS·REGII. Le saint assis tenant
une crosse. Dessous, à l'exergue, écusson ovale portant une croix (armes de la ville).

Ducat d'or d'Alphonse Ier d'Este (1505-1512). D.
Promis, *Monete di zecche italiane*, 1867, p. 56, pl. vii,
n° 71.

Rome.

« Ducatz de Romme forgez de par le pape Nicolas le cinc-
« quiesme du poix de deux deniers dix sept grains or a vingt et
« troys karactz troys quars vault la piece au pris du cours de lor
« v^c et vingt.   XLI s. vi d. t. » (f° 23.)

Sequin de Nicolas V, pape (1447-1455); Cinagli,
Le Monete dei Papi, 1848, n° 1.

« Doubles ducatz forgez de par le pape paone (*sic*) second du
« poix de cinq deniers dix grains or a vingt et troys karactz
« troys quars vallent lesdictes pieces au pris du cours de lor
« v^c et xx.   iiii l. iii s. t. » (f° 5.)

Double sequin de Paul II (1464-1471); Cinagli, n° 11.

« Ducatz forgez a Romme de par le pape paoul second de ce
« nom du poix de deux deniers dix sept grains or a vingt et troys
« karactz troys quars vault la piece au pris du cours de lor v^c et
« xx.   XLI s. vi d. t. » (f° 38.)

Sequin de Paul II ; variété de Cinagli, n° 13, avec
PAVLVS.

« Ducatz autres forgez audict Romme de par ledict pape
« paul, » mêmes poids, titre et valeur.   (f⁰ 38.)

Sequin de Paul II (1464-71) ; Cinagli, n⁰ 12.

« Doubles ducats forgeez de par le pape sixte quart du poix de
« cinq deniers dix grains or a vingt et troys karactz vallent les-
« dictes pieces pareilles au pris du cours de lor vᶜ et xx.

IIII l. III s. t. » (f⁰ 4.)

Double sequin de Sixte IV (1471-84) ; Cinagli, n⁰ 2.

« Ducat forge de par le pape Sixte quatreiesme de ce nom du
« poix de deux deniers dix sept grains or a vingt et troys karactz
« troys quars vault la piece au pris du cours de lor vᶜ et xx.

XLI s. VI d. t. » (f⁰ 9.)

Sequin de Sixte IV ; Cinagli, n⁰ 3.

« Ducat forge de par le pape Innocent huictᵉ de ce nom, »
mêmes poids, titre et valeur.

Sequin d'Innocent VIII (1484-1492) ; Cinagli, n⁰ 3.

« Ducat forgez de par le pape Alexandre six du poix de cinq
« deniers dix grains or a vingt et troys karactz troys quars
« vallent de cours a lequippollent de lor vᶜ et xx.

« IIIII l. IIII s. t. » (f⁰ 6.)

Double sequin d'Alexandre VI (1492-1503) ; Cinagli, n⁰ 2.

Dessous, la note suivante :

« Il fault noter que les changeurs ne praingnent gueres des-
« dicts ducatz sy ne sont de poix que pour quatre livres tournois
« car il ny a point dacquest. »
« Ducat forge de par le pape Alexandre premier (*sic*) de ce
« nom du poix de deux deniers dix sept grains or a vingt et
« troys karactz troys quars vault la piece au pris du cours de
« lor vᶜ et xx.   XLI s. VI d. t. » (f⁰ 9.)

Sequin d'Alexandre VI ; Cinagli, n⁰ 2.

« Nota que les ducatz pourtrais cy dessus ne sont de trop
« grant mise quant y ne poisent le poix dessusdict et ne les

« prent on quand il y a dechet mains que ledict poix que pour
« quarente sols tournois. »

« Ducatz autres de Romme forgez de par le pape Julle
« deuxiesme du poix de deux deniers dix sept grains or a vingt
« et troys karactz troys quars vault la piece au pris du cours de
« lor cinq cens et ung.   XLI s. VI d. t. » (f° 23.)

Sequin de Jules II, pape (1503-1513); variété de
Cinagli, n° 5, avec le ℞ suivant :

IVLIVS·II·PONT·MAX. Ecu de la famille Della
Roverre surmonté des clefs et de la tiare dans un
quadrilobe.

Sous la figure on trouve l'avis suivant :

« Nota que quant ilz ne poisent leur poix communément pour
« ce qu'il ont été remis a ung grain de remedde, car ils deve-
« roient peser deux deniers dix huict, ilz ne poisent que le salut
« qui est deux deniers dix sept, que lon ne les prent que pour
« quarante solz tournoiz v^c et xx, quant ils poisent mains que
« deux deniers dix sept. »

— « Ducatz autres forgez de par le pape Jule du poix de deux
« deniers dix sept grains or a vingt et troys karactz troys quars
« vault la piece au pris de lor v^c et xx.   XLI s. VI d. t. » (f° 33.)

Sequin de Jules II ; Cinagli, n° 5.

« Ducatz autres forgez de par ledict Jule second pontifex
« maximus du poids de cinq deniers dix grains or a vingt et
« troys karactz troys quars vaullent de cours a lequippolent de
« lor v^c et xx.   IIII l. III s. t. » (f° 6.)

Double sequin de Jules II ; Cinagli, n° 2.

« Ducatz forgez de par le pape iule second, » mêmes poids,
« titre et valeur.   (f° 6.)

Double sequin de Jules II ; Cinagli, n° 1.

« Doble ducat du pape Julle forgee pour quatre livres troys
« solz or a vingt et troys karactz et vault ladicte somme au poix
« de cinq deniers dix grains   IIII l. III s. t. (f° 2.)

Sequin de Jules II, pour Bologne, avec les armes du cardinal Francesco Alidosio; Cinagli, n° 7.

« Ducat forge de par le pape Leon dixiesme de ce nom, du
« poix de cinq deniers dix grains or a vingt et troys karactz
« troys quars vault de cours au pris de lors de cours vᶜ et xx.

« iiii l. iii s. t. » (fᵒ 17.)

Double sequin de Léon X, pape (1513-1522); Cinagli, *Le Monete dei Papi*, 1848, n° 2.

« Ducatz forgez de par le pape Leon dixiesme de ce nom, du
« poids de deux deniers et dix sept grains or a vingt et troys
« karactz troys quars vault la piece au pris de lor vᶜ et xx.

« xli s. vi d. t. » (fᵒ 33.)

Sequin de Léon X; variété de Cinagli, nᵒˢ 6 et 7.

« Ducatz autres forgez de par ledict pape Leon dixiesme »,
mêmes poids, titre et valeur. (fᵒ 33.)

Sequin de Léon X; Cinagli, n° 7.

« Ducatz de Romme forgez de par le pape Leon dexime »,
« mêmes poids, titre et valeur (fᵒ 24).

Sequin de Léon X; Cinagli, n° 8.

« Ducat forgé de par le pape Leon dixiesme de ce nom; »
« mêmes poids, titre et valeur. (fᵒ 21.)

Sequin de Léon X, pour Modène; Cinagli, n° 22.

Saluces.

« Ducatz de Constance forgez de par Loys Alutiarum macquis
« du poix de deux deniers dix sept grains or a vingt et troys
« karactz troys quars vault la piece au pris du cours de lor vᶜ et
« vingt. xli s. vi d. t. » (fᵒ 22.)

LVDOVICVS·M·S—ALVTIARVM. Buste cuirassé avec cheveux longs et bonnet sur la bordure duquel est une croisette tréflée.

℞. SANCT·CONSTANTIVS. Ecu penché surmonté d'une demi-aigle couronnée, entre ·L·et·M·

Or. Louis II, marquis (1475-1504)[1].

« Escuz du marquis de Saluce appelle Michel du poix de deux « deniers seze grains or a vingt et deux karactz et demy vault la « piece au pris de lor cours vᶜ et xx. xxx viii s. t. » (fᵒ viiiˣˣiii.)

MICHAEL·ANT·MARCHIO·SALVTIARVM.∴ Aigle couronnée, avec écu en cœur ; au dessus, un soleil.

℞. ✠·XPS·REX·VENIT·IN·PACE·ET·HOMO· FACT·EST. Croix fleurdelisée.

Ecu de Michel Anthoine, marquis (1504-1528).

Sienne.

« Ducatz forgez a Sene du poix de deux deniers dix sept « grains or a vingt et troys quaractz troys quars vault la piece « au pris du cours de lor vᶜ et vingt. xli s. vi d. t. » (fᵒ 24.)

Ecu avec une sorte de trident renversé, comme différent du maître de la monnaie ; D. Promis, *Monete della repubblica di Siena*, 1868, pl. iii, nᵒ 38.

« Ducatz de Sene du poix de deux deniers dix huict grains, » mêmes titre et valeur.

Ecu; variété avec un *monde* pour différent ; Promis, pl. iii, nᵒ 39.

Savoie.

« Ducatz forgez en Savoye de par Charles duc dudict pays « soydisant en partie prince et grant gouverneur des Itales du « poix de deux deniers dix sept grains or a vingt et troys « karactz troys quars vault la piece au pris du cours de lor vᶜ et « xx.   « xli s. vi d. t. » (fᵒ 39.)

---

1. Le cabinet des médailles de France possède une variété de cette pièce avec SANCTVS et l'écu droit.

KAROLVS·DVX·SABAVDIE. Le duc armé, galopant à cheval.

℞. MARCHIO·IN·ITALIA PRINC'. Ecu penché et
heaume entre FE—RT, dans un entourage de lobes et
d'angles.

Ecu de Charles Ier, 1482-1490. Variété de : Promis,
Monete dei Reali di Savoia, 1841, pl. x, n° 1.

« Testons de Savoye du poix de sept deniers douze grains et
« sont forgeez audict pays pour dix sols mes en France on ne
« les prent que pour   IX s. VI d. t. » (f° VII[xx]VI.)

Teston de Charles Ier; Promis, pl. x, n° 8.

« Ducatz aultres forgez audict pays de Savoye de par le duc
« Phillebert duc dudict pays huictiesme de ce nom du poix de
« deux deniers dix sept grains or a vingt et troys karactz troys
« quars vault la piece au pris du cours de lor v[e] et vingt.

« XLI s. VI d. t. » (f° 39.)

Ecu de Philibert II (1497-1504); Promis, pl. XIII,
n° 3.

« Escuz forgez de par le duc Charles de Savoye second du
« poix de deux deniers seze grains or a vingt et deux karactz et
« demy vault la piece au pris du cours de lor v[e] et XX.

« XL s. t. » (f° VIII[xx]XIX.)

✠   A:DOMINO:FACTVM:EST:ISTVD. Cavalier.

℞.   ✠ KAROLVS:DVX:SABAVDIE:SECONDV. Ecu
entre FE-RT.

Ecu de Charles II (1504-1553) ; variété de : *Monete inedite del Piemonte publicate da Dom. Promis*, *supplemento*, Turin, 1866, pl. II, n° 16, p. 11.

Deux-Siciles.

« Ducatz du Roy frederic duc de Millan du poix de deux
« deniers seze grains or a vingt et troys karactz troys quars
« vaut la piece au pris du cours de lor vᶜ et xx.

XLI s. VI d. t. » (f° 25.)

✠ FEDERICVS:DEI:G:REX:SI:HIERV. Buste
armé et couronné ; derrière, ⊤.

℞. CONFIRM E:SV:NO:E:M. Ecu penché, surmonté d'un heaume.

Ducat de Frédéric III (1496-1501); variété de : A.
Heiss, *Monedas hispano-christianas*, t. II, pl. 123,
n° 1.

Sans texte. (f° 139.)

Ducat d'or d'Alphonse V, roi de Sicile (1435-1458);
Heiss, t. II, pl. 118, n° 3.

Sans texte. (f° 129.)

✠ IOANNES:D:G:R:SICILIE:ET:ARAG. Le
prince assis entre ·I· et C· (marques d'essayeur?).

℞. ✠AC:ATENARVM:ET:NEOPATRIE:D:Aigle
éployée tournant la tête.

Or, 25 mill. Jean II, roi de Sicile (1458-1479);
variété de Heiss, t. II, pl. 119, n° 1.

Urbin.

« Ducatz forgez de par le duc Urbin du poix de deux deniers
« dix sept grains or a vingt et troys karactz troys quars vault la
« piece au pris et cours de lor vᶜ et xx.   XLI s. VI d. t. » (f° 43.)

Ducat de Francesco-Maria I della Rovere, duc (1508-1513); cf. Ant. Zanetti, *Nuova Raccolta delle monete e zecche d'Italia*, Bologne, 1775, t. I, p. 51, nᵒ 11.

« Ducatz autres forgez de par ledict duc Urbin, » mêmes « poids, titre et valeur. (fᵒ 43.)

Ducat du même prince, avec le buste casqué; variété de Zanetti, p. 51, nᵒ 1, avec la légende : S·R-E·CAP·GEN·SVB·LEO·X·PON·MX.

Vigevano.

« Escuz Jehan Jacques autrement appelle esmaux croisette du « poix de deux deniers sez grains or a vingt et deux karactz et « demy vault la piece au pris du cours de lor vᶜ et xx.

« XXXVIII s. t. » (fᵒ VIIIˣˣXVII).

Ecu de Jean-Jacques Trivulce, marquis (1487-1519) ; F. et E. Gnecchi, *Le monete dei Trivulzio*, Milan, 1887, pl. I, nᵒ 1.

« Escuz de Millan du poix de deux deniers seze grains or a « vingt et deux karactz et demy vallent de cours lesdites pièces « au pris de lor vᶜ et xx.   XL s. t. » (fᵒ VIIIˣˣII [1].)

Ecu du même marquis; Gnecchi, pl. I, nᵒ 3.

« Bonnes obolles de Jehan Jacques du poids de deux deniers « douze grains or a dix huict karactz et demy vault ladicte piece « de cours vᶜ et xx.   x s. t. » (fᵒ 48.)

Sequin du même marquis ; variété de Gnecchi, pl. I, nᵒ 5, avec IO·IA'TRI· etc.

« Gros de Jehan Jacques du poids de sixt estellins vault la « piece   x s. t. » (fᵒ VIˣˣXII.)
Gnecchi, pl. I, nᵒ 7.

---

1. Les pièces de cette catégorie devraient avoir la même valeur que celles qui précèdent puisque le poids et le titre sont les mêmes.

SUISSE

Bâle.

« Bonnes obolles de Millan forgees de par le duc Maxilian du
« poix de deux deniers douze grains or a dix huict karactz et
« demy vault la piece au pris du cours vᶜ et xx.xxx s. t. » (fᵒ 100.)

Florin de 1516. Haller *Schweizerisches Münz-und
Medaillen-Kabinet*, Berne, 1780-81, nᵒ 1518.

« — « Bonne ».   (fᵒ 54.)

Florin avec le nom de Frédéric III , variété du nᵒ
2644 de Koehler avec : MONETA·NO'BASILIEN'
℞. ✠ FRIDRICVS·ROMANO·IMPA.

Fribourg.

« Gros de Framcbourc du poix de viii deniers et forgeez pour
« dix solz tournois et sont lesdits gros bons à fondre pourveu
« qu'ilz soient de poix.   x s. t. » (fᵒ viiˣˣiiii. [1])

○ SANCTVS✳NICOLAVS. Le saint assis de face.

℞. ✠ MONETA✳NOVA✳FRIBVRGEN'. Château à
trois tours, celle du milieu surmontée d'une aigle.
Sous la base, un croissant.

Dicken sans date, variété de Haller, nᵒ 1663.

Saint-Gall.

« Autre gros forgeez a Saint Otismare[2] en Flandres du poids

1. Dans le *Cry des monoyes* édité à Poitiers le 29 décembre 1516 (BB. N.
Réserve F. 2167), les gros testons de Milan, Fribourg, Berne et autres d'Allemagne valent aussi 10 solz tournois pièce.

2. Cette attribution singulière vient de ce que la pièce porte un nom de
saint : SANCTVS·OThMARVS.

« dessusdict et forgez pour dix solz tournois et sont lesdictz gros
« bons à fondre pourveu qui soient de poix. x s. t. » (f° VII^xxIIII.)[1]

Quart de Thaler avec **SAƆTI✱GALI**, variété de
Haller, n° 1869. Catal. Thomsen, 4235.

Lausanne.

« Gros de (en blanc) forgeez pour troys solz tournois du poix
« de (en blanc) et de loy a (en blanc) Et sont au marc de (en
« blanc). Le marc vault (en blanc). »   (f° VI^xx.)

Pièce de deux gros de Aymon de Montfaucon,
évêque de Lausanne (1491-1517). A. Morel-Fatio,
Histoire monét. de L., 1476-1588, pl. II, 3, variété
avec **EPICOPVS**.

Sion.

« Autre gros forgeez a Sainct Theofr du poix dessusdict. Et
« vallent lesdictz x s. t. mays si bons les bailler au marc aux
« orfevres pour bouter a la fonte ilz vous rendroient du gaing
« beaucoup daventaige sur chacun marc. »   (f° VII^xxv.)

Teston ou *dicken* de l'évêque Nicolas Schinner
(1496-1499). Haller, n° 2224 ; M. de Palézieux, *Numis-*
matique du Valais de 1457 à 1780, Bull. de la Soc.
Suisse de Num., V, 1886, p. 40, n° 23.

Schwytz.

« Escuz de Suisse du poix et forgez pour deux deniers seze
« grains or à vingt et deux karactz et demy vallent lesditz
« escuz au pris du cours v^e et xx.   XL s. t. » (f° VIII^xxII.)

---

1. Dans l'ordonnance de 1540, les testons au même type datés de 1513,
valent 10 sous 8 deniers. Il en est de même pour les testons de Fribourg et
de Sion. Dans l'ordonnance sur le cours des monnaies faite à Paris en 1549,
les mêmes pièces valent 11 sous 4 deniers, après avoir valu 11 sous en 1546.

Soleil : ❋ : MONETA ❋ : NO : ❋ : SVITENSIS : ❋ :
Ecu *d'argent plein*, surmonté d'une double aigle couronnée.

℞. ✠ SALVE·CRVX·SANCTA·ET·BENEDICT·
Croix fleurdelisée.

Variété de Koehler, *Ducaten-Cabinet*, n° 2662 ; Haller, n° 1219.

Uri et Unterwald.

« Autre escuz de Suisse. » Mêmes poids, titre et valeur.

(f° VIII^xxII.)

Ecu au soleil. Koehler, 266 ; Haller, 1192.

Uri, Schwytz et Unterwald.

« Escuz de Millan forgeez pour trante six solz et ont cours
« pour quarente or. a vingt et deux karactz et du poix de deux
« estellins ung fellin. »

(f° VIII^xxIII.)

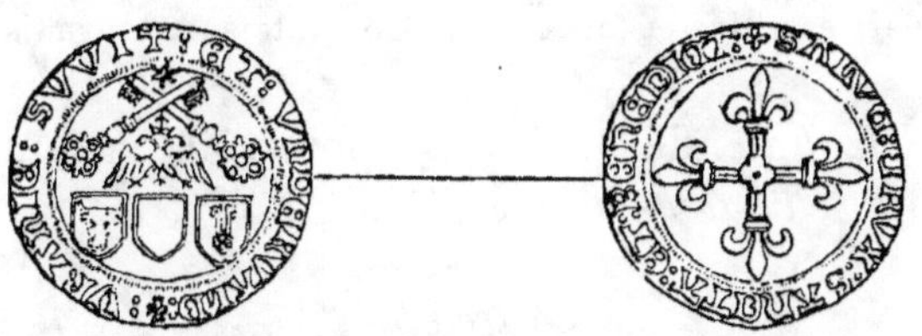

⁙ ✠ ⁙VRARIE⁙SVVIT⁙ET⁙VRDERVALD. Ecus
d'Uri, de Schwytz et d'Unterwald. Au dessus, double
aigle couronnée, surmontée de deux clefs en sautoir
et, au dessus, d'un soleil [1].

℞. ✠ SALVE⁙CRVX⁙SARCTA⁙ET⁙BEREDICT⁙
Croix fleurdelisée.

---

1. La légende du droit commence par une croix et non par un lis comme le dessin l'indique à tort.

Ecu au soleil, inconnu à Haller et à M. le D[r] Th. von Liebenau, *Die von Uri, Schwyz und Unterwalden gemeinschaftlich geprägten Münzen*, dans le *Bull. de la Soc. suisse de num.*, VII, 1888 (cf. p. 113-114).

ALLEMAGNE (PRINCES)

Empire.

Sans texte.   (f⁰ 137.)

Chaise d'or de Louis IV de Bavière (1314-1327-1347). Cappe, *Die Münzen der deutschen Kaiser und Kœnige des Mittelalters*, 1848-57, XII, 190.

Sans texte   (f⁰ 105.)

Real d'or de Maximilien (1493-1519) pour 1487 ; Koehler, *Ducaten-Cabinet*, n° 8.

« Piece du roi Maximilian roy des Romains du poix de xix et « un quart estellins et forgee pour soixante solz tournois.

« LX s. t. » (f⁰ vi^{xx}viii.)

Double thaler de Maximilien pour 1509 ; Schulthess-Rechberg, *Thaler-Cabinet*, 1840, n° 27.

Autriche.

« Ducat autre forge audict lieu de hongrie du poix de deux « deniers dix sept grains or a vingt et troys karactz troys quars « vault la piece au pris du cours de lor v^e et xx.

« XLI s. vi d. t. » (f⁰ 42.)

DIVVS LEVPOLDVS·M·D·XVI. Le saint debout tenant un étendard et une église.

℞. **IMP·C·MAXIMILI·AVG9.** Ecu écartelé, couronné.

19

Florin de Maximilien (1493-1519); variété du n° 2012 de Koehler.

Bade.

« Bonnes. »   (f° 66.)

Florin d'or de Christoph 1, margrave de Bade (1475-1515); variété du n° 1709 de Koehler, avec ᛗᚨᚱᚲᚺᛁ·

« Mauvaise. »   (f° 96.)

Florin du même prince, avec BADEN au droit. Cf. Berstett, *Münzgeschichte des Zähringenbadischen Fürstenhauses.* Fribourg, 1846, pl. ı, 37.

Bavière.

« Obolle dallebert duc de baviere du poix de deux deniers
« douze grains or a xɪx karactz et vault la piece au pris du cours
« vᶜ et xx.   xxx s. t. » f° 100.)

Florin d'Albert IV le Sage, duc de toute la Bavière (1505-1508), daté de 1506; Koehler, *Duc.-Cab.*, n° 2046.

Brandebourg.

« Bonnes obolles de fribourg du poix de deux deniers douze
« grains or a dix huict karactz et demy vault ladicte pièce au
« pris du cours vᶜ et xx.   xxx s. t. » (f° 46.)

Florin de Frédéric et Sigismond, margraves de Brandebourg (1486-1495); Koehler, *Duc.-Cab.*, n° 1715; variété avec SVVOBᚦᚨᚺ.

Hesse.

« Bonne. »   (f° 54).

Florin de Guillaume II, landgrave de Hesse-Cassel (1493-1509) ; variété du n° 1908 de Koehler, avec DEVM⸗SOLV—ADORAB. 1507.

Sans légende. (f° 54.)

Florin de Guillaume I et Philippe (1509-1567) ; variété du n° 1909 de Koehler avec : VVILhEL Z PhIL D⸗G⸗ LARG⸗hAS.

Clèves.

« Mauvaise » (f° 94, et une semblable f° 96.)

Florin de Jean Ier, duc de Clèves et de Mark (1448-1481) ; variété du n° 1895 de Koehler avec MORE·NO· AV RE VVESALIE (Atelier de Wesel).

Sans texte. (f° 97.)

IO·hS'·DVX·G—LIVE·Z·GO·M'. Saint Jean debout au dessus de l'écu de Clèves.

℞. MORE—ROVA—AVRE[ESM]RI'. Ecu parti de Clèves et de Mark sur une croix pattée coupant la légende.

Florin de Jean II, duc de Clèves (1481-1521), frappé à Emmerich.

« Phlippus descomay appellez en allement du poix de deux « deniers douze grains or a quinze karactz et demy vallent de « cours v[c] et vingt XXVI s. VI d. t. (f° 45.)

Double florin de Jean II ; variété du n° 1898 de Koehler, avec : IOhS'·DVX·GLEVE'S'·Z·GO·MR[1].

Juliers.

« Mauvaise. » (f° 94.)

---

1. On comprend, en voyant la fin de la légende, comment le rédacteur du manuscrit a pu lire *escomay*.

Florin au saint Hubert, de Guillaume IV, duc de Juliers (1475-1511), frappé à Mühlheim ; cf. Kœhler, *Duc.-Cab.*, n° 1965.

— « Bonne. »   (f° 95.)

IOhIS·DVX·IVL·Z·MO·ɑ·M'. Evêque derrière l'écu écartelé.

℞· MON'··ᴧVRɑ··RɑRɑ'SI·1514. Dans un quadrilobe, écu écartelé de Clèves, Juliers, Berg et Mark, entouré des écus de Mayence, Trèves, Cologne et Bavière.

« — « Ob. borne mauvaise du poix de »   (en blanc ; f° 74.)

Florin de Jean III, duc de Juliers (1511-1521).

Florin de Guillaume IV, duc de Juiliers (1475-1511), daté de 1502 ; variété du n° 6921 du *Catalogue Garthe*, avec Z·MO'.

Ostfrise.

Sans texte.   (f° 77.)

✶ɑ'NO'ɑO'·FRISIɑ·OI'ɢɑ'TᴚL. Saint Jean debout ; devant ses pieds, écu écartelé ; aux 1 et 4 à un lion ; aux 2 et 3 à une harpie.

℞. ✶FRɑDRɑVS·ROMᴚNORV ꞉ IMP ꞉ Dans un trilobe, globe crucigère.

Florin d'Enno Ier, comte d'Ostfrise (1466-1491) ; variété du n° 2408 de Koehler.

Sans texte.   (f° 98).

Autre *florin* d'Enno Ier ; *Catalogue Welzl de Wellenheim*, n° 4691.

Sans texte.   (f° 60.)

*MO'*NO' AV+E OI+OIE+PhR*. Le Christ assis; dessous, écu à une harpie.

℟. *MAXIMILIAN·ROMANO'REX. Globe impérial dans un trilobe.

Florin d'Edzard Ier, comte d'Ostfrise (1491-1528); variété du n° 2411 de Koehler.

Palatinat.

« Bonne maille forgee par françois duc de brant du poix de « deux deniers douze grains or a dix huict karactz et demy vault « la piece au pris du cours de lor vc et xx xxx s. t. (f° 51.)

Florin de Frédéric Ier, comte palatin du Rhin (1449-1476), frappé à Bacharach; *Cat. Garthe*, n° 7286.

« Bonne. » (f° 94.)

Florin de Philippe, comte palatin (1476-1508), daté de 1500; *Catalogue Garthe*, 7295.

Poméranie.

« Obolle d'athenes du poix de deux deniers douze grains or a « dix neuf karactz et vault la piece au pris du cours de lor vc et « vingt. xxx s. t. » (f° 100.)

Florin de Bogislaus X, duc de Poméranie (1474-1528); Koehler, 2070; Dannenberg, *Pommern's Münzen*, 1864, pl. I, n° 43.

Saxe.

« Piece forgee pour troys gros de Millan du poix de ungne « once III d. et vault ladicte piece icy xxx s. t. » (f° VIxxIX.)

Klappmützen-thaler de Frédéric III le Sage, électeur de Saxe (1486-1525) avec son frère Jean et son cousin Georges. *Cat. Thomsen*, 11876.

— « Bonne obolle de fribourg forgee de par Jehan duc des
« Saxons du poix de deux deniers douze grains or a xviii karactz
« et demy vault de cours cinq cens et vingt.   xxx s. t. » (f° 79.)

FRI ᵹℰ IO D G DVℂ SꜲX. Saint Jean debout ;
devant ses jambes, écus accostés de Saxe et de
l'électorat (à deux glaives).

℞. ✠ꟽOꟽℰ ꟽOVꜲ ꜲVRI LIPꞀℰꟽSSI. Globe crucigère orné dans un quadrilobe.

Florin de Frédéric III avec son cousin Georges et
son frère Jean ; variété du n° 980 de Kœhler.

Sans texte.   (f° 58.)

Florin d'Albert, duc de Saxe (1575-1500), frappé à
Leipzig ; *Cat. Thomsen*, n° 7557.

Tyrol.

« Bonnes obolles forgeez par Jehan duc dautriche du poix de
« deux deniers douze grains or dix huict karactz vault de cours
« v° et vingt.   xxx s. t. » (f° 82.)

SIᵹISM' ꜲRℂh' IDVX ꜲVSTRIℰ. L'archiduc armé,
debout.

℞. ✠ꟽOꟽℰTꜲ ꟽOVꜲ ꜲVRℰꜲ ℂOꟽITIS TIR. Croix
ornée, en sautoir, cantonnée de quatre écussons
d'Autriche, Carinthie, Tyrol et Carniole.

Florin de l'archiduc Sigismond (1439-1496) ; variété
du n° 1998 de Kohler.

Sans texte.   (fol. cx.)

Zwanziger de Sigismond ; *Cat. Thomsen*, n° 5164.

Wurtemberg.

« Gros du duc de Virtember lesquelz sont du poix de neuf
« deniers et vault la piece dix solz tournois. »   (f° vi^xx xiiii.)

Tiers dè thaler d'Ulrich duc de Würtemberg (1498-1519 et 1534-1550); variété du n° 4433 du *Catalogue Thomsen* avec S**T**V**T**GAR'; Binder, *Würtembergische Münz-und Medaillenkunde*, 1846, p. 57, 32.

— « Obolle de Virte du poix de deux deniers douze grains
« or a dix huict karactz et demy vault la piece au pris du cours
« de lor v° et vingt.   XXX s. t. » (f° 52.)

Florin d'Ulric; variété du n° 2282 de Koehler avec VVIR**T**ϾMBϾRG (ϾMB liés, ϾR liés).

ALLEMAGNE (VILLES)

Bamberg.

« Bonne obolle forgee es Allemaingnes de par le roy henry
« empereur de Romme du poix de deux deniers douze grains or
« a dix huict karactz et demy vault la piece au pris du cours
« v° et xx.   XXX s. t. » (f° 50).

Florin de Georges III de Limbourg, évêque de Bamberg (1505-1522), daté de 1507; *Catalogue Garthe*, n° 5854; cf. J. Heller, *Die Bambergischen Münzen*, Bamberg, 1839, n° 66.

Brême.

« Mauvaise. »   (f° 96.)

Florin de Henri III de Schwarzburg, archevêque de Brême (1463-1496). H. Jungk, *Die Bremischen Münzen*, 1875, n° 58.

— « Autre piece forgee pour ladicte somme et est de ungne
« once troys deniers et vault ladicte piece la somme cy dessus
« suscripte.   XXX s. t. » (f° VI^xx IX.)

Thaler de Christophe, administrateur de l'archevêché de Brême (1511-1514); Madai, *Vollst. Thaler-Cabinet*, n° 721. Jungk, *op. laud.*, n° 151.

Cologne.

Sans texte. (f° 84.)

Florin de Frédéric III de Saarwerde, archevêque de Cologne (1370-1414), frappé à Bonn.; Cappe, *Beschreibung der Cœlnischen Münzen*, 1853, pl. xiv, 226.

— « Bonne. » (f° 84.)

Florin de Thierry de Mörs, archev. (1414-1463), frappé à Bonn; Cappe, n° 1026.

Sans texte. (f° 85.)

Florin de Thierry de Mörs, frappé à Riele; Cappe, n° 1046.

Sans texte. (f° 98.)

Autre *florin* de Thierry de Mörs, fr. à Riele; Cappe, n° 1049.

Sans texte. (f° 60.)

Autre *florin* de Thierry de Mörs, fr. à Riele; Cappe, n° 1056.

— « Mauvaise obolle appellé en allement obolle de Colleh du « poids de deux deniers douze grains or (*en blanc*) vault de « cours v° et vingt » (*en blanc*). (f° 79.)

Florin de Hermann IV de Hesse, administrateur de Cologne (1473-1480-1508), frappé à Bonn; Cappe, n° 1171.

Sans légende; même florin. (f° 58.)

— Bonne obolle forgee par Colonne du poix de deux deniers « douze grains or a dix huict karactz et demy vault la piece au « pris du cours de lor v° vingt et troys. xxx s. t. » (f° 80.)

Florin de 1515 avec les écus de Mayence, Trèves, Cologne (archevêché), Bavière, et Cologne (ville) au centre ; cf. Cappe, n° 1286 qui est daté de 1513.

Sans texte.   (f° 98.)

Florin au nom des trois mages ; Cappe, n° 1242.

Dortmund.

« Bonne. »   (f° 65.)

Florin avec le nom de Maximilien ; A. Meyer, *Die Münzen der Stadt Dortmund*, dans la *Numismatische Zeitschrift*, 1883, p. 282, n° 53.

Francfort-sur-le-Main.

« Bonne maille forgees par Symon empereur du poix de deux « deniers douze grains or a dix huit karactz et demy vault la « piece au pris du cours cinq cens vingt et troys. xxx s. t. » (f° 77.)

MOᴚGꞱ'·ᴚO'·ꝪRꞱ ꝪFORV'. Saint Jean debout ; entre ses pieds, la lune.

℞. ✠ SIGISMV'D'·RO'ᴚORV'·IMPꞱTOR'. Dans un trilobe, globe crucigère.

Florin ; cf. Koehler, *Duc.-Cab.*, n° 2837.

— « Bonnes obolles forgees par hanry ampereur des Romains « du poix de deux deniers douze grains or de dix huict karactz « et demy vault la piece au pris du cours de lor v° xxiii.

                                        « xxx s. t. » (f° 77.)

✠ FRIDRIꝪVS ⁚ ROMAᴚO ⁚ IMPꞱ. Globe crucigère dans un trilobe.

℞. MOᴚGꞱꞱ·ᴚOV·FRꞱᴚꝪFD'. Saint Jean debout.

Florin ; variété du n° 2840 de Koehler.

Sans texte. (f° 97.)

ᛗOᛀᴇ*ᛀOVᴧ* ᴧVR*FRᴧQZ*. Saint Jean debout; entre ses pieds, un lion.

℞. ✠ FRᴇDRIᴄ*ROMᴧᛀ*IMPᴇ'ᴧᴛ'. Globe crucigère dans un trilobe.

Florin; variété du n° 2839 de Koehler.

Sans texte. (f° 84.)

*MOᛀᴇᴛᴧ*ᛀO ᴄ FRᴧᛀᴄFOR'. Saint Jean debout.

℞. ✠ FRIDRIᴄVS°ROᛗOR'°IMPᴧᴛ. Globe crucigère dans un trilobe.

Florin; variété du n° 2840 de Koehler.

— « Bonnes obolles de Maxilian roi des rommains du poix de
« deux deniers douze grains or a dix huict karactz et demy vault
« ladicte piece de cours v° et xx. xxx s. t. (f° 46.)

Florin avec l'écu de Weinsberg entre les jambes de saint Jean et daté de 1499; cf. Koehler, n° 2842 (avec 1498).

Goslar.

Texte incomplet. (f° ciiii.)

Mariengroschen de 1505; variété du n° 6876 du *Catalogue Thomsen* avec GOSLᴧRIᴄ.

Hambourg.

Sans texte. (f° 85.)

MOᛀᴇᴛᴧ ᛀO ƕᴧMBVRᴄᴇ'. Saint Pierre debout; devant ses jambes, écu à une feuille d'ortie.

℞. ✠ FRIDᴇRIᴄVꙅ lis ROᛗOR'R°ᴇX. Globe crucigère dans un trilobe.

Florin; Gaedechen, *Hamburg'sche Münzen und Medaillen*, 1843-54, n° 264.

Isny.

Texte incomplet. (f° vi^{xx}iiii.)

✠ MONE' ₀ NOV' ₀ CIVIT' ₀ ISNI · 1508. Aigle éployée avec l'écu au fer à cheval sur la poitrine.

℞. GRA' ₀ MAXIMILI' ₀ RO' ₀ REX. Etoile à six pointes surmontée d'une aigle éployée et cantonnée de cinq étoiles.

Argent; cf. *Catalogue Thomsen*, n°ˢ 4595-97.

— « Testons du roy Maximilian empire du poix de neuf « deniers et vault ladicte piece icy pour   x s. t. » (f° vi^{xx}xi.)

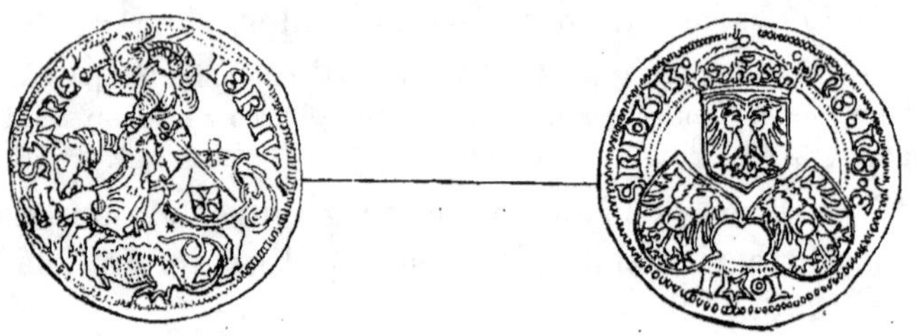

SANE' IORIV'. Saint Georges armé d'une épée, à cheval, terrassant le dragon.

℞. MO' ₀ NO' ₀ CI ₀ ★ ISNI ₀ 1513. Deux écus penchés à l'aigle d'Isny et surmontés d'un écu couronné avec l'aigle à deux têtes.

Argent[1].

Lunebourg.

Sans texte. (f° 53.)

Florin avec le nom de Maximilien; variété du n° 2968 de Koehler, avec ROMA REX.

---

1. Parmi les monnaies d'or, on trouve, au f° 1, une monnaie identique à celle d'argent que nous venons de décrire; le texte qui s'y rapporte est en partie déchiré et on ne lit plus que les chiffre xl de la valeur. L'empreinte est teintée en jaune.

Mayence.

« Bonnes, or a xxii et demy vallent au pris de la monnoye
« xxxvi s. t. » (f° 47.)

Sous l'empreinte de la monnaie, on lit :

« Il est anoter que pour le present cinq cens et vingt nest ne
« na esté de plus fin or monnoyé en obolle que lor cy dessus
« escript qui est or a vingt-deux karactz et demy vault de cours
« ladicte piece xL s. t. »

Florin attribué à Adolphe I, comte de Nassau, archevêque de Mayence (1379-1390); Cappe, *Beschreibung der Mainzer Münzen*, 1856, n° 485 (avec le ℞ du n° 484); frappé à Bingen.
Sans texte. (f° 58.)

Florin du Rhin de Dietrich II, comte d'Isenburg, (1475-1482); Cappe, 690[a]; *Catalogue de la collection du prince Alex. de Hesse*, 1889, n° 192.

— « Bonne obolle de Vre du poix de deux deniers douze grains
« or a dix huict karactz et demy vault la piece au pris du cours
« de lor vᶜ et xx. xxx s. t. » (f° 52.)

Florin daté de 1506, de Jacob de Liebenstein (1504-1508); Cappe, n° 722, avec IACO.

— « Bonne obolle de bonaurirery (*sic*)[1] du poix de deux
« deniers douze grains or a dix huict karactz et demy vault la
« piece au pris du cours vᶜ et xx. xxx s. t. » (f° 49.)

Florin non daté d'Uriel de Gemmingen (1508-1514); cf. Cappe, n° 733.

---

1. La monnaie porte la légende : MONE·NOV·AVRI·RENI. Ces trois derniers mots expliquent la lecture bizarre de celui qui a écrit le texte du manuscrit.

Munster.

Sans texte. (f° 60.)

Florin de Henri III de Schwarzburg, évêque de Munster (1466-1496) ; variété du n° 1632 de Koehler avec ꟿ.

Nuremberg.

Sans texte. (f° 99.)

Florin avec le nom de Sigismond ; variété du n° 3006 de Koehler avec ꟿ.

— « Bonne obolle sainct Laurens autrement appellée en alle-
« ment obolle de pubebria (*sic*) du poix de deux deniers douze
« grains or a xviii karactz et demy vault de cours v° et xx.

« xxx s. t. » (f° 79.)

Florin de la cité ; Koehler, n° 3009.

Nordlingen.

« Bonnes obolles de frederic du poix de deux deniers douze
« grains or a dix huict karactz et demy vault ladicte piece au pris
« du cours v° et xx. xxx s. t. » (f° 46.)

Florin de Frédéric, empereur, avec l'écusson de Weinsberg (à trois billettes) aux pieds de saint Jean [1] ; cf. Cappe, *Münzen der deutschen Kaiser*, XII, 199.

Sans texte. (f° 92.)

Florin ; écusson entre les jambes du saint Jean (Écartelé : au 1 et 2 à 2 chevrons ; au 3 et 4, à un chef).

Osnabrück.

« Neufves mailles forgeez en Auxerre du poix de deux deniers
« douze grains or a (*en blanc*), vallent lesdictes pieces de cours
« v° et xx. xxv s. vi d. t. » (f° 93.)

Florin de Conrad de Diepholtz, évêque (1455-1481),

---

1. La monnaie impériale ayant été engagée à Conrad de Weinsberg, ce dernier a placé ses armoiries sur les monnaies.

ou de Courad de Rielberg (1482-1508); variété du
n° 1650 de Koehler avec ꝺO'RꝣD'.

Ratisbonne.

Sans texte.   (f° 68.)

Florin de la cité; variété du n° 4043 de Koehler
avec RꝛꝓIS P.

Salzbourg.

« Bonne obolle de Millan du poix de deux deniers douze
« grains or a dix huict karactz et demy vault la piece au pris du
« cours de lor vᵉ et vingt,   xxx s. t. » (f° 52.)

·SꝛꝚꝓꝲVS:RVDBꝯRDVS:ꝯPS: Le saint debout,
tenant une crosse et un vase ; dessous, écu de l'archevêque.

℞. ✠ LꝯOꝚꝣRDVS:ꝣRꝲhIꝯPI:SꝣLZ. Écu écartelé
aux armes de l'évêque et de la ville ; au dessus, 1510.

Florin de Léonard de Keutschach, archevêque
(1495-1519); variété du n° 1517 de Koehler.

— « Ducatz forgé de par larcevesque Leonard archevesque de
« Millan du poix de deux deniers dix sept grains or a vingt et
« troys karactz troys quars vault la piece au pris du cours vᵉ xx.
                                   « xli s. vi d. t. » (f° 24.)

SꝣꝚꝓꝓ9 RVDBꝯRꝓ9 ꝯPS. Le saint debout ; devant
ses jambes, écu de l'archevêque.

℞. ✠ LꝯOꝚꝣRD9 DG + ꝣRꝲhIꝯPI + SAL. Dans un
quadrilobe, écu parti des armes de l'archevêque et de
celles de Salzbourg ; au dessus, 1500.

Florin du même prélat.

Trèves.

« Bonnes obolles petre aultrement appellees en allement
« obolles du van forgees pour deux deniers douze grains or a

« dix huict karactz et demy vault la piece de cours v° et xx.

« xxx s. t. » (f° 48.)

Florin d'Ulrich de Manderscheid, compétiteur (1430-1435), frappé à Coblenz ; variété du n° 1, pl. iv, de Bohl, *Abbildungen der Trierischen Münzen*, 1837, avec **TR'EN'** et **COVEN'**.

Worms.

Sans texte. (f°ˢ 68 et 91.)

MONE·AVR·CIVITA·VVORMA·. Écu de la ville à une clef, devant la Vierge et l'enfant.

℞. ✠ **SVB VBRA·ALAR·TVAR PTEG·NOS**. Aigle.

Florin ; variété du n° 3073 de Koehler.

Hongrie.

« Ducat de hongrie du poix de deux deniers dix sept grains or
« a vingt et troys karactz troys quars et vault du cours du pre-
« sent v° et xx. xl s. vi d. t. (f° 34.)

S LADISLAVS REX. Le saint debout entre **b** et deux épées en sautoir sous une couronne.

℞. **MATHIAS DG R VNGARIE**. La Vierge assise, tenant l'enfant ; dessous, un corbeau tenant une couronne dans son bec.

Florin de Mathias Corvin (1458-1490) ; Rupp, *Numi Hungariæ*, n° 507.

« Ducats forgez de par Mathias duc et Roy de hongrie du poix
« de deux deniers xvii grains or a vingt et troys karactz troys
« quars vault la piece au pris du cours de lor v° et vingt.

« vli s. vi d. t. » (f° 34.)

Florin de Mathias Corvin ; Rupp, n° 503, avec le différent **N** et deux marteaux (?) en croix dans un écusson (atelier de Nagybania).

« Ducat autre forge au dict pays de hongrie, » mêmes poids, titre et valeur. (f° 42.)

VVLADISLAI+·D : G : R : VNGARIE. La Vierge tenant l'enfant, assise sur un trône gothique ; dessous, une aigle éployée.

℞. S : LADISLAVS : REX. Le saint debout entre K et h. (Atelier de Kremnitz.)

Florin de Ladislas VI (1490-1516) ; variété du n° 552 de Rupp.

« Ducatz forgez de par un Vaislate duc et Roy de hongrie, » mêmes poids, titre et valeur. (f° 34.)

Florin de Ladislas VI (1490-1516), avec le différent N A G (Atelier de Nagybania) ; variété du n° 552 de Rupp.

« Ducatz autres forgez de par ledit Ouvaislate roy et duc de « hongrie, » même poids, titre et valeur. (f° 34.)

Florin de Ladislas VI, daté de 1511, avec H et licorne pour différent ; Rupp, n° 553.

Bohême.

« Ducatz forgez de par le roy de hongrie du poix dé deux « deniers seze grains or a vingt et troys karactz troys quars « vault la piece au pris de lor v° et xx. xLI s. vi d. t. » (f° 26.)

S : VVENCESLAVS·DVX. Le saint debout.

℞. LVDOVICVS : D : G : R : BOEMM. Écu carré au lion à la queue fourchue ; au dessus, L.

Florin de Louis Ier (1516-1526).

———

Il me reste à parler d'une pièce fort curieuse que je n'ai pas cru devoir classer parmi les monnaies. Au f° 2, on trouve ce qui suit :

« Piece de Cremonne [1] forgee pour troys ducatz or a vingt et
« troys karatz trois quars du poix de (*en blanc*) valant.

                    « vi l. iiii s. vi d. t. »

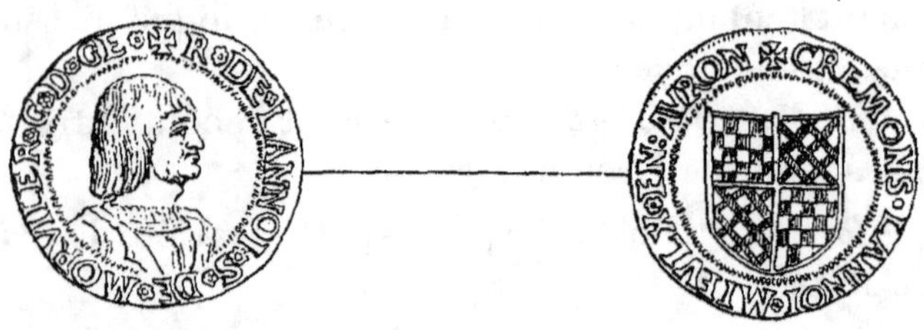

✠ R✳DE✳LANNOI✳S✳DE✳MORVILLER✳G✳D✳
GE✳ Buste, à droite, la tête nue et les cheveux tom-
bant sur le cou.

℞. ✠CREMONS·LANNOI✳MIEVLX✳EN:AVRON'
Écu écartelé aux 1 et 3 de Lannoy, aux 2 et 4 de
Neuville [2].

D'après son apparence, la pièce doit être une petite
médaille ou un jeton. On ne peut supposer en effet
que le gouverneur de Gènes eût pris le droit de battre
monnaie. L'épitaphe de Raoul de Lannoy existe sur
son tombeau dans l'église de Folleville (Somme).
L'inscription est conçue en ces termes : *Ci gisent
nobles persōnes Raoul de Lannoy, chevalier seigneur
de Morviller et de Paillart, conseilier et chambellan
ordinaire des Rois Lois XIe et XIIe et de Charles VIIIe,
bailli du palais réal a Paris et Damiens, capitaine de
la dicte vile de cent gentilz hōmes de la maison Et de*

---

1. Cette fausse attribution a évidemment été amenée par le premier mot
de la légende du revers.

2. Lannoy : *Echiqueté d'or et d'azur de 25 pièces*, Neuville : *D'or fretté de
gueules*. Thomas de Lannoy, père de Raoul, avait épousé Marguerite de
Neuville-Martinghen.

*cent h̄omes darmes des ordonnāces, gran chambellan
du Réalme de Secile, lieutenant-general et gouverneur
de la duce de Gennes qui trespassa le IIII⁰ jour du
mois de avril lan mil V⁰ et VIII*, etc.

Le tombeau de Raoul de Lannoy et de son épouse
Jeanne de Poix a été sculpté par un artiste milanais,
Antonio della Porta[1]. Il est intéressant de constater
ce fait, car la médaille (ou jeton) dont le dessin est
plus haut, doit être l'œuvre d'un artiste italien. Le
Cabinet de France possède cette pièce en argent,
mais mal conservée. Je ne connais aucune publication
la concernant.

La devise que porte la pièce, au revers, est très
curieuse. Il faut certainement prendre le premier mot
comme une forme du verbe *cremer* auquel le *Dictionnaire de l'ancienne langue française* de Godefroy
donne le sens de *craindre*[2].

On voit que le livre du changeur Duhamel offre un
certain intérêt, à cause des pièces inédites et des
variétés dont il nous apporte la connaissance, et surtout à cause des indications de valeur données aux
différentes monnaies étrangères. Les ordonnances
sur le cours des monnaies sont fort rares pour la
période antérieure à 1540. De plus, il n'y eut pas, au
commencement du xvi⁰ siècle, d'ordonnance aussi

---

1. Voy. L. Palustre, *La Renaissance en France*, 1879, t. I (p. 46, Epitaphe;
pp. 29 et 45, dessins du tombeau). Cf. Bazin de Gribeauval, *Description historique de l'église et des ruines du château de Folleville (Somme)*, 8°, Sens, 1883.

2. Cf. La Curne de Sainte-Palaye. Cette devise ne se trouve pas dans l'*Armorial* de Rietstap. Elle a été signalée par A. Chassant et H. Tausin, *Dictionnaire des devises historiques et héraldiques*, Paris, 1878, t. I p. 57 : « Cremons
(craignons) Lannoi, mieulx en aurons. Raoul de Lannoi, sieur de Morvilliers,
gouverneur de Gênes sous Louis XI ; *Jeton*. »

importante, pour le nombre des monnaies mentionnées, que le manuscrit du changeur Duhamel.

APPENDICE

(f° 168 et 169.)

*Odonnances fectes a paris sur le Regime et gouvernement des
monnoyes de par Loys derrenier roy decedde mil V^c et unze.*

Loys par la grace de dieu Roy de france A tous ceulx qui ces
presentes lectres verront salut, comme pour obvier a plusieurs
abutz qui se faisoient et commectoient en nostre royaulme ou
faict cours et mise des monnoyes ayant puis nagueres, par advis
et deliberation de gens en ce congnoissans, faict plusieurs ordonnances et editz tant pour prohiber et deffandre le cours et mises
desdictes monnoyes estranges que aussi de ne prandre nos escuz
soleil et couronne que pour les pris que leur donnons par nosdictes ordonnances et en oultre a esté advisé pour la constinuation
de louvraige que faisons fere en nos monnoyes. Consernans le
bien de la chose publique de nostredict royaulme pays terres et
signeuries certains aultres poinctz et articles cy apres declerez
estre necessaires et requis desdicts faictz et ordonnances.

Savoir faisons que, nous voullans et desiderans donner ordre
et provision ou faict desdictes monnoyes comme chose qui grandement touche le bien et utilité de ladicte chose publique de nostredict royaume, avons par ladvis et deliberation que dessus
voulu statué et ordonné, voullons, statuons et ordonnons de
nostre plaine puissance et auctorité Royal por ces presentes ce
qui Censuyt.

Cest assavoir que tous les ouvriers de nosdictes monnoyes tant
de nostre Royaulme que de daulphiné et prouvence tailleront les
deniers et especes dor et dargeant blans et noirs qui seront forgeez esdictes monnoyes de leur droict poix et recours dedans
leurs Remeddes sur paine de refondre l'ouvraige et de le ouvrer
de Rechef à leur despans et de payer au maistre particulier l'in-

terest qui auroit audict ouvraige Reffondu et sur les paines contenues en noz ordonnances.

Item que chacun prevost des ouvriers et monnoyers ou leurs
commis seront tenus desornavant faire registre de toute la matière
dor ou dargeant qui leur sera baillee pour ouvrer et monnoyer et
des cizailles pour iceux registres veoir et visiter quant besoin
en sera. Item que layssayeur de chacune monnoye fera essay de
lor de chacune fonte en la présence des gardes ou de lung deulx
avant qui soient baille a ouvrer pour le maistre nonobstant qu'ilz
avoient accoustumé de le faire par cy devant.

Item et affin que auchun ouvraige dor et dargeant blanc et
noir ne se passe en delivrance qu'il ne soit de bon poix, loy et
recours. Les deux gardes, tailleurs, essayeurs, contregardes
et maistre perticullier feront continuellement résidence en leurs
offices pour chacun endroit soy les excercer selon le contenu en
nosdictes ordonnances.

Et oultre seront tenuz destre tous presens a voir faire les
delivrances et y appelleront lesdictz prévostz des ouvriers et
monnoyers du serment de france et de l'empire avecques six
bons [1] personnaiges des plus expers et congnoissans en poix et
loy telz que par les maire et eschevins ou aultres commis au
gouvernement des communaultez des villes [où] sera ovré et
monnoyé, seront disputez, lesquelz gardes tailleurs essayeurs
et contregardes seront tenuz devant que fere icelles delivrances
fere fere ung aultre essay de la matiere monnoyée preste a delivrer par ledict essayeur en leur presence et dessusdictz appellez
et d'icelle delivrance peser les deniers et especes pieces apres
aultre et au marc pour veoir cy lesdictz deniers seront bons a
livrer tant en poix que en loy, et cy ne se treuvent bons seront
reffondus et ouvrez de Rechef de leursdictz poix et loy, et ou lesdictz deniers seront bons à delivrer, la délivrance sen fera par
lesdictz officiers les dessusdictz appellez.

1. La lecture *bons* n'est pas certaine.

LA PITE OU POUGEOISE

La *pite* ou *pougeoise,* monnaie qui, à une certaine
époque, eut cours en France, concurremment avec le
denier et l'obole, mérite d'être étudiée en particulier, car, même aujourd'hui, les pougeoises qui
peuvent exister parmi les monnaies du moyen âge
sont généralement confondues avec les oboles.

J'ai pensé qu'il y aurait intérêt à réunir les documents qui mentionnent la pougeoise et les monnaies
auxquelles on peut donner ce nom. Je citerai d'abord
les documents.

I

Ducange dit que cette monnaie des comtes de Poitiers, la plus petite de presque toutes les monnaies,
est appelée pite en français. Il rapporte une charte
de Guillaume, comte de Forcalquier, où il dit : « Qui-
« cumque a 20 solidis ad quantitatem 20 librarum in
« bonis habuerit pro qualibet libra unam pictam
« solvat[1]. ».

Au mot *Pogesa* (var. *pogesus, pogesius, pougesia,
podrigia, posegia, pogias, posigia, pogisia, pogesata*[2]),

1. *Gloss. Med. et Infim. Latinitatis,* Didot, 1845, s. v. *Picta, Pictavina.*
2. FURETIÈRE, dans son *Dictionnaire,* au mot *pite,* donne la forme *pogeria*
d'après Peiresc. DUCANGE dit aussi : Legi in adversariis D. Peyrescii, viri

Ducange fait les citations suivantes que je transcris simplement :

Charta capituli lactoratensis, ann. 1273, in regesto homagiorum Aquitaniae, fol. 52 : *pro quibus 60 libris assignavit et tradidit dominus rex dicto capitulo unam pogesiam seu pictam, seu quartam partem unius denarii Burdegal.* — In Usaticis d'Aygues-Mortes, ann. 1246 : *Bannum autem tale sit, scilicet de ovibus et capris una pogesia, de porco obolus, de bestiis grossis duo denarii.* — Charta ann. 1270 ex Chartul. Caunensi : *Conventus Caunensis... cedit totum jus, quod habet in Salino de Caunis... et in perceptione cuparum et Pogesarum de qualibet sarcila* (sarcina) *salis.* — Lit. remiss. ann. 1416, in reg. 169, Chartoph. reg. ch. 456 : *une monnoye que l'en appelle ou pays* (Gascogne) *poges qui valent les deux un denier tournois.* — Raymundus d'Agiles : *erat moneta haec pictavini, cartenses, mansei, Lucences, Valentinenses, Mergoresi, et duo pogesii pro uno istorum.* — Charta Alphonsi comitis Pictav. ann. 1253, in tabulario regio, Scrinio Monetarios : *Simplices autem Tholosani debent esse legis et ponderis Turonensium, hoc est sciendum ad quatuor Pougeesses minores legales sicut debet fieri moneta regis apud Carcassonam et Nemausum.*

Vetus charta apud Columbum in Episcop. Vivariensibus : *Donant ei sex denarios pogisios in singulis marcis quae percipiebantur in argentariis.* — Charta

doctissimi, *poitevines, piles, pougeoises, pougoires* et *poioiessas aragonenses* unum idem esse.

1. L'indication de valeur est évidemment erronée. Ce texte est cité aussi dans le *Dictionnaire* de La Curne de Sainte Palaye qui donne la cote JJ 169, p. 456.

ann. 1406, in Regesto 9 Philippi Pulcri Regis Franc. ch. 14 ex Tabular. Regio : *Item 29. solid. et 6 denar. et Pougesiam, quos dominus Rex percipit in censibus denariorum annis singulis.*

Charta ann. 1195. apud Fanton. Hist. Avenion. tom. 2, p. 83 : *De singulis ovibus singulas Posegias.* Charta pro communia Balneoli ann. 1208 : *Ovis vel capra* (dat) *unam Posigiam.* Occurrit etiam in Hist. Episc. Lodovensium, p. 169, ex charta ann. 1246. Charta ann. 1300. In Regesto Philippi Pulcri Reg. Franc. ann. 1299. Tabularii Regii num. 49 : *Tria Pogesata vineae de Gratalausa.*

Ducange, au mot *Passata* : Charta occitanica, ann. 1312, in 48. Regesto Philippi Pulcri Regis Franc. ex tabulario regio num. 28 : *Item habebamus tunc in dictis locis una cum dicto Episcopo in quolibet animali grosso, exceptis animalibus terram excolentibus 8. den. Turon. pro Passata, et in quolibet pecude seu animali minuto unam pictam Caturcensem.*

Leblanc dit :

« La pougeoise valait la moitié de l'obole et par « conséquent la quatrième partie du denier. La preuve « s'en tire d'un titre de l'an 1273, de Gérard de Monte- « son, onzième évêque de Lectoure. Le roy Philippe « le Hardi donne par ce titre à cet évesque, *tres poge- « sias seu pictas seu tres partes unius denarii*, ce qui « fait voir aussi que la pitte ou poitevine était la même « que la pougeoise. Le troisième article des ordon- « nances que Philippe le Bel fit l'an 1294, pour les « foires de Champagne, le marque aussi évidemment : « De qualibet libra Turonensium parvorum dabunt

« unam pogesiam, sive pictam Turonensem. » Il
« appelle la pite tournoise, quoy qu'elle dût son nom
« de pite ou de poitevine de Poitou où elle avait pris
« son origine, comme elle partageait le denier en
« quatre parties et que nous avions des deniers tour-
« nois et des deniers parisis qui étaient de diverse
« valeur, on appelait la pite tournoise ou parisis sui-
« vant le denier qu'elle partageait[1]. »

Parmi les monnaies ayant cours pour les transactions en Champagne et en Brie, Bourquelot cite la
poitevine ou *pite*. On trouve une poitevine de cens
dans le registre de Renier Accorre ; — des poitevines
en 1228 et 1239 dans le cartulaire des Templiers de
Provins. Un acte de janvier 1379, qui fait partie du
Cartulaire de Saint-Maclou de Bar-sur-Aube, donne
une mention de « XXXII deniers III poujoises de
« cens ». Cette monnaie paraît encore dans un compte
de recettes et dépenses pour les grands jours de
Troyes, en 1320. Dans les tarifs de droits sur les marchandises vendues aux foires que contient le cartulaire
de Caillot, 2 pougeoises égalent une obole ou un quart
de denier[2].

A propos de la *pite*, Dunod écrit ce qui suit[3] :
« Elle étoit si petite que sa grandeur n'étoit que de
« la marque qui reste sur la peau après la piquure
« d'une puce ; ainsi que nous l'apprenons de ce pas-

---

1. *Traité historique des monnaies de France*, 1690, p. 192. Cf. 245, où
Leblanc dit avoir vu de petites pièces marquées seulement d'un lis et d'une
croix, qui sont peut-être des poitevines.

2. BOURQUELOT, *Études sur les foires de Champagne* (*Mém. présentés à
l'Acad. des Inscr.*, 1865, 2ᵉ série, t. V), IIᵉ partie, pp. 31 et 33. — Il y a évidemment une erreur d'évaluation dans le texte cité en dernier lieu.

3. DUNOD, *Histoire de l'Église de Besançon*, 1750, t. I, Preuves, p. CL.

« sage de la vie de saint Louis, roi de France, dans le
« 3ᵉ tome de la collection des anciens historiens de
« France, par André Duchesne, p. 394 ¹. Quandam
« maculam circà caudam oculi destri, ad modum
« puncturae pulicis rubeani, latam sicut una picta-
« vina. L'on voit par les deux tarifs ci-dessus et par
« un règlement du roi d'Espagne, fait en 1622,
« imprimé à la suite des édits et ordonnances de
« Franche-Comté, p. 90, que l'on a fabriqué à Besan-
« çon des pites, des oboles, des deniers et des sols. »

A Sens, la pougeoise était fort en usage comme le
prouvent de nombreux passages des *Coustumes et
péages de la vicomté de Sens* ². « Le setier de sel doit V
pougeoises dou vandre et autant de l'acheter, d'ome
de la ville et de famme de Sanz, viscuens la mitié, li
rois l'autre. — La some de vin sur cheval par le pont
doit III deniers et obole, de barraige de pontenaige,
li viscuens III pogeoises ; et sur l'arne, III oboles, li
viscuens I obole, li rois I denier ; et par les autres
portes doit la some sur cheval III oboles, li viscuens
I obole, li rois I denier, et sur l'arne, I denier, li viscuens I pogeoise et li rois IIII pogeoises. — Chascune
paire de chauces que l'un vant doivent I pogeoise,
viscuens la moitié. — Qui achate blé à Sanz et il l'an-
moint sur I asne, si an doit I obole de Touly et
I obole de barrage, viscuens I pogeoise et li roi
III pogeoises. »

1. *Historia francorum*, t. V, p. 394.
2. LECOY DE LA MARCHE, *Les coutumes et péages de Sens*, texte français du
xiiiᵉ siècle, dans la *Bibliothèque de l'École des chartes*, t. XXVII ; — *Bulletin
de la Société des sciences de l'Yonne*, 34ᵉ vol., 1880, p. 301 et suiv. Dans le
texte moderne de ces coutumes, le mot *Pougeoise* est souvent abrégé par un P.

Il résulte de ces passages et de beaucoup d'autres que, à Sens, comme ailleurs, au xiii° siècle, la pougeoise était considérée comme le quart du denier.

La Curne de Sainte-Palaye donne le texte suivant :

« Martin Liçois, vigneron, pour huit prouées fai-
« sant partie de demi-quartier ou environ de vigne
« assis à Lavau, cens pites (1646, aveu de la censive
« de Lavau [1]). »

J'emprunte au *Dictionnaire de l'ancienne langue française* de Godefroy (t. V, s. v. *Pougeoise*) les textes suivants :

« Adans de Landoy pour sa motte de la rue Jolif, une pojoise » (1305, Cens dou Paraclit, f° 1ro; Arch. Aube).

« Le quart de demi boissel et III deniers et III pou-goises (1325, Cartul. de Saint-Etienne de Troyes).

« 20 boisseaux et 1/2 de froment a 20 s. le seclier 25 s. 7 d. 1 pougeoise (1375, *Comptes de l'Eglise de Troyes*, p. 5).

« Demie poigoise » (1406, Censive de Châteaure-nard ; Arch. Loiret).

« Et en petites mailles et pogeyses XXXII s. VI d. (2 juin 1418, Reg. Consul. de Lyon, I, 122, Guigue).

Dans les comptes de Notre-Dame de Châlons, en 1389, on trouve des *pougoises*; dans le Cher, en 1395, on a des *pogeise*. Enfin plusieurs romans et chansons du moyen âge parlent de la *pougeoise* ; on trouvera aussi ces textes dans le *Dictionnaire* de Godefroy.

En 1434, dans un accord passé entre Jean de Grailly, vicomte de Béarn, et Peyroton d'Arblade, de

---

1. *Dictionnaire historique de l'ancien langage français*, s. v. *Pite*.

Mont-de-Marsan, au sujet de la monnaie de Morlàas, il est dit :

« Item lodit Peyroton es tengut de bater et far en
« ladite monede Morlaas blancs a sieys diners de ley
« fii et a vint et sieys soos de talhe marc de Colonhe,
« medalhes morlanes que las duz agen de cors un
« diner Morlaa a sieys diners de ley fii et sinquoante
« et dus soos de talhe ab dus graas de remedi de la
« ley per marc dobre et tres diners de remedi per
« marc de la talhe et aixi ben es tengut de bater
« monede aperade pogese que sera blanque et aura
« de cors quoate per ung diner Morlaas a ung diner
« et dotze graas de ley et a trente soos et sieys diners
« de talhe. » (Archives des Basses-Pyrénées, E 322.)

Nous voyons par cette charte que la pougeoise de Morlàas avait un titre très faible (125 millièmes) et un poids moyen de 0 gr. 637.

Le 6 septembre 1329, des lettres patentes, adressées au sénéchal de Beaucaire, avaient ordonné la fabrication de parisis d'or, de gros tournois, de petits parisis, de petits tournois, de petites oboles parisis, de petites oboles tournois et enfin de « *pictes*, dont 4 vaudront un denier et 5 un petit parisis[1] ».

Dans des lettres patentes sur le cours des monnaies, datées du 8 mars 1329, on lit : « Et cinq petites « poitevines pour un petit parisis et quatre pour un « petit tournois[2]. »

On a pensé que certaines monnaies, usitées au

1. F. DE SAULCY, *Recueil de documents relatifs à l'histoire des monnaies*, 1879, p. 213.
2. F. DE SAULCY, *op. laud.*, p. 215,

Mans au xve siècle sous le nom de *guillots*, pouvaient être des pougeoises. Les documents certains sont assez nombreux pour que nous laissions de côté les suppositions[1].

La pite fut longtemps employée comme terme de compte. Ainsi, dans une déclaration du 29 octobre 1640, après avoir énuméré les livres, sols et deniers, on énonce les fractions de denier en oboles, pites et fractions d'iceux[2].

Le terme *pougeoise* se rencontre aussi pour désigner des fractions du titre des monnaies. Ducange cite une charte de 1282 qui dit : *et seront li dis deniers a 3 deniers poigeoise moins de loi*. Un bail de la monnaie Millares, à Montpellier, dit que cette monnaie doit être au titre de dix deniers moins une pougeoise d'argent fin et au poids de dix deniers moins une pougeoise également par groupe de douze deniers[3].

D'après les textes que nous avons relevés, la pougeoise a eu cours surtout pendant les xiiie et xive siècles ; dans les régions et localités suivantes : en Gascogne, à Tournus, à Lavau, à Forcalquier, à Lectoure, à Aygues-Mortes, à Caunes (Aude), à Cahors, à Toulouse, à Viviers, à Morlàas, à Avignon, à Lyon, à Bagnols (Gard), à Lodève, dans le Cher, à Château-Renard-Loiret, à Provins, au Paraclet (Aube), à Bar-sur-Aube, à Châlons, à Troyes, à Sens, à Besançon.

---

1. Cartier, *Monnaies du Mans*, dans la *Revue numismatique*, II, 1837, p. 50.

2. Littré, *Dictionnaire*, au mot *Pite*.

3. Le terme *pogese* sert aussi de qualificatif à des mesures. Ainsi, dans une

II

Voyons maintenant quelles sont les pièces que l'on doit classer comme pougeoises :

1° En premier lieu, citons la pièce frappée par le comte Henri de Champagne (1192-1197), à Acre :

✠ COMES HENRICVS. Croix pattée, cantonnée de quatre besants.

℞. ✠ PVGES D'ACCON. Fleur de lis cantonnée de besants. *Cuivre*. Poids moyen, 1 gr. 40[1].

Le piéfort de cette monnaie est connu et se trouve dans la collection de M. de Vogüé.

2° A. de Longpérier a publié une demi-maille d'Alphonse de Toulouse (1249-1271), qui apparte-nait à M. Feuardent :

AL | FO | ∽ C | OM entre les bras d'une croix can-tonnée de quatre annelets.

℞. TOLO∽A CIVI. Armes parties de Castille et de France.

Le Cabinet de France possède un exemplaire qui pèse 0 gr. 36.

Longpérier dit que le *Castillo*, placé avant la fleur de lis, est peut-être une singularité introduite pour mieux faire distinguer le quart du denier[2]. M. Caron dit que cette pièce ne peut être une demi-

donation datée du 16 avril 1369, il est question de « 18 cestiers pogese seigle « et de 2 cestiers pogeses froment et orge ». (Archives de la Haute-Loire, B 31.)

1. G. SCHLUMBERGER, *Numismatique de l'Orient latin*, 1878, p. 92, pl. III, n° 28.

2. *Revue numismatique*, 1869, p. 461, pl. XXI, n° 8 ; POEY D'AVANT, *Mon-naies féodales*, pl. LXXXI, n° 12.

maille à cause du poids qu'il trouve trop fort [1]. Mais il faut prendre aussi le titre en considération.

3° Parmi les monnaies du Puy, il s'en trouve de très intéressantes dont voici la description :

1. ✠ POIES..PVEI. Rosace à quatre branches.
℞. Rosace à six branches (Poey d'Avant, n°s 2235 et 2236).

2. ✠ POIES. Croix aux bras arrondis.
℞. ✠ DEL PVEI. Rosace à six branches (Poey d'Avant, n°s 2237 et 2238 ; poids, 0 gr. 87 et 0 gr. 60).

Poey d'Avant paraît adopter l'explication de M. Aymar [2] qui voit sur ces pièces (*Monede*) *del Puey* et au ℞. la contraction de *Podiensis*.

Mais cette répétition du nom de la ville paraît peu probable, et ce mélange de latin et de langue vulgaire n'est guère acceptable.

J'ignore pourquoi Poey d'Avant avait renoncé, dans ses *Monnaies féodales*, à l'explication judicieuse de ces pièces qu'il avait exposée antérieurement [3] de la manière suivante : « Faut-il voir dans le « mot POIES le nom de la monnaie ? Serait-ce une « traduction dans la langue du pays du mot *Pite* ou « *Pougeoise* et faut-il dire : *Pite* du Puy ? C'est ce « que je n'oserais décider, d'autant plus que, quoique « ce denier soit d'un faible poids, il excède pour- « tant celui des *pites* ordinaires. »

La nature du métal, qui est à bas titre, détruit

1. E. CARON, *Monnaies féodales françaises*, 1882, p. 30.
2. *Revue numismatique*, 1855, p. 311.
3. *Description* de sa collection, Fontenay-Vendée, 1853, p. 149, n° 760.

cette objection, et nous considérons ces pièces comme des pougeoises. Il faut ranger dans la même catégorie les pièces anépigraphes du Puy portant d'un côté une rosace à cinq branches et au revers une croix. Le faible poids (0 gr. 30 en moyenne) et le mauvais aloi de ces pièces autorisent suffisamment cette classification.

4° Lecointre-Dupont, dans ses intéressantes études sur les monnaies du Poitou, a signalé des pites très anciennes :

1. C·A·RLVS REX. ℟. METALO. Au dessous, une croisette. Poids, 0 gr. 39. Cette pite de billon, qui peut être placée vers le milieu du XIIᵉ siècle, est à plus bas titre que l'obole à laquelle elle répond. L'exemplaire cité par Lecointre-Dupont était d'une conservation parfaite.

2. CARLAS en deux lignes dans le champ.
℟. MEOTVLO. Dans le champ, une croix.
Bas billon. Musée de Poitiers et Coll. Rondier (Poids, 0 gr. 31 et 0 gr. 39) ; XIIᵉ siècle[1].

5° En examinant les planches de l'ouvrage de Poey d'Avant, j'ai été frappé de la différence de module existant entre deux pièces de Richard, décrites comme des oboles sous les numéros 2565 et 2566 et gravées sur la planche LIV (nᵒˢ 22 et 23).

Malheureusement, je n'ai pu examiner la plus petite de ces pièces ; il n'en existe pas d'exemplaire

---

1. *Mémoires de la Société des antiquaires de l'Ouest,* 1839, p. 350, pl. VIII, nᵒ 14. Cf. *Revue numismatique,* 1840, p. 60.

au Cabinet de France, et Poey d'Avant, qui n'en donne pas le poids, n'indique pas non plus la collection dans laquelle elle se trouvait. Evidemment, cette petite pièce, d'un module si différent de celui de l'obole, doit être une pite.

6° A Lyon, nous trouvons des pièces d'un poids très faible, et d'un type différent des deniers et oboles ordinaires :

1. PRIMA·S· L barré dans le champ.
℞.G | A | L | I. Croix coupant la légende. Poids, 0 gr. 27. (Poey d'Avant, n° 5035 ; pl. CXIII, n° 15.)

2. P°R°I°M° en légende et formant la croix. Dans le champ, une petite croix.
℞. G | A | L | I. Croix coupant la légende. Billon. Poids, 0 gr. 30 (Poey d'Avant, n° 5036).

7° En Bretagne, la pièce suivante est certainement une pite ou pougeoise :

IO | hE | S D | VX. Croix coupant la légende.
℞. BRITANIE. Écu de Dreux, en bannière, au franc-quartier de Bretagne. Billon. Poids, 0 gr. 26.
Cette pièce correspond à d'autres pièces qui sont le double denier, le denier et l'obole de Jean Ier (1237-1286) [1].

8° A Marseille, Charles d'Anjou frappa vers 1257 des pites portant sa tête avec la légende K COMES PVINCIE et au revers MASSILIENSIS. M. Louis

---

1. E. CARON, *Monnaies féodales françaises*, p. 30, n° 39, pl. II, n° 11.

Blancard possède une pite frappée à ce type, dans un état de conservation trop défectueux pour qu'on en puisse donner le dessin et le poids [1].

9° M. Blancard a signalé, comme étant une obole, une pièce de sa collection dont voici la description :

⤬ Æ | Ɑb | E | PI. Grande croix pattée coupant la légende.

℞. ⤬Ȧ | RƐ | L' | ϒ'. Grande croix pattée coupant la légende. Bas billon (au titre de 150/1000). Poids, 0 gr. 41 [2].

M. Caron a décrit un autre exemplaire de cette pièce appartenant au musée de Mende, mais il n'en donne ni le poids ni le titre [3].

10° A Viviers, l'évêque Aimon (1260), a frappé les petites pièces que voici :

1° ΛI | EP | IƆ | OP. Croix pattée coupant la légende.

℞. VI | VȦ | RI | EN. Croix pattée coupant la légende.

Billon. Poids, 0 gr. 26. Collection de M. de Clapiers, à Marseille [4].

2° ✠ °Ȧ·EPISƆOP'. Croix à long pied.

℞. ✠ VIVȦRIƐN. Crosse..

Bas billon. Poids, 0 gr. 38 [5]. M. H. Meyer en pos-

1. E. Caron, *Monnaies féodales françaises*, p. 216.
2. L. Blancard, *Essai sur les monnaies de Charles Ier*, 1868, p. 245, fig. 25.
3. E. Caron, *Monnaies féodales françaises*, p. 237, n° 401, pl. XVII, n° 11.
4. Publiée par M. E. Caron, sous le nom d'obole, *Monnaies féodales françaises*, p. 207, n° 337, pl. XIV, n° 11.
5. Poey d'Avant, n° 3868, pl. LXXXVI, n° 15.

21

sède un exemplaire qui paraît en cuivre, tellement le métal est à bas titre.

11° Je suis porté à considérer aussi comme une pougeoise la petite pièce de Bertrand, comte de Toulouse (1105-1112), publiée comme étant une obole :

B· | CO | MI | TO. Croix coupant la légende.

℟. ✠ TOTO placé verticalement dans le champ ; ST CIVI en légende circulaire.

Argent. Poids, 0 gr. 50 [1].

Le type de cette monnaie est tout différent de celui des oboles de Bertrand, dont le poids moyen est de 0 gr. 65. Il est possible aussi que le métal soit à plus bas titre.

12° M. Caron a indiqué deux menues monnaies de Saint-Gilles qu'il a classées parmi les oboles [2].

J'ai examiné et pesé ces deux pièces conservées au Cabinet de France, et je les range au nombre des pougeoises. Voici la description de chacune d'elles :

1° .NOR S EGID... Agneau à gauche.

℟. AN FOS. Croix cantonnée de quatre points. Bas billon. Poids, 0 gr. 29.

2° ONOR SCI IGIDII. Agneau pascal à gauche.

℟. ✠ RAMVNDVS. Croix pattée. Bas billon. Poids, 0 gr. 46.

13° Poey d'Avant a décrit des oboles de Mague-

---

1. E. Caron, *op. laud.*, p. 194, n° 315, pl. XIII, n° 11.
2. *Op. laud.*, p. 198, n°ˢ 320 et 321, pl. XIII, n°ˢ 18 et 19.

lonne d'un module tellement différent, qu'il est difficile de ne pas considérer l'une de ces pièces, décrite
sous le n° 3846 (pl. LXXXV, n° 20), comme une pougeoise. Le poids de cette monnaie et la nature du
métal permettraient sans doute de trancher la question.

14° Jean de Grailly, vicomte de Béarn, fit frapper à
Morlàas des monnaies connues jusqu'à ce jour sous
le nom d'oboles et dont voici la description :

Vache. IOAN⦂LO CONS. Croix à pied, cantonnée
d'un besant aux 1er et 2e et d'un I au 3e.

℞. ✠ ONOR FORCAS. Vache dans le champ.

Très bas billon. Poids de l'exemplaire de la collection H. Meyer : 0 gr. 63[1].

Ce poids concorde parfaitement avec celui qu'on
obtient d'après les indications données par le document béarnais que j'ai indiqué plus haut[2].

15° On a publié récemment la seule monnaie connue des évêques d'Agen :

✠ AEPISCOPVS. Quatre croisettes posées en
croix alternant avec cinq étoiles à six raies.

℞. AGENENSIS. Croix pattée accostée d'une étoile
et d'un annelet.

Argent (ou billon). Poids, 0 gr. 32 (un peu usée).

Le Dr E. Galy, qui, le premier, a publié cette pièce,
a fait remarquer que son poids était beaucoup plus
faible que celui d'une obole ordinaire[3].

1. Poey d'Avant, *Monnaies féodales.* t. II, p. 162, n° 3243.
2. Voy, p. 314 du présent volume.
3. *Monnaie des évêques d'Agen, dite Arnaldèse*, dans le *Bulletin de la Soc.
histor. et archéol. de Périgord*, t. VII, 1880, pp. 45 à 53.

M. de Saint-Amans avait déjà rappelé que le chanoine Labénaisie, auteur d'une histoire manuscrite de l'Agenais, avait vu, vers la fin du XVIIᵉ siècle, aux archives de l'évêché d'Agen, les coins de la monnaie épiscopale, mais il avait négligé de les examiner et de les décrire [1]. Il dit cependant qu'il y en avait de grands, de moyens et de petits. Ces coins pouvaient donc être ceux du denier, de l'obole et de la demi-obole [2].

Or, dans la coutume de Castera-Bouzet (arr. de Castel-Sarrazin, Tarn-et-Garonne), il est fait mention de dîné Arnauden, de Méalhià Arnaudinca, de P. Arnaudenx. La dernière division est bien évidemment une pite ou pougeoise, et c'est très probablement la pite décrite plus haut.

16° A Calais, on frappa des pièces fort petites dont voici les légendes et les types :

✠ hЄRRIC·RЄX ARGL. Tête couronnée de face.

℞. VIL | ·LA | CAL | IS✳. Croix pattée coupant la légende et cantonnée de douze besants. Billon.

Diamètre, 11 mill [3].

Cette monnaie d'Henri VI (1422-1471) valait le quart de l'esterlin. On connaît un contrat passé en 1371 entre le roi d'Angleterre, Edouard III, et Bardettus de Malepilys, de Florence, maître des monnaies. Dans ce document relatif à la fabrication de l'atelier

---

1. *De la monnaie dite Arnaldèse*, dans le *Recueil des travaux de la Société d'agriculture, sciences et arts d'Agen*, 1855, t. VII et tirage à part, in-8° de 60 pages.

2. E. GALY, *op. laud.*, p. 51. L'auteur a confondu ici la maille avec la pite.

3. POEY D'AVANT, *Monnaies féodales*, t. III, p. 382, n° 6677, pl. CLV, n° 26

de Calais, il est dit que, si le roi le juge convenable pour le bien de la commune, on fabriquera des *ferlynges* d'argent dont quatre vaudront un esterlin et taillé à raison de 1.200 pièces à la livre [1].

M. Caron dit que les *ferlynges* sont encore à retrouver [2]. En tout cas, ceux de Henri VI suffisent pour établir l'existence dans le Nord d'une petite monnaie valant le quart du denier [3].

18° J'ai rapporté plus haut les documents relatifs à la fabrication des pictes ou poitevines sous Philippe VI (1328-1350). Voici les pièces qui ont été frappées en vertu de ces ordonnances :

1° ✠ PhILIPPVS REX. Croix cantonnée d'une étoile.

℞. ✠ MEAL:PETITA. Châtel tournois. Billon [4].

2° ✠ PhILIPPVS:REX. Croix.

℞. ✠ FRANCORVM. Châtel tournois ; au dessous, P entre deux annelets [5]. Billon.

Cabinet de France, deux exemplaires ; poids : 0 gr. 30 et 0 gr. 47.

On pourrait peut-être trouver encore d'autres pougeoises. En tout cas, les exemples recueillis sont assez nombreux et assez évidents pour établir l'existence d'une petite monnaie de billon, frappée aux xiiie, xive et xve siècles et valant le quart du denier.

1. DESCHAMPS DE PAS, *Etude sur les monnaies de Calais*, dans la *Revue numismatique belge*, 1883, p. 189.
2. *Monnaies féodales françaises*, p. 377.
3 Sur la valeur du *felin* et du *farthing*, voy. A. DE LONGPÉRIER, *Le hardi et le liard*, dans *Rev. num.*, 1884, pp. 126 et suiv.
4. H. HOFFMANN, *Les monnaies royales de France*, 1878, p. 35, n° 49.
5. H. HOFFMANN, *op. laud.*, n° 54.

Si les auteurs ont reconnu l'existence de quelques pites ou pougeoises, on peut dire cependant que la plupart de ces monnaies sont trop souvent confondues avec les oboles ou mailles dont elles sont la moitié.

On a dû remarquer, dans les descriptions données plus haut, que les pougeoises ont souvent, comme type caractéristique, une croix qui coupe la légende en quatre parties. Je ne sais si cette disposition fait allusion à la valeur de la pièce par rapport au denier qu'elle divisait en quatre.

Quoi qu'il en soit, il faut y prêter attention, car la présence de ce type particulier pourra servir à faire reconnaître d'autres pougeoises qui viendront augmenter la série de ces monnaies trop longtemps méconnues.

TABLE DES MATIÈRES

MÂCON, PROTAT FRÈRES, IMPRIMEURS

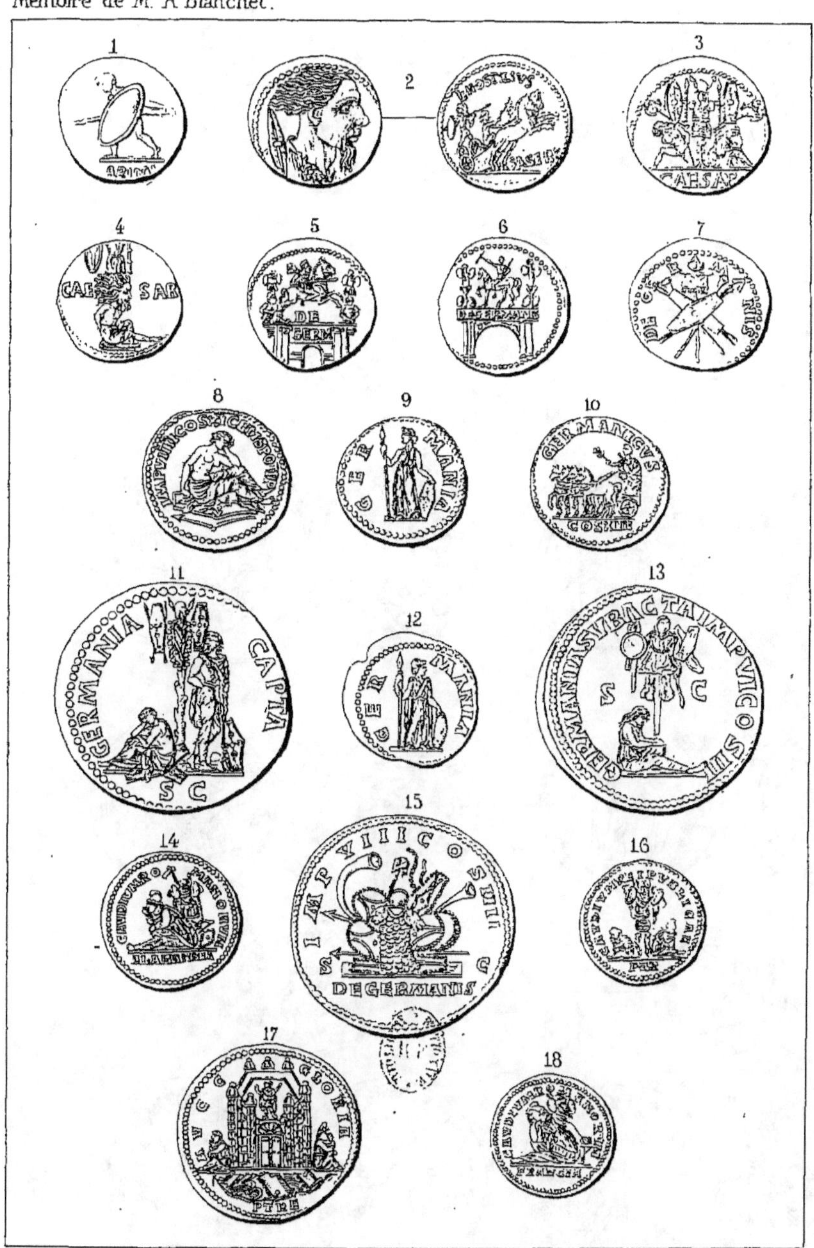

G. Lavalette, del. & sculp.

MONNAIES INÉDITES DE LA MOESIE

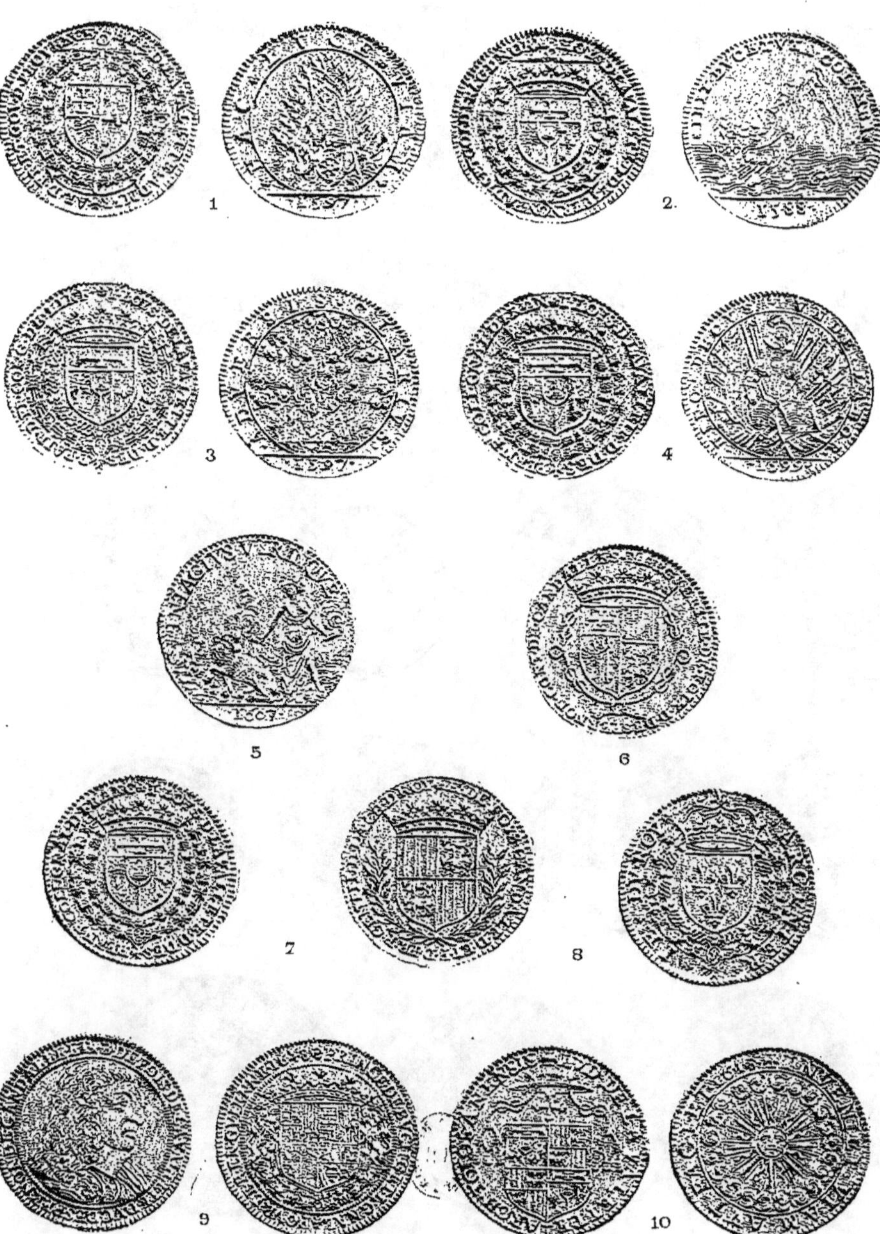

JETONS DU DUC D'ÉPERNON & DE SA FAMILLE

MÉDAILLES & JETONS DU SACRE DES ROIS DE FRANCE

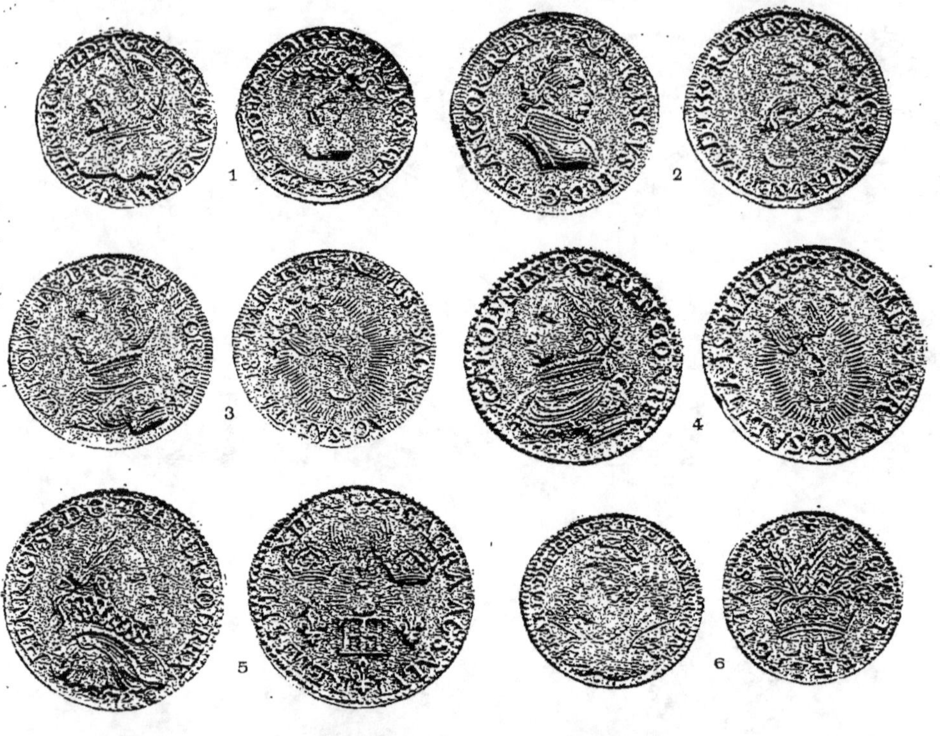

DU MÊME AUTEUR :

Nouveau Manuel de Numismatique du moyen âge et moderne. Deux vol. in-18 et Atlas de 14 planches avec texte explicatif. Paris, Roret, 1890. (Ouvrage couronné par l'Académie des Inscriptions et Belles-Lettres.)

Documents pour servir à l'histoire monétaire de la Navarre et du Béarn, de 1562 à 1629. In-8°. Dax, 1886. (Couronné par l'Académie de Bordeaux.)

Tessères antiques, théâtrales et autres. (Extrait de la *Revue archéologique*.) In-8°. Paris, Leroux, 1889.

Etude sur les figurines en terre cuite de la Gaule romaine. (Extrait des *Mémoires de la Société nationale des Antiquaires de France*, t. LI.) 1 vol. in-8°. Paris, 1891.

SOUS PRESSE :

Numismatique du Béarn, par G. Schlumberger et J.-Adrien Blanchet. — Tome Ier : *Histoire monétaire du Béarn,* par J.-Adrien Blanchet, 1 vol. gr. in-8°. Paris, Leroux.

Mâcon, Protat frères, imprimeurs.

ÉTUDES

DE

NUMISMATIQUE

PAR

ADRIEN BLANCHET

BIBLIOTHÉCAIRE HONORAIRE DE LA BIBLIOTHÈQUE NATIONALE
MEMBRE RÉSIDANT DE LA SOCIÉTÉ DES ANTIQUAIRES DE FRANCE, ETC.

TOME SECOND

ACCOMPAGNÉ DE QUATRE PLANCHES

PARIS

ERNEST LEROUX	ROLLIN ET FEUARDENT
28, RUE BONAPARTE	4, RUE DE LOUVOIS

1901

ÉTUDES

DE

NUMISMATIQUE

ÉTUDES

DE

NUMISMATIQUE

PAR

ADRIEN BLANCHET

BIBLIOTHÉCAIRE HONORAIRE DE LA BIBLIOTHÈQUE NATIONALE

MEMBRE RÉSIDANT DE LA SOCIÉTÉ DES ANTIQUAIRES DE FRANCE, ETC.

TOME SECOND

ACCOMPAGNÉ DE QUATRE PLANCHES

PARIS

ERNEST LEROUX | ROLLIN ET FEUARDENT
28, RUE BONAPARTE | 4, RUE DE LOUVOIS

1901

Extrait de la *Revue numismatique*, 1893, p. 40 à 51.

MONNAIES ROMAINES & BYZANTINES

INÉDITES OU PEU CONNUES

Pl. I.

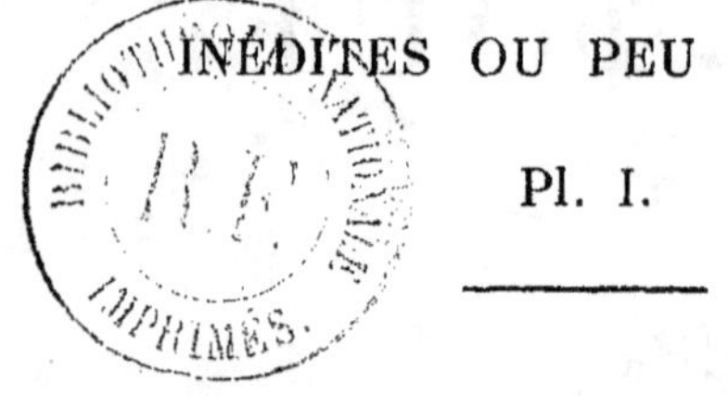

Le Cabinet des médailles de France a acquis, dans
ces dernières années, plusieurs monnaies romaines
et byzantines, inédites ou fort rares. En voici la description :

DENIER DE CÉSAR RESTITUÉ PAR TRAJAN

1. Buste de Vénus, portant un diadème et un collier, à droite.

℞. IMP CAES·TRAIAN·AVG·GER·DAC·P·P·REST· Enée
portant Anchise sur l'épaule gauche et soutenant le
Palladium de la main droite. Dans le champ, à
droite, CAESAR·

Argent. — Denier.   *Pl. I, 1.*

Cette rare pièce était connue par un exemplaire du
Musée de Copenhague (Voy. Cohen, n° 52, t. I,
p. 18). La tête de Vénus est assez exactement copiée
sur celle des deniers primitifs, mais le groupe d'Enée
et d'Anchise est d'un style beaucoup moins bon
sur la copie ; les détails anatomiques sont exagérés et
la jambe gauche n'est pas dans la même position.
L'aspect général est lourd.

Vespasien et Titus (72 à 73).

2. IMP CAESAR VESPASIANVS AVG· Buste lauré de Vespasien, à droite.

℞. IMP·T·FLAVIVS·CAESAR·AV·F· Buste lauré de Titus, à droite.

Aureus inédit. — Poids, 7 gr. 43.   *Pl. I, 2.*

Domitien (81-96).

3. [IMP] CAES DOMITIANVS AVG GERMANIC· Buste lauré de Domitien à droite, avec l'égide sur la poitrine.

℞. PM TR POT III IMP V COS X PP· Buste de Pallas casquée à droite.

Aureus inédit frappé en 84. — Poids 7 gr. 27.
Pl. I, 3.

D'autres pièces d'or de Domitien portent le buste de Pallas, mais le style de celle-ci est beaucoup meilleur.

Sulpicius Uranius Antoninus

4. L IVL AVR SVLP ANTONINVS· Buste lauré, cuirassé et vêtu du paludamentum, à gauche.

℞. PMTP (*sic*) PXVIIII COSIIII P P· Lion radié, la gueule entr'ouverte, marchant à droite.

Aureus inédit. — Poids 5 gr. 36.   *Pl. I, 4.*

Ce poids est, à peu près, le poids moyen des autres *aurei* du même prince conservés au Cabinet de France.

Le buste de cette pièce se trouve déjà sur d'autres exemplaires où il est associé à des revers différents.

Quant à la légende, elle présente une particularité que l'on remarque sur des monnaies du même prince, publiées auparavant. Les lettres L et P sont liées. Cette singularité paléographique a échappé à M. W. Frœhner qui, dans sa monographie des monnaies d'Uranius Antoninus, a fait suivre d'un *sic* la lecture SVP qu'il a donnée pour des pièces analogues[1].

Cependant cette ligature de lettres existe en particulier sur l'aureus au revers SAECVLARES AVGG de la collection de M. A. de Belfort; le rédacteur du catalogue de vente de cette collection et l'artiste qui a gravé la pièce s'en sont parfaitement rendu compte (Vente du 20 au 25 février 1888, n° 1417, pl. V).

Le type et la légende du revers de la pièce que je publie aujourd'hui sont évidemment empruntés à une pièce antérieure, comme le revers SAECVLARES AVGG est emprunté aux pièces des deux Philippe, ainsi que M. Frœhner l'a démontré. Pour trouver une puissance tribunitienne aussi élevée, il faut remonter jusqu'au règne de Caracalla qui nous fournit la pièce dont voici le revers :

PM TRPXVIIII COS III P P. Lion radié marchant à gauche, tenant un foudre dans sa gueule.

Cabinet de France. — Or. — Poids, 6 gr. 48 (Cohen, 2° édit., t. IV, p. 182, n° 366).

On voit que la légende est la même pour les deux pièces ; le type a été légèrement modifié, car, sur l'aureus d'Uranius Antoninus, le lion est à droite et ne porte pas de foudre dans la gueule. Comme on pouvait s'y attendre, le poids de la pièce copiée est

1. *Annuaire de la Soc. de numismatique*, t. X, 1886, p. 191, n°ˢ, 4, 5 et 6.

beaucoup plus faible que celui du prototype. Je regrette, pour ma part, que M. Frœhner n'ait donné aucun poids pour les monnaies qu'il a décrites dans son article. Quoiqu'on doive se servir avec prudence des renseignements tirés du poids des monnaies, il y a lieu cependant de ne pas les négliger.

DIOCLÉTIEN (284-305).

5. **DIOCLETIANVS P AVG**. Buste lauré de Dioclétien, à droite.

℞. **VIRTVS AVGG**. Hercule étouffant Antée qu'il soulève de terre. Hercule est barbu et Antée paraît imberbe. A l'exergue, **IAN** (marque de l'atelier d'Antioche).

Aureus inédit. — Poids, 5 gr. 28.   *Pl. I, 5.*

On connaît déjà quelques pièces de cet empereur représentant divers travaux d'Hercule. Sur un petit bronze, le héros étouffe le lion de Némée ; sur une autre pièce en or, il terrasse la biche Cerynnite qu'il saisit par les cornes (Voy. Cohen, 2ᵉ édit., nᵒˢ 505 et 506). Ces deux pièces portent la même légende que le nouvel aureus du Cabinet des Médailles. Sur une monnaie en or avec **HERCVLI DEBELLAT**, Hercule combat l'hydre de Lerne (Cohen, nᵒ 139). Le même revers se présente sous Maximien Hercule dont un autre aureus montre le héros traînant Cerbère enchaîné (Cohen, nᵒˢ 253 et 259).

CONSTANT Iᵉʳ (333-350).

6. **FL CONSTANS NOB CAES·** Buste lauré, cuirassé et vêtu du paludamentum, à droite.

℞. Le prince debout de face dans un quadrige. Il tient de la main gauche un sceptre surmonté d'un aigle ; il tourne la tête à droite et, de la main droite, distribue des pièces de monnaie. Le quadrige est traité d'une manière très conventionnelle et les chevaux, séparés par groupe de deux, paraissent se diriger les uns à droite et les autres à gauche. Ce défaut de composition se remarque souvent sur des médaillons contorniates qui appartiennent à la même époque. Les chevaux ressemblent plutôt à des béliers. A l'exergue : **CONS.**

Pièce d'or inédite. — Poids, 5 gr. 24.   *Pl. I, 6.*

Le poids de cette pièce dépasse de près d'un gramme celui des *aurei* de la même époque.

Sur une pièce en or de Constantin Ier, on voit cet empereur radié, couronné par une Victoire et représenté comme le Soleil dans un quadrige qui est disposé de la même manière que celui de la monnaie de Constant Ier. Mais, sur cette dernière pièce, le prince laisse tomber de la main droite de petits objets ronds qui ne peuvent être que des monnaies.

On sait que les consuls entrant en charge distribuaient de l'argent au peuple. Clovis suivit cette mode lorsqu'il fut nommé consul par l'empereur Anastase en 508[1]. On pourrait donc croire que cette pièce de Constant Ier fut frappée à l'occasion d'un de ses trois consulats et qu'elle représente le *processus consularis*. Mais Constant, nommé césar le 25 décembre 333, ne devint consul, pour la première fois, qu'en 339, après avoir été fait auguste (9 sep-

1. Grég. Tur., *Hist. Fr.*, II, 38.

tembre 337). Dès lors, il ne reste plus que deux évènements à l'occasion desquels Constant a probablement fait des largesses au peuple : lorsqu'il fut fait césar, et lorsqu'il reçut en partage l'Illyrie, l'Italie et l'Afrique, en 335.

Aelia Pulcheria, femme de Marcien (414-453)

7. **AEL PVLCHERIA AVG.** Buste diadémé et couvert du manteau royal, à droite. Une main céleste dépose une couronne sur la tête de la princesse.

℞. **IMPXXXXII COS XVII P P.** Rome casquée, assise à gauche et tenant de la main droite un globe surmonté d'une croix. A gauche, son bouclier est appuyé contre le trône. Dans le champ, une étoile. Exergue : **COMOB.**

Aureus. — Poids, 4 gr. 25. *Pl. I, 7.*

Aelia Verina, femme de Léon Ier (457-474).

8. **AEL VERINA AVC.** Buste diadémé et vêtu d'un manteau royal, à droite.

℞. **SALVS REPVBLICAE.** Victoire assise à droite, tenant sur une colonne placée devant elle un bouclier sur lequel est représenté un chrisme. A l'exergue, **CONE.**

Bronze. — Diamètre, 0^m,020. *Pl. I, 8.*

Malgré la notice de Ch. Robert qui publiait un bel exemplaire de cette monnaie, trouvé en Crimée, au milieu des substructions de la Kherson byzantine[1], Sabatier a reproduit (pl. VII, 14) un mauvais

---

1. *Revue numism.*, 1859, p. 44.

spécimen qui paraît être celui du musée de l'Ermitage, à Saint-Pétersbourg. M. A. Boutkowski vient
de publier l'exemplaire cédé par lui au Cabinet de
France[1]. Mais il a eu le tort de rééditer le dessin
donné par la *Revue* de 1859 et qui reproduit un
exemplaire autre que celui du Cabinet de France. Il
est facile de s'en assurer, en examinant les contours
de la pièce et les types du droit et du revers. Comme
l'exemplaire publié par Ch. Robert portait REIPVBLI-
CAE, il s'ensuit que le dessin republié par M. Boutkowski ne s'accorde pas avec la description qu'il en
donne.

Heraclius et Heraclius-Constantin, son fils (613-641)

9. ⵏ ᑐERACLIO CONSULI. Deux bustes barbus de
face, vêtus de robes à larges bordures ornées de
perles. Au dessus, une croix.

℟. L'indice M surmonté d'une croix ; au dessus, un
A ; à gauche, ANNO, à droite, le chiffre XIIII. A
l'exergue, [ΑΛ] ΕΖΑΝΔ.

Bronze. — Diamètre 0ᵐ,030.

La deuxième et la troisième lettre du droit sont
douteuses. M. G. Schlumberger a déjà donné dans la
Revue numismatique de 1889, p. 263, la description
et le dessin d'un follis analogue, d'après une
empreinte provenant de Constantinople. Le bronze
acquis par le Cabinet des médailles vient de la même
ville et, sur quelques points, il complète le premier
exemplaire.

---

1. *Recueil spécial de grandes curiosités inédites ou peu connues*, 1892,
pp. 21 à 24.

Heraclius et Martine, sa femme (614-641)

10. L'empereur et l'impératrice, debout de face. Heraclius à gauche, tenant de la main droite une croix à long pied ; sa main gauche est appuyée sur la hanche. Martine porte le globe crucigère. Entre les deux têtes, une petite croix.

℞. Indice **M** surmonté d'une croix, accosté de **ANNO** et de chiffres frustes ; au dessous, un **Γ**, et à l'exergue **CON**.

Follis en bronze, inédit. — Diamètre 0^m,030.

Sabatier n'a décrit qu'un bronze d'Heraclius et de Martine, et il est beaucoup plus petit (t. I, p. 284, n° 105, pl. XXXI, 5).

Justinien II et Tibère IV (705-711)

11. **ⅮNIⵢSTINIANⵢS ЄT[TIBERIV]S PPA**. Bustes diadémés de face des deux princes, tenant de leur main droite une longue croix potencée, posée sur des degrés.

℞. **ƆN IЬS CЬS RЄ[X REGNANTIⵢM]**. Buste du Christ, de face, sur la croix, bénissant et tenant le livre des évangiles.

Tiers de sou d'or, inédit. — Poids, 1 gr. 27 (percé).

Sabatier n'a connu que le sou d'or dont le poids est en moyenne de 4 gr. 40.

Constantin XIII Ducas (1059-1067)

12. **+ ѲKE BOHѲ**. La vierge nimbée, de face et

debout, les deux mains élevées et étendues. A droite
et à gauche, étoile ? et les sigles $\overline{\text{MP}}$ $\overline{\Theta Y}$.

℟. ✛ ΘΚΕ ΒΟ | ΗΘΕΙ ΚѠΝ | ϹΤΑΝΤΙΝѠ | ΔΕϹΠΟΤΗ
| ΤѠΔΒΚΑ. en cinq lignes.

Argent (percée). — Poids, 1 gr. 55.

Sabatier a publié un autre exemplaire de cette
pièce. Mais il n'avait pas su la lire et cependant la
gravure qu'il en donne indique un bon état de
conservation (t. II, p. 166, n° 6, pl. L, 7). Il a laissé
de côté la légende du droit et transcrit ainsi le commencement de celle du revers : ✛Ο·ΚΕRΟΝΘΕΙ, etc.
Il est bien évident qu'il fallait lire l'invocation à la
vierge, Θεοτόκε βοηθέι.

*
* *

On se rappelle les dons de monnaies des empereurs gaulois faits par le baron J. de Witte, en 1885
et 1887. Le généreux savant a légué au Cabinet des
Médailles de France une série de 700 monnaies de
billon ou petits bronzes et une en or qui complètent
ses premiers dons. Parmi ces pièces, beaucoup n'ont
d'intérêt que par suite de leur bonne conservation. Il
y en a peu que J. de Witte n'ait pas signalées dans
son excellent recueil intitulé *Recherches sur les
empereurs qui ont régné dans les Gaules* (1868). Toutefois quelques-unes méritent de prendre place ici :

Postume (258-267)

13. **POSTVMVS AVG.** Buste cuirassé de face.
℟. **QVINQVENNALES AVG·** Victoire debout, à droite,

posant le pied sur un rocher ? et tenant sur son genou gauche un bouclier où sont inscrites les lettres VOT.

Or quinaire. — Poids, 2 gr. 01. *Pl. I, 9.*

Gravé dans le *Catalogue de la collection du vicomte E. de Quelen*, n° 1765, pl. VIII. Cette pièce a été mal lue jusqu'à présent, car Cohen a vu sur le bouclier la lettre Q (2ᵉ édition, t. VI, p. 49, n° 307), et dans le catalogue de la vente de Quelen, on a donné la lecture VQ.

14. IMP C POS[TVMVS·]AVG· Buste radié à droite.

℞. DEO MAR[TI]. Mars debout dans un temple tétrastyle à fronton triangulaire.

Denier inédit. Billon.

15. IMP C POSTVMVS PIVS F AVG. Buste lauré à droite.

℞. HERCVLI DEVSONIENSI· Buste lauré, à gauche.
Grand bronze inédit. *Pl. I, 10.*

On connaît des deniers de billon et des moyens bronzes avec la représentation d'Hercule Deusoniens, mais ils sont d'un style moins bon.

TETRICUS (268-273).

16. IMP C TETRICVS P F AVG. Buste radié, à droite.

℞. ADVENTVS AVGG et à l'exergue GAL· Deux cavaliers tenant une palme et allant à droite.
Mauvaise fabrique. Petit bronze inédit.

17. IMP TETRICVS AVG. Buste radié, à droite.

℞. ARA AVG. Autel.

Petit bronze.

M. Récamier possède dans sa collection d'autres exemplaires de cette petite monnaie inédite.

Extrait du *Bulletin de la Société de Borda (Dax)*, 1893,
p. 43 à 47.

TROUVAILLE DE MONNAIES GAULOISES

FAITE

A POMAREZ (Landes)

Le 18 mars 1892, un métayer découvrit un trésor
d'environ quatre cents monnaies d'argent, à
Pomarez, dans le canton d'Amou, au sud-est de
Dax [1].

Notre regretté confrère et ami, Emile Taillebois,
eut bientôt connaissance de cette trouvaille et m'en
avisait par une lettre du 28 mars dernier, dans
laquelle il me demandait quelques renseignements.
Il m'écrivit ensuite qu'il considérait ces pièces
comme les monnaies des Tarbelli, et c'est en effet
sous ce nom qu'il les présenta à la Société de Borda,
dans les séances des 7 avril et 9 juin 1892 [2]. La mort
n'a pas laissé à notre savant collègue le temps de
publier dans le Bulletin de la Société le résultat de
ses observations et l'exposé de ses idées relatives à
ce monnayage.

1. Les pièces couvertes de vert de gris et réunies en une masse devaient
être renfermées dans un vase en terre dont on a retrouvé des débris.
D'après l'analyse qui en a été faite par M. Thore, le métal de ces monnaies
est composé de 90 0/0 d'argent et 10 de cuivre.

2. *Bulletin de la Société de Borda*, 1892, Procès-verbaux, pp. LIV et LXVII.

M. E. Dufourcet, président de la Société, m'a fait l'honneur de me demander une note au sujet de cette trouvaille, intéressante à beaucoup de titres.

Les exemplaires que M. Dufourcet a bien voulu m'envoyer représentent les variétés principales contenues dans le trésor.

D'un côté, le type est invariablement le même et ressemble vaguement à un bouclier béotien ; mais ce qui ajoute à la difficulté, c'est que la plupart des pièces sont mal frappées et que le type y paraît presque toujours d'une façon incomplète (Voy. fig. 1).

Fig. 1.

Cependant, grâce à l'obligeance de M. J. Duverger, conservateur du musée de Dax, qui, après avoir examiné 313 pièces de la trouvaille, a bien voulu me communiquer le résultat de ses observations, je puis indiquer le type complet et en donner le dessin.

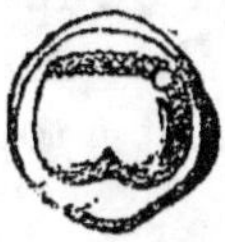

Fig. 2.　　　　　　Fig. 2 bis.

Ce type, que M. Duverger a observé *complet* sur un *seul* exemplaire de la trouvaille, montre une série de granulations sur l'un des côtés (fig. 2). Sur deux ou trois exemplaires, ces granulations sont remplacées par des espèces de petites épines (fig. 2 *bis*). Enfin M. Duverger a judicieusement remarqué qu'une soixantaine de pièces du trésor portent un gros globule sur le bord du type caractéristique. C'est un élément de comparaison que nous rappellerons plus loin.

Pour le revers, la difficulté est encore plus grande, car le type qui s'y trouve gravé affecte des formes diverses. Tantôt on croit retrouver un vase allongé; tantôt ce serait plutôt un chaudron évasé; ailleurs, c'est une masse longue à laquelle il est difficile de donner un nom (fig. 3, 4, 5 et 6).

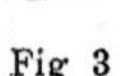

Fig 3   Fig. 4   Fig. 5   Fig. 6

Emile Taillebois a comparé les types représentés sur ces pièces à des poulpes, des porcs, des tortues. Mais c'était simplement une manière de distinguer les variétés de la trouvaille, et il s'est du reste servi des termes « grandes masses » et « animaux indéterminés », pour désigner ce qui échappait à toute description [1].

Le poids des monnaies de Pomarez varie entre 2 gr. 80 et 3 gr. 53. Quelques exemplaires pèsent peut-être un peu plus ou un peu moins, mais cela ne

1. M. Duverger m'écrit : « Je ne crois pas qu'il y ait de type au revers « pouvant représenter un animal quelconque. »

changera pas la moyenne du poids que l'on peut fixer à 3 gr. 25 environ.

Il convient maintenant de montrer que la trouvaille de Pomarez n'est pas unique en son genre.

En effet, la commune d'Eyres-Moncube, dans le canton de Saint-Sever, avait fourni des pièces analogues.

En 1845, M. Longa apportait à Paris et communiquait à Adrien de Longpérier un vase d'argent, contenant deux cent cinquante monnaies et une fibule attachée à une longue chaînette. Le tout, en argent, avait été trouvé à Eyres, non loin de l'Adour. Longpérier, dans une note publiée par la *Revue archéologique*, fit les observations suivantes :

« Toutes les monnaies présentent le même type ;
« une sorte de tête barbue très grossièrement gra-
« vée et, au revers, une élévation globuleuse un peu
« allongée. Comme ces monnaies ne sont pas usées
« par le frottement, on peut être assuré qu'elles ont
« été frappées telles qu'on les voit maintenant. Le
« vase est en forme de capsule profonde. Ces monu-
« ments appartiennent très probablement à la civili-
« sation celtibérienne[1].

Plus tard, F. de Saulcy s'occupa de la trouvaille d'Eyres et leur donna une autre attribution. « Ces

---

1. *Revue archéologique*, I, t. II, 1844-1845, pp. 844 et 845. Dans cette note, le nom de la localité est orthographié, à tort, *Ayries*. — D'après un renseignement donné par M. Longa fils, le vase et la plupart des monnaies furent convertis en un lingot (Voy. Em. Taillebois, *Recherches sur la numismatique de la Novempopulanie*, 3ᵉ partie, dans le *Bulletin de la Société de Borda*, 1889, p. 123). Mais le Musée des Antiquités nationales de Saint-Germain-en-Laye possède un moulage du vase en argent qui contenait la trouvaille d'Eyres (S. Reinach, *Catalogue* (sommaire), p. 186).

pièces, » disait-il, « qui semblent offrir d'un côté une
« tête de face dont deux gros points figurent les
« yeux, et de l'autre, une simple élévation globu-
« leuse et allongée, sont très probablement des spé-
« cimens de la monnaie des Tarusates. » [1]

Les monnaies de la trouvaille d'Eyres, conservées
au Cabinet de France, montrent en effet deux gros
points très distincts placés l'un à côté de l'autre sur
le type en relief (voy. fig. 7), qui ressemble vaguement à un bouclier[2].

Fig. 7.

On a vu qu'une soixantaine de pièces de Pomarez
portent un globule analogue. Les monnaies d'Eyres
sont aussi d'un poids plus faible, car les douze
exemplaires du Cabinet de France fournissent un
poids moyen de 3 gr. 05, inférieur de 0 gr. 20 environ à celui des pièces de Pomarez.

Si les monnaies des deux trouvailles appartiennent au même peuple, et cela est presque certain, elles ne sont évidemment pas de la même

---

1. F. de Saulcy, *Lettre à M. A. de Longpérier, sur la numismatique gauloise*, 19e article, *Revue numismatique*, 1867, p. 12.

2. *Catalogue des monnaies gauloises de la Bibliothèque nationale* (par
E. Muret, A. Chabouillet et H. de la Tour), p. 78, nos 3575 à 3586. *Atlas de
monnaies gauloises*, publié par H. de La Tour, pl. XI, nos 3582 et 3584.

Sur la plupart des exemplaires d'Eyres, le type du revers affecte la forme
d'une olive.

émission. Mais il est probable qu'elles sont contemporaines, à quinze ou vingt ans près.

Il faut encore rapprocher de ces curieuses pièces celles qui ont été trouvées à Blaye et qui offrent d'un côté la croix cantonnée de points et de l'autre une sorte d'élévation globuleuse, analogue à celle qui se trouve au revers de certaines monnaies de Pomarez et dans laquelle on a vu une tête[1].

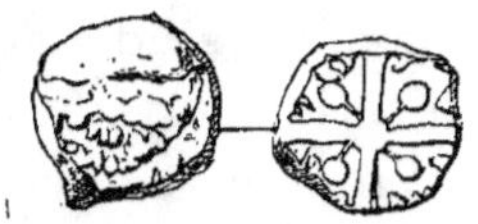

Fig. 8.

J'ai cherché quel pouvait être le type véritable figuré sur ces monnaies. Après avoir essayé d'y voir une imitation de bouclier béotien, je me suis demandé si ce n'était pas simplement une dégénérescence de la rose figurée sur les monnaies de Rhoda de Tarraconaise[2]. On sait que les monnaies de cette ville ont servi de prototypes aux nombreuses

---

1. *Catalogue des monnaies gauloises*, p. 76, n°ˢ 3548 et 3549 (Poids 2 gr. 61 et 2 gr. 65).

Dans la *Revue numismatique*, 1867, p. 15, F. de Saulcy désigne ces deux monnaies ainsi qu'il suit : « Deux pièces de la monnaie à tête de nègre sur « laquelle M. de Crazannes croyait voir le nom des Sotiates. » D'après le *Catalogue des monnaies gauloises*, M. le vicomte Francisque de Saint-Remy, de Villefranche d'Aveyron, possèderait un exemplaire analogue avec une légende celtibérienne, dont on retrouve des restes sur une des pièces du Cabinet de France.

2. Voyez les pièces reproduites dans la *Description générale des monnaies antiques de l'Espagne*, par Aloïss Heiss, 1870, pl. I, fig. 1 à 9 (surtout les n°ˢ 7 et 9, déformations qui ont quelque rapport avec les pièces qui nous occupent). Cf. *Atlas de monnaies gauloises*, pl. VIII, IX et X.

pièces du midi de la Gaule connues sous le nom générique de « monnaies à la croix ».

Entre l'attribution aux Tarusates faite par Saulcy et l'attribution aux Tarbelli[1] que voulait proposer le regretté Emile Taillebois, je n'ose me prononcer. Je crois seulement que les monnaies des deux trouvailles appartiennent au même peuple, et sont dues à des émissions différentes.

Mais, du rapprochement des trouvailles d'Eyres-Moncube et de Pomarez, se dégage un fait intéressant : c'est la localisation certaine des monnaies portant le type bizarre qui reste encore une énigme.

Ne fût-ce qu'à ce titre, la trouvaille de Pomarez méritait bien d'être portée à la connaissance des archéologues.

---

1. *Aquae Tarbellicae* (Dax). Le territoire que l'on attribue aux Tarbelli correspond à l'Albret, au Marsan, aux Marennes, au Labourd et à une partie de la Basse-Navarre. Aux Tarusates, on donne *Adura* (Aire sur l'Adour), pour capitale, et un territoire comprenant la Chalosse, le Gabardan occidental et quelques terres de l'Estarac. Pomarez est situé sur le territoire des Tarbelli ; au contraire, Eyres appartenait aux Tarusates.

Dans le *Bulletin de la Société de Borda* (1893, p. 49-50), M. J. Duverger a basé l'attribution aux Tarbelli des monnaies de Pomarez, sur ce fait qu'elles présentent un seul globule, alors que celles d'Eyres en portent deux.

C'est une simple hypothèse.

Extrait de la *Revue numismatique*, 1893, p. 252 à 259.

MÉDAILLON DE JEAN HÉROARD

Par G. DUPRÉ

Pl. II.

Le Musée des arts décoratifs de Vienne (*K. K. Museum für Kunst und Industrie*) possède un admirable médaillon en bronze, dont voici la description :

IEAN·HEROARD·Sᴿ. DE·VAVGRIGNEVSE·Cᴿ. DESTAT·ET·Pᴿ·MEDECIN·DV·ROY·LOIS·XIII. Buste, de trois quarts, tête nue, portant une collerette molle et un habit à une rangée de petits boutons serrés les uns contre les autres.

Sans revers, diamètre, 35 centimètres. Relief très fort, de 25 millimètres environ vers la partie supérieure du visage[1]. (Voy. pl. IV.)

Jean Héroard — on prononçait souvent *Hérouard* — était né à Montpellier, vers 1550. Le P. Lelong, dans sa *Bibliothèque historique*, place sa naissance à la date du 22 juillet 1551. Il est vrai que, d'après une épitaphe qui existait dans l'église de Vaugrigneuse[2],

---

1. Ce médaillon est indiqué d'une manière sommaire dans le *Wegweiser durch das K. K. Oesterreichische Museum für Kunst und Industrie*, 1891, p. 27. Il a été payé 1.000 florins par le musée. Le marchand qui l'a cédé a prétendu qu'il provenait de la collection B. Fillon. En réalité, il l'avait acquis, pour la somme de 150 fr., dans une petite vente d'objets divers. La reproduction que nous en donnons a dû être réduite, à cause des grandes dimensions de l'original.

2. Héroard possédait une maison dans cette localité, située aujourd'hui dans le département de Seine-et-Oise.

du temps de l'abbé Lebeuf, Héroard mourut, en 1628, en l'an *soixante septième* de son âge, ce qui placerait sa naissance en 1561.

Mais, en admettant qu'elle ait été bien copiée, cette inscription est sûrement erronée, car dans ses *Mémoires pour servir à l'Histoire de la faculté de Montpellier*, Jean Astruc écrivait, vers 1760, que Jean Héroard fut immatriculé sur le registre de la Faculté de médecine de Montpellier, le 27 août 1571, et qu'il prit ses degrés en 1575. Ces dates doivent avoir été relevées sur des documents authentiques. D'après le médecin Charles Guillemeau, le compétiteur et le grand ennemi de Jean Héroard [1], le père de celui-ci était un barbier de Montpellier qui appartenait, ainsi que son fils et toute sa famille, à la Religion réformée. Jean aurait été présenté à Ambroise Paré et serait ainsi entré dans la maison du roi.

Que les assertions moqueuses de Guillemeau aient reposé sur quelques fondements de vérité ou que ce soient de simples calomnies, il est certain toutefois qu'elles ont été écoutées, car Guy Patin, dans une lettre écrite en 1663, à son ami André Falconet, médecin de Lyon, disait qu'Héroard « étoit bon courtisan, mais mauvais et ignorant médecin ».

D'autre part, lorsque notre personnage eut été choisi comme médecin du dauphin, né le 27 septembre 1601 [2], L'Estoile, dans son *Journal*, écrivit : « Pour médecin de M. le Dauphin, on y mit Erouard, « à la faveur et recommandation de M. de Bouillon, »

1. Il écrivit contre Héroard plusieurs diatribes en latin.
2. Ce dauphin devint, par la suite, le roi Louis XIII.

et cet auteur ajoute que « ledit Erouard étoit de la
« Religion ».

Héroard s'était fait connaître par son *Hippostolo-
gie, c'est-à-dire discours des os du cheval* (Paris,
Mamert-Patisson, 1599, in-4°), travail qui lui avait été
commandé par le roi Charles IX. Il avait écrit aussi,
en français, un traité sur l'éducation d'un prince, que
Jean Degorris, conseiller et médecin du roi, traduisit
en latin et publia sous ce titre : *De Institutione prin-
cipis, liber singularis* (Paris, 1617, in-8°). Enfin,
Héroard prit note, depuis la naissance de Louis XIII,
d'une quantité de faits sur l'éducation et la vie de ce
prince. Ce journal donne des détails curieux sur
Henri IV et sa famille et sur divers personnages de
cette époque.

On connaissait déjà une médaille représentant
Héroard. En voici la description :

I · HEROARD · S · D · VAVGRIGNEVSE · P · MEDECIN
D · ROY. Buste de trois quarts, tête nue, portant une
collerette molle et un habit à une rangée de petits
boutons. Sous le buste, · WARIN ·

℞. IOVE DIGNVS APOLLINIS ARTE. Au dessus
d'un sol herbagé, écu à un chevron et trois étoiles,
deux en chef et une en pointe, soutenu de deux lions
et timbré d'un heaume à lambrequins avec une demi-
aigle éployée pour cimier. A l'exergue : · OB · XI ·
FEB · 1628 · (*Obiit XI Februarii 1628*).

Argent, bronze, plomb, diamètre, 44 mill. Cette
médaille a été indiquée dans le *Trésor de numismatique et de glyptique, médailles françaises* (2ᵉ partie,
p. 13 pl. xix, n° 5), mais les auteurs de ce travail

n'ont pas vu la signature *Warin* et ont classé à tort la médaille dans l'œuvre de Dupré.

De ce que la médaille est signée *Warin*, il semblerait que le grand médaillon doive être attribué au même artiste. Je vais exposer les raisons pour lesquelles il ne peut en être ainsi.

D'abord, la médaille, portant la date de la mort d'Héroard, est nécessairement postérieure à cet évènement. Si on la compare avec le médaillon, on verra que les traits de la figure sont vieillis, épaissis, que les détails de la chevelure sont modifiés, que tout enfin a été combiné de façon à donner au visage de la médaille l'aspect âgé que devait avoir Héroard lorsqu'il mourut, en 1628, ayant atteint sa soixante-dix-huitième année.

Héroard est qualifié de *premier médecin du roi Louis XIII* sur le médaillon qui, par conséquent, ne peut avoir été fait avant 1610. Mais l'apparence peu âgée du personnage ne permet pas non plus de reculer beaucoup la fabrication du médaillon.

On sait que les détails de la vie de Jean Warin sont obscurs avant 1629[1]. Si l'on admet les renseignements fournis par les lettres de naturalisation qui lui furent accordées, en 1650, cet artiste serait venu à Paris vers 1626[2].

Le médaillon du musée de Vienne ne peut donc avoir été modelé par lui. Le grand médailleur, à

---

1. Voy. Blanchet dans l'*Annuaire de la Société de numismatique*, 1888, pp. 84 à 90. Cf. *Revue numism.*, 1888, p. 121.

2. Art. de J.-J. Guiffrey, *Nouvelles archives de l'Art français*, 1873, p. 236. — D'après une déclaration de 1660, Warin serait venu à Paris seulement en 1627 (Art. de M. N. Rondot, *Revue numism.*, 1889, p. 255).

l'époque de la jeunesse de Louis XIII, est Guillaume Dupré. Or, des passages du journal d'Héroard nous montrent clairement que le médecin du dauphin et le grand médailleur se sont trouvés en relations continuelles. Voici le texte du journal :

Le 6 juin 1607, mercredi, à Fontainebleau. — « Il « (*le dauphin*) va à l'entrée de la galerie, où il s'amuse « à tirer en cire Descluseaux pendant que le sieur « Paulo le tire en cire ; amusé jusques à trois heures « et un quart ; goûté ; il s'amuse, avec de la cire, à « faire un visage, pendant que M. Dupré, statuaire « du Roi, le tire pour en faire une médaille ; il sait « tout ce qu'il faut faire et travaille fort dextrement, « polit, fait les cheveux, perce les yeux, les oreilles, « tout sur la trace grossière que M. Dupré lui en « avoit faite. »

Le 7 juin, jeudi, à Fontainebleau. — « Il (*le dau-* « *phin*) dit qu'il me veut peindre[1] pendant que « M. Dupré l'achèvera, et qu'il me fera la barbe « pointue[2] comme une épingle[3]. »

Il existe plusieurs œuvres signées par G. Dupré. Je me contenterai de citer le grand médaillon du chancelier Nicolas Brulart de Sillery, conservé au

---

1. Ici *peindre* veut dire *représenter*.

2. Le médaillon montre qu'Héroard portait, en effet, la barbe en pointe.

3. *Journal de Jean Héroard sur l'enfance et la jeunesse de Louis XIII (1601-1628), extrait des manuscrits originaux et publié avec autorisation de S. Exc. M. le Ministre de l'Instruction publique,* par MM. Eud. Soulié et Ed. de Barthélemy, t. I, 1601-1610 ; t. II, 1610-1628. Paris, Firmin-Didot, 1868, 2 vol. in-8°, t. I, pp. 267 et 268. Dans un autre passage, Héroard parle de « Guillaume Dupré, natif de Sissonne, près de Laon » (t. I, p. 89). Cf. *Bullet. de la Soc. académique de Laon,* 1872, p. 75.

musée du Louvre, qui est signé sous le buste G·DVPRE·F·1613[1].

En établissant la comparaison, on reconnaîtra le même faire, large et puissant, et l'on sera convaincu, comme moi, que Jean Warin, en modelant la petite médaille du médecin du roi, a simplement copié, en la modifiant, l'œuvre admirable de Guillaume Dupré.

C'est une constatation qui ne manque pas d'intérêt.

Avant de terminer, je signalerai encore une estampe qui représente Héroard et que l'on attribue à Abraham Bosse[2]. Sur cette gravure, le médecin du roi, représenté de trois quarts à droite, dans une bordure octogone posée sur une console, montre la figure plus pleine, les cheveux plus courts, les tempes dégarnies, la bouche moins dure que sur son médaillon. Le buste est accompagné de l'inscription suivante : I·HEROARD S·D·VAVGRIGNEVSE· P^R MEDECIN DV ROY LOVIS XIII. Sur la console, on voit un écusson armorié, surmonté d'un heaume à lambrequins et soutenu de deux griffons. Au dessus, on lit, sur une banderole, la devise : JOVE DIGNVS APOLLINIS ARTE. On connaît deux états de l'estampe : 1° Le fond de l'écusson est d'argent; 2° le fond est d'azur.

Il me paraît probable que le revers de la médaille a

---

1. Ce médaillon a exactement le même diamètre que celui d'Héroard, c'est-à-dire 35 centimètres.

2. Georges Duplessis, *Catalogue de l'œuvre d'Abraham Bosse* (extrait de la *Revue universelle des arts*), 1859, p. 127, n° 1248.

été emprunté par Warin à la gravure anonyme qu'on attribue à Abraham Bosse, car cette estampe a dû être faite du vivant d'Héroard.

Extrait de la *Revue numismatique*, 1893, pp. 410-411.

DOUBLES TOURNOIS DE HENRI IV

FRAPPÉS A SAINT-PALAIS

Dans mon *Histoire monétaire du Béarn* (p. 75), j'ai dit que, de février à avril 1595, on avait frappé dans l'atelier de Saint-Palais des monnaies qui portent sur le registre de délivrances le nom de *doubles tournois toullosains*. La taille de ces pièces, émises en dix délivrances, est de 13 sous 5 pièces ou 13 sous 4 pièces au mârc, ce qui fait 160 ou 161 pièces au marc. Le poids théorique de ces monnaies est donc de 1 gr. 529.

Malgré mes recherches, je n'avais pu retrouver les doubles tournois de cette émission, avant la publication de mon travail. Depuis, grâce à l'obligeance de M. Letessier, conservateur du cabinet numismatique de la Société archéologique du Vendômois, j'ai eu connaissance de deux pièces, entrées depuis peu dans cette collection et dont voici la description :

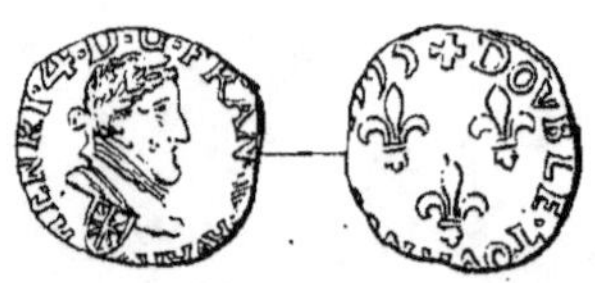

1° HENRI·4·D·G·FRAN·[N]AVAR.... Buste lauré du roi Henri IV à droite. Sous le buste, un écusson aux armes de Navarre.

℞. ✚ DOVBLE·TOVRNOI[S· 1]595. Trois fleurs de lis au milieu du champ.   Cuivre.

2º HENRI·4·D·G·.... Buste lauré à droite; au dessous, l'écusson de Navarre.

℞. ✠ DO[VBLE TOVR]NOIS. 1593. Trois fleurs de lis au milieu du champ.   Cuivre.

La seconde de ces pièces est très usée et les deux, frappées sur des flans irréguliers, sont d'une fabrication négligée qui contraste avec le faire soigné et élégant des doubles tournois émis en 1592 à Chalon-sur-Saône.

Aussi bien, les doubles tournois que je viens de décrire sortent de l'officine de Saint-Palais, dont le différent monétaire est l'écusson de Navarre. Or, ce vieil atelier émettait encore à cette époque des monnaies frappées au marteau. De même, à Morlàas, on fabriquait, avec les mêmes procédés, les affreuses baquettes qui suscitèrent des réclamations de la part du public.

La pièce de 1595 provient de l'émission signalée par le document conservé aux archives des Basses-Pyrénées.

Enfin la pièce de 1593 démontre qu'on fit plusieurs émissions de cette monnaie de cuivre. L'épithète de *toulousains*, donnée par le document aux doubles tournois frappés à Saint-Palais, me porte à croire que ces pièces devaient avoir cours surtout dans la région de Toulouse et non en Béarn. En effet, le double tournois n'existe pas dans la série béarnaise proprement dite, et si cette monnaie, essentiellement française, eut cours en Béarn, ce fut probablement lorsque la réunion eut été rendue définitive.

PLAQUETTES

EXÉCUTÉES PAR JEAN DASSIER

Le Musée des Thermes et de l'Hôtel de Cluny a
acquis en 1892 une plaquette ovale en bronze, fondue et non ciselée après la fonte. Cette plaquette
représente Bacchus assis sur un tonneau et accompagné d'un petit satyre. Ce sujet central est entouré
d'une bordure décorée d'amours séparés par des
corbeilles. Devant Bacchus, on lit la signature *Dassier*. M. F. Mazerolle, qui a publié cette plaquette, en
place la fabrication au commencement du xvii⁰ siècle
et ne sait à quel artiste il faut l'attribuer[1].

Je crois que ce petit monument peut très bien
appartenir à la fin du xvii⁰ siècle ou au commencement du xviii⁰, et, si l'on veut bien se rappeler que
le célèbre graveur Jean Dassier (1676-1763) a commencé par graver des boîtes de montre et des
cachets, on sera naturellement amené à se demander
si la plaquette du Musée de Cluny ne serait pas
l'œuvre de cet artiste.

Il suffit d'examiner les Amours que Jean Dassier a
placés au revers de la médaille de Louis Le Fort, syn-
dic de la république de Genève, en 1734, pour

1. *Annuaire de la Société française de numismatique*, 1892, p. 107, pl. II.

reconnaître qu'il a pu faire ceux qui figurent sur la plaquette du Musée de Cluny. Quant aux guirlandes de fleurs et de fruits, ce sont des motifs qui appartiennent au domaine commun de tous les artistes, et, si Etienne de Laune et François Briot peuvent passer pour des créateurs en ce genre, il est certain que les imitations de Gaspard Enderlein, répétées à profusion, en ont répandu le goût dans les ateliers des orfèvres allemands.

Si la plaquette du musée de Cluny était le seul monument de ce genre qui portât la signature *Dassier*, on pourrait conserver quelques doutes. Mais, comme je l'ai dit, Jean Dassier a gravé des boîtes de montre dont plusieurs sont la propriété du musée des Arts décoratifs de Genève. Sur deux de ces boîtes, dont les moulages m'ont été envoyés par M. S. Perron, il y a des Amours dessinés avec la même gaucherie que ceux de la médaille de Louis le Fort et de la plaquette du musée de Cluny. Enfin, parmi les couvercles de tabatière qui sont la propriété de M. Paul Strœhlin, le savant directeur de la *Revue suisse de numismatique*, il y en a un qui représente Vénus et l'Amour dans un médaillon entouré de rinceaux et qui porte la signature DASSIER·I· (la lettre qui termine la signature paraît figurer l'initiale du prénom *Jean* ; mais ce pourrait être aussi la lettre F de *fecit*). MM. P. Strœhlin et S. Perron ont bien voulu m'autoriser à reproduire ce couvercle dont le rapprochement avec la plaquette au Bacchus s'imposait. On trouvera peut-être que le couvercle de tabatière est d'un travail

plus fin, plus fouillé. Mais M. Mazerolle a reconnu lui-même que la plaquette du musée de Cluny n'avait pas été ciselée après la fonte. Cette plaquette n'est, par conséquent, qu'un modèle, un projet, tandis que le couvercle de tabatière est une œuvre achevée.

Il ne faudrait pas non plus s'étonner de trouver quelques différences de style dans les œuvres d'un graveur qui a vécu quatre-vingt-sept ans et qui a certainement subi des influences diverses après avoir été l'élève de Mauger et des Rœttiers.

Pour terminer, je me permettrai de citer une phrase que M. S. Perron, qui s'occupe spécialement des Dassier, m'a écrite à propos de la plaquette du musée de Cluny : « La plaquette doit, jusqu'à preuve du contraire, rester attribuée à Jean Dassier. » C'est bien mon opinion et j'ai pensé qu'il y avait quelque intérêt, en parlant de la plaquette au Bacchus, à signaler un objet analogue portant la même signature.

Extrait de la *Revue numismatique*, 1894, p. 9 à 11.

TÉTRADRACHME ARCHAÏQUE

DE SYRACUSE

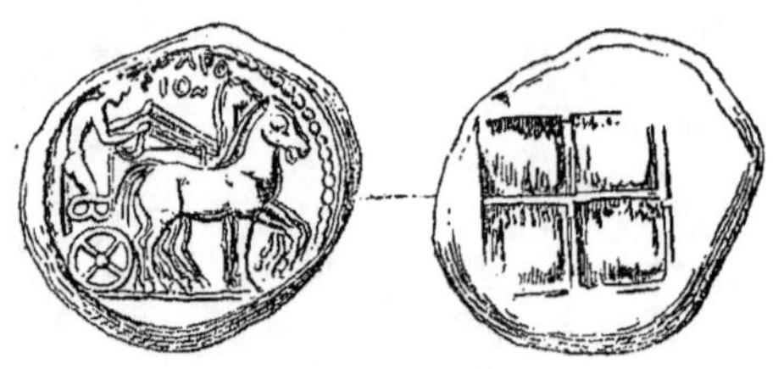

Quadrige au pas, allant à droite. On distingue seulement deux chevaux dans une position différente et, selon la remarque déjà faite pour les pièces archaïques, les contours de ces deux chevaux sont doublés, de façon à produire une représentation conventionnelle des quatre coursiers qui forment l'attelage complet. Sur le char se tient debout un conducteur vêtu d'une tunique de tissu mince qui laisse paraître des formes maigres. Des deux mains, le conducteur tient des rênes, au nombre de six, disposées parallèlement. Le timon du char, partant du devant et passant au dessus des chevaux, est terminé par un coude qui s'abaisse et disparaît derrière les premiers chevaux. Ceux-ci marchent sur une ligne qui figure le sol. Au dessus du quadrige, on lit l'inscription suivante qui est légèrement doublée par une surfrappe : [ΣΥ]ΡΑϞΟ | ΣΙΟΝ en deux lignes.

Le tout dans un grènetis très serré.

℞. Surface aplatie et portant au centre un carré

creux divisé par une croisette en quatre parties égales qui sont marquées de stries longitudinales.

Argent. Poids, 17 gr. 05.

Collection de Mme A. Hartmann.

Cette pièce, inconnue jusqu'à ce jour, offre de sensibles différences avec les premiers tétradrachmes de Syracuse. D'abord ceux-ci portent, au revers, une tête de femme, de profil, tournée à gauche, au centre d'un carré creux divisé en quatre parties dont les plans sont inégalement déprimés. De plus les chevaux, d'un aspect plus lourd que ceux du nouveau tétradrachme, sont conduits d'une manière différente, car les rênes sont réunies en un seul faisceau, au moyen d'un anneau [1] fixé sur la partie antérieure du timon [2]. La légende ΣΥΡΑϘΟΣΙΟΝ, avec le *Koppa* [3], est disposée en deux lignes sur les tétradrachmes que l'on connaissait déjà, et, sur de rares exemplaires, cette légende est abrégée en ΣΥΡΑ. Enfin ces tétradrachmes montrent à l'exergue, sous les chevaux du quadrige, une masse de forme allongée que les auteurs ne paraissent pas avoir remarquée. Que cette masse figure un dauphin, ou que ce soit plutôt une seconde ligne de sol, il est certain qu'elle est absente sur le nouveau tétradrachme.

Après cet examen, peut-on présenter cette dernière pièce comme la plus ancienne de Syracuse? Le problème est embarrassant, car la différence d'âge

1. Ou d'un support en forme de lyre ouverte.
2. On peut trouver une certaine ressemblance entre ce tétradrachme de Syracuse et les premiers tétradrachmes d'Olynthus de Macédoine qui présentent aussi un quadrige (Voy. *Numism. Chronicle*, n. s., t. XVIII, 1878, p. 85.
3. C'est le *qof* phénicien.

n'est certes pas bien grande entre toutes les monnaies dont je viens de parler.

Le principal argument en faveur de la priorité, c'est l'absence de type au revers. Car les tétradrachmes connus portent au centre du carré creux cette petite tête de femme, que je considère comme une représentation archaïque de la nymphe Aréthuse. C'est cette tête qui, plus tard, entourée de dauphins, deviendra le principal type des monnaies de Syracuse. Si l'on applique au cas présent la règle générale, d'après laquelle la formation des types monétaires va du simple au composé, le nouveau tétradrachme est certainement la première monnaie de Syracuse, frappée vers 500 avant notre ère[1].

Au reste, même pour ceux qui n'admettraient point cette conclusion, le nouveau tétradrachme de Syracuse est d'un intérêt indéniable.

---

1. L'examen comparatif des poids des tétradrachmes archaïques de Syracuse ne donne pas de résultats, car le poids de ceux du Cabinet de France varie, selon la conservation, entre 16 gr. 88 et 17 gr. 41.

Extrait de la *Revue numismatique*, 1894, p. 221 à 223.

DENIER DE CHARLES VIII
FRAPPÉ A MARSEILLE.

Dans l'ouvrage de M. Hoffmann, on trouve gravée et décrite la petite monnaie qui est reproduite ici et dont voici la description :

✠ KAROLVS : DEI : GRACI. Lis enveloppé dans un circuit à deux lobes.

℞ ✠ DENARIVS· VNVS ᛗA. Croix pattée dans un quadrilobe. *Billon*. Coll. de Saulcy[1].

J'ai vainement recherché cette curieuse monnaie dans le catalogue de la collection du célèbre numismatiste, collection qui fut vendue à Paris, en 1881. Il se pourrait que Saulcy eût échangé cette pièce contre d'autres ; cette supposition n'est pas en désaccord avec les habitudes de ce savant.

Quoiqu'il me soit impossible de vérifier l'exactitude de la lecture et du dessin, je crois cependant qu'on peut les considérer comme bons, car la pièce ne paraît pas usée. C'est pourquoi il me semble utile de présenter l'hypothèse suivante au sujet de cette

1. H. Hoffmann, *Les monnaies royales de France*, 1878, p. 75, n° 43.

pièce que personne n'a encore essayé d'expliquer.

Les deux lettres 𝔐𝔄 ne se trouvent sur aucune autre monnaie de Charles VIII, et, placées après une indication de valeur, elles ne peuvent donner que l'indication d'un atelier. Mais parmi les officines françaises de l'époque, on n'en connaît qu'une seule dont le nom soit inscrit sur des monnaies[1]. C'est Marseille, *Massilia*, dont on connaît les pièces frappées sous Charles VIII et portant le nom du roi et la légende CIVITAS MASSILIE ou l'écusson de la ville[2]. Il paraît donc raisonnable de voir sur le petit denier de Charles VIII les initiales du nom de cet atelier[3] qui, à cette époque, jouissait encore d'une autonomie relative et facilement explicable, car le comté de Provence, légué au roi Louis XI par Charles III d'Anjou, n'avait été réuni définitivement à la couronne qu'en 1486.

M. Blancard a publié un intéressant document daté de 1492, où il est dit en substance « que le tré-

---

1. Je fais abstraction des légendes TVRONVS·CIVIS et PARISIVS·CIVIS. Pour les ateliers franco-italiens, le nom de la ville est presque toujours indiqué (CIVITAS·PISANA, AQVILANA, TEATINA).

2. Voy. les ouvrages et articles suivants : Ruffi, *Histoire de Marseille*, 1696, t. II, p. 327 ; Papon, *Histoire générale de Provence*, 1786, t. III, p. 625 ; F. Mallet, *Revue numismatique*, 1862, p. 275 ; Ad. Carpentin, *Rev. Numism.*, 1867, p. 221 ; Hoffmann, *Monnaies royales*, p. 73, nos 26 et 27 ; L. Blancard, *Rev. Numism.*, 1883, p. 92 à 106 ; E. Caron, *Monnaies féodales*, p. 234, n° 397 ; R. Vallentin, *Rev. Numism.*, 1890, p. 241 ; J. Laugier, *Notice sur le monnayage de Marseille depuis son origine jusqu'à nos jours*, 1891, p. 34 ; F. de Saulcy, *Recueil de documents*, t. III, 1887, p. 363 (paru en 1893 ; ne cite que l'article de Carpentin).

3. Il y a parmi les monnaies franco-italiennes, un cavallo frappé au nom de Charles VIII par le baron Leopardo Orsini qui prend le titre de comte de Manopello (CO·MA). Mais cette pièce, de fabrique italienne, ne saurait être comparée au denier qui nous occupe.

« sorier s'étant plaint au sénéchal de la trop grande
« fabrication marseillaise de patacs et deniers, qui
« nuisait aux intérêts du roi, le sénéchal avait sus-
« pendu le monnayage marseillais jusqu'à nouvel
« ordre. »

Il semble que la mention de *deniers* dont il est
question dans ce texte puisse se rapporter à la petite
pièce de Charles VIII, mais M. Blancard a démontré
qu'il s'agissait du *denier coronat*. Comme ce denier
valait un quart de moins que le denier tournois, on
comprend l'interdiction qui, selon M. Blancard, fut
probablement rapportée.

Toutefois, rien ne nous empêche de supposer qu'on
frappa pendant quelque temps des deniers sortant
d'un atelier royal, émission dont aurait fait partie la
petite pièce sur laquelle je viens d'appeler l'attention,
espérant que les numismatistes marseillais trouve-
ront des indications complémentaires [1].

1. Au point de vue des types, il y a lieu de rapprocher le petit denier du
gros ou *douzain*, frappé à Marseille et dont les types sont un écusson dans
un trilobe et une croix pattée dans un quadrilobe (Hoffmann, n° 16; Blancard,
loc. cit., p, 102).

Extrait du *Bulletin de la Société Les amis des sciences et arts de Rochechouart*, t. III, 1894, pp. 305-308.

OBSERVATIONS

SUR

LA MONNAIE BARBARINE DE LIMOGES

Dans des documents datés de 1106, 1127, 1185 et 1207, sont mentionnées les monnaies appelées *Barbarini*. Elles tiraient ce nom du buste barbu qui y était représenté. J'en rappellerai la description.

S. MARCIAL(*is*). Buste barbu de face, avec de longs cheveux.

℞. + LEMOVICENCIS. Croix perlée et cantonnée de huit annelets, placés deux par deux. Deniers pesant de 0 gr. 90 à 1 gr., en moyenne ; il y a des variétés avec SCS MARCIAL et LEMOVINCENCIS. L'obole, aux mêmes types, est beaucoup plus rare [1].

1. Poey-d'Avant, *Monnaies féodales de la France*, t. I, p. 356, n°ˢ 2291 à 2298. — On a donné aussi la lecture S-E-S que l'on a interprétée par *Signum Ecclesiæ Sancti* (*Marcialis*). (Cf. Louis Guibert, *La monnaie de Limoges*, extrait de l'*Almanach limousin* de 1893, p. 8). Mais les trois lettres sont SCS, abréviation bien connue de *Sanctus*,

Ces monnaies, frappées à Limoges, par l'abbé de Saint-Martial, qui était le véritable seigneur de cette cité, sont certainement faites avec l'intention de représenter saint Martial, l'apôtre et le premier évêque du Limousin.

Si l'on examine la manière dont est figuré ce buste, à mi-corps, on sera frappé comme moi de la ressemblance qui existe entre le type des *barbarins* et certains reliquaires du moyen âge qui représentent des chefs de saints.

On sait que le Limousin fut de bonne heure un centre important pour la fabrication des objets d'orfèvrerie religieuse. Précisément on trouve dans cette région et dans le voisinage des reliquaires de la forme dont je parle. L'église de Chambon-sur-Voueyze (Creuse) possède le chef de sainte Valérie [1]; le chef de saint Pardoux est à Guéret [2]; la ville de Saint-Yrieix (Haute-Vienne) conserve le buste du saint dont elle a pris le nom [3]; l'église de Saint-Martin-de-Brive (Corrèze) garde le chef de sainte Essence [4]; le chef de saint Dumine est dans l'église de Gimel (Corrèze) [5]; l'église de Soudeilles (Corrèze), conserve le chef de saint Martin [6]; enfin, l'église de Sainte-For-

---

1. L'abbé Texier, *Dictionnaire d'orfèvrerie*, col. 292 ; *Bulletin monumental*, 1880, p. 510.

2. *Revue de l'art chrétien*, 1881, p. 393.

3. Ce reliquaire a été fait au XIIIe siècle. Texier, *op. laud.*, col. 292.

4. Cf. Texier, col. 294.

5. L'abbé Poulbrière, *Promenade à Gimel*, dans le *Bulletin monumental*, 1875, pl. V ; *Gazette des Beaux-Arts*, 2e pér., t. XXXVI, 1887, p. 149 ; *Bulletin archéologique de la Corrèze*, t. IX, p. 518.

6. E. Rupin, *Chef de saint Martin en argent doré et émaillé (XIVe siècle), église de Soudeilles (Corrèze)*, Paris, Plon, 1882.

tunade (Corrèze) possède le chef de la sainte du même nom [1].

On m'objectera sans doute que les reliquaires de ce genre sont ordinairement postérieurs à l'époque de l'apparition de la monnaie barbarine, époque que l'on peut fixer au commencement du xiie siècle. Toutefois rien ne prouve qu'on n'en ait pas fabriqué dès la fin du xie siècle, car la Sainte Foi du trésor de Conques montre bien ce que l'orfèvrerie avait déjà produit à cette époque. Du reste, dès le xe siècle, il y avait des moines orfèvres dans l'abbaye de Saint-Martial, et deux d'entre eux, Josbertus et Joffredus firent, le premier, une statue en or de saint Martial assis, et le second, une châsse [2].

Le buste des monnaies de l'abbé de Saint-Martial n'a certainement pas été inspiré par les rares monnaies carolingiennes qui présentent le buste de l'empereur de profil, ni par les deniers allemands frappés sur les bords du Rhin. Il n'y a que la numismatique byzantine qui permettrait de trouver un prototype possible de la monnaie barbarine. Mais je ne crois pas que l'abbé de Saint-Martial ait emprunté le type du buste de face aux espèces de Byzance.

Du reste, au xiie siècle, plusieurs monnaies offrent un type analogue : à Souvigny, c'est le buste de saint Mayeul [3]; à Mende, c'est le buste de saint Privat, également de face.

---

1. Texier, col. 292 ; *Gazette des Beaux-Arts*, 1887, t. XXXVI, p. 149 ; *Bull. arch. de la Corrèze*, t. IX, p. 519.

2. Voy. la chronique d'Adhémar de Chabannes, dans Labbe, t. II, 272 ; cf. Texier, col. 1065 et 1066.

3. Il est intéressant de remarquer qu'à cette époque l'abbaye de Saint-

La monnaie du prieuré de Souvigny est mentionnée pour la première fois dans un acte d'Aldebert, archevêque de Bourges (1095-1098)[1]. Du reste, l'étude des monnaies avait déjà établi que la frappe en avait commencé seulement au xie siècle. C'est aussi vers la fin du xie ou au commencement du xiie siècle qu'apparut la monnaie barbarine.

Il me paraît naturel de croire que les monnaies portant les noms de saint Martial et de saint Mayeul ont reçu une empreinte rappelant les monuments d'orfèvrerie qui étaient exposés à la vénération des fidèles[2].

Pour changer cette hypothèse en vérité absolue, il faudrait retrouver des monuments sans doute disparus à jamais. On ne peut nier du moins que la comparaison s'impose.

Il est bien probable qu'il faut étendre ce rapprochement aux monnaies de Lodève qui portent le buste de saint Fulcran, de face[3]. Je citerai encore la tête de saint Maurice sur les monnaies de Vienne, et celle de saint Médard, sur celles de l'abbaye de ce nom, à Soissons. La main bénissante qui se voit sur

Martial était, comme le prieuré de Souvigny, soumise à l'autorité supérieure de l'abbaye de Cluny.

1. On sait que la prétendue charte de 994 a été inventée au xviie siècle. (Voy. *Revue numismatique*, 1868, p. 357).

2. Le buste de saint Mayeul sur les monnaies n'offre pas toujours le même aspect. Mais on admettra facilement que le reliquaire ait pu subir des modifications.

3. Le buste de la Vierge sur les monnaies de Clermont ne figure peut-être que le haut d'un reliquaire.

les monnaies d'Arles, de Besançon [1] et de Bésalu, représente aussi très probablement un reliquaire.

1. Des méreaux de Besançon, fabriqués au XIVe siècle, montrent aussi un bras qui est certainement un reliquaire. Voy. Plantet et Jeannez, *Essai sur les monnaies du comté de Bourgogne*, p. 59, pl. II.

Extrait de la *Revue numismatique*, 1894, p. 301 à 306.

MONNAIE INÉDITE DE NICÉE

AVEC L'ΙΠΠΟC ΒΡΟΤΟΠΟΥΣ

Le Cabinet de France s'est enrichi récemment
d'une monnaie inédite de Nicée de Bithynie qui
mérite d'être spécialement signalée aux lecteurs de
la *Revue*. En voici le dessin et la description :

ΑΥΤ·ΚΑΙ·Τ·ΑΙ·ΑΔΡΙ ΑΝΤΩΝΙΝΟC. Buste lauré d'Antonin le Pieux à droite.

℟. ΙΠΠΟΝ ΒΡΟΤΟΠΟΔΑ ΝΙ///ΧΡΥCΕΑ ; à l'exergue,
ΠΟΛΙC. Personnage vu de face, la tête radiée et posée
sur le croissant lunaire ; il tient une couronne de la
main droite et est monté sur un animal fantastique
qui a le corps d'un cheval et la queue terminée par
un serpent ; le pied gauche antérieur a la forme d'un
pied humain, et la jambe antérieure droite est remplacée par un avant-bras humain dont la main s'appuie
sur un bâton autour duquel s'enroule un serpent.

Bronze. Diamètre, 29 millimètres.

On connaissait déjà une pièce de Nicée offrant ce

type étrange figuré d'une manière un peu différente. Cette monnaie, frappée sous Gordien III, porte comme légende ΙΠΠΟΝ ΒΡΟΤΟΠΟΔΑ ΝΙΚΑΙΕΩΝ (les cinq dernières lettres à l'exergue)[1]. La figure montée sur l'animal est de profil et coiffée d'un bonnet phrygien. Elle tient une couronne de la main droite et, au dessus de la tête du cheval, on aperçoit une petite Victoire qui pose une couronne sur le bonnet phrygien. Mais, sur les exemplaires connus de la monnaie de Gordien III, on ne voit point que le personnage soit radié et muni du croissant.

Cette monnaie, dont le type est resté longtemps inexpliqué, a fait récemment l'objet d'un travail de M. W.-H. Roscher[2]. Je résumerai en quelques lignes les conclusions de cet auteur : il y avait à Rome, dans le Forum Julium, une statue de Jules César sur un cheval ayant les pieds de devant de forme humaine, comme le racontent les auteurs[3]. Ensuite, entre les années 725 et 729 de Rome, on éleva à Nicée en Bithynie un τέμενος du ἥρως Ἰούλιος (Dion Cassius, LI, 20), qui vraisemblablement fut orné d'une statue équestre de César semblable à celle de Rome. Il faut

---

1. Spanheim, *De praestantia et usu Numismatum Antiquorum*, 1706, t. I, p. 288 ; Mionnet, *Suppl.*, t. V, pl. I, 2 et p. 143, n° 861 ; Lajard, *Culte de Mithra*, pl. LXVII ; R.-H. Klausen, *Æneas und die Penaten*, 1839, t. I, pl. I, n° 8 ; Gerhard, dans l'*Arch. Zeitung*, 1854, p. 211, pl. LXV, n° 4 ; A. von Sallet, dans la *Zeitschrift für Numismatik*, t. V, 1878, p. 329 ; Catalogue du British Museum, *Pontus*, etc., p. 171, n° 118, et pl. XXXIII, 14.

2. *Ueber die Reiterstatue Jul. Caesars auf dem Forum Iulium und den* ἵππος βροτόπους, dans les *Ber. der Kœnigl. Sächs. Gesellsch. der Wissenschaften*, Leipzig, 1891, pp. 96 à 154, avec 4 pl. en phototypie reproduisant de nombreuses monnaies où est figuré le dieu Men.

3. Pline, *H. N.*, VIII, 155 ; Suétone, *Caes.*, 61 ; Dion Cassius, XXXVII, 54 ; Stace, *Silv.*, I, 1, 84, etc.

remarquer que César, revenant en Bithynie après la victoire de Zela remportée sur Pharnace, reçut une couronne d'or des habitants de Nicée. De plus, sa parenté avec Ascanius, dont la région de Nicée avait tiré son nom (*Askania*), le fit représenter en costume phrygien et César fut vite identifié avec Men, le dieu lunaire de l'Asie Mineure [1]. En décrivant la monnaie de Gordien III, M. Roscher dit que l'animal a une tête de griffon et qu'il tient, non pas le bâton d'Esculape, mais une lance ou un thyrse autour duquel s'enroule le serpent. Quant au dieu représenté sur la monnaie, ce n'est plus César, mais bien Μὴν Ἀσκηνός ou Ἀσκαῖος, dont le nom rappelle celui d'Ascagne.

Sur la pièce d'Antonin le Pieux que je publie aujourd'hui, on voit distinctement, malgré l'usure, le dieu Men figuré de face, la tête entourée de rayons et posée sur un croissant lunaire qui surmonte les épaules. Il n'est pas possible de dire si la petite Victoire entrait dans la composition de ce revers, mais la couronne que tient le dieu Men de la main droite est très visible.

Parmi les nombreuses monnaies sur lesquelles est représenté le dieu Men, je citerai celles de Juliopolis, l'ancienne Gordium, autre ville de Bithynie, qui avait pris son second nom à l'époque d'Auguste, fait qui se rattache évidemment à l'établissement du culte du ἥρως Ἰούλιος [2].

---

1. Au sujet de cette identification, voyez aussi *Ascagne* par M. Ph. Berger, dans les *Mélanges Graux*, 1884, p. 618.

2. Catal. du British Museum, *Pontus*, p. 149, n° 2, p. 151, n°° 10 et 13. Sur une pièce du Cabinet de France, Men est représenté à cheval.

L'excellente interprétation du type du cheval donnée par M. Roscher avait déjà été nettement indiquée dès 1851. Voici, en effet, ce qu'on écrivait alors
à propos d'un fragment de terre cuite jaune, émaillée, sur lequel on voyait un cheval en course dont les
jambes antérieures étaient celles d'un homme : « N'a-
« t-on pas voulu représenter ici le cheval de Jules
« César, dont les pieds antérieurs étaient articulés
« comme ceux de l'homme et dont la statue fut pla-
« cée à Rome, devant le temple de Vénus Génitrix[1] ? »

Du reste, le type du cheval aux membres humains
paraît remonter à une haute antiquité et, sans parler
des centaures tels que nous les montre l'art clas-
sique, on connaît de rares monuments qu'il est utile
de signaler ici. Sur un fragment de vase à figures
noires provenant d'Orvieto, les jambes antérieures
d'un cheval sont remplacées par des bras humains[2].
Un scarabée, acquis par le musée de Berlin en 1892,
porte la représentation d'un protome de cheval courant sur une jambe humaine[3]. A mon avis, le cheval
de Nicée a été inspiré par d'antiques modèles ; et, du
reste, la forme archaïque βροτόπους indique bien une
vieille tradition.

Quant à l'inscription du revers de la monnaie de

---

1. Beaulieu, *Antiquités des eaux minérales de Vichy, Plombières, Bains et
Niederbronn*, 1851, p. 61 et pl. VII, nº 2.

2. Karl Masner, *Eine archaische Vasenscherbe* dans les *Arch.-Epigr.
Mittheil. aus Oesterreich-Ungarn*, t. XV, 1892, p. 128 (La queue du cheval ressemble, selon M. Masner, à celle d'un lion ; elle pourrait aussi se terminer
en serpent). — Cf. S. Reinach, *Chronique d'Orient*, dans la *Revue archéol.*,
1893, I, p. 65.

3. Inventaire du musée, nº 8259 ; *Archæol. Anzeiger* du *Jahrbuch*, 1893,
p. 100.

Nicée que je publie ici, elle mérite qu'on s'y arrête. Elle débute par une forme accusative qui ne doit point nous surprendre, car elle est fréquente sur d'autres monnaies de la même ville de Nicée [1]. Cette forme suppose un verbe sous-entendu, tel que ἀνέθηκε.

Je crois donc que la légende rétablie et complétée de la monnaie d'Antonin le Pieux est la suivante : ΙΠΠΟΝ ΒΡΟΤΟΠΟΔΑ ΝΕΙΚ(ΑΙΕΩΝ) ΧΡΥΟΕΑ ΠΟΛΙΟ(ΑΝΕΘΗΚΕ). On a, par conséquent, une légende analogue à celle d'une pièce de Domitien, frappée aussi à Nicée, et portant ΡΩΜΗΝ ΜΗΤΡΟΠΟΛΙΝ ΝΕΙΚ [2]. De plus, il paraît impossible de supposer que notre pièce d'Antonin le Pieux soit sortie d'un autre atelier que de celui de Nicée, car un autre bronze de cette ville et du même empereur est identique pour le buste et la légende qui l'accompagne [3].

Reste à expliquer l'épithète de Chrysopolis donnée à Nicée et dont aucun auteur ancien ne nous a conservé le souvenir. Il y avait bien une Χρυσόπολις tout près de Chalcedon [4], mais cette localité est trop éloignée de Nicée pour qu'on puisse songer à chercher un lien entre ces deux villes de Bithynie.

On pourrait peut-être trouver bien des hypothèses pour expliquer le surnom de Nicée. Je me contenterai

---

1. Catal. du British Museum, *Pontus*, etc., p. 155, n° 25; p. 156, n° 27; p. 157, n° 36; p. 159, n° 47; p. 165, n° 81.

2. Catal. du British Museum, *Pontus*, p. 155, n° 25.

3. Cabinet de France; ℞ TON KTICTHN NIKAIEIC, quadrige d'éléphants. Les deux droits sont probablement du même coin.

4. Pape-Benseler, *Wörterbuch der Griech. Eigennamen*; Forbiger, *Handbuch der alten Geographie*, t. II, p. 390.

aujourd'hui de le signaler, espérant que d'autres monuments rendront, en un jour prochain, l'explication facile et certaine.

Extrait de la *Revue numismatique*, 1894, p. 428 à 432.

SCEAU

DE LA MONNAIE D'ORVIETO

Récemment, en visitant le riche Musée de Bologne, j'ai remarqué un petit monument dont l'intérêt numismatique est considérable et que je crois utile de publier ici, bien qu'il ne soit pas inédit. C'est un sceau en bronze, rond, ayant 38 millimètres de diamètre[1]. En voici le dessin[2] et la description :

✠ ° S ◦ LABORENTI ⁚ E ⁚ MONETARI ⁚ D'VRBIS ⁚
VETERI. Sous une voûte à deux arceaux supportés

<hr>

1. Ce sceau, qui aurait été trouvé à Rome, a été publié, avec un dessin qui laisse à désirer, par G. Antonio Zanetti, *Nuova Raccolta delle monete e zecche d'Italia*, Bologne, 1783, t. III, p. 259-268 et 484-485. Long commentaire relatif au monnayage de la cité d'Orviéto, dont l'auteur ne connaissait aucun spécimen.

2. Le moulage qui a servi pour faire le dessin m'a été obligeamment envoyé par M. Luigi Frati, le savant directeur de la section du moyen âge au Musée municipal de Bologne.

par trois colonnettes surmontées de chapiteaux sculptés, sont assis, sur un long et large banc, deux hommes, tête nue, vêtus d'une courte tunique. Celui de gauche lève de la main droite un marteau dont l'une des extrémités est légèrement recourbée, et il tient de la main gauche un flan monétaire qu'il va marteler sur une enclume placée devant lui. Le second personnage, qui fait vis-à-vis au premier, lève de la main droite un marteau ou maillet, avec lequel il va frapper sur un *trousseau* qu'il tient de la main gauche, au dessus de la *pile* qui est posée devant lui.

Ce sceau nous donne la représentation d'un ouvrier et d'un monnayeur travaillant dans leur atelier. L'inscription doit, par suite, être lue : *Sigillum Laborentium et Monetariorum de Urbis Veteri.* Quoique les ouvriers soient généralement appelés *operarii,* il ne peut y avoir de doute sur la valeur du mot *Laborentium* mis en parallèle avec le mot *Monetariorum.* La lecture que je donne me paraît certaine, car, après *Laborenti,* il y a certainement deux annelets très serrés qui séparent le mot de la lettre Є. Quant à cette lettre, c'est une abréviation de la conjonction *et,* telle qu'on la trouve souvent sur des monnaies du XIVe siècle[1].

En examinant le style des figures, on est amené à placer le sceau du Musée de Bologne vers le milieu du XIVe siècle, et la comparaison de la forme des lettres de ce monument avec les lettres des

1. Cette remarque n'est pas inutile, car l'inscription a d'abord été lue dans l'ouvrage de Zanetti, *S. Laborentie* (Rectification, p. 484 du même ouvrage).

monnaies italiennes de cette époque confirme cette date.

Quant au nom de la ville, *Urbs vetus*, c'est Orvieto. Cette antique cité, si pittoresquement située et qui possède une des plus belles cathédrales du monde, méritait bien le nom latin qu'on lui donnait au moyen âge, car on y a trouvé de nombreuses antiquités étrusques. A plusieurs reprises, en 1308, 1323, 1325 et 1332, il est question de la monnaie d'Orvieto [1], et le 5 août 1341, un décret de la commune d'Orvieto ordonna l'établissement d'un atelier monétaire qui eut seulement quelques années d'existence [2]. C'est probablement à cette époque et dans cet atelier que fut frappée la seule monnaie connue d'Orvieto, dont voici le dessin et la description :

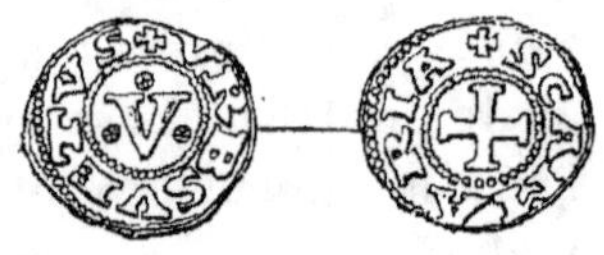

✠ VRBS VETVS entre deux grènetis. Dans le champ, entre trois rosaces, V.

℞ ✠ SCA MARIA entre deux grènetis. Dans le champ, une croix pattée [3].	*Billon.*

Le style de cette précieuse monnaie convient parfaitement au milieu du XIVe siècle et il y a lieu de

1. Zanetti, *Op. laud.*, p. 260.

2. Luzi, *Il Duomo di Orvieto*, p. 344 ; V. Promis, *Tavole Sinottiche delle monete battute in Italia*, p. 150 ; Fr. et E. Gnecchi, *Saggio di Bibliographia numismatica delle Zecche italiane*, 1889, p. 259.

3. F. Schweitzer, *Notizie peregrine di Numismatica e d'Archeologia, Decade Quinta*, Trieste et Berlin, 1860, p. 58-60 et pl. II, fig. 15 (*Moneta autonoma inedita di Orvieto*).

croire qu'elle est contemporaine du sceau du Musée de Bologne, qui lui-même aurait été gravé au moment de l'établissement de l'atelier monétaire, en 1341.

On sait combien sont rares les sceaux de monnayeurs[1]. Un seul de ceux publiés jusqu'à ce jour portait une représentation relative au monnayage; c'est le sceau de Houdaut, monnayeur d'Avallon, qui porte une main tenant un double coin monétaire. Le sceau des ouvriers et des monnayeurs d'Orvieto nous fait assister à une scène prise dans l'intérieur d'une officine, vers le milieu du XIVe siècle. En admettant même que l'artiste ait traité la scène d'une manière un peu conventionnelle, l'intérêt du monument n'en reste pas moins considérable.

L'opération auquel se livre le monnayeur n'a pas besoin d'être expliquée et se comprend tout d'abord. Je rappellerai seulement qu'il faut faire la comparaison avec le monnayeur du bas-relief du XIe siècle, provenant de l'abbaye de Saint-Georges-de-Boscherville (près de Rouen)[2]. Ce personnage est représenté

1. Sceau des monnayeurs de Vierzon (L. de la Saussaye, dans la *Rev. numism.*, 1839, p. 142 et 143); sceau de la monnaie de Tours (E. Cartier, dans la *Rev. numism.*, 1846, p. 389, pl. XVIII, n° 1, et Catal. de la vente Charvet, 1883, p. 70); sceau de Houdaut, monnayeur d'Avallon (A. de Longpérier, dans la *Rev. numism.*, 1839, p. 215-216, et *Œuvres*, t. IV, p. 33-34); sceau de la monnaie de Tournai (J.-Adrien Blanchet, dans l'*Annuaire de la Société de numism.*, 1888, p. 304-314, pl. I, et *Études de numismatique*, t. I, 1892, p. 111-123). — On trouvera aussi les sceaux de Vierzon et du monnayeur d'Avallon, décrits dans L.-Cl. Douet d'Arcq, *Invent. et documents publiés par ordre de l'Emp., coll. de sceaux*, 1863-1868, n°s 5910 et 5911. Germain Demay a également signalé des sceaux de plusieurs officiers des monnaies de France et de Flandre, mais ce sont des sceaux particuliers (*Invent. des sceaux de la Flandre*, 1873, et *Invent. des sceaux de la Collection Clairambault*, voy. les tables).

2. Lecointre-Dupont, *Lettres sur l'histoire monétaire de la Normandie*, 1846,

debout, tenant de la main droite, levée, un marteau ou maillet, et de la main gauche le trousseau ; devant lui est placé un *cépeau* ou billot, surmonté de la pile[1].

Le travail de l'ouvrier, qui fait vis à vis au monnayeur sur le sceau d'Orvieto, est une des dernières opérations de la fabrication des flans monétaires, opérations dites *rechausser* et *eslaiser*. On *rechaussait* les flans des deniers en les frappant sur une enclume pour les arrondir ; pour cela, on en formait une petite pile qu'on tenait avec des tenailles. Après les avoir *rechaussés*, on *eslaisait* ces mêmes flans en les frappant fortement sur le plat[2]. On voit distinctement dans la main gauche de l'ouvrier de la monnaie d'Orvieto un objet rond qui, grandi intentionnellement par le graveur du sceau, est certainement un flan ou une pile de flans.

p. 29, et E. Cartier, *Rev. numism.*, 1846, p. 367 et 382. Je laisse de côté les vitraux du Mans et de Bourges qui représentent non des monnayeurs, mais des changeurs. (Voy. sur la question, le *Magasin pittoresque*, 1845, p. 312 ; L. de la Saussaye, dans la *Rev. numism.*, 1840, p. 288-291 et pl. XX ; E. Hucher, *Explication des vitraux, dits des monnayeurs, placés dans la Chapelle du chevet de la cathédrale du Mans*, dans le *Bull. du Comité hist. des arts et monuments*, t. III, 1852, pp. 215-219, pl., et *Bull. Soc. d'agricult. de la Sarthe*, 1855, tiré à part, Le Mans, 1855 ; D.-A. Barre, Rapport sur une commun. de M. Hucher, dans le *Bull. du Comité histor. des Arts et monuments*, t. III, 1852, p. 199-214.) — Il y a aussi dans l'église de Souvigny (Allier) un chapiteau sculpté qui paraît représenter des monnayeurs en costume de moines (*Bulletin monumental*, t. XXI, 1855, p. 396-397, fig. ; *Catal. du Musée départ. de Moulins*, 1885, p. 5, n° 64). Cf. aussi le bas-relief de Largentière (Ardèche), dans la *Revue archéol.*, 1881. t. I, p. 261-262, figure.

1. Au sujet des instruments de monnayage, voy. J.-Adrien Blanchet, *Une affiche portant des instruments mon.*, dans *Etudes de Numism.*, I, p. 241.

2. Voy. *Rev. Numism.*, 1846, p. 385, notes 1 et 2.

Extrait de la *Revue numismatique*, année 1895.

MONNAIES

DE CÉSARÉE DE CAPPADOCE

Pl. III.

Le département des médailles de la Bibliothèque nationale s'est enrichi, dans le cours des dernières années, d'un assez grand nombre de monnaies de Césarée de Cappadoce, parmi lesquelles se trouvent quelques variétés rares ou inédites qu'il est utile de signaler spécialement aux lecteurs de la *Revue*.

Néron.

1. NERO CLAVD DIVI CLAVDI CAESAR AVG GERM. Tête laurée, à droite.

℞. ĒT Ī. Le mont 'Argée ; sur le sommet, on voit une statue tenant un globe et une haste (an 63 ap. J.-C.). *Argent*; drachme[1].

Variété de Mionnet, t. IV, p. 410, n° 17.

Sur des monnaies de Tibère, émises dans le même atelier, la tête de la statue est radiée et il s'agit par conséquent d'une représentation d'Apollon que l'on a du reste parfaitement reconnue[2]. Mais on n'a pas

---

1. Au sujet des monnaies en argent de Césarée et de l'abaissement progressif du métal, voy. Mommsen, Blacas, de Witte, *Histoire de la monnaie romaine*, t. III, p. 314.

2. Mionnet, *Supplément*, t. VII, p. 660, n° 13.

assez remarqué que, sous le règne de Néron, la statue change d'aspect : la tête ne paraît pas radiée, et si l'état de conservation des pièces permettait d'examiner les détails en toute certitude, on pourrait peut-être établir que l'empereur divinisé avait pris la place du dieu.

Vespasien.

2.   [AYT]OKP[K]AICAP CEBAC OYECΠ[ACIANOC.....
Tête laurée, à droite.

℞, [E]ΠI M NEPA ΠANCA ΠPECB. Le mont Argée [1] au sommet duquel est une statue tenant un globe et une haste. A l'exergue, ET/// (an 10, c'est-à-dire 78 de J.-C.?).   *Bronze* ; 25 mill.

Le πρεσβευτὴς (Σεβαστοῦ ἀντιστράτηγος) correspond au *legatus Augusti pro prætore.*

Le nom de M. Neratius Pansa, légat de Galatie et de Cappadoce, se trouve aussi sur une monnaie d'Ancyre [2] et sur d'autres pièces de Vespasien et de Titus frappées à Césarée [3]. M. W. Liebenam, suivant l'opinion de Borghesi, a admis que ce légat resta en

---

1. Le Mont Argée devait être très giboyeux. On remarque sur quelques pièces frappées à Césarée des animaux (probablement des chiens) qui poursuivent des cerfs (Voy. Imhoof-Blumer, *Monnaies Grecques*, 1883, p. 418). Il faut rapprocher ces petites scènes de celle qu'on voit sur une pierre gravée de la collection Rinuccini. Sur cette intaille, l'empereur Constance est représenté chassant le sanglier, à Césarée ; le nom de l'empereur et celui de la localité sont gravés à côté de la scène : CONSTANTIVS AVG et KECAPIA KAΠΠAΔOKIA (Müller-Wieseler, *Denkmäler der alten Kunst*, t. I, pl. LXXII, n° 416).

2. Mionnet, *Description*, t. IV, p. 377, n° 16.

3. Mionnet, t. IV, p. 410, n° 24, et p. 411, n° 29 ; *Supplément*, t. VII, p. 662, n°ˢ 18, 19 et 20, et p. 663, n° 27.

fonctions pendant trois ans, de 77 à 80[1]. La monnaie
d'Ancyre n'est pas datée, mais le nom de ce légat se
lit sur des pièces portant la mention de l'an 10 du
règne de Vespasien, qui correspond à l'année 78.
Quant à la date de 80 donnée comme terme de sa
mission, elle me paraît peu certaine. En effet, elle est
basée uniquement sur la monnaie de Titus, frappée
à Césarée et mal publiée par Mionnet, avec la date
ЄT I (an 10)[2]. Il est clair que cette date est erronée
pour le règne si court de Titus ; mais, si l'on veut
corriger, on peut hésiter entre les dates A et Г. Je
crois donc qu'on ne saurait établir, avec les documents numismatiques actuels, si M. Nératius Pansa
a été légat jusqu'en 81 ou seulement jusqu'en 79.

Domitien.

3. ΔOMITIANOC KAICAP CЄBACTOY YIOC. Tête laurée de Domitien jeune.

℞. ЄYΘHNIA CЄBACTH ЄT O. Femme assise, à
droite, tenant des épis de la main droite, étendue en
avant (an 77 de J.-C.). *Argent* ; drachme. Pl. III, 2.

La Prospérité ou Abondance, Εὐθήνεια, correspond
sur cette pièce à l'*Annona August.* des monnaies
romaines frappées aussi au nom de Domitien César.
La date de l'an 9 du règne de Vespasien se lit aussi
sur une pièce où le nom de Domitien est associé à
celui de son père[3].

---

1. B. Borghesi, *Œuvres complètes, Épigraphie*, t. III, p. 348 ; W. Liebenam, *Die Legaten in den römischen Provinzen*, 1888, p. 172.
2. Mionnet, t. IV, p. 411, n° 29, d'après Sestini.
3. Mionnet, *Supplément*, t. VII, p. 663, n° 24.

4. [AYT] KAI ΔOMITIANOC CЄBACTOC ΓЄPM. Tête
laurée, à droite.

℞. ЄTO ĪΓ. Buste d'Apollon, lauré, à gauche ; de
la main droite, il tient un sceptre ; et de la gauche, il
paraît tenir une coupe (an 93 de J.-C.).

Argent ; didrachme. Pl. III, 1.

Nerva.

5. AYTOKPAT NЄPOYAC KAICAP CЄBACTOC YΠAT Γ.
Buste lauré, à droite.

℞. ЄΛЄYΘ ΔHMOY. La Liberté debout, à gauche,
tenant une haste de la main gauche, et de la droite
un bonnet.   *Argent* ; didrachme. Pl. III, 3.
Sestini a déjà signalé cette pièce [1].

La légende du revers, Ἐλευθερία Δῆμου, est la
transcription de l'inscription *Libertas publica* qui,
sur les monnaies romaines de Nerva, en or, en
argent et en bronze, accompagne un type semblable
à celui de la pièce de Césarée. D'autres monnaies de
la même ville, frappées aussi sous le règne de Nerva,
portent des légendes comparables à celles des monnaies romaines contemporaines. Ainsi TYXH CЄBAC-
TOY correspond à *Fortuna Augusti* et ΠPON(οια)
CTPAT(ιας) est analogue à *Providentia Senatus* et à
Concordia Exercituum.

6. AYTOKPAT NЄPOYAC KAICAP CЄBACTOC. Tête
laurée, à droite.

____

1. *Descrizione delle medaglie antiche greche del Museo Hedervariano*,
t. II, p. 366, n° 22, pl. XXVIII, f. 16 ; cf. Mionnet, *Suppl.*, t. VII, p. 666, n° 43.

℞. ΥΠΑΤΟΥ ΤΡΙΤΟΥ. Le mont Argée surmonté d'une statue (an 97 de J.-C.)   *Argent*; didrachme. Cf. Mionnet, t. IV, p. 412, n° 37.

7. Droit semblable à celui de la pièce précédente. ℞. ΥΠΑΤΟΥ ΤΡΙΤΟΥ. Buste d'Amazone à gauche, le sein gauche à découvert, et portant une bipenne à long manche sur l'épaule droite (an 97 de J.-C.).
Argent; didrachme. Pl. III, 4.

Trajan et Nerva

8. ΑΥΤ ΚΑΙ ΝΕΡΟΥΑΣ ΤΡΑΙΑΝΟΣ ΣΕΒΑΣ ΓΕΡΜ. Tête laurée de Trajan, à droite. ℞. ...ΝΕΡΟΥΑΣ ΠΑΤΗΡ ΤΡΑΙΑΝΟΥ ΣΕΒΑΣΤΟΥ. Tête laurée, à droite.
Argent; didrachme.

Trajan.

9. ΑΥΤΟΚΡ ΚΑΙΣ ΝΕΡ ΤΡΑΙΑΝΟΣ ΣΕΒ ΓΕΡΜ. Tête laurée, à droite. ℞. ΔΗΜΑΡΧ ΕΞ ΥΠΑΤ·Β. Tête laurée d'Hercule imberbe, à droite; la dépouille du lion est nouée autour de son cou (an 98 de J.-C.).
Argent; didrachme. Pl. III, 5.

La tête laurée d'Hercule jeune se trouve déjà sur des bronzes de l'ancienne Eusebeia (Cab. de France; Mionnet, t. IV, p. 408, n° 7).

10. Droit semblable à celui de la pièce précédente. ℞. ΔΗΜΑΡΧ ΕΞ ΥΠΑΤ Β. Buste d'homme barbu et vêtu d'une tunique, à droite. La tête est couverte d'une haute coiffure cylindrique analogue à un cala-

5

thos. De la main gauche portée en avant, le dieu tient un foudre (?); l'attribut de la main droite est indistinct (an 98 de J.-C.).

Argent; didrachme. Pl. III, 7.

11. Légende et tête semblables à celles du droit du nº 9.

℞. ΔΗΜΑΡΧ ΕΞ ΥΠΑΤ·Β. Buste de femme, vêtue d'une tunique, à gauche. Sa tête est couverte d'une haute coiffure cylindrique, semblable à celle du buste de la pièce précédente. La déesse tient une baguette dans chaque main (an 98 de J.-C.).

Argent; didrachme. Pl. III, 6.

Cette pièce et celle qui précède doivent évidemment être rapprochées. Elles représentent des divinités et reproduisent, sans aucun doute, des statues anciennes conservées à Césarée. La coiffure, très caractéristique, est semblable pour le dieu et pour la déesse. S'agit-il de représentations locales de Zeus et de Héra ou bien du Δῆμος et de la ἱερα Σύνκλητος ?

12. ΑΥΤ ΚΑΙ ΝΕΡΟΥΑC ΤΡΑΙΑΝΟC..... Buste lauré, à gauche.

℞. ΥΠΑΤ ΔΕΥΤ. Mars debout, tenant une lance de la main droite et s'appuyant de la gauche sur son bouclier (an 98 de J.-C.). *Argent*; didrachme.

13. Droit semblable à celui du nº 9.

℞. ΔΗΜ·ΕΞ ΥΠΑΤ·Β. La Liberté debout, comme sur la pièce de Nerva décrite plus haut sous le nº 5 (an 98).

Argent; didrachme et drachme.

14. Droit semblable à celui du nº 9.

℣. ΔΗΜΑΡΧ ΕΞ ΥΠΑΤ Γ. Pallas Nicéphore, assise à gauche, tenant une Victoire sur la main droite et appuyant la main gauche sur la poignée de son glaive. La déesse, qui a les jambes et les bras nus, est assise sur un monceau d'armes formé d'une cuirasse et de deux boucliers longs ; son bouclier rond est posé sur le tout (an 100 de J.-C.).

Argent ; didrachme. Pl. III, 8.

15. ΑΥΤΟΚΡ ΚΑΙC ΝΕΡ ΤΡΑΙΑΝΟC CΕΒ ΓΕΡΜ ΔΑΚ. Buste lauré avec l'égide, à droite.

℣. ΔΗΜΑΡΧ ΕΞ ΥΠΑΤΟ Ϛ. Buste d'Artémis, vêtue d'une tunique, à gauche. La déesse tient de la main droite un javelot, et de la gauche une petite coupe (an 112 de J.-C.).　　　*Argent* ; didrachme. Pl. III, 9.

Il est possible que cette pièce soit celle décrite par Mionnet (t. IV, p. 413, n° 44). En tout cas, le revers est d'un bon style et reproduit probablement une statue d'Artémis conservée dans un sanctuaire de Césarée. A ce point de vue, ce revers mérite d'être signalé.

Hadrien.

16. ΑΔΡΙΑΝΟC CΕΒΑCΤΟC. Tête laurée, à droite.
℣. ΥΠΑΤΟC Γ ΠΑΤΗΡ ΠΑΤΡ. Le mont Argée et, au-dessus, un astre à sept rayons (an 119 de J.-C.).

Argent ; didrachme.

17. Variété du numéro précédent avec une couronne au lieu de l'astre.　　　*Argent* ; didrachme.

18. Droit du n° 16.

℞. ΥΠΑΤΟϹ Γ ΠΑΤΗΡ ΠΑΤΡΙΔΟϹ. Massue debout entre un astre à six rayons et un croissant.

> *Argent*; didrachme. Pl. III, 10

19. ΑΥΤΟ ΚΑΙϹ ΤΡΑΙ……. ϹΕΒΑϹΤ. Tête laurée, à droite.

℞. ΕΤ Δ. Le mont Argée (an 120).

> *Argent*; quinaire.

20. ΑΥΤΟ………ϹΕΒΑϹΤΟϹ. Buste radié et drapé, à droite.

℞. ΚΑΙϹ | ΤШΝ ΠΡ (ces deux lettres en monogramme = πρὸς) ΑΡΓΑΙШ | ΕΤ ΙϹ en quatre lignes. Le tout dans une couronne de laurier (an 132).

> *Bronze*. Diamètre, 20 mill.

Antonin le Pieux.

21. ΑΥΤΟΚΡ ΑΝΤШΝΕΙΝΟϹ ϹΕΒΑϹΤΟϹ. Buste drapé, à droite.

℞. ΠΡΟΝΟΙΑ. La Providence debout, à gauche. Elle est vêtue de la stola, appuie le coude gauche sur une colonnette et tient de la main gauche une haste; sa main droite est baissée; à ses pieds est un globe.

> *Argent*; drachme. Pl. III, 11.

Sur les monnaies romaines, on lit généralement *Providentia Augusti* ou *Deorum*.

22. …ΤΟΚ ΑΝΤШΝΙΝШ….. Buste lauré, à droite.

℞. ΚΑΙϹΑΡΕШΝ Τ……. Apollon debout, le pied gauche posé sur l'omphalos; il tient son arc de la main droite et un trait de la main gauche.

> *Bronze saucé*, 21 mill.

Commode.

23. AY KOMOΔOC ANTΩNINOC. Buste lauré, à droite.

℞. MHTPOΠO KAICAPEIA. Buste de femme drapée, la tête surmontée du mont Argée, à droite. Dans le champ, [E]T ΓI. *Bronze.* Diamètre, 30 mill. Pl. III, 12.

Le buste de femme offre une certaine ressemblance avec celui de l'impératrice Crispine.

Julia Domna.

24. IOYΛIA ΔOMNA CE. Buste drapé, à droite.

℞. MHTPOΠOΛ KAICAPIA. Femme debout, à droite ; elle est vêtue d'un chiton talaire et, de la main droite, rajuste son manteau ; elle tient une pomme dans la main gauche. Dans le champ, ET E (an 197 de J.-C.).   *Argent* ; drachme. Pl. III, 13.

Mionnet a décrit des pièces analogues (*Supplément*, t. VII, p. 682, nᵒˢ 141 et 142) ; mais celle-ci est plus intéressante, car elle reproduit le type de la Vénus Genitrix, tel qu'il nous est parvenu par un denier de l'impératrice Sabine et une belle statue conservée au Musée du Louvre [1]. On croyait autrefois que ce type procédait d'une statue exécutée par Arkésilaos pour le temple consacré par Jules César en 46. Mais on a réagi contre cette opinion, et aujourd'hui, on s'accorde à reconnaître, dans cette statue pleine d'élégance, l'Aphrodite d'Alkamène [2].

---

1. Clarac, *Musée de Sculpture*, pl. 339, nᵒ 1449 ; Müller-Wieseler, *Denkmäler der alten Kunst*, t. II, pl. XXIV, nᵒ 263 ; *Musée du Louvre, Sculpture antique, Notice*, par W. Fröhner, p. 166, nᵒ 135.

2. Furtwängler, dans le *Lexicon der Mythologie* de Roscher, s. v. *Aphrodite*, col. 412.

Aussi bien, le mouvement et les attributs de la Vénus Genitrix sont différents sur d'autres monnaies romaines appartenant aux impératrices Faustine jeune, Lucille, Orbiane, Julia Mamaea et Julia Domna elle-même.

Le choix du type de la Vénus Genitrix, aïeule de la famille Julia, s'explique fort bien de la part d'une princesse dont le nom est Julia Domna.

25. ΙΟΥΛΙΑ ΔΟΜΝΑ ΑΥΓ. Buste drapé, à droite.

℞. ΜΗΤΡΟ ΚΑΙCΑΡΙ ΝΕΩ. Apollon radié, assis à gauche sur le mont Argée, le coude gauche appuyé sur un globe, et tenant de la main droite une fleur. A l'exergue, ΕΤ ΙΘ (an 211 de J.-C).

Argent ; drachme. Pl. III, 14.

Alexandre Sévère.

26. ΑΥΚ CΕΟΥΗΡΟC ΑΛΕΞΑΝΔΡΟC (la dernière lettre sous le buste). Buste lauré et drapé, à droite.

℞. ΜΗΤΡΟΠΟ·ΚΑΙCΑΡΙΑC Ν. Sérapis debout, de face, allant à gauche. Il tourne la tête en arrière et lève la main droite ; de la main gauche, il soutient le mont Argée. Dans le champ, ΕΤ Γ (an 224 de J.-C.).

Bronze ; médaillon. Diamètre, 35 mill. Pl. III, 15.

Cette pièce est conservée depuis longtemps au Cabinet des médailles et a été signalée plus d'une fois [1]. Mais, comme les reproductions qu'on en a

---

1. Vaillant, *Num. Imper. Graece loqu.*, 1700, p. 136 ; *Num. moduli max. ex cimeliarchio Lud. XIV*, 1704, pl. XXIV, 2 ; Gessner, *Num. Antiq. Imperat.*, pl. CLXIII, 9 ; Rasche, *Lex. univ. rei numariae*, t. I, 2ᵉ partie, col. 159, nᵒ 3 ; Mionnet, *Description*, t. IV, p. 432, nᵒ 178, et *Supplément*, t. VII, pl. XIII, nᵒ 4 ; W. Drexler, *Der Isis- und Sarapis-Cultus in Kleinasien*, dans la *Numismatische Zeitschrift*, t. XXI, 1889, p. 232.

données sont médiocres, il m'a semblé utile d'en offrir une meilleure qui permettra d'étudier le type curieux de Sérapis, empreint sur le revers. Cette pièce présente, du reste, un intérêt historique, car elle permet de placer, vers le commencement du troisième siècle de notre ère, l'introduction du culte des divinités d'Alexandrie en Cappadoce.

Extrait de la *Revue numismatique*, 1895, p. 76 à 78.

AUREUS INÉDIT

D'URANIUS ANTONINUS

J'ai déjà eu l'occasion de présenter aux lecteurs de la *Revue*, un aureus inédit d'Uranius Antoninus [1]. Aujourd'hui, M. le docteur Jules Rouvier, de Beyrouth, dont la riche collection est bien connue, et qui recherche, avec autant d'intelligence que d'érudition, toutes les monnaies antiques frappées en Syrie, veut bien nous autoriser à publier un nouvel aureus du même prince, dont il vient de faire l'acquisition.

Voici le dessin et la description de cette intéressante monnaie.

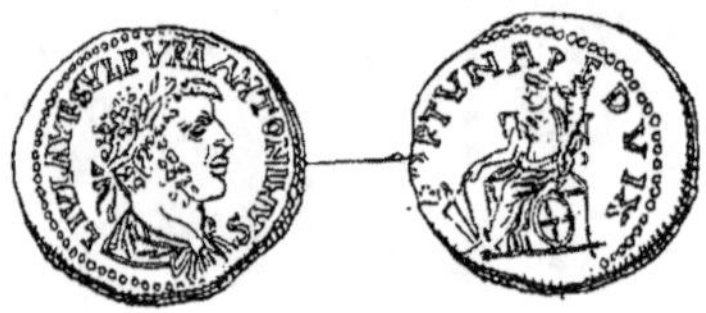

L IVL AVR SVLP VRA ANTONINVS. Buste drapé et lauré, à droite; la joue est en partie couverte par une barbe frisée; les cheveux sont frisés comme sur toutes les pièces du même prince.

℞. FORTVNA PEDVIX. La Fortune, assise à gauche; elle tient, de la main droite, la barre d'un

1. *Revue numismatique*, 1893, p. 41, pl. I, n° 4.

gouvernail (en réalité, la barre n'est pas visible) ; de la main gauche, la déesse tient une corne d'abondance ; en bas, contre la paroi du siège, est appuyée la roue. *Or jaune* ; 5 gr. 39.

Le poids de cet aureus concorde avec le poids moyen des autres monnaies d'or d'Uranius Antoninus. La nouvelle pièce offre les mêmes caractères de fabrique que celles précédemment connues. Si la tête est d'un assez bon style, le revers, très médiocre au point de vue artistique, présente de grandes incorrections dans la légende qui doit être lue FORTVNA REDVX. Bien que sur les monnaies d'Uranius Antoninus, la lettre R soit d'une forme spéciale, très peu différente de la lettre P, le caractère qui suit le mot FORTVNA est très nettement la lettre P[1]. A la fin du mot REDVX, il y a encore un I parasite avant la lettre finale.

La légende FORTVNA REDVX existe sur des monnaies de Caracalla, d'Élagabale et d'Alexandre Sévère, mais, sur les pièces de ce dernier empereur, la Fortune est debout. J'ai déjà fait remarquer que le revers du lion avait été emprunté à un aureus de Caracalla ; la Minerva Victrix existe pour Caracalla et peut-être pour Orbiane, tandis que le revers CONSERVATOR AVG, au type du quadrige, n'existe que pour Élagabale.

Mais si beaucoup de revers ont été empruntés de préférence aux monnaies des empereurs qui portaient le nom d'*Antoninus*, je crois cependant que celui de

---

1. La même erreur existe dans la légende du revers de l'aureus que j'ai publié précédemment.

la nouvelle pièce a été imité d'une monnaie de Philippe père. On sait que le revers SÆCVLARES AVGG, qui existe sur un aureus d'Uranius Antoninus, a été emprunté aux espèces de Philippe père. Or, le type de la Fortune assise, avec les mêmes attributs placés de la même façon, se voit sur des deniers de Philippe père [1], dont le style négligé est sensiblement analogue à celui de l'aureus appartenant au Dr Rouvier.

Le poids moyen des aurei d'Uranius Antoninus est un peu inférieur à celui des aurei de Philippe père et de Philippe fils, mais la différence est bien moins sensible qu'avec les pièces de Caracalla et d'Hélagabale.

Il y a là un nouvel argument pour placer l'émission des aurei d'Uranius Antoninus à l'époque de l'avènement de Valérien et de Gallien.

Pour terminer, je tiens à faire une remarque qui paraît avoir échappé à ceux qui ont écrit sur les monnaies d'Uranius Antoninus. Ce prince n'a jamais pris les titres *Imperator* et *Augustus* sur ses monnaies en or, à légendes latines [2]; mais il a osé s'en servir sur les bronzes à légendes grecques frappés à Émèse. Cette différence importante doit être la conséquence d'un fait intéressant qui nous échappe.

1. On a signalé autrefois un aureus au même type.

2. Je parle des légendes inscrites autour de la tête, car les légendes des revers n'ont pas d'importance pour la question, puisque nous avons reconnu que plusieurs de ces revers étaient empruntés à des pièces antérieures.

Extrait de la *Revue belge de Numismatique*, 1895, p. 165 à 169.

OBSERVATIONS

RELATIVES AU TYPE

DES MONNAIES D'ÉRÉTRIE, DE DICAEA

ET DE MENDE

On connaît les monnaies frappées à Érétrie, en Eubée, pendant le cinquième siècle avant notre ère. Ces monnaies, de différents poids, portent le type suivant :

Vache debout, à droite, détournant la tête en arrière et se grattant la tête avec le sabot de la patte droite de derrière. Sur le dos du quadrupède, on voit un oiseau, à droite [1].

Quelques pièces de petit module portent simplement la vache sans l'oiseau [2].

Une autre variété rare représente le quadrupède léchant le sabot de sa patte droite de derrière [3].

On admet généralement que le type de la vache en Eubée est en relation avec le culte de la malheureuse Io. Mais on a généralement évité d'expliquer le rapport qui existe entre la vache et l'oiseau perché sur son dos. On a prétendu que l'oiseau représentait

---

1. Catalogue du British Museum, *Central Greece*, p. 121, pl. XXIII, nᵒˢ 1 et 2 ; le revers représente un céphalopode *octopode*.

2. *Ibid.*, nᵒˢ 3, 4, 5 et 6.

3. Imhoof-Blumer et Otto Keller, *Tier und Pflanzenbilder auf Münzen und Gemmen*, 1889, p. 33, nᵒ 27, et pl. V.

probablement Zeus, qui avait conduit Hermès à la place où Héra avait attaché Io à un arbre.

Les numismatistes qui ont publié les monnaies d'Érétrie appellent l'oiseau une hirondelle [1]. Récemment, on a cherché à déterminer d'une manière plus précise le genre de l'oiseau, qui serait une hirondelle de mer (*sterna hirundo*), très commune dans la mer Égée.

C'est l'opinion émise par W. Greenwell, à propos d'un tétradrachme de Dicæa, colonie d'Érétrie, fondée dans la Chalcidique. Cette intéressante pièce porte le même type que celles de la métropole, la vache se grattant le mufle et l'oiseau perché sur le dos du quadrupède [2].

Ce type singulier peut-il s'expliquer entièrement par les traditions mythologiques ? On peut admettre que certaines traditions ne nous sont point parvenues et que les habitants d'Érétrie avaient conservé le souvenir d'une légende relative à Jupiter, métamorphosé en oiseau et posé sur le dos de Io, transformée en vache.

Toutefois, il me semble utile de rechercher si un fait naturel n'a point inspiré le type si curieux des monnaies d'Érétrie.

J'ai dit que sur la plupart des pièces la vache se grattait, et, une fois seulement, elle semble se lécher le sabot de la patte droite de derrière.

---

1. Dans l'ouvrage de MM. Imhoof-Blumer et Keller, cité plus haut, le mot *Schwalbe* est suivi d'un point d'interrogation.

2. W. GREENWELL, *On some rare greek coins*, dans le *Numismatic Chronicle*, 1890, p. 30 et pl. III, 22 ; F. IMHOOF-BLUMER, *Griechische Münzen*, 1890, p. 531 et pl. I, 9.

Dans les deux cas, il est permis de conclure que le quadrupède est incommodé par des insectes. Ce point étant établi, je vais transcrire un passage extrait d'un ouvrage récent :

« A propos des élans, je dois signaler encore un « oiseau noirâtre, aux ongles acérés, au bec pointu, « qui se nourrit des parasites spéciaux au buffle, au « rhinocéros, au sanglier et aussi à l'élan.

« La peau épaisse des gros animaux que je viens « d'énumérer se couvre de parasites fort semblables, « comme forme, aux ixodes (*ixodes ricinus*, vulgaire- « ment « tique ») des chiens et qui sont fort recher- « chés de ces oiseaux. A l'aide de leurs ongles, ils « s'accrochent dans toutes les positions au cuir de la « bête. Loin de les chasser, ceux auxquels ils sont « utiles les laissent se poser où ils veulent, sans s'en « occuper, et il n'est pas rare de voir marcher un « élan ou un sanglier avec une vingtaine de ces « oiseaux sur leur dos [1].

Ainsi, il y a des oiseaux qui se posent sur le dos de certains quadrupèdes et qui les débarrassent de leurs parasites.

Il me paraît possible d'expliquer par ce fait le choix du type des monnaies d'Érétrie et de Dicæa. Et cette explication n'empêche nullement de croire que ce type était en relation avec les traditions mytholo- giques. Mais je crois qu'il est important de montrer que l'idée du type a pu être inspirée par un fait natu- rel.

1, ÉDOUARD FOA, *Mes grandes chasses dans l'Afrique centrale*. Paris, Fir- min Didot, 1895, pp. 163 et 164.

M. K.-F. Kinch, de Copenhague, qui a exploré récemment la Chalcidique, a fait dans cette région une remarque qui vient corroborer mon opinion : Il a vu certains oiseaux qui se posent sur les bestiaux et les ânes.

Ainsi donc, aujourd'hui encore, dans la région même où se trouvait la ville de Dicæa, on constate l'existence d'un fait naturel qu'il faut rapprocher du type monétaire de Dicæa et d'Érétrie.

J'ajoute que l'on peut expliquer de la même manière les pièces frappées à Mende, autre ville de la Chalcidique, car ces monnaies nous montrent un âne sur le dos duquel est perché un oiseau.

Pour les monnaies de Mende on ne saurait trouver d'explication mythologique, tandis que l'explication naturelle que je propose s'applique aussi bien aux monnaies d'Érétrie et de Dicæa qu'à celles de Mende.

Le type des monnaies d'Acanthus n'est-il point aussi un type inspiré par la nature ? En effet, nous savons par Hérodote que les environs d'Acanthus étaient habités par des lions et par des taureaux munis de cornes gigantesques. Or, le type ordinaire des monnaies de cette ville montre un taureau terrassé par un lion [1].

On pourrait certainement trouver d'autres exemples démontrant que l'observation de la nature peut fournir des éclaircissements à la numismatique grecque.

---

1. Je citerai encore un passage du livre de M. Foà qu'il est intéressant de signaler à propos des monnaies d'Acanthus : « Le buffle (ou le bétail dans « certaines régions) est la nourriture préférée du lion, d'abord à cause de « sa taille et aussi parce que son allure est lente. »

Extrait de la *Revue numismatique*, 1895, p. 236 à 242.

MONNAIES GRECQUES

Pl. IV.

Parmi les monnaies grecques récemment acquises par le département des médailles de la Bibliothèque nationale, nous avons fait, ici, un choix de pièces appartenant à une même région. En voici la description :

Alexandre Ier, roi de Macédoine (498-454).

Cavalier avançant à droite, au pas; il est coiffé de la causia, vêtu de la chlamyde, et tient deux lances dans sa main gauche.

℞. ΛΛΕ. Protome de bouquetin, la patte droite pliée. Le tout dans un carré creux bordé d'un encadrement.

Argent; tétradrachme. Poids, 13 gr. 15. Pl. IV, 1.

Cette monnaie inédite doit être rapprochée d'une série de pièces, sans légende, portant soit une tête, soit un protome de bouquetin, qui sont attribuées d'une manière générale à l'époque d'Alexandre Ier et de Perdiccas II, son successeur (454-413)[1]. Comme le type du bouquetin a été conservé, avec une modification dans la position de la tête, par Archelaus Ier (413-399), on ne peut évidemment pas attribuer à Alexandre Ier plutôt qu'à Perdiccas II,

---

1. Catalogue du British Museum, *Macedonia*, p. 158 et 159.

les monnaies anépigraphes au type du bouquetin, mais le nouveau tétradrachme permet de préciser à quelle date ce type apparaît.

Étolie (Ligue étolienne, 279-168).

2. Tête de l'Étolie [1], à droite, coiffée de la causia, parée de pendants d'oreilles et d'un collier, les cheveux épars sur le cou. Derrière la nuque, Λ ; sous le menton, Ω.

℞. ΑΙΤΩΛΩΝ. Sanglier, à droite, les crins hérissés, les pattes arcboutées, comme pour résister à une meute. A l'exergue, fer de lance ou d'épieu.

Argent ; 82 centigr.   Pl. IV, 2.

Cette charmante pièce est une division rarissime de la monnaie aux mêmes types, qui est au contraire relativement commune, et dont le poids moyen est de 2 gr. 50. Malgré l'affaiblissement considérable du poids, il est probable que la division décrite plus haut est un diobole.

3. Tête imberbe d'Aetolos(?), laurée, à droite.

℞. ΑΙΤΩ ΛΩΝ. Trophée composé d'un casque conique, d'une cuirasse, d'un bouclier pendu au côté gauche, et d'un javelot brandi par le bras droit. Dans le champ, ΜΕ.

Bronze ; diam. 10 mill.   Pl. IV, 3. [2]

Phocide.

4. Tête de bœuf de face.

---

1. Au sujet de cette tête, considérée autrefois comme celle d'Atalante, voy. F. Imhoof-Blumer, *Monnaies grecques*, p. 145.

2. Comparez un petit bronze un peu différent publié dans le catalogue du British Museum, *Thessaly to Aetolia*, pl. XXX, 11.

℞. La lettre archaïque Ϙ (pour Φ), dans un carré creux.

Argent ; 25 centigr.   Pl. IV, 4.

Cette monnaie minuscule appartient à la période comprise entre la seconde moitié du vi⁰ siècle et la première moitié du v⁰. D'après son poids, cette rare division est un *tetartemorion* de système éginétique.

5. Tête de bœuf de face ; entre les yeux, les poils de l'animal sont disposés de manière à former un astre.

℞. Tête d'Apollon, laurée, à droite ; derrière, une lyre.

Argent ; 87 centigr.   Pl. IV, 5.

Cette monnaie est une rare division d'une pièce assez commune aux mêmes types et on peut la considérer comme le diobole d'une drachme de poids très affaibli [1].

Béotie.

6. Bouclier ; à gauche, la lettre **B** ; grènetis.

℞. Tête d'Athéna casquée, à droite ; grènetis.

Argent ; 56 centigr.   Pl. IV, 6.

Cette petite pièce, incertaine comme division, l'est aussi comme attribution. Car, si les types conviennent bien à la Béotie, où la tête d'Athéna paraît quelquefois au revers du bouclier, la fabrique est différente de celle de la plupart des monnaies de la Béotie.

---

1. Comparez la même division signalée dans le catalogue du British Museum, *Central Greece*, p. 21, nᵒˢ 84 à 86.

Haliartus de Béotie.

7. Bouclier béotien orné d'un trident.

℞. **ARIARTIOИ**. Poseidon Onchestios nu, marchant à droite, tendant le bras gauche en avant et dirigeant contre le sol le trident qu'il tient de la main droite.

Argent; 12 gr. 94.   Pl. IV, 7.

Ce bel exemplaire pèse un gramme de plus que celui du Cabinet de Londres, qualifié de statère [1]. On sait que le type du revers a rapport au Poseidon dont le temple élevé à Onchestus, sur le territoire d'Haliartus, était le lieu de réunion du Conseil Amphictyonique des Béotiens. Cette monnaie nous a peut-être conservé le souvenir de la statue du dieu qui subsistait encore à l'époque de Pausanias [2].

Coronée de Béotie.

8. Bouclier.

℞. Masque de Gorgone; au dessous, **KOP** [3].
Argent; 1 gr. 04.   Pl. IV, 8.

9. Bouclier.

℞. Masque de Gorgone aux cheveux crépus; à gauche et à droite, les lettres **KO**.
Argent; 0 gr. 77.   Pl. IV, 9.

---

1. Catalogue du British Museum, *Central Greece*, p. 49, n° 12. (La légende est disposée différemment). — Au sujet de cette pièce, voyez Prokesch-Osten, *Inedita meiner Sammlung*, p. 23, et Imhoof-Blumer, *Num. Zeitschrift*, 1871, p. 337.
2. Barclay V. Head, *Historia Numorum*, p. 293.
3. Cat. du British Museum, *Central Greece*, pl. VII, n° 8, sans légende et fabrique différente.

La tête de Gorgone gravée sur la seconde pièce est d'un type remarquable. L'aspect de la figure est celui d'une tête de nègre, et c'est un fait intéressant à noter, car l'origine africaine du mythe de la Gorgone paraît hors de doute. Quoique la plupart des auteurs soient portés à faire dériver le masque de la Gorgone de la tête du singe, il est probable que le facies hideux de certaines peuplades noires — de même que le visage effrayant du Bès égyptien — a dû exercer une influence sérieuse sur les représentations primitives de la Gorgone [1].

Tanagre de Béotie.

10. Bouclier béotien.

℞. Protome de cheval, à droite ; au dessous, TA [2].

Argent ; 0 gr. 96.　　　　　　　　　　　Pl. IV, 10.

Thèbes de Béotie.

11. Bouclier béotien.

℞. Tête d'Hercule barbu, coiffé de la peau de lion, de face ; à gauche et à droite, les lettres ΘE.

Argent ; 11 gr. 89.　　　　　　　　　　Pl. IV, 11.

Ce statère, d'un beau style, vient se placer à côté des autres plus communs qui portent la tête de Dionysos Pogon, vue de profil [3].

---

1. Sur la classification des types de la Gorgone, Voy. Konrad Levezow, *Ueber die Entwickelung des Gorgonen-Ideals*, 1883 ; J. Six, *De Gorgone*, 18　; et l'étude de M. Th. Philadelpheus, dans l'Ἐφημερὶς Ἀρχαιολογικὴ, 189,, .p 99 à 112, pl. 4.

2. Catal. du British Museum, *Central Greece.* pl. X, n° 7.

3, *Ibid.*, pl. XIII, n°ˢ 5 à 9.

12. Moitié de bouclier béotien.

℞. **ΘΕΒ**. Massue et feuille de lierre [1].

Argent ; 0 gr. 38.   Pl. IV, 12.

13. Bouclier béotien.

℞. Massue ; au dessus, une feuille de lierre, et au dessous, la lettre Θ [2].

Argent ; 0 gr. 24.   Pl. IV, 13.

14. Tête d'Hercule imberbe, à gauche.

℞. Massue ; au dessus, **ΛΥΚ** ; au dessous, **ΩΝΙ**.

Bronze.   Pl. IV, 14.

Le nom du magistrat est sans doute Λυκωνίδης.

Eurea de Thessalie.

15. Tête de femme de face, les cheveux épars, regardant à droite.

℞. **ΕΥΡΕΑΙΩΝ**. Grappe de raisin entourée de feuilles et suspendue à un sarment.

Bronze.   Pl. IV, 15.

Cette pièce d'une ville de la Pélasgiotide est rarissime. En 1874, elle a été signalée d'après une empreinte, par M. R. Weil [3], et depuis, aucun auteur n'avait pu en donner une bonne reproduction.

La tête est imitée de la célèbre tête d'Aréthuse que Cimon avait gravée pour les tétradrachmes de Syra-

---

1. Cf. Cat. du Br. Mus., *Central Greece*, pl. XIII, n° 3.
2. Cf. *ibid.* pl. XIII, n° 4.
3. *Zeitschrift für Numismatik*, t. I, p. 173, note 3.

cuse. Cette tête avait déjà été copiée sur le numéraire de Larissa, autre ville de Thessalie[1].

La monnaie d'Eurea est d'autant plus intéressante
que les auteurs anciens ne donnent aucun renseignement relatif à cette ville.

1. Arthur J. Evans, *Syracusan Medallions and their Engravers*, 1892, pl. III.

Extrait de la *Revue numismatique*, 1896, p. 14 à 19.

LES FONCTIONS
DES TRIUMVIRS MONÉTAIRES

Les magistrats monétaires de Rome sous la République, les *monetarii*, d'abord au nombre de trois, sont appelés *tresviri monetales* ou *tresviri ære*, *argento*, *auro*, *flando*, *feriundo* (III·VIRI·A·A·A·F·F·).

On ne connaît pas la date de la création de cette magistrature. Il en est question dans un texte de Pomponius[1], mais le passage a été très diversement interprété. Ainsi, Eckhel a cru pouvoir en conclure que les triumvirs monétaires avaient été établis en 465 de Rome (289 av. J.-C.). On a voulu ensuite faire descendre leur apparition jusqu'au moment du monnayage de l'or. Aujourd'hui, les auteurs admettent généralement que les triumvirs monétaires sont contemporains de l'introduction de la monnaie d'argent, mais que, pendant longtemps, ils furent membres de commissions temporaires et non magistrats réguliers[2].

---

1. Pomponius, *De orig. jur. leg.* 2 (*Digest.*, I, 2, 2, 30) : Decemviri litibus judicandis sunt constituti. Eodem tempore et quatuorviri qui curam viarum gererent et triumviri monetales æris, argenti, auri flatores et triumviri capitales..... Captâ deinde Sardiniâ, mox Siciliâ, item Hispaniâ, deinde Narbonensis provinciâ.

2. Eckhel, *Doctr. Num.*, t. V, p. 61 et s. ; A. de Barthélemy, dans *Rev. Num.*, 1847, p. 354 et s. ; Mommsen-Blacas-de Witte, *Hist. de la monnaie romaine*, t. II, p. 41 et s., p. 171 ; Fr. Lenormant, *La Monnaie dans l'antiquité*, t. III, p. 155 et s. ; E. Babelon, *Descr. des monnaies de la Républ. rom.*, t. I, Introd., p. xxxii et s. ; J. Marquardt, *De l'organisation financière chez les Romains* (trad. Albert Vigié), 1888 (t. X du *Manuel des ant. rom.*), p. 40.

En effet, on ne peut faire descendre au premier siècle avant notre ère l'établissement des triumvirs, car des deniers appartenant au iii° siècle portent déjà des emblèmes et des noms qui ne peuvent être que ceux de magistrats monétaires.

Je viens de résumer la question telle qu'elle se trouve posée par les auteurs qui ont étudié l'histoire de la monnaie romaine. Mais cette question me paraît mériter d'être discutée de nouveau.

En effet, certains auteurs n'admettent point le renseignement donné par Pomponius, parce que, si l'on adopte la date fixée par Eckhel, on trouve que les triumvirs monétaires seraient antérieurs à l'introduction de la monnaie d'argent. Pourquoi les auteurs n'ont-ils point raisonné au sujet de la monnaie d'or, comprise dans la formule A·A·A·F·F·, comme ils l'ont fait pour la monnaie d'argent? Si ce raisonnement eût été fait[1], voici la singulière conclusion qu'on eût été obligé d'en tirer : puisqu'en mettant de côté les monnaies d'or romano-campaniennes, la première monnaie d'or romaine est celle de Sylla, frappée en 667 de Rome (87 av. J.-C.), les *tresviri* æ*re, argento, auro, flando, feriundo,* ne peuvent être antérieurs à cette date.

Or, cette conclusion, si logique en apparence, puisqu'elle est semblable à celle qu'on a faite à propos de la monnaie d'argent, cette conclusion est inadmissible, car nous connaissons une inscription qui nous apprend que C. Claudius Pulcher fut III·VIR·

---

1. Il l'a été (*Revue Numismatique*, 1847, p. 354) ; mais non par les auteurs qui ont étudié la question en dernier lieu.

A·A·A·F·F· avant l'an 654 de Rome (100 av. J.-C.[1]). Par conséquent, il ne faut pas prendre le nom de triumvir monétaire dans un sens étroit, comme on l'a fait jusqu'à ce jour.

Pour arriver à une nouvelle explication, retenons d'abord que dans le texte, si complètement récusé, de Pomponius, les magistrats monétaires sont appelés *III viri monetales æris, argenti, auri flatores*.

Le mot *flatores* ne peut signifier que *fondeurs*[2], et même en admettant la date de 465 de Rome (289 av. J.-C.), pour le fait dont parle Pomponius, on reconnaîtra que cet auteur était strictement exact en parlant de *flatores*, puisque les monnaies en bronze, à Rome, à cette époque, sont toutes coulées. Mais, dira-t-on, si les monnaies en argent et en or, vraiment romaines, n'existaient pas encore, dans quel but Pomponius mentionnerait-il ces deux métaux? A cela il est facile de répondre par l'examen de la composition de la réserve métallique de l'État.

Varron nous apprend que des lingots d'or et d'argent étaient conservés dans le trésor : *Lateres argentei atque aurei primum conflati atque in aerarium conditi.* Cela est confirmé par un passage de

---

1. Borghesi, *Œuvres compl.*, t. II, p. 171 et s., E. Babelon, *op. laud.*, t. I, p. 345.

2. On ne peut baser d'objection sur le denier signé de L. Flaminius Chilo qui porte IIII·VIR PRI·FLA. Les deux derniers mots sont complétés en *primus flavit*; mais cela ne prouve pas que le verbe ait été pris dans un sens plus étendu que le sien propre. N'est-il pas naturel que L. Flaminius Chilo ait voulu faire connaître qu'il avait surveillé l'opération de la fonte du métal ? Cette opération n'est-elle pas en effet la plus importante, puisque c'est d'elle que dépend la pureté de la monnaie? L'explication est également bonne pour le denier de Cn. Cornelius Lentulus Marcellinus qui porte CVR X FL (*Curator denariis flandis*).

Tite-Live, dans lequel nous lisons qu'en 545 de Rome (209 av. J.-C.), pendant la première guerre contre les Carthaginois, on fut obligé de recourir à la réserve du trésor qui contenait 4.000 livres pesant d'or. Un peu plus tard, en 157 av. notre ère, les lingots d'or entrent pour les quatre cinquièmes dans la réserve du trésor romain. Enfin, à l'époque de la guerre sociale et de la guerre de Mithridate, en 89 av. J.-C., on trouva, selon Pline, dans la réserve de l'*Ærarium Saturni*, 17.410 livres d'or, 22.070 livres d'argent en lingots, plus 6.135.400 sesterces en argent monnayé et 1.620.831 sesterces en or monnayé[1].

Ces lingots, *conflati*, comme dit Varron, ne sont-ils pas composés de métal provenant des mines ou de monnaies étrangères, fondues sous la surveillance des *flatores* cités par Pomponius? Cette hypothèse est de la plus grande vraisemblance et permet de reconnaître au texte de Pomponius une valeur historique qu'on lui refusait sans raisons sérieuses.

Il en fut de même jusqu'à la fin de l'empire romain, et une découverte faite en 1887 vient confirmer ma manière de voir. Il s'agit des lingots en or, trouvés dans le comté de Haromszeker (en Transylvanie[2]), qui portent la marque de l'atelier de Sirmium et des estampilles avec plusieurs noms de fonctionnaires, *Lucianus, Quirillus, Dionisus, Fl. Flavianus*. Quelle

---

1. Voy. les références citées par E. Babelon, *op. laud.*, p. xxvi et s. On a dit que cet or monnayé était composé surtout de statères de Philippe. A mon avis, la majeure partie pouvait fort bien être des monnaies romano-campaniennes de 60, 40 et 20 sesterces.

2. J'ai donné la bibliographie des articles relatifs à ces lingots dans la *Rev. Num.*, 1893, p. 285.

que soit la fonction de chacun de ces personnages,
il est certain que les lingots en or, destinés probablement à la monnaie de Sirmium, portent la marque
de fonctionnaires qui ont surveillé la fonte de l'or
et vérifié le titre du métal.

Telles devaient être les fonctions des triumvirs
monétaires à l'époque où Rome n'avait pas de
monnaies en or[1] et en argent, et c'est pourquoi
l'établissement de ces magistrats peut remonter
à une date reculée. C'est pourquoi on peut
comprendre parfaitement une inscription qui porte
III VIR AVR*o* ARG*ento* FLANDO, sans supposer une
faute du lapicide pour expliquer l'omission du
bronze[2]. C'est pourquoi on peut admettre complètement l'exactitude d'une lettre de Cicéron[3] où il est
question d'un triumvir monétaire (en 703 ou 704 de
Rome) dont le nom, Vectenus, ne se lit sur aucune
monnaie.

Une question qui a fort embarrassé les auteurs
modernes est celle de la prétendue intermittence
des magistrats monétaires romains. Pour l'expliquer,
on a dit que ceux-ci étaient souvent remplacés par
des magistrats déjà chargés d'une autre partie de
l'administration, par exemple des questeurs[4]. Ce

1. François Lenormant a parfaitement compris qu'il fallait expliquer ainsi
la présence du mot *or* dans le titre des magistrats monétaires (*La Monnaie
dans l'antiquité*, t. III, p. 148). Mais il n'a pas poussé plus loin son observation.

2. *Corp. inscript. latinarum*, t. III, n⁰ 87, et *Add.*, p. 968. F. Lenormant,
op. laud., t. III, p. 147, note 1.

3. *Ep. ad Attic.*, X, 5 et 11.

4. Il est certain que les deux magistratures, du triumvir monétaire et du
questeur, sont en rapports étroits. C. Claudius Pulcher avait été questeur avant
d'être triumvir monétaire ; plus tard, l'ordre fut inverse. Sur les fonctions

serait la raison pour laquelle on ne connaîtrait pas un plus grand nombre de noms de monétaires. Si l'on admet mon raisonnement, on trouvera tout simple qu'un magistrat monétaire, chargé surtout de surveiller la fonte des lingots, réserve du trésor, n'ait pas mis son nom sur la monnaie, à un moment où il n'y avait pas d'émission.

Je pense aussi que les triumvirs monétaires se partageaient souvent la besogne, surveillant l'un la fonte des lingots, et les autres la frappe des monnaies d'argent et de bronze. Ainsi on s'explique mieux que certains noms de monétaires ne se trouvent que sur les monnaies d'argent, d'autres sur les monnaies en bronze. C'est par exception qu'on lit les noms des trois magistrats réunis sur une monnaie.

Telles sont les idées que je désirais exposer à propos des fonctions des triumvirs monétaires, et il me paraît qu'elles apportent quelque clarté dans la question.

du questeur, voy. aussi Mommsen, *Staatsrecht* (2ᵉ éd.), t. II, p. 586 et s., 620 et s.

Extrait de la *Revue numismatique*, 1896, p. 231 à 239.

ESSAIS MONÉTAIRES ROMAINS

A PROPOS DE DEUX PIÈCES INÉDITES DE TETRICUS
ET DE SON FILS

Le Cabinet de France s'est enrichi récemment de deux pièces fort intéressantes dont voici le dessin et la description.

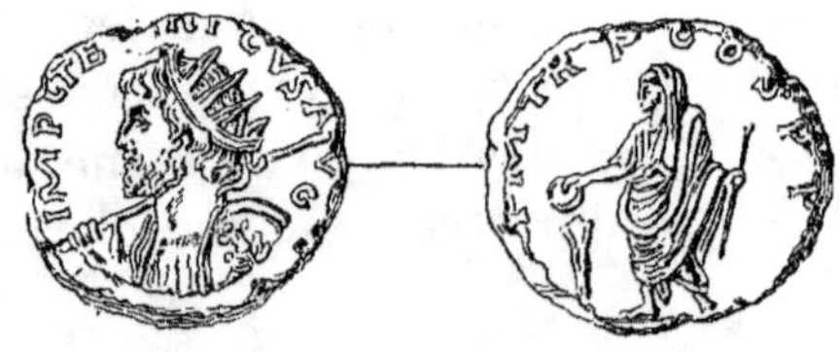

1. IMP C TETRICVS AVG. Buste barbu et radié de Tetricus père à gauche ; de la main droite, il tient une lance appuyée sur son épaule ; l'épaule gauche est couverte par un bouclier sur lequel on distingue un trophée entre deux captifs accroupis.

℞. P M TR P COS P P. L'Empereur debout à gauche, vêtu des habits de pontife ; de la main droite, il tient une patère et fait une libation sur un autel placé devant lui ; de la main gauche, il tient une haste.

Bronze ; diamètre, 24 mill.

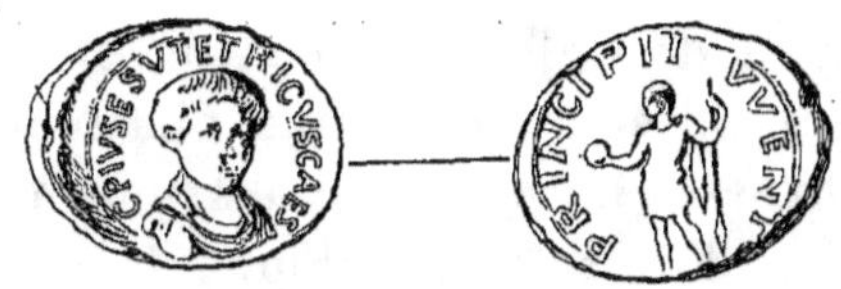

2. **C PIVS ESV TETRICVS CAES**. Buste de Tetricus fils, vêtu du *paludamentum*; le visage est vu de trois quarts.

℞. **PRINCIPI IVVENT·** Le prince debout à gauche, tenant un globe sur la main droite et une haste de la main gauche.

Bronze recouvert en partie d'une patine verte; diamètre, 22 mill. Donné au Cabinet de France par M. A. de Barthélemy.

La première de ces pièces est d'une épaisseur et d'un module bien supérieurs à ceux des « petits bronzes » de Tetricus. Le type du buste est aussi exceptionnel.

Quant à la pièce de Tetricus fils, elle porte au droit un type de buste que nous connaissons par des monnaies de Postume et de Tetricus père, mais par des monnaies en or seulement. Aucun « petit bronze » de Tetricus fils ne présente autant de relief que celui dont je viens de donner la description.

Ces deux pièces exceptionnelles ne peuvent être que des essais de monnaies en or. Je citerai, comme analogue à la pièce de Tetricus père, le médaillon en or de Gallien, trouvé à Monaco, qui porte aussi le type de l'empereur sacrifiant sur un autel[1]. Un autre

---

1. R. Mowat, *Trésor de Monaco*, dans *les Mém. de la Soc. des antiq. de France*, t. XL, 1880 ; E. Babelon, dans la *Rev. Num.* 1885, p. 256 ; Cohen[2], n° 834.

médaillon en or de Gallien est conservé au Cabinet de France qui possède aussi une pièce en bronze aux mêmes types[1]. La pièce de Tetricus père peut bien être l'essai d'un tel médaillon.

Quant à celle de Tetricus fils, à cause du type du buste et du relief accentué, elle doit être considérée comme un essai d'*aureus*.

Quoiqu'on ait jusqu'à ce jour négligé de rechercher dans les séries monétaires romaines les essais qui pouvaient s'y trouver, quelques auteurs ont admis, en de trop rares occasions, qu'il pouvait y avoir des pièces de ce genre. On a considéré avec raison comme un essai de médaillon la plaque de plomb représentant le pont reliant Mayence et Cassel, médaillon qui se rapporte au passage du Rhin par Maximien en 287[2].

C'est aussi un essai que cette petite pièce en argent du IVᵉ siècle portant d'un côté une étoile à huit rayons et, au revers, une couronne avec rosace au dessus, sans aucune légende[3].

Il me paraît du reste que la recherche des pièces qui sont des essais apporterait des éclaircissements à la question des médaillons qui, depuis quelques années, a été reprise si souvent. Depuis le recueil de médaillons publié par M. W. Frœhner, M. Fr. Kenner, conservateur du Cabinet de Vienne, et M. Fr.

---

1. *Rev. Num.* 1885, p. 255 ; Cohen[2], nᵒˢ 810 et 811.

2. E. Babelon et A. Blanchet, *Catalogue des bronzes antiques de la Bibliothèque Nationale*, p. 370, nᵒ 849. Ajoutez à la bibliographie : C. Roach Smith, *Note on the medallion of Diocletian and Maximian, found at Lyons*, dans le *Numism. Chronicle*, n. s., t. III, 1863, p. 194, pl. III.

3. Dr. Missong, *Eine römische Münzprobe* dans la *Numismatische Zeitschrift*, 1870, t. II, p. 449.

7

Gnecchi ont fait de longues et précieuses recherches sur ces monuments [1].

Je ne fais que rappeler les divisions en *médaillons sénatoriaux* et *médaillons impériaux*, établies par M. Fr. Gnecchi [2], et j'arrive à la nouvelle et ingénieuse théorie que vient d'énoncer M. John Evans [3]. Pour lui, les médaillons sont des pièces frappées spécialement pour servir de modèles dans les divers ateliers ; au point de vue des effigies, l'utilité de ces modèles est incontestable.

Mais, il y a lieu de remarquer que beaucoup de médaillons offrent souvent des types de têtes et de bustes que les monnaies ne reproduisent pas. Quant aux revers, souvent sans légende, ils ont fréquemment des types tout différents de ceux des monnaies.

Il me paraît donc que la nouvelle théorie, malgré sa séduisante apparence, ne peut point être admise comme explication générale. Aussi bien, il ne convient guère de vouloir généraliser sans cesse. A mon avis, aucune théorie ne peut servir à expliquer *tous* les médaillons ; car les monuments classés sous ce nom devraient être répartis entre plusieurs séries.

Je crois que les désignations empiriques de Cohen [4], récemment critiquées, sont, en bien des cas, plus près de la vérité que les théories savantes.

1. *Der römische Medaillon*, dans la *Numismatische Zeitschrift*, 1887 ; trad. partielle dans la *Rivista italiana di Numismatica*, t. II, 1889.

2. *Rivista ital. di Num.*, 1892, p. 291 et 433.

3. *On some rare or unpublished roman medallions*, dans le *Numismatic Chronicle*, 1896, p. 45 et 46. Il faut rapprocher cette idée de celle exposée par Cohen (2e édition, t. I., introd., p. XXII).

4. *Petit médaillon ou moyen bronze ; médaillon ou grand bronze ; grand bronze frappé sur flan de médaillon*, etc.

Beaucoup de pièces appelées *médaillons* sont certainement des essais de monnaies, car elles sont frappées avec des coins semblables, pour le travail, le relief et les types, à ceux qui ont servi pour les espèces courantes. Cela est en contradiction avec le caractère du médaillon qu'on a considéré comme le plus constant, c'est-à-dire la supériorité du travail et du relief.

La théorie que je vais appuyer sur des exemples a l'avantage d'expliquer l'existence de *pièces fortes* dans les séries *argent* et *petit bronze*.

J'abrège les descriptions des pièces que je vais citer, car elles sont faciles à retrouver et je cite seulement des pièces que j'ai examinées moi-même, en nature ou d'après de bonnes reproductions.

Auguste. ℟. foudre. Moy. Br. (type de Cohen, 2ᵉ éd.,
      n° 249)
      Cab. de Londres.

—   ℟. Aigle sur un globe. M. B. (Cohen², note
      du n° 247).
      Cab. de France.

—   ℟. SC. dans une couronne de chêne. M.B.
      (Cohen², n° 252).
      Cab. de France.

—   G.B. du monétaire C. Gallius. C. F. Lupercus
      (Cohen², n° 434).
      Cab. de France.

Agrippa. ℟. Neptune. M.B. (Cohen², n° 3).
      Coll. John Evans (*Num. Chron.*, 1891, pl.
      VI, 1).

Coll. Fr. Gnecchi (*Riv. ital. di Num.*, 1892, pl. VI, 1).

Tibère. ℞. Caducée. M.B. (Cohen, note du n° 22). Cab. de France.

Coll. Fr. Gnecchi (*Riv. ital. di Num.*, 1892, pl. VI, 3).

Agrippine mère. ℞. Carpentum (Cohen, note du n° 1). Cab. de France et Cab. de Londres.

— ℞. **SPQR PP OB CIVES SERVATOS** dans une couronne de chêne (Cohen, t. I, p. 231, note 1). Cab. de France.

Néron. ℞. Rome assise. G.B. (Cohen, note du n° 277). Cab. de France ; Cab. de Londres.

— ℞. La sécurité assise. A l'exergue, II. M.B. (Cohen, n° 326). Cab. de France.

Titus. **IMP T VESP AVG COS VIII.** Modius. ℞. **S.C.** dans une couronne de laurier Petit bronze. (Cohen, n° 252). Cab. de France.

Domitien. ℞. Rhinocéros à droite. Petit bronze. (Cohen, n° 673). Cab. de France.

Pour d'autres pièces de Domitien, voyez aussi les notes de la deuxième édition de Cohen (t. I, p. 498, 499 et 510).

Hadrien. ℞. LIBERTAS RESTITVTA. G. B. (Cohen, n°
949).

Cab. de Berlin (*Riv. ital. di Num.*, 1892,
pl. VI, 4).

— ℞. Corne d'abondance. Petit bronze (Cohen,
n° 1177).

Cab. de France.

Antonin. ℞. CONSECRATIO. Bûcher. G.B. (Cohen, n°
165).

Cab. de Berlin (*Riv. ital. di Num.*, 1892,
pl. VI, 6).

Faustine jeune. ℞. Diane. G.B. (Cohen, n° 87).

Coll. Fr. Gnecchi (*Riv. ital. di Num.*,
1892, pl. VII, 2).

Commode. ℞. Pallas combattant. Petit bronze (Cohen,
n° 915).

Cab. de France.

— ℞. L'empereur en pontife, la Paix et un
victimaire. G.B. (Type du n° 596 de
Cohen).

Cab. de Londres. La collection Dupré
renfermait un moyen bronze sur un
flan épais (Cohen, n° 596).

Caracalla. ℞. Sérapis. G.B. Coll. Fr. Gnecchi (*Riv.
ital. di Num.*, 1892, pl. VII, 5).

— ℞. L'empereur haranguant ses soldats.
G.B. (Cohen, n° 273). Coll. Fr. Gnecchi
(*Riv. ital. di Num.*, 1892, pl. VII, 6).

— ℞. Vaisseau à gauche. G.B. (Cohen, n°

444). Coll. Fr. Gnecchi (*Riv. ital. di Num.*, 1892, pl. VIII, 1).

Geta. ℞. Bacchus et Hercule. G.B. (Cohen, n° 32). Cab. de Londres.

Otacilia Severa. ℞. La Concorde assise. M.B. (Cohen, n° 6). Cab. de France.

Gallien. ℞. IOVIS STATOR. Denier frappé sur flan large et épais. Billon (Cohen, note du n° 388). Cab. de France.

Salonine. ℞. Vesta assise. G.B. (Cohen, n° 145). Cab. de France.

Claude II. ℞. CONSECRATIO. Aigle. Coin du petit bronze sur flan de grand bronze (Cohen, n° 43). Cab. de France.

Cette liste pourrait être bien plus étendue, mais, telle qu'elle est, elle montre nettement un fait important qu'on a trop négligé : l'existence d'un grand nombre de pièces frappées sur des flans très larges et très épais, *avec les coins destinés aux espèces courantes.*

La pièce de Néron, au revers de la Sécurité, a été frappée, avec les coins d'un *dupondius*, marqué du signe II, sur un flan pesant 52 grammes, c'est-à-dire plus de quatre fois le poids du *dupondius*. Cette pièce n'est certainement pas un multiple du *dupondius* pour plusieurs raisons. La première, c'est que la marque II n'aurait plus aucune raison d'être sur une telle pièce. La seconde raison est que, pour un multiple, il eût été bien plus naturel de prendre le sesterce comme unité.

A l'appui de ma théorie, je citerai encore une pièce byzantine exceptionnelle, qui a été qualifiée de « Médaillon de bronze[1] », bien qu'un médaillon en bronze soit une anomalie dans la numismatique du xi° siècle. En voici la description :

+ PⲰMAN ΔΕСΠ. Buste, de face, de l'empereur.

Ŗⵁ. ΕΥΔΟΚ[Ι]Α ΒΑСΙΛ. Buste, de face, de l'impératrice.

Coins du diamètre du sou d'or ; frappé sur un flan épais, ayant 31 millimètres de diamètre. Cab. de France (T.E. Mionnet, *De la rareté des médailles romaines*, t. II, pl. de la page 520 ; J. Sabatier, t. II, pl. L, 13).

Cette pièce en bronze, si différente des monnaies en ce métal, pour cette époque, n'est-elle pas l'essai d'un sou d'or de Romain IV (1067-1070) et de sa femme Eudocie ?

Je crois que la théorié, exposée ci-dessus, permet de mettre à part une importante série de pièces qui n'ont été assimilées jusqu'ici aux médaillons que pour l'épaisseur de leur flan.

---

1. Sabatier, *Descr. des monnaies byz.*, dit que c'est une monnaie de cuivre.

Extrait de la *Revue belge de numismatique*, 1897, p. 5 à 14.

MONNAIES EN OR

DES

EMPEREURS TRÉBONIEN GALLE ET VOLUSIEN

Au troisième siècle de notre ère, le système monétaire de l'empire romain devient compliqué, et pour la monnaie d'or en particulier, il semble qu'on rencontre plus d'espèces différentes qu'il n'y en avait pendant les deux premiers siècles.

Mommsen a fait cette remarque ; mais, soit que l'étude des monnaies du troisième siècle l'ait rebuté, soit qu'il n'ait point jugé utile d'y consacrer son temps, le savant philologue s'est contenté de noter quelques observations, dont je transcris le texte :

« Sous Valérien, on commence à voir des *tiers* « *d'aureus* (*trientes* ou *tremisses*), et peut-être même « des 2/3 *d'aureus* ; le 4/3 date probablement du « règne d'Aurélien, comme on le verra, tandis que « le quinaire d'or disparaît.

« Sous Valérien et Gallien, nous avons des *ter-* « *niones* de 15 gr. 24 (= 3 × 5 gr. 08), des *biniones* « de 11 gr. 89 à 11 gr. 14 (= 2 × 5 gr. 94 à 5 gr. 57) « et des *aureus*, dont les plus pesants atteignent « 6 gr. 03 ; les *trientes* (car l'expression de *trientes* « *saloniniani* désigne évidemment les pièces les plus

« légères), pèsent au minimum un gramme. On peut
« admettre, sans cependant que ce soit bien certain,
« que les pièces pesant de 5 gr. 15 jusqu'à 6 gr. 03,
« sont des *aureus* ; celles, fort nombreuses, de
« 3 gr. à 4 gr. 76, des doubles *trientes*, et celles de
« 1 gr. à 2 gr. 38, des *trientes*. Les pièces d'or de
« 8 gr. 7 et au-dessous, que l'on trouve surtout sous
« Aurélien et Probus, doivent valoir quatre *trientes*,
« dont le poids normal devait être de 8 gr. 73 [1] ».

Comme on le voit, il est surtout question dans ces passages, empreints d'hésitation, de la monnaie en or de Valérien et de Gallien.

Au cours des recherches que j'ai faites en rédigeant mon volume sur *Les monnaies romaines* [2], il m'a paru qu'on pouvait rendre moins obscur le système des monnaies en or pour deux des prédécesseurs immédiats de Valérien, Trébonien Galle et son fils Volusien, qui régnèrent de 251 à 254 après J.-C.

En effet, après des recherches faites dans plusieurs collections, j'ai constaté pour les monnaies en or de ces deux empereurs, l'existence de deux types différents pour deux groupes de pièces qui étaient déjà différenciées par leur poids.

Ainsi les pièces lourdes, dont le poids dépasse 5 grammes, ont toutes, *sans exception*, la tête de l'empereur avec la couronne radiée, tandis que les monnaies plus légères sont toutes empreintes de la tête laurée.

1. Mommsen, Blacas, de Witte, *Histoire de la monnaie romaine*, t. III, pp. 60 à 62.
2. Paris, 1896. In-18 avec 12 planches en phototypie.

Voici du reste les relevés de poids de plus de cinquante *aurei* des deux règnes. J'ai abrégé les descriptions, qui sont généralement exactes dans la
seconde édition de l'ouvrage de Cohen auquel je
renvoie.

TRÉBONIEN GALLE.

Poids.

Buste lauré. *Rev.* ADVENTVS AVGG (Cohen [2], n° 1).
Cabinet de France...................................... 4 gr. 29

Buste lauré. *Rev.* AEQVITAS AVGG (Cohen, n° 8).
Cabinet de France. (Usé et troué)................. 4 gr. 15

Buste lauré. Autre exemplaire de la pièce précédente;
ancienne collection H. Montagu. (*Catalogue de vente*,
n° 601.).. 4 gr. 00

Buste lauré. *Rev.* AETERNITAS AVGG (Cohen,
n° 12). Cabinet de France........................... 3 gr. 64

IMP CAE C VIB TREB GALLVS AVG. Buste radié
à droite. *Rev.* ANNONA AVGG. Femme debout, à droite,
le pied sur une proue (?), tenant un gouvernail de la
main droite et des épis de la gauche. (Cf. Cohen, n° 18.
Sur l'empreinte que j'ai entre les mains, je ne vois pas
de trompe d'éléphant sur la tête.) Cabinet de Vienne.. 5 gr. 68

Buste lauré. *Rev.* ANNONA AVGG (Cohen, n° 16).
Cabinet de Londres................................... 4 gr. 12

Buste radié. *Rev.* APOLL SALVTARI (Cohen, type
du n° 20). Cabinet de Londres...................... 6 gr. 99

Buste lauré. *Rev.* APOLL SALVTARI (Cohen, n° 19).
Cabinet de Londres................................... 3 gr. 79

Buste radié. *Rev.* CONCORDIA AVGG (Cohen,
n° 25). Cabinet de France........................... 5 gr. 92

Buste lauré. *Rev.* CONCORDIA AVGG (inédite; type
de Cohen, n° 28). Cabinet de Vienne................ 3 gr. 38

Buste radié. *Rev.* FELICITAS PVBLICA (Cohen,
n° 36). Cabinet de France........................... 5 gr. 85

Poids.

Buste radié. Autre exemplaire de la pièce précédente.
Cabinet de Londres...................................... 5 gr. 98[1]

Buste radié. Autre exemplaire; ancienne collection
H. Montagu. (*Catalogue*, n° 602)...................... 5 gr. 89

Buste radié. Autre exemplaire. Cabinet de Vienne.. 6 gr. 11

Buste radié. *Rev*. **LIBERTAS AVGG** (Cohen, n° 62).
Cabinet de France..................................... 5 gr. 55

Buste radié. Autre exemplaire de la pièce précédente;
ancienne collection H. Montagu (*Catalogue*, n° 603)... 6 gr. 31

Buste radié. Autre exemplaire. Cabinet de Vienne.. 5 gr. 57

Buste lauré. *Rev*. **LIBERTAS AVGG** (Cohen, n° 60).
Cabinet de Londres.................................... 3 gr. 51

Buste lauré. Autre exemplaire. Cabinet de Vienne.. 3 gr. 01[2]

Buste radié. *Rev*. **PIETAS AVGG** (Cohen, n° 82).
Cabinet de Londres.................................... 5 gr. 39

Buste radié. Autre exemplaire. Cabinet de Vienne. 6 gr. 00

Buste lauré. *Rev*. **PIETAS AVGG** (Cohen, n° 83).
Cabinet de France..................................... 3 gr. 09

Buste lauré. Autre exemplaire, très beau. Cabinet de
France... 3 gr. 81

Buste lauré. Autre exemplaire. Cabinet de Vienne.. 3 gr. 33

Buste lauré. *Rev*. **PM TR P IIII COS II** (Cohen, n° 92).
Cabinet de Londres.................................... 3 gr. 97

Buste lauré. Autre exemplaire (variété du droit);
ancienne collection H. Montagu. (*Catalogue*, n° 600).. 4 gr. 04

Buste lauré. *Rev*. **PROVIDENTIA AVG** (Cohen,
n° 101). Cabinet de Londres......................... 3 gr. 39

Buste radié. *Rev*. **SALVS AVGG** (Cohen, n° 113).
Cabinet de Londres................................... 5 gr. 36

---

1. Un exemplaire de la collection Ponton d'Amécourt pesait aussi 5 gr. 98
(*Catalogue*, n° 503).

2. M. Fr. Kenner m'a fait savoir qu'il considérait cette pièce comme
suspecte.

VOLUSIEN [1].

Poids.

Buste lauré. *Rev.* **AETERNITAS AVGG** (Cohen, n° 10). Cabinet de France................................... 3 gr. 87

Buste lauré. Autre exemplaire. Cabinet de Londres. 4 gr. 07

Buste lauré. Autre exemplaire; ancienne collection H. Montagu. (*Catalogue*, n° 604)..................... 4 gr. 00

Buste radié. *Rev.* **CONCORDIA AVGG** (Cohen, n° 19). Cabinet de France. (Usé).................. 6 gr. 05

Buste radié. Autre exemplaire. Cabinet de Vienne.. 6 gr. 34

Buste radié. Autre exemplaire. Cabinet de Londres. (Troué)....................................... 5 gr. 10

Buste radié. Variété de la pièce précédente (Cohen, n° 28). Cabinet de France......................... 6 gr. 15

Buste radié. Autre exemplaire; ancienne collection H. Montagu (*Catalogue*, n° 605).................... 5 gr. 54[2]

Buste radié. *Rev.* **LIBERTAS AVGG** (Cohen, n° 54). Cabinet de France...................... 6 gr. 07

Buste lauré, *Rev.* **LIBERTAS AVGG** (Cohen, n° 56). Anciennes collections Ponton d'Amécourt (*Catalogue*, n° 506) et H. Montagu (*Catalogue*, n° 606). Fabrique orientale................................... 5 gr. 96

Buste lauré. *Rev.* **PAX AVGG** (Cohen, n° 69). Cabinet de France...................................... 3 gr. 62

Buste lauré. Autre exemplaire. Cabinet de Londres. 3 gr. 47

Buste radié. *Rev.* **PIETAS AVGG** (Cohen, n° 82). Cabinet de France. (Troué)...................... 5 gr. 64

---

1. M. Fr. Kenner, l'obligeant conservateur du musée de Vienne, m'a prévenu que l'*aureus* avec **AEQVITAS AVGG** (Cohen, 2° édition n° 7) n'est pas antique.

2. Un exemplaire de la collection Ponton d'Amécourt pesait 6 gr. *Catalogue*, n° 505.) C'est peut-être la même pièce que le n° 5682 du *Catal. d'une coll. de médailles romaines* (Rollin et Feuardent). Les auteurs ont parfaitement reconnu qu'il y avait deux monnaies d'or différentes.

Poids.

Buste radié. Autre exemplaire. Cabinet de Londres.   5 gr. 96

Buste radié. Autre exemplaire ; variété (type de Cohen, n° 88). Ancienne collection H. Montagu. (*Catalogue*, n° 607).....................................   5 gr. 63

Buste radié. Autre exemplaire. Cabinet de Vienne..   5 gr. 37

Buste lauré. *Rev.* **PIETAS AVGG** (Cohen, n° 83). Cabinet de France...............................   3 gr. 24

Buste lauré. Autre exemplaire. Cabinet de Londres.   2 gr. 61

Buste lauré. *Rev.* **PM TR P IIII COS II**. Cabinet de Londres...................................   3 gr. 20

Buste, tête nue. *Rev.* **PRINCIPI IVVENTVTIS** (Cohen, n° 98). Cabinet de France................   3 gr. 38

Buste lauré. Même revers (Cohen, n° 105). Cabinet de Londres..................................   3 gr. 75[1]

Buste lauré. *Rev.* **VICTORIA AVGG** (Cohen, n° 130). Cabinet de Londres.........................   3 gr. 05

Buste lauré. *Rev.* **VIRTVS AVGG** (Cohen, n° 134). Cabinet de Vienne.............................   3 gr. 01

Si l'on compare les poids que j'ai indiqués dans ces deux tableaux, on trouve les quatre groupes suivants :

Trébonien Galle :

Poids moyen.

1° Groupe des pièces avec la tête radiée (12 pièces)..............,.............   5 gr. 89

2° Groupe des pièces avec la tête laurée (15 pièces)...........................   3 gr. 72

---

1. Je laisse de côté une pièce conservée au Cabinet de France. Elle est du module de l'ancien quinaire, mais elle est retouchée et munie d'une bélière.

Volusien :

Poids moyen.

3° Groupe des pièces avec la tête radiée
(12 pièces)............................... 5 gr. 82

4° Groupe des pièces avec la tête laurée
(12 pièces)............................... 3 gr. 44

Il est facile de voir que les premier et troisième groupes fournissent des poids moyens sensiblement rapprochés. S'il n'en est pas de même pour les autres groupes, c'est à cause de la présence de deux pièces exceptionnellement lourdes (4 gr. 29 et 4 gr. 40) dans le deuxième groupe ; à cause aussi de la présence d'une pièce exceptionnellement légère (2 gr. 61) dans le quatrième groupe. Si l'on faisait abstraction de ces trois pièces, on obtiendrait les chiffres suivants :

Poids moyen.

Deuxième groupe (14 pièces)........... 3 gr. 63
Quatrième groupe (11 pièces)........... 3 gr. 52

Comme on le voit, la différence n'est plus importante.

Si nous établissons maintenant le poids moyen d'après toutes les pièces énumérées plus haut, nous obtiendrons les résultats suivants :

Poids moyen.

Aurei du type au buste radié (24 pièces).   5 gr. 86
Aurei du type au buste lauré (27 pièces).   3 gr .58

On ne saurait contester le résultat certain qu'on doit naturellement déduire des chiffres que je viens d'exposer, et l'on peut formuler ce résultat dans les termes suivants :

Sous Trébonien Galle et Volusien, la monnaie d'or est représentée par deux espèces nettement caractérisées et dont les poids présentent une exactitude très satisfaisante.

Faut-il admettre que la pièce lourde, au buste radié, représente l'*aureus*, tandis que la pièce légère, au buste lauré, aurait circulé comme double *triens* ? C'est assez vraisemblable, mais on a vu que Mommsen ne se prononçait pas nettement au sujet des monnaies de Valérien et de Gallien.

Du reste, les monnaies en or de Trébonien Galle et de Volusien, ont dû être frappées à la suite d'une réforme marquée par une innovation analogue à celle de l'*antoninianus*. On sait que sous Caracalla, on émit pour la première fois l'*argentus antoninianus*, de 1/60 de livre, qu'on a appelé à tort « double denier », puisque le denier ordinaire (*argenteus minutulus*) était de 1/96 de livre. Le rapport entre ces deux espèces d'argent n'était donc pas même approximatif quant au poids, et l'aloi ne paraît pas avoir été assez différent pour compenser l'écart entre les poids logiques.

Je rappellerai aussi que ces deux deniers étaient distingués, le plus lourd, par le buste radié, le plus léger, par le buste lauré.

C'est donc certainement une innovation analogue qu'on remarque sur les monnaies en or de Trébonien Galle et de Volusien, et il n'y a pas lieu de s'étonner si les pièces des deux types ne sont pas en rapport exact au point de vue du poids.

Extrait de la *Revue numismatique*, 1897, pp. 1-13.

LES MONNAIES COUPÉES

Il n'est pas rare de rencontrer des moitiés de monnaies antiques ou du moyen âge, et, en général, on est porté à les considérer comme des divisions acceptées conventionnellement par les contemporains de ces monnaies.

Mais cette opinion n'est pas unanime, et le dernier numismatiste dont on ait un travail spécial sur la question, a produit des conclusions différentes. Arnold Morel-Fatio, qui s'était intéressé aux monnaies coupées, pensait, vers la fin de sa vie, que les monnaies romaines coupées n'avaient pas servi de monnaies divisionnaires. Il rejetait également l'hypothèse suivant laquelle ces monnaies auraient été démonétisées par la cisaille et il concluait que ces moitiés de pièces devaient être des marques ou tessères [1].

A dire vrai, cette opinion n'était pas nouvelle. Avant Morel-Fatio, Maillard de Chambure l'avait déjà émise, à propos de pièces coupées trouvées dans les fouilles faites à Alise [2]. L'idée remontait même plus haut, car, dès le xviie siècle, Tomasini s'était occupé des tessères que se partageaient entre elles des personnes unies par les liens de l'hospitalité [3].

Cette interprétation était évidemment basée sur des textes anciens. C'est d'abord un passage de l'*Onomasticon*

---

1. *Notice sur les monnaies romaines coupées en deux ou plusieurs fragments* (Note posthume), dans le *Bulletin de la Soc. suisse de Numismatique*, 1890, pp. 89 et 90.

2. Ch. Maillard de Chambure, *Second rapport sur les fouilles faites à Alise en 1839*, dans les *Mém. de la Commission des Antiquités de la Côte-d'Or*, t. III, 1841, p. 202.

3. Tomasini, *De tesseris hospitalitatis liber singularis*. Utini, 1647, pp. 74 et 81.

de Pollux, à propos du mot σύμβολον[1]. Ce terme désignait la pièce de monnaie coupée en deux, suivant un usage athénien, pour consacrer la conclusion d'un marché[2]. Le *symbolon* est cité à plusieurs reprises dans les œuvres d'Aristophane. On trouve même, dans un passage de l'*Anagyrus*, la mention : « Deux oboles et un *symbolon*. » (*Fragm.*, éd. Didot, p. 467). C'est surtout ce texte qui a fait croire à des auteurs de notre époque que ce mot désignait une pièce de cinq *lepta*[3]. Mais Pollux dit lui-même que le *symbolon* était une fraction, une moitié de monnaie, ἡμίτομον νομίσματος.

Il semble que cette pratique ait pénétré en Gaule, car tous, nous avons présente à l'esprit l'anecdote relative à l'exil de Childéric, racontée par Grégoire de Tours. Childéric emporta la moitié d'un sou d'or; son ami garda l'autre morceau et dit : « Lorsque je t'enverrai cette moitié, et que les deux parties réunies reformeront la pièce entière, alors tu pourras sans crainte revenir dans ces lieux[4]. »

L'habitude de garder les moitiés d'une monnaie, en signe d'engagement, existait aussi, parmi les fiancés, dans certaines contrées de l'Angleterre[5].

On voit par ces textes qu'il y avait quelque raison de considérer les monnaies antiques coupées comme des tessères, marques d'engagement, témoignages de contrat

1. Pollux, IX, 70-71 (Texte encore assez obscur pour le détail).

2. E. Egger, dans la *Rev. Archéol.*, sept. 1861, p. 169, et *Mém. d'hist. ancienne et de philologie*, p. 106.

3. Prokesch-Osten, dans les *Abhandlungen der Akad. der Wiss. zu Berlin*, 1848, p. 5. Cf. Le même, *Inedita meiner Sammlung*, 1854, p. 27. — E. Beulé a rejeté cette hypothèse (*Monnaies d'Athènes*, 1858, p. 76).

4. Greg. Tur., *Hist. Fr.*, II, 12. — W. Junghans, *Hist. critique des règnes de Childerich et de Chlodovech*, 1879, p. 4 (Bibl. de l'École des Hautes-Études, fasc. 37). — Cf. l'Abbé Cochet, *Le tombeau de Childéric Ier*, p. 3.

5. *Numism. chronicle*, 1881, p. 292, note 38.

offrant quelque analogie avec les *chartes parties*, si fréquemment employées aux xie et xiie siècles.

Est-il possible d'étudier la question avec des éléments autres que ceux dont on s'est servi jusqu'alors ? Je le crois.

Et d'abord, quelles sont les monnaies antiques qu'on trouve ainsi coupées ? Il y a des pièces gauloises en potin qu'on a considérées comme ayant été fragmentées accidentellement[1]. Il semble cependant que ces monnaies gauloises aient été divisées avec intention, au moins dans quelques cas[2].

Les monnaies en argent ont été respectées généralement, ainsi que celles en or. Toutefois, on peut citer une rarissime pièce de Cabellio, avec la légende grecque KABE, dont on connaît seulement une moitié, conservée au musée de Saint-Germain-en-Laye[3]. Dans la sépulture de Selzen, près de Mayence, on a recueilli le quart d'un denier en argent sur un squelette[4].

Mais ce sont des cas fort rares, et la majorité des pièces coupées comprend des monnaies en bronze, presque toujours des pièces coloniales de Nîmes, plus rarement des pièces des colonies de Copia et de Vienne.

---

1. A. Morel-Fatio, dans le *Bull. de la Soc. suisse de Num.*, 1885, p. 125, rendant compte d'un travail de M. R. Forrer (*Antiqua*, 1885, p. 145), sur des monnaies gauloises divisées, provenant de La Tène et du Pont de Thièle.

2. H. de La Tour, *Monnaies gauloises recueillies dans la forêt de Compiègne*, dans *Rev. Num.*, 1894, pp. 40 et 41.

3. H. de la Tour, *Atlas des monnaies gauloises*, pl. VI.

4. L. Lindenschmit, *Das germanische Todtenlager bei Selzen*, pl. gén., n° 2.

Exceptionnellement, on a signalé un grand bronze de Pompée (tête de Janus et proue), quelques pièces de la fin de la République (tête de Janus), un moyen bronze de Drusus, fils de Tibère[1] et même un moyen bronze frappé à Cissa, ou par les Cosetani, dans la Tarraconaise[2].

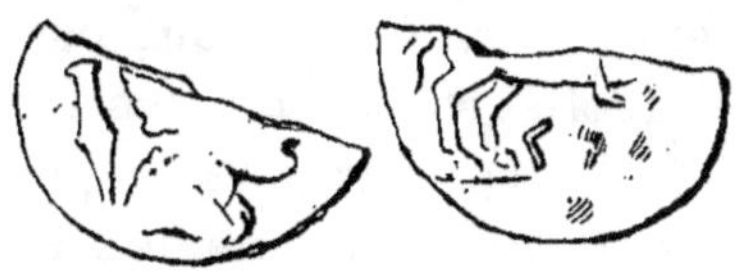

J'ai dit que les pièces coupées de Nîmes se rencontraient en grand nombre. En effet, la plupart des collections en possèdent et le Cabinet de France en conserve une vingtaine d'exemplaires[3]. Les pièces sont ordinairement divisées par la moitié, et, bien plus rarement, en quatre parties[4]. Si l'on rencontre surtout des pièces des colonies mentionnées plus haut, c'est qu'elles portent deux têtes, celles d'Auguste et d'Agrippa ou celles de Jules César et d'Auguste, et que cette disposition permettait de les diviser, sans porter atteinte à l'effigie impériale[5]. Ce n'était pas chose indifférente, car Granius Marcellus, préteur de Bithynie, avait été accusé de lèse-majesté, parce qu'il avait fait enlever la tête d'une statue d'Auguste pour y substituer celle de Tibère[6]. François Lenormant a remarqué aussi que les contremarques, si fréquentes sur les monnaies romaines, étaient généralement apposées

1. A. Morel-Fatio, *Bull. de la Soc. Suisse de Num.*, 1890, p. 87.
2. H. de La Tour, *Rev. Num.*, 1894, p. 19.
3. E. Muret [et H. de La Tour], *Catal. des monnaies gauloises*, nᵒˢ 2856-2877 ; — fragments de pièces de Copia, nᵒˢ 4683 et 4684; fragments de pièces de Vienne, nᵒˢ 2950 à 2952.
4. Cf. A. C. Goudard, *Monographie des monnaies frappées à Nîmes*, 1893, p. 45.
5. L. de La Saussaye, *Numism. de la Gaule Narbonnaise*, p. 175.
6. Tacite, *Ann.*, I, 74. — Voy. E. Beurlier, *Le culte impérial*, 1891, pp. 31 et 33.

de manière que l'effigie ne fût pas endommagée par la nouvelle empreinte [1].

Revenons maintenant à notre point de départ et essayons de déterminer la raison pour laquelle ces monnaies étaient divisées.

Les auteurs antérieurs ne se sont pas préoccupés de rechercher dans quelles conditions les monnaies coupées étaient recueillies. Voyons si une enquête de ce genre peut nous apporter des renseignements de quelque utilité.

Au Châtelet, près de Saint-Dizier (Haute-Marne), Grignon avait recueilli, parmi 3400 pièces dont 900 gauloises, 165 monnaies romaines, coupées par moitiés et quarts, principalement des pièces « bicéphales » [2].

On en a trouvé plusieurs dans les fouilles faites à Alise en 1839 [3].

A la montagne de Castagnec, près de Pontivy (Morbihan), au milieu de substructions romaines, considérées comme les restes d'un temple, on a recueilli des moitiés de pièces de Nîmes [4].

A Rennes, dans la Vilaine, parmi les nombreuses monnaies recueillies, on a constaté qu'un certain nombre de pièces, exclusivement des as, des monnaies coloniales de Nîmes et d'Espagne, étaient coupées exactement en deux parties [5].

Au gué Saint-Léonard, dans la Mayenne, au milieu de monceaux de monnaies, on a trouvé aussi des pièces cou-

1. *La monnaie dans l'Antiquité*, t. II, p. 389. Il y a des exceptions volontaires pour les monnaies de Néron contremarquées RP et SPQR, et pour celles de Domitien. C'est évidemment un fait analogue à celui qui s'est passé pour les inscriptions où le nom d'un empereur a été martelé.

2. Grignon, *Bultin des fouilles, faites par ordre du Roi, d'une ville romaine sur la petite montagne du Châtelet entre Saint-Dizier et Joinville, découverte en 1772, 1774*, p. XXVIII.

3. *Mém. de la Commission des Antiq. de la Côte d'Or*, t. III, 1841, p. 202.

4. *Mém. de la Soc. des Antiquaires de France*, t. XX, 1850, pp. 157-158.

5. A. Toulmouche, *Hist. archéol. de la ville de Rennes*, 1847, p. 39.

pées : « Ce sont principalement des as et des monnaies
« coloniales. Quelques-unes présentent la trace d'un trou ;
« toutes, sauf deux ou trois exceptions, sont des monnaies
« ayant deux têtes à l'avers et elles sont coupées de
« manière à conserver une tête sur chaque partie. Il a
« été impossible de retrouver les deux portions prove-
« nant de la même pièce[1]. »

On a trouvé aussi plusieurs moitiés de monnaies dans
les fouilles faites à Bourbonne-les-Bains[2].

A Bibracte, M. Bulliot a recueilli à plusieurs reprises
des pièces coupées. Dans les fouilles faites en 1869, un
demi moyen bronze est trouvé près d'un petit bronze de
Germanus Indutilli; ailleurs deux moitiés de pièces de la
colonie de Vienne sont mises au jour en même temps que
trois monnaies gauloises[3]. M. Bulliot a constaté la présence de moitiés de moyens bronzes dans les ruines des
habitations, et ces fragments sont associés à des monnaies
gauloises[4].

Le même archéologue a recueilli aussi des moyens
bronzes coupés, à Autun, dans des fouilles faites en des
occasions diverses[5].

Les nécropoles ont procuré des trouvailles du même
genre. En 1827, M. Feret a recueilli des bronzes coupés
dans la tombe d'un chef romain de la cité de Limes, près
de Dieppe ; M. d'Osmoy en a rencontré, en 1851, dans les
sépultures franques de Guiry (Seine-et-Oise), et l'abbé
Cochet, dans le cimetière mérovingien d'Envermeu (Seine-
Inférieure)[6].

---

1. Chedeau et de Sarcus, *Mém. sur les découvertes arch. faites en 1864 dans le lit
de la Mayenne, au gué Saint-Léonard*, 1865, pp. 21-22.
2. A. Chabouillet, *Notice sur des inscr. et des antiq. provenant de Bourbonne-les-
Bains*, 1881, p. 17 (cf. *Rev. archéol.*, 1880, I, p. 34).
3. *Rev. Archéol.*, 1870, pp. 51 et 164.
4. *Rev. Archéol.*, 1870, p. 223.
5. *Rev. Archéol.*, 1867, t. I, p. 447.
6. L'abbé Cochet, *Note sur les fouilles exécutées à la Madeleine de Bernay, en*

Nous connaissons maintenant des faits qui peuvent servir de bases à la discussion. Ceux qui considèrent les monnaies coupées comme des témoignages de contrats, faits entre plusieurs individus, pourront interpréter les trouvailles faites dans la Vilaine et dans la Mayenne, comme MM. Chedeau et de Sarcus étaient disposés à le faire : Les moitiés des pièces seraient des offrandes pieuses dont le donataire gardait un fragment comme gage de sa piété. A l'appui de cette hypothèse, on pourrait rappeler aussi que beaucoup de pièces trouvées dans les rivières et les étangs étaient cisaillées, probablement dans le but de leur faire perdre leur caractère légal[1].

Cette idée de contrat fait avec la divinité n'est pas en désaccord avec ce que nous savons des sentiments religieux des Anciens[2]. Mais, pour ma part, je ne crois pas qu'on puisse interpréter ainsi les trouvailles que je viens d'énumérer.

Il faut remarquer en premier lieu que, si l'on a trouvé, dans les rivières, des pièces coupées, les monnaies entières sont en nombre bien supérieur. Que si les moitiés de pièces sont partout associées avec les pièces entières, cela signifie qu'elles sont elles-mêmes de véritables monnaies. Enfin le fait qu'on les a rencontrées aussi dans des sépultures prouve bien qu'elles y avaient été placées comme véritables espèces, destinées à payer le passage du défunt dans le royaume des morts.

Les monnaies romaines coupées sont particulières à la

---

février 1858, dans l'*Archæologia*, t. XXXVIII, 1860, p. 74. Cf. L'abbé Cochet, *La Normandie souterraine*, 2e édit., p. 356.

1. F. de Saulcy, dans les *Mélanges de Num.*, 1875, p. 420 ; cf. Fr. Lenormant, *La Monnaie dans l'Antiquité*, t. I, pp. 30-33. Beaucoup de monnaies frappées par des villes ou des dynastes, en Asie Mineure, sont cisaillées. De ce fait, aucune explication emportant la certitude n'a été donnée jusqu'à ce jour.

2. Voy. Fustel de Coulanges, *La cité antique*, l. III, c. VIII.

Gaule[1], ou, du moins, je ne crois pas que des faits analogues aient été constatés dans les autres parties de l'empire romain. Il est donc vraisemblable que les pièces coupées ont répondu à un besoin local de monnaies divisionnaires, à un événement économique qui ne s'est pas produit ailleurs. Voyons maintenant si les monnaies coupées au moyen âge ont répondu au même besoin.

On connaît un document fort précis, qui élucide la question. C'est un mandement, en date du 29 mai 1347, adressé par Philippe VI de Valois aux sénéchaux de Toulouse, de Beaucaire et de Carcassonne, et dont voici le passage principal :

« A la supplication des consuls de la ville de Narbonne, disons que comme pour faute de petite monnoye, le menu peuple soit moult dommagié, tant pour les petites danrées qu'il achate, comme pour plusieurs aumosnes que l'on ne puet si bien faire, requérons que nous leur voulsissions donner licence et congié de coupper les deniers doubles, si comme len fait au païs par deça. Sçavoir vous faisons que nous, de grâce espécial, leur avons donné licence et congié que ledit peuple puisse coupper lesdits deniers »[2].

On s'explique fort bien que les populations du midi de la France aient senti vivement le besoin de petites monnaies divisionnaires, car elles connaissaient sans doute les monnaies arabes dont nous parlerons plus loin, et elles avaient pu apprécier la commodité des *pictes* « dont quatre vaudront un denier », qui avaient été frappées, en vertu des lettres patentes, datées du 6 septembre 1329, et adressées au sénéchal de Beaucaire[3].

1. Une moitié de pièce de Nîmes avait été rapportée de Rome par le P. Ménestrier. qui la considérait comme la relique de deux amis en voyage (Chifflet, *Anastasis Childerici*, 1655, pp. 64-65). Mais ce cas exceptionnel n'est pas pour infirmer ce que nous disons.

2. Voy. *Rev. Num.*, 1867, p. 493, et A. de Longpérier, *Œuvres*, t. V, p. 320 (d'après un ms. du fonds Doat; Hôtel de Ville de Narbonne, t. LIII, f° 128 et 129).

3. J. Adrien Blanchet, *Études de numismatique*, t. I, pp. 315 et 325 (article sur *La Pile ou Pougeoise*).

L'usagé des monnaies royales coupées était répandu aussi dans le nord-ouest de la France. Une trouvaille, faite à Bernay, renfermait 86 monnaies, dont 63 entières et 23 divisions, moitiés ou quarts (pièces frappées pendant la période comprise entre les règnes de Louis VIII et de Philippe le Bel[1]).

La monnaie morlane, si répandue dans le midi de la France, a subi des transformations semblables. En effet, dans le trésor des pièces au nom de Centulle, découvert à Gondrin (Gers), en 1885, il y avait 60 fragments de deniers et 9 fragments d'oboles[2].

En Angleterre, les monnaies coupées ont circulé à une époque fort ancienne. Ainsi le trésor de Cuerdale renfermait des pièces de ce genre.

Des pièces coupées d'Alfred, d'Édouard l'Ancien et d'Édouard le Confesseur, figuraient dans la trouvaille de Thwaite en Suffolk; d'autres de Guillaume le Conquérant existaient dans la cachette de Beaworth, en Hampshire, mise au jour en 1833[3]. Un trésor, composé de monnaies et d'anneaux en argent, découvert près de Worcester, renfermait des moitiés et des quarts de pièces de Henri II, roi d'Angleterre, et d'Eustache, comte de Boulogne[4]. Au reste, la collection numismatique du British Museum possède des pièces coupées de presque tous les règnes depuis Alfred jusqu'à Henri III[5].

Les relations entre les Flandres et l'Angleterre étaient

---

1. Thomas, *Journal de Rouen*, 3 avril 1858 (cité par l'abbé Cochet dans l'*Archæologia*, t. XXXVIII, 1860, p. 74).

2. Émile Taillebois, *Découverte d'une cachette de 5395 deniers et oboles morlans à Gondrin*. Dax, 1886, p. 4 (Extrait du *Bull. de la Soc. de Borda*).

3. Note de A. W. F. dans l'*Archæologia*, t. XXXVIII, 1860, p. 76.

4. Article de John Jonge Akerman, dans l'*Archæologia*. t. XXXVI, 1845, p. 201.

5. Cf. E. Hawkins, *The silver coins of England*, 2ᵉ éd., 1876, p. 159 ; et C. F. Keary, *Cat. of English coins, Anglo-Saxon series*, t. I, 1887, pl. XXVII et XXVIII; t. II, 1893, pl. I, V et VI.

assez considérables pour que la coutume de diviser les monnaies ait été importée d'Angleterre. Ainsi, la trouvaille de Bruges, qui était composée de plusieurs milliers de monnaies en argent dont les 9/10 d'esterlins anglais de Henri III et d'Édouard Ier, a fourni plus de 150 moitiés de deniers de Flandre, coupés avec une précision remarquable [1].

Mais l'usage des monnaies coupées s'est grandement généralisé. Parmi les bractéates allemandes, on trouve souvent des moitiés égales, sectionnées nettement, le plus souvent selon le diamètre vertical des monnaies. Le trésor de Seifersbach, découvert en 1865, renfermait neuf moitiés avec plus de sept cents pièces entières. On, a pu employer la cisaille comme moyen de démonétisation. Mais le fait qu'on créa à Brunswick et à Goslar des bractéactes, valant exactement la moitié des bractéates plus anciennes, montre bien le côté pratique de l'opération [2].

Les pays allemands ont du reste adopté assez généralement l'usage des monnaies coupées.

Une trouvaille faite à Obrzycko, dans le duché de Posen, renfermait 210 monnaies entières et 298 deniers coupés [3]. Une cachette de deniers découverte à Peisterwitz, près d'Ohlau, en Silésie, a fourni des pièces coupées en deux et quatre morceaux [4]. Le trésor d'Aschersleben, qui ne contenait pas moins de 11.500 monnaies, bractéates, deniers et gros des xiiie et xive siècles, renfermait un assez grand nombre de monnaies coupées régulièrement et ayant un poids généralement égal [5].

---

1. Note de L. de Coster, dans la *Rev. belge de Num.*, 1866, p. 434.
2. G. Schlumberger, *Des bractéates d'Allemagne*, 1873, pp.65, 121 et 124.
3. J. Friedlænder, *Der Fund von Obrzycko; Silbermünzen aus dem zehnten christlichen Jahrhundert*, Berlin, 1844.
4. J. Menadier, dans la *Zeitschrift für Numismatik*, 1887, t. XV, pp. 101 et 115.
5. Emil Bahrfeldt, *Der Münzfund von Aschersleben; Ein Beitrag zur Denarkunde*

Parmi les nombreuses monnaies occidentales recueillies sur les vastes territoires de la Russie, on trouve fréquemment des pièces divisées en plusieurs morceaux[1].

Les monnaies coupées ont pénétré dans les pays du Nord, car une trouvaille, faite en 1847, sur les bords du fleuve Angerman (Suède), renfermait 1466 monnaies entières et 230 fragments (monnaies suédoises, norwégiennes, danoises, anglo-saxonnes, allemandes et arabes)[2]. Un trésor de monnaies arabes, dont les plus récentes appartenaient au x° siècle, découvert en 1840, dans l'île d'Oland; des trouvailles faites, dans l'île de Gotland, en 1843 (3404 monnaies et 150 fragments), en 1844 (1154 monnaies et 8 fragments), en 1845 (1679 pièces et nombreux fragments), sont des exemples confirmant le même fait[3].

Une découverte faite en 1864, dans l'île de Bornholm, a fourni 32 dirhems dont 26 divisés en deux ou quatre morceaux[4].

En Russie, des trouvailles de monnaies arabes (toujours des dirhems) faites à Pszkow en 1836, et dans la Livonie, renfermaient des pièces coupées en deux et en quatre parties[5].

Ce n'est pas seulement dans les pays septentrionaux que les monnaies coupées ont été en faveur. J'ai parlé plus haut de certaines monnaies arabes qui pouvaient avoir

des XIII und XIV Jahrhunderts. Berlin, 1890, in-8. Cf. *Bull. Soc. Suisse. de Num.*, 1890, p. 180.

1. B. de Koehne, *Uber die im russichen Reiche gefundenen abendländischen Münzen*, 1850, pp. 9 et 10.

2. Tornberg, *Numi Cufici regii numophylacii Holmiensis*, Upsal, 1848.

3. Tornberg. *op. laud.*; cf. E. Babelon, *Du commerce des Arabes dans le nord de l'Europe avant les Croisades*, 1882, pp. 28 et 29.

4. Thomsen, dans les *Berliner Blätter für Münz-, Siegel- und Wappenkunde*, 1866, t. III, p. 31.

5. E. Babelon, *Du commerce des Arabes dans le nord de l'Europe avant les Croisades*, pp. 21 et 22 (citant des travaux de Savélieff et de Frœhn).

circulé dans le midi de la France. Ce sont des coupures de dirhems, appelées *handoûs*. Les auteurs arabes en font mention et je citerai le passage suivant [1] qui est très précis :

« La *qeț'ah* (morceau, fragment), chez les habitants du
« Machreq (l'Orient) est une menue monnaie (*El wahédah*
« *men sarf*) qu'ils désignent sous le nom de *handoûs*. Ils
« prennent un derham et le coupent en morceaux. C'est
« là leur monnaie (*sarfhom*) et ils s'en servent pour faire
« l'aumône [2]. »

Les dirhems *handoûsys* ont circulé aussi dans le Maghreb, à Ceuta, au xie siècle de notre ère [3].

Aux époques plus rapprochées de nous, les monnaies coupées ne paraissent plus en Europe. Mais au siècle dernier, les découpures de monnaies espagnoles, en argent, avaient régulièrement cours dans les îles de La Guadeloupe et de La Martinique. Les coupures de piastres mexicaines circulent en Cochinchine [4].

Enfin, de nos jours, dans l'île de Madagascar, les découpures de la piastre (pièce française de 5 francs) servent journellement aux transactions. Ces fragments de monnaie sont établis de manière à constituer huit divisions correspondant aux fractions suivantes de l'unité : 1/2, 1/4, 1/8, 1/16, 1/48, 1/72, 1/96, 1/144, et valant respectivement 2 fr. 50, 1 fr. 25, 0 fr. 625, 0 fr. 40, 0 fr. 10, 0 fr. 075, 0 fr. 05, 0 fr. 025.

En résumé, au moyen âge et dans les temps modernes,

1. Ech-Cherichy, dans son commentaire sur les *Séances* d'El-Harîry ; voy. H. Sauvaire, *Matériaux pour servir à l'histoire de la numismatique et de la métrologie musulmanes*, pp. 152 et 153.

2. Comparez cette expression avec celle qui se trouve dans le mandement de Philippe VI, cité plus haut.

3. Cf. Henri Lavoix, *Catal. des monnaies musulmanes de la Bibl. Nat., Espagne et Afrique*, 1891, p. 292.

4. E. Zay, *Histoire monétaire des colonies françaises*, pp. 194, 211 et 361.

les monnaies ont été coupées pour obtenir des divisions
destinées à faciliter des transactions. Quoique, très probablement, on eût souvent recours aux pesées — du
moins dans les opérations de quelque importance — l'examen des pièces coupées a montré qu'on les avait divisées,
en général, avec un grand souci de l'exactitude. On voulait,
par conséquent, qu'elles eussent cours comme de véritables monnaies intégrales.

Je crois avoir démontré que la même conclusion doit
être admise pour les monnaies antiques coupées.

TESTONS

FRAPPÉS PAR LE PRINCE DE CONDÉ

A ORLÉANS, EN 1562.

M. Eug. Thoison, de Larchant (Seine-et-Marne), nous communique un extrait qu'il est utile de signaler.

Dans un journal encore inédit, rédigé par un curé de Paris, au xvie siècle (Bibliothèque nationale, ms. fr. 5549), on trouve, à la date de juin 1562, la note suivante :

« Le prince de Condé fait faire des testons des reliques qu'y print aux esglises et tourne la face du roy Charles à l'envers, et fait mettre des roupies à aucuns. »

Ce document n'est pas le seul relatif à ce monnayage, dont les produits sont connus d'autre part. M. A. de Barthélemy en a publié un spécimen[1] en signalant le Registre-Journal de Pierre de l'Estoile, dont je vais transcrire de nouveau le passage suivant : « Il (le teston) a la teste tour-
« née autrement que les autres et d'un meilleur argent
« beaucoup, parce qu'ils ont esté faits de ces ustensiles
« et reliques des églises que les huguenos firent fondre
« en ladite ville (Orléans), et il y a au bout dudit teston
« un petit A et un O, qui veut dire à Orléans, dont peu de
« gens s'aviseroient. »

Les testons qui portent cette marque, A et O en mono-gramme, ont précisément le buste du roi Charles IX

---

1. *Rev. Numism.*, 1862, pp. 376-382, pl. XIV, n° 8; cf. H. Hoffmann, *Les m. roy. de France*, Charles IX, n° 20 (teston dit *morveux*).

tourné à droite, tandis qu'ordinairement ce buste est à gauche. Un demi-teston, aux mêmes types, a été signalé postérieurement et faisait partie de la collection Gariel[1]. Enfin, M. J. du Lac a décrit un écu d'or de Charles IX, daté de 1563, qu'il considère comme émis aussi à Orléans par les Huguenots[2].

Il est certain que les pièces mentionnées plus haut sont bien celles frappées par ordre du prince de Condé, pendant le séjour de six mois environ qu'il fit à Orléans, en 1562, au commencement de la première guerre de religion, et, selon un vieil auteur[3], le prince avait fait fabriquer aussi de la monnaie d'or au coin du Roi.

Un fait vient, à mon sens, prouver l'origine huguenote des testons portant la marque AO. Au revers, après la date, on voit un petit monogramme qui a été décomposé en les lettres E et B. Je considère cette lecture comme exacte, car ce monogramme est déjà connu par d'autres pièces dont j'ai parlé dans mon *Histoire monétaire du Béarn*[4]. C'est la marque d'Étienne Bergeron[5] qui fut successivement maître de la monnaie de Troyes et de la monnaie des Étuves, à Paris. Après s'être ruiné, il entra, vers 1562, au service de la reine de Navarre et devint maître de mines dans le Béarn et maître de la Monnaie de Pau. C'était là une situation importante qu'il avait dû mériter par quelque service rendu à la cause de la

---

1. Hoffmann, *op. cit.*, n° 21. Le demi-teston est, du reste, signalé aussi par Pierre de l'Estoile.

2. *Annuaire de la Soc. fr. de Num.*, 1883, p. 344.

3. Le frère de Laval, cité dans un Mémoire de J.-F. Secousse. Voy. *Rev. Num.*, 1863, p. 354.

4. *Numismatique du Béarn*, par G. Schlumberger et Adrien Blanchet, 1893, t. I, p. 34.

5. Récemment, on a publié le nom d'Étienne Bergeron, comme celui du *graveur* des monnaies d'Orléans (E. Faivre, *État actuel des ateliers monétaires français et de leurs différents*, 2° éd., 1896, p. 10). Mais je ne connais aucun document donnant à ce personnage la qualité de *graveur*.

Réforme. Or, n'était-ce point un grand service que rendait Étienne Bergeron, ancien maître de la monnaie des Etuves de Paris, en fabriquant des espèces satiriques[1] destinées à rendre ridicule l'autorité royale?

Je dois ajouter qu'Étienne Bergeron était un habile ouvrier et que les testons d'Orléans sont d'une bonne fabrication.

Si nous en croyons quelques auteurs anciens[2], ces monnaies de 1562 ne sont pas les seules que fit frapper Louis de Bourbon, prince de Condé. En 1566, il y aurait eu d'autres émissions, et le 7 octobre 1567, le connétable de Montmorency montra en plein conseil une monnaie où le prince de Condé était appelé *Louis XIII premier roy chrétien des François.*

Avant de terminer, faisons remarquer que, d'après les documents cités plus haut, les monnaies huguenotes d'Orléans ont été fabriquées avec des objets pris dans les trésors des églises. Cet acte de vandalisme n'est malheureusement pas le seul qu'on doive enregistrer à propos des guerres de religion à cette époque. Je me contenterai d'en citer un qui s'est passé dans la même année que celui d'Orléans.

Le 19 mai 1562, les Huguenots s'emparèrent du trésor de l'église Saint-Georges, à Vendôme. Parmi les objets précieux que renfermait cette église, citons : une croix en or avec deux anges, renfermant un morceau de la vraie croix ;

---

1. Comparez l'épithète de *morveus*, donnée aux testons d'Orléans, par Pierre de l'Estoile et la mention de *roupies* qu'on trouve dans le document reproduit en tête de cette note.

2. J.-F. Secousse, Mémoire daté du 4 mars 1741, publié dans les *Mém. de l'Académie des Inscr.*, en 1751 (t. XVII) et dans la *Rev. Num.*, 1863, p. 353. — Cf. Le Blanc *Traité des Monnoyes*, 1690, p. 335, et le P. Anselme, *Hist. Généalogique*, t. I, p. 333. — Au sujet des douzains de mauvaise fabrication portant le nom de Louis XIII, et qu'on a voulu attribuer à Louis de Condé, voy. A. de Longpérier, dans *Rev. Num.*, 1863, p. 350.

J.-A. BLANCHET.   9

une autre croix avec Notre-Dame et sainte Catherine emprisonnée; un chef de sainte Opportune avec émeraudes et rubis; une image émaillée de saint Georges, à cheval; une image de Notre Dame avec perles, pesant six marcs; une autre sur une chaise émaillée avec deux anges tenant chacun un chandelier; une image de saint Jean-Baptiste (10 marcs, 6 onces); un bras de saint Georges (7 marcs) avec un « vessel » de cristal porté par quatre lions.

Jeanne d'Albret fit transformer en monnaie ces objets qui produisirent 16 marcs d'or et 129 marcs d'argent, estimés environ 30.000 livres [1].

---

1. L'abbé Métais, *Jeanne d'Albret et la spoliation de l'église Saint-Georges de Vendôme, le 14 mai 1562; Inventaire des bijoux et reliquaires*, dans le *Bull. de la Société Archéol. du Vendômois*, t. XX, 1881, p. 297 et suiv.

Extrait de la *Revue numismatique*, 1897, pp. 197-203.

BAIL

DE LA

MONNAIE D'HENRICHEMONT

EN 1635

Le document publié plus loin comble une lacune dans l'histoire de la monnaie des princes d'Henrichemont. Résumons les renseignements épars dans diverses publications.

Du Cange (art. *Moneta* du *Glossarium*) rapporte que le seigneur de Boisbelle et d'Henrichemont avait concédé par des lettres du 10 mai 1635, à Pierre Freté et à Claude Minard, le droit de frapper sa monnaie, selon les règlements de France. Duby [1] fait allusion à ces lettres, et les auteurs postérieurs ne donnent pas de renseignements plus étendus. M. Hippolyte Boyer a eu le mérite de découvrir de nouveaux documents et d'esquisser l'histoire de l'atelier d'Henrichemont [2] dont l'existence au dix-septième siècle est si digne d'attention.

Si l'on en croit des mémoires du siècle dernier, dits *Mémoires Dumont*, Maximilien de Béthune avait accordé à un particulier, le 2 mai 1613, la permission de fabriquer

1. *Traité des monnoies des barons*, t. I, p. 92.
2. H. Boyer, *La monnaie d'Henrichemont*, dans les *Mémoires de la Soc. hist. litt., artist. et scient. du Cher*, 2ᵉ Série, t. III, 1876, p. 295 à 309.

des doubles et des liards. On ne connaît aucun produit de cette fabrication. Les *Mémoires Dumont* nous apprennent que, par lettres du 10 mai 1635, le duc de Sully avait permis à Pierre Frété, marchand à Lyon, et à Claude Minard, bourgeois de Paris, de battre monnaie dans la principauté. Ces lettres furent enregistrées à la chancellerie d'Henrichemont, le 13 octobre suivant ; mais les deux fermiers de l'atelier avaient été dépossédés de leurs droits au mois de septembre précédent (Les *Mémoires Dumont* donnent la date du 27 septembre). C'est ici que prend place le document publié plus loin, relation curieuse qui précise la date de la création de l'atelier, les droits et les charges des fermiers, ainsi que la cause de leur déchéance. Le 29 novembre 1635, d'après les *Mémoires Dumont*, le duc de Sully donna un édit portant création d'officiers pour l'atelier nouveau : un général de la Monnaie, deux gardes, un procureur du Prince, un greffier, un graveur et un essayeur. Les fonctions et les pouvoirs de ces officiers devaient être les mêmes que ceux des Monnaies de France. Les *registres paroissiaux*, consultés par M. Boyer, ont révélé les noms de plusieurs officiers de l'atelier d'Henrichemont. Le maître de la Monnaie, en décembre 1635, était Jean Levrat ; le greffier se nommait Me Silvain Prévost ; le graveur est « honorable personne Clément Legendre, maître *scrupteur* (sic) et graveur, citoien de la ville de Lion[1] ». On connaît aussi Claude Boissard, fondeur et forgeur, « me des martinets et fonderie de la monnoye » ; Benoist Charret, *fourgeur ;* enfin, Étienne Bernier et Pierre Perret, ouvriers, et Claude Canay, maître-monnayeur.

1. Il s'agit très probablement de Clément Gendre, maître sculpteur et graveur à Lyon, qui fut graveur particulier de la Monnaie de Lyon, en 1633 (N. Rondot, *Les graveurs de monnaies à Lyon, du XIII* au XVIII* siècle*, 1897, p. 45-47).

Le **26** janvier et le 27 septembre 1639, il y eut confirmation des offices de monnayeurs.

Par des déclarations du 5 mars 1644 et du 6 juin 1654,
le roi de France confirma les privilèges du prince souverain d'Henrichemont et ses droits de monnayage en tous
métaux [1].

Le 15 mai 1654, le petit-fils de Sully, Maximilien III,
renouvelait le traité pour la fabrication des espèces (troisième *Mémoire Dumont*). Plus tard, le duc de Sully rendit
une ordonnance contre les faux monnayeurs (6 juillet 1719); mais ces faussaires émettaient probablement
des contrefaçons de la monnaie royale, car il paraît certain que le monnayage d'Henrichemont avait cessé
vers 1654.

On connaît un essai en argent, aux types du demi-franc
de Louis XIII et avec le buste de Maximilien de Béthune.
Les autres pièces frappées à Henrichemont sont des
doubles tournois, en cuivre, du même prince et de son
petit-fils [2].

La lettre L, qu'on remarque sur plusieurs pièces, est
peut-être le différent du maître Levrat ou celui du graveur Legendre [3].

Bien que les documents fassent mention de monnaies
en or et en argent qui devaient être frappées dans l'atelier
d'Henrichemont, on ne connaît aucune monnaie véritable
en ces métaux.

Un document, cité par M. Boyer, donne l'explication
de cette anomalie. En effet, en relatant l'arrêt de la Cour
des Monnaies du 17 mars 1654, enregistrant les lettres

---

1. Édit de janvier 1644, *avec le pouvoir de battre monnoie d'or et d'argent.* (Du
Cange.)

2. Poey d'Avant, *Monnaies féodales*, t. I, p. 305-308.

3. Il est probable que le modèle des monnaies d'Henrichemont avait été fait à
Paris.

patentes de janvier 1644, le troisième *Mémoire Dumont*
ajoute : « L'arrêt contient une condition qui a toujours
empêché l'exécution de ces lettres-patentes : *sans que
pour raison desdites fabrications, le prince de Boisbelle
et ses successeurs, leurs fermiers ou commis, puissent
enlever aucune matière d'or ou d'argent en ce Royaume.* »

En réalité, le droit de monnayer l'or et l'argent était
subordonné à la découverte de mines de ces métaux sur le
territoire de la principauté. Maximilien de Béthune n'eut
garde de chercher à éluder les dispositions des ordonnances royales. Aussi bien, autrefois, il avait puissamment contribué à empêcher l'exportation des métaux précieux. Des passages de ses propres *Mémoires* font foi de
son zèle à cet égard [1].

Quant à la fabrication des monnaies en cuivre, comme
il n'existait aucune restriction aux concessions octroyées
par le Roi, elle eut lieu pendant plusieurs années. Mais les
doubles tournois émis à Henrichemont ne devaient avoir
cours que sur le territoire de la principauté. C'est du
moins ce que nous pouvons déduire des arrêts de la
Cour des Monnaies de Paris, publiés en 1635 et en 1637,
qui décrient, en même temps que d'autres pièces, les
doubles tournois fabriqués à Henrichemont [2].

*Lettres patentes portant révocation de celles qui ont esté cy devant
accordées aux nommés Ferté et Mesnard,
et bail de la monnoie d'Henrichemont, 1625.*

Maximilian de Bethune, duc de Sully, Pair et Mareschal de France,
prince souverain de Henrichemont et Boisbelle, marquis de Rosny,

---

1. *Mémoires du duc de Sully*, 1827, t. III, p. 109.
2. *Répertoire* de A. Engel et R. Serrure, nᵒˢ 6977 et 6984.

Nogent-le-Béthune [1], Conty, comte de Muret, Montigny, Villebon, Champrond, baron de la Chappelle d'Angillon, Sainct Gondon, Caussade, Montricoux, Bretheuil, Francastel, La Falloize, Las, Vitray, etc. A noz bailly, lieutenant et autres officiers de nostredicte souveraineté de Henrichemont et Boisbelle, salut. Nous aurions cy devant et dez le mois de May dernier, faict expédier noz lettres patentes à Pierre Ferté et Claude Mesnard, avec permission de faire battre et fabricquer pendant le temps et espace de six années dans nostredicte souveraineté, toutes espèces de monnoye tant d'or, d'argent, que billon, à noz coings et armes, du poidz, fin et alloy portéz par les ordonnances de France, et autres clauses énoncées par lesdictes lettres, lesquelles nous aurions depuis révocquées à l'instance et poursuitte dudict Mesnard, lequel pendant l'absence dudit Ferté nous aiant faict entendre à l'encontre de luy plusieurs contraventions et suppositions qui le rendoient indigne du bénéfice de nosdictes lettres, Nous auroit supplié luy voulloir continuer en sa personne nostre grace et privilege de faire battre et fabricquer ladicte monnoye. Ce que nous aurions faict dès le xxixe septembre dernier, pressé tant par les importunités et prières dudict Mesnard, par l'absence dudit Ferté duquel nous n'avions entendu parler pendant deux mois et plus, que sur l'asseurance que ledit Mesnard nous auroit faicte de nous garentir et indempniser de toutes les actions qui pourroient estre a l'encontre de nous intentées pour raison desdictes premières lettres, mesmes de payer audit Ferté tous les dommages et intérestz qu'il pourroit prétendre. Lequel Ferté s'estant depuis représenté et faict entendre les causes nécessaires de son absence, nous auroit donné sa requeste des le unziesme octobre dernier, aux fins d'estre reçeu a se purger des impostures et calomnies dudict Mesnard, et d'estre maintenu en la possession et jouyssance de nosdictes lettres, pour l'exécution desquelles il s'estoit engagé en de grandz frais et despences excessives, aiant faict conduire sur les lieux quantité d'oustilz, matériaux, ustencilles et ouvriers nécessaires à la fabricque de ladicte monnoye, sans que ledit Mesnard y eust rien contribué. Pour nous informer de ce faict particulièrement, et rendre droict aux parties, nous aurions ordonné qu'elles comparoistroient en personnes, à la huictaine, par devant nous en nostre hostel, où s'estant ledit Ferté présenté et réitéré ses plainctes, en l'absence dudict Mesnard non compa-

---

1. C'est Nogent-le-Rotrou. Sully acheta, en 1624, au père du grand Condé, le château de Nogent-le-Rotrou. Le tombeau de Sully est dans la chapelle de l'Hôtel-Dieu de cette ville (Voy. P. Vitry, *Le tombeau de Sully à Nogent-le-Rotrou*, dans la *Revue archéologique*, 1895, t. I, p. 145).

rant à l'assignation qui lui avoit esté donnée, ledit Ferté nous auroit supplié luy voulloir octroyer noz lettres a vous addressantes, pour rapporter certificat que lesditz matériaux, oustilz et ustencilles luy appartenoient, et les avoit faict conduire en nostre ville d'Henriche- mont, ou s'estant acheminé en vertu de nosdictes lettres, et là faict saisir et sceller tous lesditz outils et matériaux, il nous auroit rap- porté vostre procès verbal contenant les contestations des parties, et le renvoy que vous avez faict par devant nous pour leur estre rendu droict. En exécution dequoy ledit Ferté, nous ayant présenté sa requeste le dixiesme des présentz mois et an, à ce qu'il nous pleust ordonner ledict Mesnard estre appellé par devant nous pour rapporter tous et ung chacuns les tiltres, lettres et traictés en vertu desquelz il prétendoit droict tant en ladicte monnoye qu'ausditz outilz et maté- riaux, ledit Ferté offrant de sa part remettre et produire en noz mains toutes les provisions, lettres et traictés pour justifier le droict qu'il avoit en la chose. Ce qu'ayant esté ordonné par nous, ledit Mesnard n'y auroit voullu satisfaire, nonobstant les sommations et interpellations qui luy en auroient esté faictes en nostre presence, ce qui nous auroit faict juger de la mauvaise intention dudict Mesnard, et qu'il n'avoit extorqué de nous lesdictes secondes lettres que pour en abuser et entretenir l'affaire dans les longueurs et chicaneries. A quoy désirant pourvoir, Nous avons révocqué et revocquons lesdictes lettres expé- diées au proffit dudict Mesnard le xxixe Septembre dernier, luy faisant très expresses inhibitions et deffences, ses agents et entremetteurs, de s'en servir ny de faire fabricquer en vertu d'icelles, ny des premières, aucune espèce de monnoye, à peine de faux, confiscation des espèces, oustilz, matériaux et ustencilles, et dix mille livres d'amende. Sy vous mandons et commandons par ces présentes signées de nostre main, qu'icelles veües vous ayez sans délay à retirer du greffe de nostredicte souveraineté l'enregistrement qui pourroit avoir esté faict desdictes secondes lettres, lesquelles nons avons révocquées et révocquons comme nulles et obtenues de nous par surprise et sur faux donné à entendre. Et affin que nos subjetz ne demeurent plus longtemps privéz du soulagement qu'ilz se sont promis de l'usage de nosdictes mon- noyes, Nous avons faict bail d'icelles pour six années qui commence- ront au premier jour de janvier prochain, à Germain Aleome, Marchant bourgeois de Paris, après que nous avons esté deuement informé de sa probité, expérience et capacité au faict desdictes monnoyes, le tout aux charges et conditions suivantes. Premierement sera tenu ledit fermier de faire l'establissement de ladicte monnoye, tant pour le regard des officiers qui seront pourveus de nous, gages d'iceux, que pour toutes constructions nécessaires à ladicte fabricque, à ses propres cousts et despens, sans que nous soyons tenu d'aucune chose pour quelque cause que ce soit. Plus il fera battre et fabricquer ladicte monnoye à noz coingz et armes, du poidz, fin et alloy mentionnéz par les ordonnances de France, et suivra de poinct en poinct les réglemens portéz par icelles. Plus ne pourra fabricquer de monnoye que la quantité qui s'ensuit par chacun an, a scavoir cent marcz d'or, deux cens marcz d'argent, et pour quinze mil livres de monnoye de billon et cuivre, sans qu'il puisse exéder ladicte quantité, à peine de confiscation et deux mil livres d'amende. Plus sera tenu de nous desdommager envers lesditz Ferté et Mesnard de toutes les prétentions qu'ils pourroient avoir contre nous pour raison de la révocation que nous avons faicte des lettres patentes a eux cy-devant accordées pour le faict de ladicte monnoye; En telle sorte que nous ne soyons par eulx troublé ny poursuivy, soit pour la valeur des métaux, oustilz, et ustancilles qu'ilz prétendent avoir faict conduire en nostredicte ville de Henrichemont, que pour tous autres despens, dommages et intérestz. Et outre ce (en considération de ladicte permission, et pour tous et ung chascuns les droictz de seigneuriage, escharceté, remède de poidz et loy, que nous pourrions prétendre pour raison de ladicte fabricque pendant le temps dudit bail, et lesquelz nous luy avons avons remis et remettons), sera tenu ledit fermier nous payer la somme de deux mil livres tournoiz par chacun desdits six ans en nostre hostel à Paris, ou dans nostre dicte ville d'Henrichemont, à nostre choix, esgallement par quartier, le premier desquels sera paiable le dernier jour de mars prochain que l'on contera m. VI^c trente six, et ainsy consecutivement pendant lesdictes six années jusques en fin d'icelles. A quoy et a l'entretenement desdictes charges et conditions ledit fermier s'est obligé par corps et biens, et pour ce s'est soubzmis à toutes les justices du Royaume de France, et mesmes a notre justice souveraine. Et pour seureté du prix entier du présent bail, et exécution des charges, clauses et conditions y contenues, ledit fermier baillera bonne et suffisante caution resseante en cette ville de Paris, qui s'obligera solidairement avec luy par les mesmes obligations et submissions à l'entière execution, entretenement et accomplissement dudict present bail. Et nous promettons audit fermier, en foy et parolle de Prince souverain, de le maintenir et faire jouyr, en tant que le faict nous touche, du contenu audit présent bail, sans y contravenir en aucune manière que ce soit. Et pour cet effect luy faire bailler et fournir toutes provisions nécessàires. Que s'y apres ledit establissement faict, il se présentoit quelqu'un qui nous fist la condition meilleure, nous ne le pourrons recepvoir à aucune enchère qu'en remboursant actuellement et en un seul payement audit Aleome la somme de X m.l.tz, pour ses dommages et interestz.

Sy vous mandons que ce présent bail vous faciez publier et enregistrer, et le contenu en icelui faire garder et entretenir, sans y contrevenir ny permettre qu'il y soit contrevenu en aulcune façon et manière que ce soit. En foy de ce, nous avons signé ces présentes de nostre main, a icelles fait apposer le scel de nos armes et contresigner par l'ung de noz secrétaires, à Paris, ce vingtième jour de novembre mil six cens trente cinq. Ainsy signé Maximilian de Béthune, plus bas, par Monseigneur, Valentin Laroche. Scellées.

(Copie contemporaine des lettres originales. Papier, cinq pages, in-4°. Collection Adrien Blanchet).

Extrait de la *Revue belge de Numismatique*, 1898, p. 5 à 9.

LES MONNAIES EN OR

D'ALEXANDRIA TROAS

En 1857, le baron de Koehne publia [1] une pièce fort curieuse dont voici le dessin et la description :

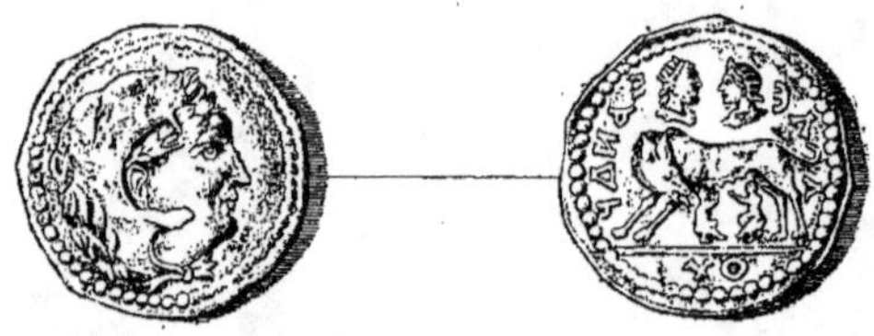

Tête d'Alexandre le Grand, coiffée de la dépouille du lion, à droite.

Rev. ΑΛΕΞΑΝΔΡΟΥ en légende rétrograde ; les deux dernières lettres sont placées à l'exergue. Dans le champ, la louve à gauche, allaitant les jumeaux Romulus et Remus. Au-dessus, bustes affrontés d'un empereur portant la couronne radiée et le paludamentum et d'une impératrice diadémée.

Cette pièce, en or, dont le diamètre est de 23 millimètres, avait été trouvée dans la Russie méridionale et faisait partie de la collection du prince Michel Obolensky, à Moscou [2].

1. *Revue de la numismatique belge*, 1857, t. XIII, p. 174, pl. XII, n° 1.
2. Je n'ai pu savoir où cette pièce est conservée actuellement et j'en ignore le poids.

Dans une courte note, Koehne disait, en terminant, que la disposition des bustes du revers rappelait les monnaies de Marcianopolis (Mœsie Inférieure) et que cette pièce devait avoir été frappée dans un camp de cette province ou en Illyrie, quand Alexandre Sévère fit la guerre aux Germains en 221. D'après cette conjecture, les deux bustes ne pouvaient être que ceux de l'empereur Alexandre Sévère et de sa mère, Julia Mamæa.

Les deux bustes gravés au revers de cette pièce sont d'une dimension si petite, que, même en ayant l'original entre les mains, on devrait hésiter sur l'attribution catégorique.

Contraint de raisonner d'après le dessin que nous possédons seul, nous ferons remarquer que la couronne radiée ne couvre la tête d'Alexandre Sévère qu'exceptionnellement, sur de très rares pièces. De plus, la coiffure de l'impératrice paraît postérieure à celle de Julia Mamæa. Je serais porté à considérer les deux bustes comme ceux de Trajan Dèce et d'Étruscille, ou de Gallien et de Salonine.

C'est là, du reste, une hypothèse qui ne mériterait pas d'être émise, si nous n'avions point une comparaison sérieuse à faire à propos de la pièce en or publiée par Koehne.

Le Cabinet de France possède, depuis 1881, une monnaie dont voici le dessin et la description :

INVVΓCIN//////GAVLIΔHVΓ. Buste de Gallien, lauré et vêtu du paludamentum, à droite.

Rev. **COL AVG ALE**, et à l'exergue, **TROAD**. La louve, à droite, allaitant les jumeaux Romulus et Remus.

Or; pièce trouée. Poids : 7 gr. 25.

M. Babelon, qui a publié cette pièce[1], a rappelé que les Romains songèrent, en diverses occasions, à bâtir, sur les ruines de Troie, une nouvelle capitale de l'Empire, et on peut croire qu'Alexandria Troas fut un quartier général important où le général commandant les légions de Gallien fit frapper des monnaies en or. Cette nouvelle monnaie fut peut-être émise pour flatter les tendances séparatistes des populations de l'Asie, tout en les ramenant à la cause de l'empereur régnant à Rome.

On a vu que la pièce publiée autrefois par Koehne présente aussi au revers le type de la louve allaitant les jumeaux; ce type est fréquent sur les monnaies d'Alexandria Troas, ville regardée comme le berceau de la puissance romaine. On peut donc considérer les deux pièces, citées plus haut, comme des produits d'un seul et même atelier, et le fait qu'il y a eu plusieurs émissions démontre l'importance de cet atelier comme centre politique.

La pièce que Koehne a fait connaître porte seulement le nom d'Alexandre; mais on se souvient qu'Alexandria Troas avait été nommée *Alexandrie* en mémoire du grand conquérant. De plus, on sait combien vivace le souvenir du héros était resté dans le monde antique et combien grande et persistante fut la faveur accordée aux monnaies marquées de son nom. A l'époque de Caracalla, et même plus tard, en Macédoine, on fabriqua de nombreuses monnaies en bronze avec la tête d'Alexandre et l'inscription : ΑΛΕΞΑΝΔΡΟΥ[2]. C'est probablement aussi au iiie siècle

---

1. E. Babelon, *Une monnaie d'or d'Alexandria Troas*, dans la *Rev. num.*, 1885, pp. 28-33.

2. *Voy.* le Cat. du British Museum, *Macedonia*, p. 22; Imhoof-Blumer, *Monn. gr.*, p. 61.

de notre ère que fut fabriquée une autre pièce en or portant la tête d'Alexandre, et, au revers, l'inscription : BACIΛEΩ ΑΛEΞAN accompagnant une Pallas Nicéphore assise [1]. Ce type, emprunté aux monnaies de Lysimaque, avait l'avantage de rappeler les représentations de Rome qu'on voit sur les monnaies impériales.

Les textes et les monuments nous enseignent que les pièces au nom d'Alexandre furent portées pendant plusieurs siècles comme de puissants talismans [2].

Par suite, il est facile de comprendre pourquoi un empereur fit frapper une monnaie où son buste et celui de l'impératrice étaient unis à celui d'Alexandre. C'était une manière de se placer sous la sauvegarde du héros macédonien, et, en même temps, d'imposer le respect de l'autorité impériale aux populations grecques, ordinairement si promptes à suivre les usurpateurs.

1. *Rev. num.*, 1891, p. 241, pl. IX, n° 1.
2. Fr. Lenormant, *La monnaie dans l'antiquité*, t. I, pp. 39 à 43; Em. Beurlier, *De divinis honoribus quos acceperunt Alexander et successores ejus*, Paris, 1890, pp. 33 à 35. — Nous savons par un texte de Lampride (*Alex. Sev.*, 25) que l'empereur Alexandre Sévère avait fait faire de nombreuses monnaies en électrum et en or, avec la figure d'Alexandre le Grand.

LA PREMIÈRE

MÉDAILLE DE MADAGASCAR

Depuis longtemps déjà, la pensée de la France s'était tournée vers l'île de Madagascar. Dès 1642, une Compagnie de commerce se forma pour y fonder un établissement. Mais cette tentative ne fut point heureuse, malgré les efforts faits en sa faveur par le maréchal de la Meilleraie, cousin de Richelieu.

Nicolas Fouquet était un des principaux actionnaires de la Compagnie, et la disgrâce de ce fastueux surintendant des finances entraîna la ruine de l'affaire.

Colbert, qui, en sa qualité de contrôleur général, s'occupait des Compagnies de commerce, reprit l'idée. En août 1664, le grand ministre fonda la Compagnie des Indes orientales, dotée d'un capital de 15 millions de livres, d'un monopole de cinquante ans et de grands privilèges.

Louis XIV comprit l'intérêt de cette entreprise et chargea alors François Charpentier, directeur de l'Académie française, de rédiger une notice destinée à rendre populaire la nouvelle Compagnie. Cette brochure parut sans nom d'auteur et sous le titre de *Discours d'un fidèle sujet du Roy, touchant l'établissement d'une Compagnie française pour le commerce des Indes orientales*. Une seconde brochure, à peu près semblable pour le fonds, fut publiée l'année suivante, en 1665, sous le nom de l'auteur. M. Vavasseur a donné une analyse de ces publications dans un intéressant article [1]. On tint alors plusieurs assemblées publiques dans lesquelles on discuta et vota les statuts, qui comprenaient quarante articles. Madagascar, sous le nom d'île Dauphine, fut désignée de nouveau comme siège principal de la Compagnie, qui, en 1686, établit ses chantiers et ses entrepôts sur des terrains concédés par le Roi, au confluent du Blavet et du Scorff, entrepôts qui furent l'origine de la ville de Lorient.

C'est à ces événements que se rapporte la médaille dont voici la description :

LVDOVICVS MAGNVS FRAN. ET. NAV. REX. P.P. Buste du roi, cuirassé avec écharpe et cravate, à droite.

℞. COLONIA MADAGASCARICA. Bœuf bison passant devant un arbre (ébénier). Dans le fond, des montagnes. A l'exergue ; 1665.

On possède des exemplaires de divers modules (63 mill., 50 mill. et 41 mill.) [2].

Cette médaille est publiée dans l'ouvrage du P. Menestrier [3] ; voici la note qui lui est consacrée par ce savant :

« L'an 1665, l'Établissement d'une Compagnie pour le Commerce des Indes-Orientales qui envoya une Flote à l'Isle de Madagascar, dont elle avoit obtenu le Don du Roy. Cette Médaille est conforme aux Anciennes qui marquent les Colonies par des bœufs et par des charruës ».

Plus tard, on frappa une nouvelle médaille inspirée de la première :

1. Louis XIV, fondateur d'une Compagnie par actions (*Revue de la Société des Études historiques*, mai-juin 1888).

2. *Médailles françaises dont les coins sont conservés au Musée monétaire*, Paris, 1892, p. 70, nᵒˢ 124 à 126.

3. *Histoire du Roy Louis le Grand par les médailles*, etc., 1693, p. 12, planche.

LUDOVICUS XIIII.REX CHRISTIANISSIMVS. Tête du roi Louis XIV à droite. Au-dessous, la signature du graveur I.MAVGER.F. Au revers : COLONIA MADAGASCARICA. Bœuf à bosse à gauche devant un arbre. A l'exergue : M.DC.LXV.

Cette médaille, connue par des exemplaires en argent et en bronze, fait partie de la suite uniforme de médailles relatives aux événements du règne de Louis XIV. Il en existe aussi des exemplaires frappés avec un coin différent pour la tête du roi qui paraît un peu plus âgé que sur la première pièce.

Cette seconde médaille est mentionnée dans l'état présenté par le graveur Jean Mauger, à M. de Launay, directeur de la Monnaie des médailles, le 18 novembre 1701[1].

La colonie de Madagascar n'eut malheureusement pas une longue existence, quoique Louis XIV eût accordé à la Compagnie des armes composées d'un globe d'azur chargé d'une fleur de lis d'or, avec une légende quelque peu téméraire : *Florebo quocumque ferar*.

1. Voy. J.-J. Guiffrey, *La Monnaie des médailles*, dans la *Rev. Num.*, 1889, p. 283.

Extrait de la *Revue de l'Art ancien et moderne*,
1898, t. III, pp. 117 à 122.

LES

MONNAIES ANTIQUES DE LA SICILE

Fig. 1.

Bien que favorisée par son climat, la Sicile n'a pas conservé de nombreux monuments de sculpture. Cependant, des colonies grecques y ont développé la civilisation pendant des siècles, et il est évident que les villes florissantes, pressées sur cette île, ont dû encourager les arts. Les auteurs anciens nous ont transmis peu de noms d'artistes siciliens. Mais, en admettant que la Sicile n'ait pas donné naissance à des chefs d'école, tels que Phidias et Praxitèle, ce pays eut certainement ses artistes nationaux ; et, de plus, il est hors de doute que les cités libres, aussi bien que les cours des tyrans, ont employé des artistes venus de Grèce et d'Orient. Malgré cela, la Sicile n'a donné aux chercheurs de notre siècle que peu de statues, peu de monuments remarquables par le style et la grandeur.

Il est à croire que les possesseurs successifs de cette île luxuriante ont dispersé graduellement tout son patrimoine artistique. Verrès, connu surtout parce qu'il manqua de mesure dans ses déprédations, suivait sans doute un exemple déjà donné, et la Sicile est trop près de l'Italie pour que ses richesses artistiques n'aient point tenté les Romains opulents de l'Empire.

Que si la grande sculpture n'a pas laissé de traces en Sicile, l'art monétaire peut y être étudié dans toutes ses manifestations, dans tous ses développements. De puissantes cités ont émis de nombreuses séries de numéraire depuis le ive siècle avant notre ère jusqu'à l'époque de la domination romaine. Agrigente, Camarina, Catane, Géla, Himéra, les Léontins, Messana, Naxos, Ségeste, Sélinonte[1], et bien d'autres villes encore ont laissé des monnaies dont la réunion forme une des suites les plus précieuses de la numismatique antique. Au reste, pour suivre le développement de l'art monétaire en Sicile, il suffit d'examiner la série de Syracuse dont l'importance est en rapport avec la puissance de cette grande cité.

La première monnaie de Syracuse, qui paraît avoir été émise vers l'an 500 avant notre ère, est un bel exemple d'art archaïque, calme, sévère, mais puissant. Le type principal de cette monnaie représente un personnage conduisant un char traîné par quatre chevaux. Ce sujet, qui est déjà sculpté sur une métope d'un des temples de Sélinonte (viie siècle avant J.-C.), fut conservé sur le plus grand nombre des monnaies de Syracuse jusqu'au iiie siècle avant notre ère. L'autre face de ces monnaies présente presque toujours une tête de nymphe ou de déesse. On voit qu'il est possible de rechercher si les graveurs employés à Syracuse ont su transformer ces sujets d'une manière originale.

1. Agrigente est aujourd'hui *Girgenti* ; Camarina, *Torre di Camarana* ; Catane, *Catania* ; Géla était située près de *Terra Nova* ; Himera, devenu plus tard *Thermæ*, est aujourd'hui *Termini* ; la ville des Léontins est *Lentini* ; Messana est *Messine* ; Naxos, *Schiso* ; Ségeste, *Pileri di Barbara* ; Sélinonte, *Terra delli Pulci*.

Prenons d'abord comme exemple le *Damareteion*, grande pièce de dix drachmes, en argent, dont on fit une émission avec le produit d'une couronne offerte à Damareta[1], par les Carthaginois, après leur défaite à Himère (480 av. J.-C.). La tête de femme, couronnée de laurier et considérée pour celle de Niké, la Victoire, est empreinte d'une certaine rudesse (fig. 1). Quiconque n'est pas habitué à la simplicité et aux conventions de l'art archaïque, sera évidemment surpris de voir l'œil dessiné de face sur une tête de profil. Le personnage qui conduit le char paraîtra maigre (fig. 2), disproportionné, et la petite

Fig. 2.

Victoire qui plane dans les airs semblera d'une gaucherie analogue à celle qu'on pourrait remarquer dans les anges de quelques vieilles peintures de l'école giottesque. Mais, dans l'ensemble, les types du *Damareteion* sont bien compris et produisent un bel effet. Nous ne connaissons pas le nom de l'artiste qui a gravé cette pièce ; mais le profil de la tête présente une certaine analogie de style avec celui de la tête de Minerve figurée sur les tétradrachmes d'Athènes, et je suis porté à considérer cette ressemblance comme une preuve de l'influence des sculp-

1. Femme de Gélon, tyran de Syracuse. Sur le *Damareteion* et les autres médaillons de Syracuse, voyez surtout Arthur J. Evans, *Syracusan medallions, and their engravers in the light of recent finds.* Londres, 1982.

teurs Éginètes, Onatas et Glaukias, qui travaillèrent pour Hiéron Ier et pour Gélon.

Le ve siècle marque l'apogée de l'art monétaire en Sicile, et si les artistes n'étaient pas libres de choisir les sujets qui leur auraient convenu le plus, du moins ils s'efforçaient de donner à leurs œuvres un caractère original (voy. par exemple fig. 3 et 4). C'est ainsi que les

Fig. 3.

Fig. 4.

monnaies de Syracuse pourraient former un véritable musée de coiffures féminines dont la plupart sont des merveilles de grâce.

Tous les graveurs que nous connaissons par leurs noms, inscrits sur la monnaie, sont éclipsés par deux maîtres qui doivent leur renommée, non seulement à leur talent, mais aussi à une circonstance qui leur permit de l'exercer dans des conditions particulièrement favorables.

Les Syracusains, après la victoire décisive remportée par eux sur les Athéniens, près du fleuve Assinaros (413 av. J.-C.), décidèrent de frapper, avec l'argent du butin, de grandes pièces du poids de dix drachmes, comme le *Damareteion*. Des monnaies de cette dimension, exceptionnelles dans l'antiquité, permettaient aux artistes de donner à leur talent un plus libre essor.

Kimôn et Evænetos ont signé ces beaux médaillons dont les types sont encore une tête de déesse et un char attelé de quatre chevaux. Ces deux artistes, dont le pre-

mier est peut-être antérieur au second de quelques
années, paraissent se rattacher à l'école de Polyclète et

Fig. 5.

possèdent la science des proportions du corps humain.
Kimôn (fig. 5) est plus sévère qu'Evænetos, et les coursiers dessinés par celui-ci sont plus fringants (fig. 6). La

Fig. 6.

tête de Proserpine des médaillons d'Evænetos a moins de
majesté et plus de grâce que celle des pièces de Kimôn,
mais la Victoire qui plane au-dessus des chevaux me
paraît avoir été conçue par Kimôn d'une manière plus
artistique.

Du reste, ce graveur est doué d'un grand esprit d'invention, car, le premier, il osa graver sur une monnaie
une tête d'Aréthuse de face (fig. 7). Si la création était

heureuse, au point de vue artistique, Kimôn commettait une erreur en l'adaptant à la monnaie, car la figure de face devait être usée plus rapidement que celle de profil. Mais les Grecs sacrifiaient bien des considérations à leur goût artistique. Aussi, la nouvelle création de

Fig. 7.

Kimôn fut imitée en Sicile, en Thessalie, et même en Asie-Mineure, et les têtes de face acquirent momentanément une vogue considérable.

Kimôn et Evænetos firent aussi, pour Syracuse, de belles pièces en or représentant Hercule étouffant le lion de Némée (fig. 8).

Fig. 8.

A côté de ces deux grands artistes, on doit citer Eukleides, qui, comme Evænetos, fut probablement l'élève d'Eumenes, graveur un peu plus ancien. Eukleides ne manque pas non plus d'originalité, car il a signé une charmante pièce dont la tête est fort remarquable (fig. 9), et il créa pour un autre tétradrachme, une tête de Minerve de face qui est un véritable chef-d'œuvre, malgré son manque de simplicité.

Fig. 9.

Il semble qu'à Syracuse les magistrats chargés de la fabrication des monnaies choisissaient avec attention et discernement les projets des graveurs, car nous connaissons des pièces dont les deux faces portent des signatures d'artistes différents. Ainsi Phrygillos grave une jolie tête de déesse pour un tétradrachme dont le revers porte un char, d'un beau mouvement, dessiné par Evarchidas. D'autres monnaies sont signées par Eumenes et Evænetos, par Eukleides et Eumenes, et par d'autres encore.

Cette véritable école d'artistes travaille pour toute la Sicile et son influence s'étend même sur le sud de l'Italie.

Mais, en Sicile, comme dans tout le monde grec, un siècle vient où l'art décline, et c'est encore par les monnaies que nous pouvons suivre l'évolution artistique de cette île. Cent ans après l'émission des beaux médaillons de Kimôn et d'Evænetos, sous le règne d'Agathocle (310-289 av. J.-C.), Syracuse avait une des plus belles monnaies de l'époque ; mais, bien que cette pièce soit recommandable par la finesse et que le sujet du revers en soit original et bien modelé, on ne peut s'empêcher de remarquer la sécheresse avec laquelle est traitée la tête de Proserpine (fig. 10).

Fig. 10.

Les pièces bien connues de la reine Philistis, frappées à Syracuse, au IIIᵉ siècle avant notre ère, sont aussi des exemples évidents de cette décadence. Au revers d'une tête voilée, on voit encore le char attelé de quatre chevaux, qui paraît, dès l'origine, sur les monnaies de la grande cité sicilienne. Mais ce quadrige n'a plus, ni la calme simplicité qu'on remarquait sur les pièces les plus anciennes, ni l'élégance pleine de mouvement des compositions des grands artistes du vᵉ siècle. Les chevaux, trop bien alignés, présentent des détails anatomiques peu agréables pour notre œil, et les jambes de ces coursiers forment un enchevêtrement qui remplit tout le champ de la médaille : il n'y a pas d'air dans le tableau, et cette faute seule prouverait que les graveurs siciliens du IIIᵉ siècle n'ont plus le goût si délicat de leurs prédécesseurs.

Ces étapes de l'art, que nous suivons dans la numismatique de Syracuse, existent dans toutes les grandes villes
de la Sicile, et on peut citer de nombreuses créations
artistiques qu'on chercherait vainement dans les autres
régions du monde grec, et qui méritent certainement
d'être connues davantage. Citons : le Silène, accroupi dans
des poses variées, au revers des monnaies de Naxos ; le
dieu-fleuve de Sélinonte, sacrifiant sur un autel ; le jeune
chasseur de Ségeste, au milieu de ses chiens ; la gracieuse
nymphe de Camarina, portée par un cygne ; la nymphe
d'Himéra, dans une pose hiératique ; les aigles majestueux
d'Agrigente.

Les historiens de l'art antique ne doivent pas négliger
la Sicile, sous prétexte que cette opulente province n'a
pas conservé de monuments de la grande sculpture.
Regardez seulement les monnaies de Syracuse ; elles
savent plaider la cause de la Sicile tout entière. Rappe-
lons-nous que la tête des médaillons d'Evænetos, après
avoir inspiré le type des monnaies françaises de notre
époque, fut empreinte sur les timbres de quittance en
usage il y a quelques années.

Extrait de la *Revue numismatique*, 1898, pp. 122-123.

UN PROJET

DE

MONNAIE DE LA RÉPUBLIQUE ROMAINE

J'ai acquis récemment un petit monument dont le caractère numismatique n'échappera à personne. En voici le dessin et la description :

Buste de Mercure coiffé du pétase ailé, à droite; derrière le cou, un caducée. Devant le visage, on lit : SE-PVLLIVS[1]. Derrière la naissance de l'épaule, la lettre Q. Sans revers.

Plaque rectangulaire en argent mesurant 19×11 millimètres. Poids : 1 gr. 38.

Cette plaquette, dont les coins supérieurs sont détériorés, probablement par le feu, aurait été trouvée à Rome.

On connaît des monnaies portant le nom de P. Sepullius

---

1. Sur l'original, la boucle de la lettre P n'est pas complètement fermée, ce qui est conforme à l'épigraphie de l'époque de notre plaque.

Macer, qui fut triumvir monétaire en 710 de Rome (44 avant J.-C). Parmi ces pièces, il y a lieu de rappeler ici un sesterce qui porte au droit un buste de Mercure, avec le pétase ailé sur la tête et un caducée sur l'épaule; au revers, on lit l'inscription P. SEPVLLIVS autour d'un caducée (E. Babelon, *M. Rép. rom.*, t. II, p. 441, n°s 11 et 12).

Notre plaquette portait peut-être l'initiale du prénom dans l'angle supérieur gauche. Quant à la lettre Q, elle peut avoir deux significations. D'abord, elle indiquerait que le personnage a rempli les fonctions de questeur; on connaît des monnaies où la sigle Q ne peut avoir d'autre signification (deniers de Q. Lutatius Cerco, etc.). Dans ce cas, nous aurions un renseignement inédit sur la carrière de P. Sepullius Macer.

Dans la seconde hypothèse, la lettre serait la marque de valeur du *quinaire*, si fréquente sur les monnaies de la République romaine. Mais le quinaire au type du buste de Mercure n'existe pas; nous connaissons seulement le sesterce cité plus haut.

Le poids actuel du petit monument, en tenant compte de ses détériorations, correspondrait à peu près au poids du quinaire, qui est de 1 gr. 95.

Si l'on admet, avec M. E. Babelon, que notre plaquette est l'épiderme supérieur d'un poids [1] analogue aux *exagia* de l'époque impériale, on devra supposer, avec lui, qu'il s'agit du poids d'un denier (la lettre Q signifiant *questeur*).

Mais il reste que nous ne connaissons ni le dernier, ni le quinaire de P. Sepullius Macer, au type du buste de Mercure. On sait que la numismatique de la République romaine s'enrichit bien rarement de pièces nouvelles. Il y

1. Hypothèse émise à la Société des Antiquaires de France, dans une séance où j'ai présenté la plaquette (*Bulletin de la Soc. des Antiqu. de France*, 1897, p. 290).

a donc de fortes présomptions pour croire que ce denier et ce quinaire n'ont point été frappés. Dès lors, il devient peu probable que nous possédions un poids fait pour une monnaie non frappée.

Je préfère considérer la plaquette comme un projet, un modèle, que les magistrats monétaires du collège de 710 ont laissé de côté.

Il est difficile d'arriver à une solution précise, car le petit monument qui nous occupe paraît unique en son genre, et c'est précisément ce qui le recommande à notre attention.

Extrait des *Procès-verbaux des séances de la Société française de numismatique*, 1897, p. XXXVII à XXXIX.

NOTE

sur une

ESTAMPE DU XVIᵉ SIÈCLE

REPRÉSENTANT UN MONNAYEUR

Cette gravure, œuvre de Jost Amman (1539 ✝ 1591), fait partie d'un recueil publié à Francfort-sur-le-Mein, en 1568, et dont voici le titre :

« *Eygentliche Beschreibung aller Stände auff Erden, hoher und nidriger, Geistlicher und weltlicher, aller Künsten, Handwercken und Händeln... Durch den weitberämpten Hans Sachsen gantz fleissig beschrieben und in Teutche Reimen gefasset.* » (Véritable description de tous les états qui existent sur terre, de tous les arts, métiers et commerces, distingués et communs, spirituels et manuels ; décrits soigneusement et mis en rimes allemandes par le renommé poète Hans Sachsen.)

On trouve, dans ce livre de métiers, plusieurs curieux tableaux reproduisant des scènes de la vie ouvrière ; on y voit le potier d'étain, le tisserand, le brodeur en soie, le cordonnier, le tailleur, le fabricant de papier, le fondeur de caractères, le typographe et le relieur.

La gravure qui nous intéresse le plus est celle intitulée

Der Müntzmeister [1]. A vrai dire, il s'agit plutôt du *monnayeur* lui-même que du *maître de monnaie*. Il est assis devant un large billot sur lequel sont posées des balances, des pièces de monnaie et la pile. De la main gauche, il tient le trousseau dont la base est placée sur le flan monétaire, interposé entre la pile et le trousseau. De la main droite, l'ouvrier lève le marteau avec lequel il va frapper. Au second plan, un autre ouvrier frappe aussi des monnaies. A la fenêtre, un homme d'aspect négligé, tenant une escarcelle vide, contemple d'un air mélancolique le billot sur lequel les pièces de monnaie sont éparses.

In meiner Müntz schlag ich aericht/
Gute Müntz an kern vnd gewicht/
Gülden/Cron/Taler vnd Batzen/
Mit gutem preg / künstlich zu schatzen/
Halb Batzen/Creutzer vnd Weißpfennig/
Vnd gut alt Thurnis / aller mennig
Zu gut/in recht guter Landswerung/
Dardurch niemand geschicht gferung.

Au-dessous de cette gravure, on lit les vers du célèbre poète Hans Sachs. Il fait parler le monnayeur qui « frappe dans son atelier de

1. Cette gravure est reproduite dans l'ouvrage de M. Otto Henne am Rhyn, *Kulturgeschichte des deutschen Volkes*, 1892, t. II, p. 90. — M. Durif m'avertit obligeamment que cette estampe a été reproduite aussi dans un ouvrage de Conbrouse.

bonnes monnaies à l'aloi et au poids, des florins, des couronnes, des thalers et des batzen, avec une empreinte estimable, des demi-batzen, des kreuzers et des blancs, et des bons vieux *Thurnis*; et tout cela honnêtement, pour que personne ne soit lésé ».

Il faut remarquer d'abord que l'artisan mis en scène est un représentant du monnayage au marteau. Et cependant, en 1568, la fabrication mécanique des monnaies était déjà fort répandue[1]. Il est vrai que la frappe au marteau a eu lieu encore au XVIIe siècle, concurremment avec la fabrication mécanique.

En second lieu, la mention de bons vieux tournois est digne de remarque.

L'expression de *vieux* dont se sert le poète paraît désigner des pièces anciennes, reproduites à cause de la faveur dont elles jouissaient. Nous savons que les tournois de saint Louis ont été portés souvent comme amulettes[2]. De plus, en 1560, on fabriquait des reproductions des monnaies de saint Louis, qui étaient destinées à mesurer les mailles des filets de pêche[3]. Les collections renferment du reste, des imitations du gros tournois fabriquées bien postérieurement au XIIIe siècle.

1. Voy. Pierre de Vaissière, *La découverte à Augsbourg des instruments mécaniques du monnayage moderne*, etc., 1892. — Cf. mon *Histoire monétaire du Béarn*, p. 31.
2. Voy. Archives nationales, KK 955, p. 10.
3. Voyez l'article de M. F. Mazerolle, dans la *Revue num.*, 1888, p. 551.

Extrait des *Procès-verbaux des séances de la Société française de numismatique*, 1898, pp. XIII à XV.

NOTE

SUR LES

ATELIERS DE MEUNG-SUR-LOIRE ET DE LUSIGNAN

EN 1656

Dans un travail récent, on lit que, pendant les troubles de la Fronde (1648-1653), l'atelier de Tours fut transféré à Meung-sur-Loire ou à Châtellerault, et celui de Poitiers à Lusignan ou à Montreuil-Bonin, en conservant leur lettre monétaire (E et G)[1]. Ces indications manquent de précision et je crois qu'il faut s'arrêter de préférence au nom de Meung-sur-Loire dans le premier cas, car nous savons que cette localité eut un atelier à cette époque. Cela résulte du document suivant :

Registre des dellivrances de la Monnoye des liards establys à Meung soubz Orléans durant l'année mil six cens cinquante six.
Du quatrieme jour de janvier mil six cens cinquante six, de l'ordre de Monsieur Mre Paul Bain, conseiller du Roy en sa cour des Monnoyes et commissaire depputté par sa Majesté pour la direction de la fabrique des liards au deppartement de Meung soubz Orléans, avons délivré à Louis de la Chappelle, commis de

---

1. *État actuel des ateliers monétaires français et de leurs différents* (par E. Faivre). 2e édition. Paris, in-8, s. d. (1895-1897), p. 18.

Gilles Garnot, la quantité de deux mil cens marqs provenant du convertissement des deniers, lesquelz estant pezés de trois marqz et trois marqz, se sont trouvés dans le remedde (Archives Nat., Z[1B] 895).

Depuis le mois de janvier jusqu'au premier jour de juillet 1656, la fabrication atteignit 325,050 marcs de liards, et du premier juillet 1656 jusqu'au deux janvier 1657, elle s'éleva à 370.550 marcs.

Dans un travail, demeuré inconnu de la plupart des numismatistes [1], M. Louis Jarry a fait l'historique de l'atelier de Meung-sur-Loire. L'officine y avait été établie, parce que la ville d'Orléans était hostile au gouvernement du cardinal Mazarin, et que, d'autre part, on préférait une petite localité pour émettre des liards, car l'opération était impopulaire.

D'après les notes recueillies par M. L. Jarry, nous connaissons les différents employés par deux officiers. Les liards frappés en 1655 portent comme différent un croissant au-dessus du mot *liard*. Pour 1656, on trouve une merlette (différent de Paul Bain) et une hermine (différent de Louis Le Clerc [2]).

Les Archives Nationales ne renferment pas, à ma connaissance, de documents relatifs à l'atelier supposé de Châtellerault. Pour l'officine de Montreuil-Bonin, les textes, conservés dans ce dépôt, concernent le quatorzième siècle. Quant à l'atelier de Lusignan, il a certainement existé sous Louis XIV, mais on va voir, par la lecture du docu-

---

1. *Guerre des Sabotiers de Sologne et assemblées de la Noblesse (1653-1660)*, dans les *Mém. de la Soc. archéol. de l'Orléanais*, t. XVII, 1880. Le chapitre premier de ce travail est intitulé : *Une fabrique de liards royaux à Meung-sur-Loire* (p. 371 et suiv.) Cf. C. Arnoult, *Notice hist. sur le monn. national et l'atelier d'Orléans*, 1898, p. 144.

2. Les liards portant ces différents sont gravés dans le travail de M. L. Jarry) p. 381.

J.-A. BLANCHET.   11

ment suivant, qu'il remplaçait un atelier autre que celui de Poitiers.

Papier des Délivrances quy se font en la fabricque des liards establie à Lusignan par moy Louis Aube garde de ladicte fabricque en presence de Monsieur Le Vieulx Conseiller du Roy en sa cour des monnoyes et commissaire establi par ladicte cour pour la direction d'icelle suivant et conformément aux déclarations du Roy et arrets de ladicte cour en l'année mil six cens cinquante six.

Le premier jour de juin 1656, j'ay faict delivrance a Mre Preignerac, commis de Pierre Alexandre, sous-traictant de deux presses des cincq cy-devant establies a Limoges, de vingt-cincq breves[1] de liards quy ont estés monnoyés en la fabricque establie à Lusignan, en conséquence du pouvoir qu'en a reçeu de nosseigneurs de la Cour, ledit Pierre Alexandre, lesquels se sont treuvés à soixante et quatre pieces au marc. (Archives Nat., Z1B 887)[2].

D'après les termes du document, on peut conclure que l'officine de Lusignan remplaçait l'atelier de Limoges[3].

Il reste un point obscur dans la question. Comme on ne cite dans le document que deux presses sur cinq, il y a lieu de se demander si les trois autres ne fonctionnaient pas à Limoges, à la même époque.

Les Archives Nationales possèdent aussi des documents concernant les ateliers de Corbeil, en 1655 et 1656, et de Vimy (Neuville-sur-Saône)[4], en 1656 et 1657, documents relatifs à la fabrication des liards, comme les précédents. »

---

1. *Breve* signifie une délivrance enregistrée et contresignée par les divers personnages qui assistent à l'opération. Voy. Boizard, *Traité des Monoyes*, 1692, p. 144.

2. J'ai déjà signalé ce document (*Rev. Num.*, 1890, p. 131).

3. C'est la conclusion que j'ai adoptée dans mon *Manuel de Num. du moyen âge*, t. I, p. 143.

4. Cf. N. Rondot, *La Monnaie de Vimy ou de Neuville dans le Lyonnais, Rev. Num.*, 1890, p. 435.

Extrait de la *Revue belge de Numismatique*, 1898, p. 366.

UNE
ORDONNANCE MONÉTAIRE
DE CHARLES-QUINT

Le document transcrit plus bas ne paraît pas avoir été signalé jusqu'à ce jour. Il présente d'autant plus d'intérêt que les évaluations de monnaies, imprimées à la même époque, sont devenues rarissimes.

DE PAR L'EMPEREUR

A nostre gouverneur de Lille, Douay et Orchies, salut. Comme il soit venu à nostre cognoissance que pluiseurs (*sic*) pieces dargent nommées Snaphanes et autres, que par noz ordonnances dernieres au fait de noz monnoyes faites et publiées de par nous, ont esté et sont deffendues, se allouent chacun jour au quartier dudict Lille, Douay et Orchies, au grant interest et dommaige de la chose publicque et plus pourroit estre, se par nous ny est pourveu. Desirans y remedier nous vous mandons par ces présentes que incontinent et sans délay, vous faites publier par tout es lieux de vostre jurisdiction esquelz l'on est accoustumé faire criz et publicacions, et de par nous deffendre que nul de noz subgectz ny autres de quelque estat ou condicion quilz soient ne s'avancent, sur et à paine de confiscacion de corpz et de biens, de baillier, recevoir, ny allouer lesdicts Snaphanes soyent de Gheldres, de Liege, ny autre monnoye estrange, deffendue et par nosdites ordonnances dernieres non évaluée. Lesquelz deniers ainsi deffenduz comme dit est, ne voulons ny entendons doresnavant avoir cours en nosdicts pays et seignouries a quelque pris que ce soit; ains les avons banniz et bannissons par cesdites présentes. Procédant et faisant procéder contre les transgresseurs par la paine susdite, sans port, faveur ou dissimulacion.

De ce faire et ce qui en dépend vous donnons pouvoir, auctorité et mandement especial, par cestes, et mandons et commandons à tous noz justiciers, officiers et subgectz que à vous le faisant ilz obéyssent et entendent dilligamment. Car ainsi nous plaist-il.

Donné à Breda, le XIIIe jour de juillet l'an mil cinq cens vingt et cinq.

Par l'Empereur, En son conséil.

DUBLIOUL (?)

(Le sceau a été enlevé; il avait un diamètre de huit centimètres.)

Au dos on lit les mentions suivantes :

Ces presentes lettres ont esté publiées a la bretesque [1] a Lille, en la présence et par le commandement de maistre Jehan Gommer, licencié es loix, premier lieutenant de Monseigneur le gouverneur dudit Lille. Mais pour ce que es villes et chastellenies de Lille, Douay et Orchies, il n'y a confiscacion de biens, au lieu de ces mots, sur et a paine de confiscacion de corps et de biens contenus en cesdites lettres, après en avoir délibéré par un conseil mesmement avecq messieurs les président et gens des comptes audit Lille, l'on a usé en faisant ladite publicacion de ces motz, sur et paine d'estre pugni criminellement. Le merquedi XIXe jour de jullet a° XV^c vingt cinq. Par moy.

DENNILLON (?)

Publiée ces presentes en la manière dessusdite a la bretecque en la ville de Douay, le XXVe jour dudit mois de juillet a° XV^c XXV en la presence et du commandement de Me Vaast de la Rachie, licencié ès loix, conseiller de l'Empereur nostre seigneur et second lieutenant de mondit seigneur audit Douay. Par moy.

BAILLET.

(*Parchemin. Collection Adrien Blanchet.*)

---

1. La *Breteche, Bretesche, Bretreske, Bretheche*, etc., était primitivement une tour en bois dont on se servait pour attaquer ou défendre les enceintes fortifiées. Plus tard, on donna ce nom au lieu public où l'on faisait les cris et proclamations de justice. A Lille, c'était un balcon de l'escalier de l'ancienne Halle. On sait par les comptes de la Commune que les piliers de la *bretesque* de Lille avaient été sculptés, en 1392, par Gilles de Gult (Voy. Jules Houdoy, *La Halle échevinale de la ville de Lille* (1235-1664), 1870, pp. 11 et 41).

Les monnaies dont il est question dans le document qu'on vient de lire sont bien connues. C'est d'abord le *Ryder* de Charles d'Egmont, duc de Gueldre (1492-1538) [1], qui fut constamment en lutte contre Philippe le Beau et Charles-Quint. On sait que cette monnaie d'argent, au type du cavalier armé d'un glaive, reçut bientôt le nom de *Snaphaan*, qui avait une origine populaire, comme beaucoup de noms de monnaies. J'emprunte l'explication suivante à l'ouvrage de M. de Chestret de Haneffe :

« Un hobereau gueldrois, appelé de *Haen*, était devenu
« la terreur des campagnes et des voyageurs, qu'il ran-
« çonnait à la tête d'une bande de pillards. Ceux-ci furent
« bientôt connus sous le nom de *Snaphaenen*, mot com-
« posé de *Haen* et de *snappen*, happer [2] ».

Comme ces bandits étaient à cheval, le peuple donna le nom de *Snaphaen* à la monnaie portant un cavalier, type qui rappelait la bande de Haen.

L'autre *Snappehaen* ou *Snaphaen*, mentionné dans notre document, est la monnaie d'Erard de la Marck, évêque de Liége (1506-1538) [3], au type de Saint-Hubert, à cheval. Ce snaphaen était évalué au même prix que celui de Gueldre qu'on recevait dans le pays de Liège pour six stuivers ou patards de Brabant. Mais ces pièces, à 8 deniers de fin et à 31 pièces au marc de Troyes, étaient décriées par l'empereur et évaluées seulement au marc : ·

---

1. Van der Chys, *De Munten der graven en hertogen van Gelderland*, pl. XVIII, n° 42 ; cf. Th. Roest, dans *Rev. belge de Num.*, 1892, pp. 398 et 400 ; 1893, p. 53.

2 *Numismatique de la principauté de Liége*, p. 238-239 ; cf. *Rev. belge de Num.*, 1882, p. 655.

3. B°ⁿ J. de Chestret de Haneffe, *Num. de la princ. de Liége*, p. 238, n° 441.

« Les nouveaulx deniers d'argent de Gelres que l'on nomme sna-
« phane et seulx de Nyemegen, Deventer et de Liege cy de soubs figu-
« rez, le marck, VIII florin, VI pattars, XVII mites. »

« Item plus nouveaulx snaphanes de Gelres avec les clemmers, le
« marck VIII florins. 1 pattart, VIII mites [1] ».

Nous avons par ailleurs une preuve de la dépréciation qui frappait les pièces d'argent au cavalier. C'est un document daté de 1526 :

Un individu de Mons, qui avoit volu acheter à Lille des snaphans d'argent, qui estoit monnoie deffendue par la darrennière publication, est condempné en deux florins d'or d'amende (VI l. IIII s.) à employer en achat de bricques pour la fortiffication de la ville [2].

On a vu que notre document porte au verso des notes indiquant les modifications qui y furent apportées. Il est inutile de s'étendre longuement sur les privilèges des bourgeois de la châtellenie de Lille. Il suffira de rappeler que si un bourgeois (sa femme ou son enfant) était arrêté dans la châtellenie, on devait requérir le bailli et le châtelain de le faire délivrer ; et au besoin, toute la commune devait s'armer pour obtenir cette délivrance [3].

1. *Evaluacion ordonnée de par l'Empereur,...* 1er mars 1526, Anvers, Jean Letter-snyder. (Exemplaires à la bibliothèque de la Haye et au Cabinet de France). — Dans l'ordonnance d'Anvers, en 1633, les mêmes pièces de Liège et de Gueldre sont éva-luées 15 florins, 1 pattar et 28 mites, le marc.

2. La Fons Melicocq, *Monnaies qui avaient cours dans les villes de Lille et de Douai, aux XIVe, XVe et XVIe siècles,* dans les *Mémoires de la Soc. des Sc., de l'agri-culture et des Arts de Lille,* 2e série, t. I, 1854, p. 384.

3. Voy. Roisin, *Franchises, lois et coutumes de la ville de Lille,* publ. par Brun-Lavainne, 1842, p. 2 et suiv.

Extrait de la *Revue numismatique*, 1898, pp. 321 à 324.

LE FRANC

D'ANTONIO, ROI DE PORTUGAL

La numismatique d'Antonio, grand prieur de Crato, nommé roi de Portugal le 24 juin 1580, a déjà fait l'objet de plusieurs notices[1]. J'ai moi-même signalé brièvement un document qui présente un intérêt considérable pour le monnayage de ce prince[2]. Ce document m'a paru mériter d'être publié intégralement; on en trouvera le texte plus loin. Sans m'étendre longuement sur la question, je tiens cependant à dire quelques mots d'une pièce qui a été publiée d'abord par R. Chalon[3]. En voici un dessin préférable à celui qui a été donné autrefois[4].

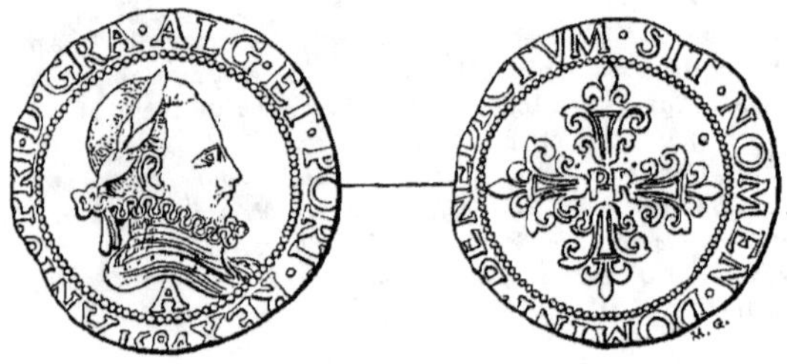

1. Renier Chalon, dans la *Rev. belge de Numism.*, 1868; p. 52 et 148; A.-C. Teixera de Aragao, *Descripçao geral das moedas..... de Portugal*, t. I, p. 297; H. Léonardon, dans la *Rev. Numism.*, 1889, p. 351.
2. *Nouveau manuel de numismatique du moyen âge*, t. II, p. 288.
3. *Rev. belge de Numism.*, 1868, p. 148; Teixera de Aragao, *op. cit.*, t. I, p. 305.
4. Je dois à l'obligeance de M. H. J. de Dompierre de Chaufepié, le moulage qui a servi de modèle pour ce dessin.

ANTO·PRI·D·GRA·ALG·ET·PORT·REX. 1584. Buste lauré, avec collerette, à droite; au-dessous, A. ℞. SIT· NOMEN·DOMINI·BENEDICTVM. Croix fleuronnée, avec les lettres P R au centre.

Argent. Poids, 13 gr. 60. Cabinet royal de La Haye.

Cette pièce est une imitation parfaite du *franc* de Henri III, et, fait remarquable, porte sous le buste la lettre A, différent de l'atelier de Paris. Chalon a considéré cette pièce comme une contrefaçon qui aurait été fabriquée par le maître de la Monnaie de Gorcum (Gorinchem, à 20 kilomètres de Dordrecht), qui travailla pour le compte du roi de Portugal. Mais ces pièces pourraient avoir une origine parisienne, sinon comme frappe, du moins comme composition. Il est possible que des recherches plus étendues, faites aux Archives Nationales, permettent de connaître d'autres documents concernant les monnaies d'Antonio.

En attendant, je ne crois pas qu'on puisse considérer le *franc* du Cabinet de la Haye comme un simple essai, car la pièce figure, au milieu d'autres francs, dans un tarif monétaire de 1604 [1]. C'est un fait qui, selon toute vraisemblance, ne se serait pas produit, si le *franc* d'Antonio n'eût pas été rencontré dans la circulation.

Délibérations de la Cour des Monnaies et du Conseil du Roi,
relatives aux monnaies du roi de Portugal. 1583.

Nous, Guillaume le Clerc, conseiller du Roy et président en sa Cour des Monnoyes, Germain Longuet et François Garrault, aussy conseillers et généraulx en la dite cour, commissaires depputés par icelle pour faire les remonstrances au Roy et a messieurs de son conseil sur les

1. *Beeldenaer ofte Figuer-boeck*, La Haye, 1604.

lettres patentes du dit sieur en datte du *(en blanc)* par lesquelles sa Maiesté auroit octroyé au seigneur Dom Antonio, esleu Roy de Portugal, permission de faire et fabriquer en ses monnoyes telle quantité de monnoyes d'or, d'argent et cuivre, de tel poix, prix et loy qui seroit advisé par le dit seigneur dom Antonio.

Sur quoy, auroit esté remonstré par les susdits commissaires que c'est contre l'authorité du Roy battre monnoye en ce royaulme aux coings et armes d'ung prince estrangier; davantage, que c'est contre l'honneur de sa Maiesté de permettre battre lesdites monnoyes de mesme marque et de moindre bonté que ne sont celles qui se forgent au pays duquel elles portent les marques : comme ha desja commencé le dit sieur dom Antonio, qui ha faict battre des testons semblables a ceux de Portugal, qui ne sont que a cinq deniers de fin, qui est la moitié du différent de bonté.

Aussy la majesté du Roy y aura grand intérest[1], d'aultant que, suyvant la déclaration faicte au bureau de la dite cour par..... *(en blanc)*, soy-disant ayant du dit seigneur dom Antonio, de prendre les matières propres a la fabrication des susdictes monnoyes en France ou aultres lieux, les prenant en France, se seroit destourner les matières dont s'ensuyveroit un chomage évident et général de toutes les monnoyes de France ; et oultre l'abolition de celles qui sont ja forgées que le dit sieur esleu Roy pourra faire fondre par le moyen de telle fabrication.

Pour le regard des monnoyes de cuivre, ha esté remonstré par les susdits commissaires qu'elles seroient du tout inutiles, si elles estoient exposées pour le prix commun et si elles estoient aussy mises a prix et valeur excessive, qu'elles seroient semblablement inutiles pour ne s'en pouvoir ayder au commerce et négociation. Et en tout événement qu'il ne seroit bienséant voir faire telle fabrication dans les monnoyes du Roy par les ouvriers et monnoyers de sa Maiesté.

Et encore qu'il y eut beaucoup de consydérations qui pourroient esmouvoir la dite cour a entrer en vérification des dites lettres, comme l'affliction d'un prince estrangier, chassé de ses royaulmes, terres et signeuries.

Ce néantmoins, cela ne pouvoit estre tellement consydérable qui nous doibve induire a souffrir et tolérer quelque chose contre l'honneur et authorité de nostre Prince, qui adviendroit, permettant telle fabrication estre faicte ès monnoyes et par les ouvriers de sa Maiesté ; joint que seroit authoriser un abus et signalé malfaict, chose de pernicieuse conséquence.

---

1. Au XVIe siècle, *intérêt* a souvent le sens de *préjudice*.

Adonc, supplioit la dite Cour sa Maiesté et messieurs de son Conseil les vouloir dispenser de la vérification de telles lettres.

Sur quoy auroit esté dict par messieurs du Conseil que cet affaire estoit hors de conséquence, qu'il estoit question subvenir a un prince estrangier et affligé, et qu'en tout événement le Roy et le public n'y auroient aulcun intérest, d'aultant que telles pièces ainsi fabricqués s'exposeroient hors le royaulme, ès-lieux de l'obéissance du dit seigneur dom Antonio, et pour cet effect qu'il avoit esté nommément convenu par les soldats du dit seigneur dom Antonio de prendre les dites espèces ainsi changées ou altérées de bonté. Aussy convenu et arresté par les marchans fournissans le dit seigneur esleu Roy de toutes ses affaires et nécessités demourans a la Tercere et aultres lieux de son obéissance, a la charge de les reprendre et retirer des susdits soldats, marchans et aultres dans certain temps.

Partant, le conseil, aulcunnement égard a nos remonstrances, joinct la declaration faicte au bureau de la dite cour par le dit agent du dit seigneur dom Antonio, du (*en blanc*) par laquelle, entre autres choses, il se seroit restrainct a la fabrication des monnoyes de cuivre, auroit avisé et arresté en nos présences que le dit seigneur dom Antonio ne feroit fabricquer aulcunnes espèces d'or ou d'argent, mays seullement de cuivre, suyvant sa dite déclaration, et ce au moulin par Aubin Olivier, et non ès monnoyes du Roy, et sans avoir cours et mise en ce royaulme, suyvant la teneur des dites lettres.

G. Leclerc. G. Longuet.

F. Garrault.

A Saint-Gangulphe, le XIXème jour d'avril mil V^c IIII^{xx} III.

(*Archives Nationales*, Z^{1b} 379.)

Extrait des *Procès-verbaux des séances de la Société française de numismatique*, 1898, pp. XX à XXII.

MONNAIES

RELATIVES A

L'AQUEDUC DE CARTHAGE

Sous le règne de Septime Sévère, alors que Caracalla était déjà associé à l'Empire, on frappa des monnaies en or, en argent et en bronze, qui ont rapport à la ville de Carthage. Au revers, ces pièces portent la légende INDVL-GENTIA AVGG IN CARTH, *Indulgentia Augustorum in Carthaginem* [1].

Le type représente une déesse tenant un tympanon ou un foudre dans la main droite, et un sceptre dans la gauche; elle est assise de côté sur un lion courant à droite. Derrière le lion, à gauche, on voit une montagne rocheuse d'où sortent des eaux qui s'écoulent vers la droite.

1. Cohen², t. IV, Sept. Sévère, nᵒˢ 217 à 227; Caracalla, nᵒˢ 96 à 102. Je laisse de côté le nᵒ 80 de Julia Domna.

Les numismatistes n'ont prêté attention qu'à l'inscription elle-même qui leur a paru avoir rapport aux privilèges octroyés à la colonie de Carthage par Septime Sévère et Caracalla[1]. Nous savons en effet que Septime Sévère avait conféré le *Jus italicum* à Utique, à Leptis Magna et à Carthage; cette dernière prit sous Caracalla le nom de *Colonia Aurelia Antoniniana Carthago*[2], probablement par reconnaissance.

Il me paraît qu'on peut attacher un sens encore plus précis à l'inscription qui se lit sur les monnaies précitées. Le mot *indulgentia* n'a pas seulement le sens de « bienveillance », mais encore celui de « remise d'un impôt[3] ». Or, nous savons que la population italienne était exempte de toute contribution foncière, et même (depuis 167 de notre ère) de la contribution de guerre des citoyens romains (*tributum*). Par suite, nous pouvons croire que le mot *indulgentia* a rapport à une remise d'impôt dont Carthage bénéficiait par le fait même que le *Jus italicum* lui avait été conféré[4].

Quant au type même des monnaies, il me paraît faire allusion à l'aqueduc qui amenait à Carthage les eaux des monts Zeugitanus (Djebel Zaghouan) et Zuccharus (Djebel Djouggar). L'hypothèse a du reste été émise dans un travail déjà ancien, auquel j'emprunte la phrase suivante :

« Il paraît certain aussi que l'empereur Sévère, qui « régna de l'année 193 à l'année 211, a mis la main à cette « œuvre, car on a découvert des médailles frappées à son

---

1. Eckhel, *Doct. Num.*, t. VII, p. 183; cf. E. Babelon, *Carthage*, pp. 90 et 91.

2. Ulpien, *Dig.*, liv. L, tit. XV, viii, 11 ; cf. Ch. Tissot. *Géographie comparée de la prov. d'Afrique*, t. I, p. 642.

3. Ammien Marcellin, XVI, 5 ; *Code Théod.*, XI, 28.

4. Sur le *Jus italicum*, voy. J. Marquardt, *Organisation de l'Empire romain* (trad. fr.), t. I, 1889, p. 117 à 123, et en particulier la note 1 de la page 123, spécialement relative à la colonie d'Utique.

« effigie dans l'atelier monétaire de Carthage, et dont le
« revers représente Astarté, le génie de Carthage, assise
« sur un lion courant le long d'une source sortant d'un
« rocher[1]. »

Le grand aqueduc, qui transportait journellement environ trente-deux millions de litres d'eau, avant d'entrer à
Carthage, passait sur des arcades, présentant un développement de douze kilomètres, et traversait des fleuves sur
des ponts dont l'un, celui construit sur le fleuve Catada
(auj. l'Oued-Melian), était le plus considérable.

Le type des monnaies précitées établit, à notre senti-
ment, un rapport étroit entre la divinité, Astarté ou
Cybèle, protectrice de Carthage, et la source bienfaisante.
Mais on ne peut en déduire avec certitude que Septime
Sévère a fait construire ou restaurer une partie de l'aque-
duc.

1. Ph. Caillat, *L'Aqueduc de Carthage*, dans la *Rev. archéol.*, 1873, II, p. 298.

Extrait de la *Revue numismatique*, 1898.

L'ATELIER MONÉTAIRE

DU

PRINCE NOIR A LIMOGES

EN 1365 ET 1366

J'ai déjà signalé le document transcrit plus bas [1], mais il m'a paru qu'il avait assez d'intérêt pour être publié intégralement avec quelques commentaires.

Les comptes de fabrication pour les monnaies provinciales sont rares, surtout au XIVᵉ siècle, et celui qu'on va lire est assez détaillé pour qu'on puisse en tirer quelques renseignements précis sur le fonctionnement de l'atelier de Limoges, pendant la domination anglaise [2].

Bien que l'atelier de Limoges eût été abandonné au roi d'Angleterre par le traité de Brétigny, en 1360, nous n'avons retrouvé de compte de fabrication que pour les années 1365 et 1366, sans que nous puissions dire si l'officine fut en activité pendant les cinq années antérieures. Nous ne savons pas non plus si le monnayage anglais eut

1. A. Blanchet, *Nouv. manuel de numismatique du moyen âge*, t. I, p. 277. M. E. Caron a cité ce document (*Monnaies féodales françaises*, 1882, p. 120); mais n'ayant pas étudié le texte lui-même, cet auteur a cru que Limoges était un atelier royal français en 1365.

2. Pour l'histoire de cette époque, voyez J. Moisant, *Le Prince Noir en Aquitaine (1355-1370)*, Paris, 1894, in-8°.

une durée plus longue que les deux années dont les Archives des Basses-Pyrénées ont conservé des comptes.

Ces documents font mention de trois sortes de monnaies fabriquées dans l'atelier de Limoges : le *demi-gros guienois d'argent*, le *petit esterling guienois d'argent*, le *petit guienois noir*.

Le demi-gros, à l'aloi de six deniers seize grains, c'est-à-dire au titre de 556 millièmes, était frappé à la taille de huit sous et quatre deniers au marc de Bordeaux, ce qui fait cent pièces au marc. La pièce qui répond aux indications du document est celle dont voici le dessin et la description et à laquelle on a donné jusqu'à ce jour le nom de *gros* :

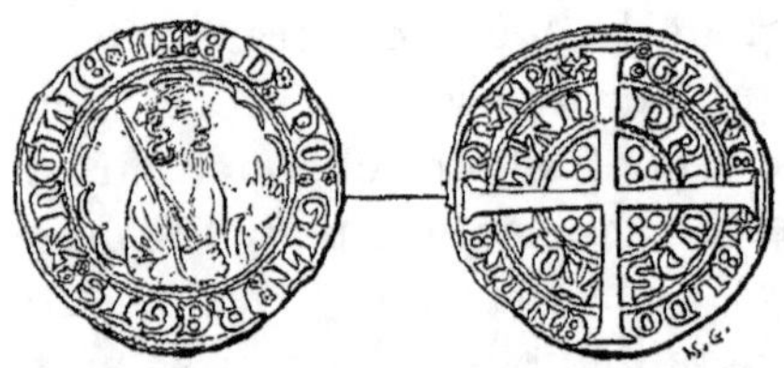

✠ː ᴇD ⁂ PO ⁂ GIT ⁂ RᴇGIS ⁂ ᴀꞂGLIᴇ✳ L. Buste du prince, de profil, à droite, couronné, la main gauche levée, tenant une épée dans la main droite.

℞. PRI | ᴄPS | ᴀQI | TᴀꞂ. Croix coupant la légende, cantonnée de douze besants, trois par trois. En 2e légende : ː GLIᴀ·I·ᴄ | XᴇL DO | ᴇT IꞂTᴇ | RRᴀ PᴀX [1].

Les pièces de ce type, frappées dans divers ateliers, ont des poids variant entre 1 gr. 80 et 2 gr. ; le poids de la plupart des exemplaires est de 1 gr. 90. Mais les exem-

---

1. Il y a de nombreuses variétés de légendes. La deuxième légende du revers, *Gloria in excelsis Deo et in terra pax hominibus*, est tirée de l'Évangile de saint Luc. — Cf. Poey d'Avant, *Monnaies féodales de France*, pl. LXIV, n° 18 et pl. LXV, n°ˢ 3, 4, 6 et 7. — Il y a des pièces aux mêmes types, mais d'un module plus large (n° 2943, etc.), qui doivent être des gros.

plaires qui portent la lettre L, différent que nous pouvons
considérer comme celui de la monnaie de Limoges, ont
un poids plus élevé [1]. L'exemplaire du Cabinet de France
(n° 1484) pèse 2 gr. 10, et six exemplaires, appartenant à
MM. Rollin et Feuardent, pèsent chacun 2 gr. 15. Ce poids
paraît donc être le poids moyen du demi-gros, et nous
pouvons considérer le marc dont il est question ici
comme étant de 215 grammes, ce qui correspond assez
bien avec les pesées fournies par les poids de Bordeaux,
datés de 1316 [2], surtout si l'on tient compte de l'usure de
ces monuments qui, généralement, ont beaucoup servi.

La fabrication des demi-gros, qui valaient dix petits
guyennois dont il sera question plus loin, fut très active à
Limoges. D'après les comptes conservés, on en frappa, en
trois fois, 10.700 livres ; c'est donc une émission de
2.140.000 demi-gros, pour l'atelier de Limoges, et pendant deux années seulement [3].

La deuxième sorte de monnaie dont il est question dans
notre document est appelée *petit esterling guienois*. Cette
monnaie, au même titre que le demi-gros, devait avoir
théoriquement un poids moindre de moitié (200 pièces au
marc), et la valeur courante était de cinq deniers petits
guyennois. C'est le denier esterlin dont voici le dessin et
la description :

1. Ce fait résulte probablement de ce que le titre des demi-gros frappés dans les
autres ateliers était légèrement supérieur.

2. 207 grammes. A. Blanchet, *Nouv. manuel de Num.*, t. II, p. 473.

3. Il convient de faire remarquer que le second rouleau, contenant le compte de
l'année 1366, n'est pas complet.

✠ : ED' : PO ✽ GIT ✽ REG : ANG ✽ L. Buste du prince, comme sur le demi-gros.

℟. : PRI | CPS | AQI | TAN. Croix pattée coupant la légende et cantonnée de douze besants [1].

Les exemplaires que j'ai pesés ont donné : 0 gr. 80, trois fois 0 gr. 95 (dont un exemplaire avec le différent L) et deux fois 1 gr. 05. En prenant ce dernier chiffre comme poids moyen du « petit esterlin guyennois », nous trouvons, pour le marc, un poids inférieur de 5 grammes à celui que nous avons établi précédemment en nous basant sur le demi-gros. Mais les monnaies divisionnaires anciennes sont rarement fabriquées avec précision et nous pouvons négliger la différence constatée.

Il y a une autre monnaie en argent du Prince Noir à laquelle on a donné le nom de *Hardi*. Bien que le poids de cette monnaie soit aussi de 0 gr. 95 à 1 gr. et que des exemplaires portent le différent de Limoges, il n'y a pas lieu de la considérer comme pouvant être la monnaie dont il est question dans le document. En effet, le texte est précis : l'épithète *esterling*, appliquée à cette monnaie, éveille l'idée d'un type particulier, caractérisé par une croix cantonnée de besants. Or, c'est précisément le type du « petit esterlin guyennois », monnaie divisionnaire du demi-gros qui présente aussi le type esterlin.

L'émission des « petits esterlins guyennois » à Limoges atteignit le chiffre de 10.330 marcs, soit 2.066.000 pièces, en l'année 1365.

Passons maintenant à la troisième sorte de monnaie dont le nom est, d'après le document, *petis guienois noirz*. L'épithète de « noir » et le titre de un denier douze

---

1. Cf. Poey d'Avant, t. II, pl. LXV, n°s 8, 9 et 10.

grains (125 millièmes) guident nos recherches qui s'arrêtent sur le denier suivant :

✠ ED·POGENIT REGI ANGIE. Champ écartelé aux 1er et 4e d'un lis ; aux 2e et 3e d'un léopard.

℟. ✠: PRINCEPS·AQVITANE . Croix pattée [1].

Les exemplaires, de conservation moyenne, que nous avons pesés, ont fourni un poids moyen de 0 gr. 90. La taille du « petit guyennois noir » étant de dix-huit sous et neuf deniers au marc, c'est-à-dire de 225 pièces, nous obtenons pour le poids du marc le chiffre de 202 gr. 50, sensiblement inférieur à celui que nous avions obtenu en prenant pour base le demi-gros. Mais nous devons faire observer que les exemplaires du « petit guyennois noir », pesés par nous, en nombre restreint, portent tous des traces sensibles d'usure [2].

Les « petits guyennois noirs », qui avaient cours pour un denier petit guyennois, furent émis à Limoges au nombre de 62.541 (277 marcs à 225 pièces au marc, plus 216 pièces), pour l'année 1365.

Benjamin Fillon a publié une pièce du Prince Noir en billon bas, portant le châtel tournois et une croix coupant la légende. Il attribuait cette pièce aux premiers temps du

---

1. Cf. Poey d'Avant, t. II, pl. LXV, n°s 11 et 14. — Il y a quelquefois des lettres d'atelier à la fin des légendes.

2. Un exemplaire appartenant à MM. Rollin et Feuardent pèse 0 gr. 92 ; avec cette légère différence, le poids du marc est porté à 207 grammes. On voit qu'il n'y a pas lieu de s'étonner si les poids, obtenus au moyen de ces calculs, ne sont pas en parfaite concordance.

gouvernement du Prince Noir, parce que le type est copié sur celui d'une pièce d'Édouard III [1].

J'ajouterai que cette pièce ne peut être considérée comme un *petit guyennois noir* pour la raison suivante. L'exemplaire, cité par Fillon comme unique, pesait 19 grains 1/2, c'est-à-dire 1 gr. 033 ; ce chiffre, multiplié par 225, donnerait un poids beaucoup trop fort pour le marc.

Généralement, dans les ateliers du Prince Noir, le bénéfice sur la fabrication des monnaies en or s'élevait à quatre fois les frais de fabrication ; celui des monnaies en argent égalait à peu près le triple des frais [2]. On verra par la lecture de notre document que le profit du prince était plus considérable dans la fabrication des monnaies de bas aloi. Au contraire, le maître de la Monnaie était payé davantage pour le marc de demi-gros d'argent, évidemment parce que la fabrication devait en être plus soignée, et aussi parce que la tolérance de poids et de titre devait être moins grande.

Le document que nous publions permet de considérer les pièces marquées de la lettre L comme des produits de l'atelier de Limoges. Jusqu'à ce jour les auteurs attribuaient ces monnaies à Limoges ou à Lectoure [3]. En l'absence de textes établissant l'existence de l'atelier de Lectoure, sous la domination anglaise, on peut conclure en faveur de Limoges. Enfin, de l'étude comparée du document et des monnaies, nous avons tiré des renseignements précis sur la valeur du marc de Bordeaux.

---

1. B. Fillon, *Lettres à M. Ch. Dugast-Matifeux sur quelques monnaies françaises inédites*, 1853, p. 176, pl. IX, n° 10. Poey d'Avant a décrit cette pièce sous le n° 3077 (pl. LXIV, n° 16) et indique un poids encore supérieur : 1 gr. 06.

2. Voy. J. Moisant, *Op. laud.*, p. 115.

3. On a aussi proposé *Libourne*.

*Comptes de fabrication de la Monnaie de Limoges et dépenses faites
pour le service de cet atelier en 1365 et 1366.*

(Archives des Basses-Pyrénées, E 628. Deux rouleaux de papier).

I

Conte [Marsial] [1] Bize, mestre de la monnoye de Limoges [et de l'ouvrage] qu'il a fet despuis le viiie jour de may l'an ccclxv.

Premierement fit ledit mestre des le xvie jour de may dudit an jusques en may ensievant demis gros guienois d'argent a vi d. et xvi g. fin de loy et de viii s... [2] de Bourdeux et avrent cors pour x petits guienois.......... marc..... et avoit en boithe lxxiiii s. de demis gros que funt....... livres de demiz gros et... viiie iiii xx marcz que valent a vi d. xvi gr. de loy iiii mil ix c xxx iii ℳ.

Enffin resta de profit au seigneur vi mile et ixe xxxi l. vi s. viii d. Item ya plus de profit au seigneur pour xx s. pog. [3] mis en boyte qui valent, rebatu l'ouvrage du metre, xxxvii s. vi d.

Somme toute que monte le profit deu seigneur de cete boythe vi mile et ixe xxxiii l. iiii s. ii d.

Payemans fes pour ledit mestre dedans ledit temps.

Premierement a sire Raimon Guitbert, general mestre des monnoyes pour vizite, pour ces despanz du chemin aler de Limoges a Figac, li payé ledit metre le xix jour de l'an lxv, si comme puet a parestre per sa letre escroa et scelée de son scel   vii l v s. petiz g.

Item paya plus le dit metre, le iie jour de juillet, en dit an, du commandement de la garde, au fils Coysier, le balensier, pour une balanse pour nostres granz mestres   lxv s. iiii d. petis g. [4].

---

1. Dans l'*Inventaire* rédigé par Paul Raymond, le prénom indiqué est *Micheli* ; la lecture *Marsial* (*Marsiali* dans le second rouleau) parait préférable. Du reste, on retrouve un Martial Bize, maître général de la Monnaie de Limoges, en 1378 (Louis Guibert, *La Monnaie de Limoges*, extrait de l'*Almanach-limousin* de 1893, p. 32).

2. Lacune provenant du mauvais état du papier. — Le titre et le cours indiqués étant les mêmes que pour les demi-gros dont l'état de fabrication se trouve dans un autre paragraphe et dans le second rouleau, il est très probable que la taille est aussi de huit sous quatre deniers au marc de Bordeaux.

3. *Pogese, pougeoise*, poitevin.

4. On trouvera la mention d'achats de balances dans un article de M. A. Guesnon, *L'atelier monétaire de la comtesse Mahaut d'Artois en 1306* (*Bulletin arch. du Comité des trav. hist.*, 1895, p. 194).

Item paya plus le dit metre, le xve du dit moys, et en dit an, du commandement de la garde, à un messatgier qui portoit lettres à Marteux, a nostre grant mestre sire Raimont Guitbert   xxx s. petis g.

Item paya plus le dit mestre, le xiiie jour de ceptembre, en dit an, pour le mandement de mons. le Prinpce, à monsieur Alein de Scolies, son trézorier, si comme appart pour [1] l'escroa du dit trezourier

v mile et l livres petis g.

Item paya plus ledit metre, le xve jour de ceptembre, en dit an, à la garde sus ces gatges.   l livres petis g.

Soma desditz payemanz argent blanc pour cxv s.

v mile cxii l. iiii d. petiz g.

Reste est dehu ou seigneur de cete boithe xviii^c xxi l. iii s. x d. petiz g., e a cxv s. marc d'argent mo[nte] iii^c xxi marc v^c xx d. pezan dargent fin.

Aupres fit ledit mestre des le mardi viie jour de Octembre [2] lan lxv jusques le samedi xxviie jour de fevrier en dit an, demis gros guienois dargent du poys et de laloy des autres dessusdit, marc dargent aloye a vi d. xvi gr. fin et endessus achaté vi l. et v s., et audessous de vi d. xvi gr. fin vi l. Avoit en boythe lxvi s. i d.

(*En marge* :) iii^m vi^c lxvi.

Qui sunt iii mile et iii^c iiii l. iii s. iiii d. que poizent vii mile ix^c xxx ℳ, a vi d. xvi gr. de loy, mo[nte] iiii mile et iiii^c v m[arc] iiii^c et x d. xvi g. pezan [3] que montent de profit ou seignour a xxv s. pour marc dargent, v mile v^c vi l. xviii s. x d.; dunt monte lobratge deu meitre a iii s. x d. pour m^a de oubra mil v^c xix l. xviii s. iiii d.

Item est plus dehu ou metre pour xliii s. iiii d. de demis gros trop mis en boythe, lii s. ii d.

Enffin resta de profit ou seigneur iii mile ix^c iiii^xx iiii l. viii s. iiii d.

Aupres fit ledit mestre, des le mercredi viiie jour de octembre de dit an jusques ou mardi iiiie jour de Dezembre l'an, petis esterlings guienois dargent a vi d. xvi g. fin de loy et de xvi s. viii d. de pois en marc de Bourdeux et ont cors pour v d. petiz g. la piece; marc d'arg. a Loys a vi d. xvi g. fin, et en dessus achatté vi l. et v s. et en dessous vi l. et avoit en boythe viii l. xii s. ii d. que font viii mile vi^c viii l. vi s. viii d. que poyzent x mile et ccc xxx ℳ. à vi d. xvi gr. fin, mo[nte] v mile et vii^c xxx viii ℳ. vii^c ii d. xvi gr. pezan d'argent fin

---

1. *Lisez* : par.
2. Venant du latin vulgaire, *octember*, formé par analogie à *september*.
3. Il faut suppléer : d'argent fin.

montent de profit ou seigneur a xxv. s. pour marc dargent vii mile clxxiii l. xii s. ii d. dunt mo[nte] lobrage du mettre a iii s. x d. pour ℳ de euvre mil ixe lxxix l. xviii s. iiii d.

Enffin resta de profit ou seigneur v mile ciiii^{xx} xiii l. xiii s. x d.

Aupres fit ledit metre le xx^e de noembre petis guienois noirz a i d. xii gr. fin de loy et de xviii s. ix d. de pois ou marc de Bourdeux et ont cors pour i d. petit guienois la piesse; marc dargent noir a loye audessous de vi d. xvi g. fin vi l., et avoit en boithe ii s. ii d. qui font ii c. lx l. que poyzent ii^c lxxvii ℳ. ii^c xvi d. pezan a i d. xii gr. fin. Mo[nte] xxxiiii ℳ. v viii d. pezan dargent fin. Mo[nte] le profit du seignour a xxx s. pour ℳ. dargent lii l., dunt mo[nte] louvrage du mettre a ii s. vi d. pour ℳ. deuvre xxxiiii l. xiii s. iiii d.

Enffin resta de profit ou seigneur de cette boythe xvii l. vi s. viii d.

Some toute que mo[nte] le profit du seignour de cetes iii boythes ix mile ciiii ^{xx}xv l. viii s. x d.

Payemans fes par ledit mestre arg. oudit pres (?).

Premirement paya a nostre sire Raymon Guitbert le ix^e jour de Octembre l'an lxv, pour viziter la monnoye, pour ces despanz du chemin aler de Limoges a Figac si comme appart per sa escroa,

viii l. iii s. i d.

Item, paya ledit mestre pour la crehuhe [1] la somme de v^e xl l., qui estoyent en la monnoye quant la crehuhe vint, et estoyent du seignour et furent baylleye a Pierre Bon Enfan, pour le commandement de nostre mestre sire Raymon [[*En marge* :) sien garenties par 1^a sedula encloza dedans le dit].

Monte la dicte crehue que doijt estre contée et paya au dit mestre monte xlvi l. xiiii s.

Item, paya le dit mestre, le xviiie jour de Octembre, l'an lxv, pour le commandemant de la garde, pour une balanse d'un marc, qui fut autreyeia ens granz mestres xlv s.

Item, paya le dit mestre, le xie jour de Noembre, en dit an, que il anvoya Engolesme pour le mandement de Mons[eignour] le prinpce, et fut payé à son trezaurier xvie noblez g. deu tierz coing [2] valent

ii mile l.

Item, paya plus ledit mestre que il pourta Engolesme pour le mandement de Mons[eignour] le prinpce, et fut payé à son trezourier le xxiiiie jour de dezembre, en dit an iii mile l.

---

1. Le *Dictionnaire* de Godefroy donne : *Crehue, creue, crue*, augmentation d'impôts, enchère.

2. Cette mention est digne d'attention, mais je ne sais à quelle monnaie elle peut s'appliquer.

Item, paya plus le dit mestre, le xvie jour de genier, en dit an, a nostre mestre sire Bertrant pour vizite la monnoye, pour ses despanz du chemin aler de Limoges à Figac, si comme apart per sa escroe, cviii s. ix d.

Paya plus le dit mestre le iie jour de may l'an lxvi, à 1 valet que nostres granz mestres pour le fet du seignour l'anvayerent ou receveur de Poicto, li paya le dit mestre pour le commandement des dis nostres granz mestres   xxx s.

Paya plus le dit mestre, le viiie jour de out, l'an lxvi, à la guarde sur ses gaiges   xii l. x s.

Paget plus le dit mestre a Thomas, messatgier, qui pourtoit lettres a nostre mestre sire Raymon, per le commandement de nostre mestre, sire Bertrant, per le propre fait de mons   xx s.

Paya plus a nostre dit grant mestre sire Bertrant le viiie jour de Out pour viziter la monnoye, pour ses despanz a son aler   cviii s.

Paya plus per le commandemant dudit nostre grant mestre sire Bertrant à Pierre Oudoyn, prevost des ouvriers pour anvoyer sertains ouvriers à Bourdeux   x l.

Paya plus pour le dit commandement à Barnabo pour les despanz des monnoyers   l s.

Item, paya plus le dit mestre pour une beste que lor pourta leurs outis   xxx s.

Item, paya plus du commandement du dit nostre grant mestre sire Bertrant ou dit Thomas le messatgier, pour pourter lettres à Figac pour le fet de mon seignour   xxx s.

Item, paya le xviie jour de Octembre en dit an, a monseignour le cognestabble de Bourdeux pour le mandement de monseigneur le prinpce   iii mile, iiic xl l.

Item, paya le ve jour de Noembre en dit an, a la garde sur ses gatges   xii l. x s.

Item, paya le xxviiie jour de Noembre ensievant a monseignour le cocnestabble de Bourdeux, pour le mandement de monseignour le prinpce : ii mile l, et iiic forz [1] g. d'or; monte tot   ii mile iiic l.

Item, paya a xx de genier ensievant per lo commandement de la garde à Brocaart, messatgier, pour pourter lettres à sire Reimont Guitbert, nostre grand mestre   xxx s.

Some de ces darniers payemans marc d'argent blanc a vi l. v s.,
x mile viic lii l. viii s. x d.

---

1. Cette monnaie est peut-être celle que les auteurs modernes appellent *Guyennois* et qui porte le prince armé d'une épée et d'un bouclier. Voy. Poey d'Avant, nos 3068 et 3069.

Enffin reste que le seignour devroyt ou mestre, du conte de ces III darnières boythes, mil v° lvii l. à vi l. v s. argent. Mo[nte] ii° xlix ℳ. xxiii d. pezan dargent.

Dunt le mestre devoit ou seignour de la première boythe de ce rolle, de cxv s. marc d'argent blanc, iii° xvi ℳ. v° xx d. pezant d'argent fin.

Enffin reste que ledit mestre devroit ou seignour parmi ce conte de tout lobrage qu'il a fet jusques ou mardi iiii° jour de Dezembre lan lxvi, conte touz les payemans qu'il a fet jusques oudit jour, deducxion fete des uns contes aus autres a cauze de largent, lxvii ℳ. iiii° xi d. d'argent fin.

II

Ce sunt les contes de Marsiali Bize, mestre de la monnoye de Limoges pour monseigneur le Prince.... mestre despuis le xiiii° jour ...de l'an.... que le dit mestre prit la pour......[1].

Premierement fit ledit mestre des le vanredi xiv° jour de may lan dessusdit jusques le mardy xxx° jour de ceptambre ensievant demis gros guienois dargent à vi d. et xvi grains fin de loy et de viii s. iiii d. de pois ou marc de Bourdeux et avoient cors pour x d. petis guienois la piece, marc dargent achaté des marcheanz cxv s. petis guienois.

Avoit en boithe lxxiiii s. diceulx demiz gros que sunt iii mile vii° livres de demy gros que peizent viii mile viii° iiii^{xx} marcz que funt a vi d. xvi gr. fin de loy iiii mile m^a ..... ii° xiii esterling pesant et un tiers dargent fin mo[nte] le moneage à xxxv s. pour marc d'argent vin mile vi° .... vi s. viii d. dunc monte lovrage du mestre a iii s. x d. pour marc deuvre xvii° ii l. de petis g.

Reste que monte le monneage rebatu louvrage du mestre vi mile ix° xxxi l. vi s. viii d. petiz g.

---

1. Ce titre est en fort mauvais état. J'ai dit plus haut que ce rouleau contenait probablement le compte de l'année 1360. En réalité, il est difficile de prendre définitivement parti pour le classement chronologique de ce second rouleau. Bien que les chiffres de la fabrication inscrite sur ce document soient sensiblement les mêmes que ceux de la première émission du premier rouleau, il y a cependant assez de différences pour qu'on ne puisse croire à l'existence d'un duplicata dont la rédaction aurait été interrompue. Du reste, les dates mensuelles des deux émissions ne concordent pas. On pourrait trouver un argument en faveur de l'antériorité du second rouleau, dans le texte même du titre, qui paraît déterminer l'entrée en fonctions du maitre de la Monnaie de Limoges; mais ce texte est trop incomplet pour fournir une base solide aux hypothèses que nous pourrions formuler.

Item monte plus le monneage de xx s. plus, mis en boythe, rebatu louvrage du mestre, xxxvii s. vi d. petiz g.

Item fut trovere febble (*Pas de chiffres*).

Item fut trovere eschasse [1] de loy (*d°*).

Despense pour œuvre (?) despensé.

Premierement pour les deniers de la boythe : (*d°*).

Item pour le salaire de la guarde : (*d°*).

Enffin reste le profit ou seignour de ceste boythe : .... (*d°*) [2].

1. L'*écharseté* de loi est la faiblesse du titre qui est inférieur au titre légal.

2. Ici prend fin le second rouleau dont la rédaction a été interrompue et est même restée incomplète pour les derniers articles.

Extrait des *Procès-verbaux des séances de la Société française de numismatique*, 1898, pp. XLIII et XLIV.

STATÈRE DE LEUCAS

PORTANT UN GRAFFITE

Le statère de Leucas d'Acarnanie, dont voici le dessin, n'est pas inédit[1], mais il se recommande tout d'abord par son bel état de conservation et par la rareté

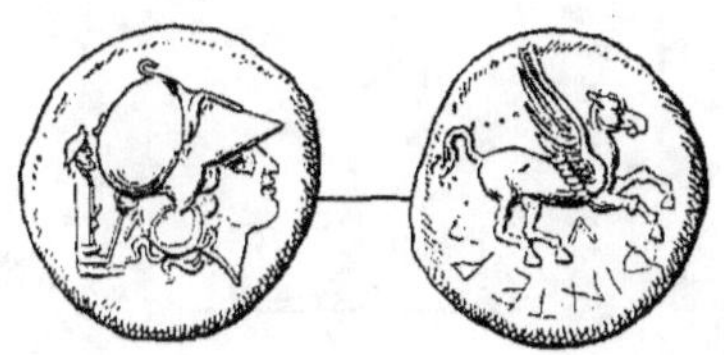

relative du symbole qui est gravé derrière la tête de Pallas. C'est un hermès, terme ithyphallique. au pied duquel est un caducée.

L'intérêt particulier de ce statère, qui fait partie de ma collection, résulte de la présence d'un graffite tracé sous le Pégase. L'inscription, composée de sept lettres, donne le mot **ΦΙΝΤΕΡΑ**. C'est le féminin de φίντερος, forme dorienne poétique de φίλτερος, comparatif de φίλος. Il s'agit par conséquent d'une inscription amoureuse, ana-

1. Voy. le Catalogue du British Museum, *Corinth*, pl. XXXV, nº 22.

logue à celles que François Lenormant a signalées autrefois[1]. Ainsi, un didrachme de Métaponte porte ΛΑΛΑ ΦΙΛΑ ; sur une monnaie de Scotussa de Thessalie, on lit ΔΕΙΝΙΣ ΚΑΛΑ ; et une monnaie de Naples donne ΨΥΧΗ. Les pierres gravées fournissent des inscriptions du même genre qui sont des termes usuels de galanterie[2].

Je possède un statère de Corinthe qui porte aussi un graffite. Mais, il s'agit seulement de la lettre Δ, qui, étant isolée, ne prête guère à un commentaire archéologique.

1. *Les graffiti monétaires de l'antiquité*, dans la *Rev. Numism.*, 1874, pl. XIV ; voy. surtout les pages 334 à 338.
2. Edmond Le Blant, *750 inscriptions de pierres gravées, inédites ou peu connues*, 1896, p. 48, nᵒˢ 124 et suiv.

Extrait des *Procès-verbaux des séances de la Société française de numismatique*, 1898, pp. XLVII à L.

MONNAIES FAUSSES ANCIENNES

On connaît la note publiée par M. Maurice Raimbault[1] au sujet de faux louis d'or émis en 1776. Voici quelques documents de la même époque, relatifs à d'autres louis faux. Ces documents, conservés aux Archives des Basses-Pyrénées (C 316), renferment une description soignée des différences qui permettent de reconnaître les faux louis, qui, comme ceux de La Rochelle, contiennent une quantité appréciable de métal précieux.

Voici le texte de ces documents :

Paris, le 30 avril 1778.

Circulaire aux receveurs et trésoriers.

Je viens d'être informé, Monsieur, qu'il se distribuoit dans le Béarn et aux environs une quantité considérable de faux louis dor de 48 l. ; que trois faux monoyeurs ont été arrêtés aïant chez eux un attelier complet pour cette fausse fabrication et cinq ou six cents doubles louis au millésime de 1777. — On m'a instruit en même temps d'une autre fabrique de faux écus de 3 l. que l'on croit exister dans la même province, mais sur laquelle on n'avoit encore rien pu découvrir. Vous sentez combien il seroit intéressant de parvenir promptement à cette

---

1. *Bull. de Numism* , 1897, p. 2.

·découverte. Je vous prie de vouloir bien donner à cet effet les ordres convenables aux maréchaussées de votre département.

J'ai l'honneur d'être avec un très parfait attachement, Monsieur, votre très humble et très obéissant serviteur.

NECKER.

M. Douet de la Boillage, Intendant à Auch.

II

Je viens d'être informé, Monsieur, qu'il s'est distribué depuis quelques jours à Grenoble des faux louis imitant ceux de 24 l. ; ils sont marqués de la lettre A et au millésime de 1753, et qu'un nommé Durivet, garçon orfèvre, en était le distributeur. Il a été décrété, mais il a pris la fuite aussitôt et on croit qu'il a passé en Savoie où on soupçonne que se fabriquent ces faux louis, ou à Geneve; comme il n'est pas à présumer qu'il soit sans complices, il est à craindre que ces fausses espèces ne se répandent dans les autres parties du royaume. Je crois devoir vous faire passer l'avis qui en contient la description avec le signalement de Durivet. On ne doit rien négliger pour découvrir la source d'une fabrication aussi dangereuse et punir les coupables, et je vous prie de vouloir bien en conséquence donner les ordres convenables aux officiers de maréchaussée de vôtre département.

J'ai l'honneur d'être, avec un très parfait attachement, Monsieur, vôtre très humble et très obéissant serviteur.

NECKER

M. Douet, Intendant de Auch.

Remarques sur les faux louis de 24 l. qui ont été distribués à Grenoble et aux environs en janvier 1778.

Ces Louis sont au millésime de 1753, marqués de la lettre A, ils sont très bien fabriqués et bien colorés, au point que même les gens de l'art s'y méprennent à la première inspection. Ce n'est qu'en les examinant fort attentivement et en les comparant avec des louis de bon aloy qu'on y apperçoit les différences dont on va rendre compte.

L'Effigie est un peu plus bombée et plus saillante que dans les louis ordinaires, la face plus forte et moins dégagée, et en général tous les traits de la figure moins bien exprimés.

La Levrette, ou autre animal figuré au dessous de l'effigie, paroit plus maigre et les jambes plus courtes. — Le Grènetis du cordon plus fin. — Les lettres de la légende et de l'exergue plus fortes et plus patentes. Celles du mot REGN. sont plus écartées.

La marque en forme de Rose, placée avant le millésime, est plus lourde et plus confuse. — La couronne est un peu plus large. Les branches plus fortes et plus matérielles.

L'on remarque encore dans ces faux louis qu'ils n'ont pas les deux points qui se trouvent dans les vrais, l'un au-dessus de la couronne et l'autre au-dessous entre les deux écussons.

Ces louis ont un son mat et sombre comme des pièces de cuivre, quoiqu'au titre de quinze karats et qu'ils soient plus alliés d'argent que de cuivre suivant le rapport des orfèvres de Grenoble qui en ont fait l'essai.

Quant au poids, il en est où il manque jusqu'à six grains et dans d'autres la différence n'est que de trois et même de deux grains.

(Suit le signalement de Durivet).

La plupart des collections doivent renfermer de nombreuses monnaies fausses anciennes. C'est une cause d'erreur pour nos études actuelles, et il est d'autant plus facile de tomber dans cette erreur que les monnaies fausses ont souvent, comme on l'a vu plus haut, un titre qui se rapproche sensiblement du titre légal.

Déjà, au moyen âge, si nous en croyons Le Dante, les faux monnayeurs fabriquaient des espèces que leur aloi relativement bon devait rendre difficiles à reconnaître. Voici ce que nous lisons dans l'*Enfer* (ch. XXX, vers 73-74 et 89-90), à propos de maître Adam qui, sur l'ordre de Guido II, comte de Romena, et de ses deux frères, avait contrefait les florins de Florence :

> Ivi è Romena, là dov' io falsai
> La toga suggelata del Batistà,
> . . . .
> Ei m'indussero a battere i fiorini
> Che avevan tre carati di mondiglia.

Il est vraisemblable que les numismatistes seraient aujourd'hui bien embarrassés à distinguer les florins faux de Romena « qui avaient trois carats d'alliage ».

Voici encore un curieux exemple de faux monnayage :

Les archives du Cher (B 2452) renferment un important dossier concernant l'affaire Thomas Mosnier, maître de la Monnaie de Bourges, poursuivi pour prévarications dans ses fonctions. Le président de la Cour des Comptes qui était venu à Bourges en 1653, pour instruire le procès, en faisant une descente à l'hôtel de la Monnaie, « avoit trouvé sous presse un carré de l'année 1648 ». Par conséquent, l'inculpé se servait de coins d'une époque probablement antérieure à son entrée en fonctions, et cette opération lui facilitait l'altération des monnaies qu'il frappait. Sur d'autres pièces, il avait changé la lettre monétaire, et, au lieu de l'Y de Bourges, il avait placé le Z, différent de Grenoble [1].

Il est plus que probable qu'à des époques antérieures, des maîtres d'ateliers royaux et des graveurs n'hésitèrent pas à fabriquer des monnaies fausses en se servant du matériel de la monnaie légale. Ce fait arriva en 1457 dans l'atelier d'Angers.

---

1. *Mém. de la Soc. histor., litt. et scient. du Cher*, 2ᵉ série, t. Iᵉʳ, 1868, p. 98, note 1. — On sait que Jacques Cœur fut impliqué deux fois, en 1427 et en 1451, dans des affaires analogues (voy. l'article de M. P. Bordeaux, dans l'*Annuaire de la Soc. de Num.*, 1896, p. 493).

Extrait de la *Revue numismatique*, 1898, pp. 704-706.

UN PROCÈS DE FAUX MONNAYAGE

EN 1566

Le document transcrit plus loin présente quelque intérêt, tant à cause des inculpés qui y sont nommés que par suite de l'énumération des monnaies contrefaites.

La poursuite ordonnée par le prévôt était nettement et sérieusement formulée, et François le Coq, trente-troisième abbé de Jandures (aujourd'hui Jean d'heurs, commune de l'Isle-en-Rigault, Meuse), doit avoir expié le crime qu'on lui reprochait, car sa mort suivit d'assez près la date de notre document. Voici, en effet, son épitaphe[1] :

Cy gist noble & scientifique personne réverend père, frère François le Coq, natif de Paris, docteur ez droits, jadis abbé de ceans par l'espace de 17 ans, lequel mourut le XIX de juillet M.DLXVII. Priez Dieu pour lui.

François le Coq était un moine de l'ordre de saint Benoît; mais il avait adopté la règle des Prémontrés, en 1550, lorsqu'il devint abbé de Jandures.

Les autres personnages impliqués dans l'affaire de

1. *Gallia Christ.*, t. XIII, col. 1142.

faux monnayage ne paraissent pas avoir laissé de traces dans l'histoire.

Quant aux monnaies énumérées dans le document, on voit qu'elles ne sont pas toutes françaises. Les faussaires avaient imité non seulement les écus d'or au soleil, les pièces de six blancs[1], les testons, les Carolus et demi-Carolus, mais encore les « écus pistolets »[2], qui étaient des pièces d'or espagnoles et les « jocondalles »[3], c'est-à-dire des thalers ou écus de différents pays (Allemagne, Pays-Bas, Suisse, Hongrie, etc.)

L'imitation de ces espèces étrangères était aussi répréhensible que celle des monnaies de France, puisque diverses ordonnances avaient autorisé le cours de ces monnaies dans le royaume.

Ordre de poursuivre des faux monnayeurs en 1566.

Claude Loste, Licencié ès Loix, seigneur de Recy et Braux, prévost général de nos seigneurs les connestables et mareschaulx de France au gouvernement de Champagne et Brye, au premier de noz archers ou aultre sergent royal sur ce requis, salut. Veu les charges et informacions et advis de conseil sur icelles aux saiges faictes a l'encontre de Mᵉ François le Coq, abbé de Jendeuvre, messire Henry de Tournebulle, curé de Bassincourt, Christofle de la Cressonniere, prieur de Sermaizes, ung nommé Mᵉ Simon, armurier, Gilles Lestoc, ung nommé Mᵉ Jehan Clerc, serviteur d'ung nommé Mᵉ Jehan du Puys, demeurant à Bar-le-Duc, et Jehan Camus, marchant, demeurant à Ligny en Barrois; par lesquelles ils se trouvent véhémentement chargez d'avoir faict et

---

1. C'est la pièce appelée aujourd'hui *double sol parisis* (Hoffmann, Charles IX, n° 31). Voy. l'ordonnance du 23 mai 1572.

2. « Escuz d'Espaigne ditz pistolletz » dans l'*Ordonnance du Roy pour le reiglement général de ses monnoies*, Paris, 23 mai 1572. — Dans l'ordonnance du 15 juin 1566, les « escuz pistolletz » valent 48 sols tournois la pièce, tandis que l'écu au soleil, de France, vaut 50 sols.

3. Sur le *Jocondale* (de *Joachimsthaler*), voy. A. de Longpérier, *Comptes Rendus de la Soc. franç. de Numism.*, t. V, 1874, p. 432, et *Œuvres*, t. VI, p. 64 et 195.

J.-A. BLANCHET.   13

fabricqué faulce monoye, de falcisfier les coings du Roy; signaument a fere des escus sol, escuz pistoletz, jocondalles, pieces de six blancz, testons de Roy, Karolus et demiz carolus, en ce faisant commectant crime de leze majesté contre l'auctorité dudit seigneur, bien, repos et tranquilité public. Nous, à ces causes, vous mandons et commectons par ces presentes que, à requeste du procureur du Roy, nostre sire, vous prenez et apprehendez au corps partout où faire se pourra iceulx Le Coq, Tournebulle, La Cressonniere, Me Simon armurier, Lestoc, Clerc et Camus, et iceulx amener soubz bonne et seure garde es prisons de la ville de Chaalons en Champagne, ou aultres prisons royalles plus prochaines. La part où se feront lesdites captures, si prins et apprehendez peuvent estre, pour illec leur estre par nous, ou notre lieutenant, faict leur proces; et où prendre et apprehender ne les pourrez, adjournez les à estre et comparoir par devant nous ou notre dit lieutenant à trois briefs jours, à peine de bannissement et confiscation de corps et de biens, en la manière acoustumée, à certains jours, lieu et heure compettantz pour estre oyz et respondu par leurs bouches et sans conseil, sur lesdites charges et informacions contre eulx faictes ester a droit et procedder en oultre comme de raison audites saisye et annotacion de leurs biens jusques à ce qu'ils aient obéy. Au régime et gouvernement desquels commectrez hommes capables, ydoines et suffisantz, qui en puissent rendre bon compte et relicqua, quant et à qui il apartiendra. De ce faire vous donnons pouvoir, mandons à vous ce faisant estre obey en rescripvant de ce que faict aurez. Donné soubs notre seing manuel avec celluy de Pierre Drouet notre greffier le premier jour du mois de juillet M. V^c soixantesix.

P. Drouet.

(Papier. Collection Adrien Blanchet.)

Extrait des *Procès-verbaux de la Société française de Numismatique*,
1899, pp. xvi à xx.

LA PEINTURE

DE LA

MAISON DES VETTII

Parmi les peintures de la maison des Vettii, récemment
découverte à Pompéi et désormais célèbre, il en est une au
sujet de laquelle on a déjà écrit plusieurs articles. La plupart
des commentateurs y ont vu la représentation d'un atelier
monétaire[1].

J'ai discuté cette interprétation dans une note publiée dans
la *Revue numismatique* (1896, p. 360); mais cette note n'a

1. Talfourd Ely, dans le *Numismatic chronicle*, 1896, p. 53 à 58, pl. VI (reproduite dans l'*American Journal of Numismatics*, 1896, t. XXXI, p. 1). Les photogra-
phies de la peinture qui sont dans le commerce portent la mention « Amours
monnayeurs », et c'est aussi celle que l'on trouve dans la *Guida di Pompéi* (par
G. Fiorelli et A. Sogliano), 1897, p. 43. Je n'ai pu consulter l'ouvrage récemment
paru de M. le chev. Louis Conforti sur *Le Musée national de Naples illustré*.

pas convaincu M. E. J. Seltman qui vient de reprendre la question [1]. Ayant eu l'occasion d'examiner tout récemment la peinture murale dont on peut voir plus haut un dessin, exécuté d'après une photographie, j'ai pensé qu'il était utile de faire connaître mes appréciations, en discutant le travail de M. Seltman.

Selon cet auteur, le premier Amour à droite représente l'ouvrier chargé de la fonte *(flando)* du métal, au moment où il va retirer un creuset de la fournaise. (M. Seltman dit : *the crucible which he is about to withdraw from the furnace*, et croit que la main gauche dirige un instrument destiné à essayer le degré de fusion de la masse métallique). Mais, outre que, dans cette hypothèse, les deux ouvertures du four n'auraient pas été symétriques (l'une est en arceau, l'autre est circulaire), la construction d'un four à deux ouvertures formant courant d'air me paraît impossible. C'eût été un obstacle à la production des hautes températures, et il est certain que la flamme eût été rabattue vers l'une ou l'autre ouverture, de telle sorte que l'un des ouvriers se serait trouvé dans l'impossibilité de rester devant l'orifice. Je préfère croire que ce premier Amour termine un bouclier, ciselé comme le casque figuré sur une autre peinture de Pompéi [2].

Selon M. Seltman, le deuxième et le troisième Amours finissent les flans. L'un chauffe les flans monétaires, que l'état poreux et cassant, au sortir des moules, rendrait incapables de recevoir, sans fendillement, les coups des lourds marteaux.

Le deuxième Amour tient, en effet, au moyen de longues pinces, un morceau de métal placé dans le foyer [3], et il

1. *The picture of a roman mint in the house of the Vettii*, dans le *Numismatic chronicle*, 1898, p. 294 à 303. L'auteur fait sans doute allusion à notre note, p. 297.
2. *Dictionnaire des Antiqu. gr. et rom.*, fig. 661.
3. Cf. la figure 1055 du *Dictionnaire des Antiquités gr. et rom.* (Saglio, art. *Caminus*).

paraît activer la flamme au moyen d'un chalumeau que dirige sa main gauche. Bien que ce chalumeau ne soit pas construit comme celui dont les orfèvres se servent aujourd'hui, on ne saurait avoir de doute sur sa destination. Mais, rien ne nous autorise à croire que les flans subissaient l'opération du *recuit*. Au contraire, on rencontre fréquemment des monnaies romaines dont le métal présente des boursouflures et dont le flan est éclaté et craquelé. Les opérations supposées par M. Seltman ne paraissent avoir laissé aucune trace, ni dans les textes, ni dans les inscriptions ; car les ouvriers, spécialement chargés de recuire et de marteler les flans, ne peuvent rentrer dans la classe des *flaturarii*. C'est pourquoi, au lieu de penser que l'ouvrier assis près du four finit méticuleusement des flans destinés à la frappe, j'aime mieux croire qu'il représente l'artiste orfèvre de l'atelier.

De ce que le meuble, placé au milieu de la scène, supporte trois balances et trois tiroirs, M. Seltman pense, malgré la couleur jaune uniforme sur la peinture originale, que les trois métaux sont représentés par des échantillons. C'est dire en même temps que les monnaies en bronze, émises sous le contrôle du Sénat, étaient frappées dans les mêmes ateliers et par les mêmes ouvriers que les monnaies en argent et en or de l'Empereur ; et c'est là une hypothèse peu vraisemblable. Pour expliquer cette juxtaposition des trois métaux, il faudrait supposer que l'artiste ne s'est pas rendu compte de l'organisation monétaire, à l'époque où il vivait.

Passons maintenant au petit personnage qui tient des balances. M. Seltman, trompé par une photographie qui reproduit une craquelure de la peinture en travers de la figure[1], a cru que cet Amour avait les yeux bandés, comme la Justice, et qu'il relevait son bandeau pour exécuter une

---

1. M. Seltman a cependant soupçonné qu'il pouvait y avoir un défaut de conservation dans la peinture.

pesée devant le personnage assis devant lui. M. Seltman, s'appuyant sur la présence des paons, placés au-dessus et en dehors de la scène, prétend que le personnage assis est *Juno Moneta* elle-même, dont les ailes seraient ornées avec les yeux empruntés aux plumes de l'oiseau qui lui est consacré. Même en admettant ce type nouveau d'une Junon Moneta ailée, je ne puis souscrire à la proposition de M. Seltman. D'abord, je n'ai pas vu, sur la fresque originale, les ailes telles que les dépeint M. Seltman. Je crois toujours qu'il s'agit simplement d'une dame romaine qui vient choisir des bijoux dans la boutique d'un orfèvre, et il ne faut pas nous étonner si les balances jouent un grand rôle dans la transaction, car cet instrument est souvent figuré sur des tombeaux d'orfèvres[1].

M. Seltman retrouve l'opération de la frappe dans la scène à deux personnages qui termine le tableau à gauche; mais il ne se dissimule pas toutes les difficultés que soulève cette interprétation. Je dirai seulement qu'il m'est impossible de reconnaître dans l'objet tenu par les pinces la représentation d'un flan monétaire maintenu entre deux coins. Ne savons-nous pas en effet que les coins monétaires du premier siècle de l'Empire romain avaient une longueur de 35 à 45 millimètres pour chacun des côtés, face et revers?[2] Il est impossible par conséquent que la réunion d'un flan et de deux coins ait formé l'objet allongé (dans le sens horizontal) que l'un des Amours tient avec des tenailles.

Une tessère en bronze du musée de Vienne (n° 32652)[3]

---

1. *Dictionnaire des antiqu. gr. et rom.*, t. I, p. 571, fig. 659 (Saglio, art. *Aurifex*.)

2. Ernest Babelon et Adrien Blanchet, *Catalogue des bronzes antiques de la Bibliothèque nationale*, 1895, p. 730-731, n°⁸ 2396 à 2401 (Coins d'Auguste, de Tibère et de Néron).

3. Cette tessère a été publiée par M. A. de Belfort dans l'*Annuaire de la Soc. de numism.*, 1892, p. 175, pl. VII, 2. — Je remercie M. le D⁺ J. W. Kubitschek qui a

représente une scène de monnayage à l'époque impériale, et le coin sur lequel frappe le *malleator* a réellement la forme allongée dans le sens vertical.

Cette tessère nous permet de comprendre l'opération du monnayage : Un des personnages place les flans entre les deux coins ; le second tient le coin supérieur au-dessus du flan ; enfin le *malleator* frappe, et les pièces de monnaies s'amoncellent à ses pieds. Voit-on quelque chose de semblable sur la peinture de Pompéi? Je ne le crois pas ; et c'est pourquoi il s'agit, à mon avis, d'une opération analogue au battage de l'or.

Le dernier mot n'est sans doute pas dit à propos de la peinture de la maison des Vettii ; mais je crois que l'on aura beaucoup de peine à démontrer avec une entière certitude qu'elle représente un atelier monétaire. Je ferai remarquer, en terminant, que, parmi les scènes représentées sur les murs de la grande salle (*œcus*) de cette maison, aucune autre n'offre la représentation d'un acte officiel, tel que l'est la fabrication de la monnaie [1]. »

eu l'obligeance de m'envoyer un excellent moulage d'après lequel a été faite la reproduction donnée ici.

1. Ces scènes représentent toujours des Amours qui font les vendanges, qui goûtent le vin, qui tressent des couronnes, qui exercent le métier de foulon, qui courent en char, etc. — C'est pour cette même raison que je ne saurais admettre davantage l'hypothèse de M. H. A. Grueber, d'après laquelle la peinture pourrait faire allusion à un événement de l'histoire de la famille des Vettii (Cf. *Archæologia*, t. LV, p. 317).

Extrait de la *Revue belge de numismatique*, 1899, p. 277 à 302.

RECHERCHES

SUR LA

CIRCULATION DE LA MONNAIE EN OR

SOUS LES EMPEREURS ROMAINS

Toute question relative à la monnaie romaine ne saurait être traitée sans un renvoi préalable à l'ouvrage de M. Th. Mommsen.

Mais quels que soient les services rendus à la science par ce travail, dont la publication est déjà ancienne, on est obligé de reconnaître que l'auteur a traité bien des points intéressants de son sujet, sans s'être entouré toujours de renseignements assez nombreux et assez précis.

C'est pourquoi, après avoir lu, dans l'*Histoire de la monnaie romaine*, quelques appréciations sur le cours de la monnaie d'or, pendant la durée de l'empire romain, nous avons trouvé le sujet digne d'être étudié de nouveau [1].

Voici d'abord un résumé des observations de M. Mommsen.

Les pièces en or, frappées depuis la dictature de César jusqu'à l'avènement d'Auguste, étaient déjà rares au milieu

---

1. Des trouvailles monétaires ont été faites depuis la publication de l'ouvrage de M. Mommsen. Et il faut dire aussi que plusieurs trouvailles importantes, antérieures à cette publication, sont restées inconnues à l'auteur.

du règne de ce dernier. Les *aurei* d'Auguste étaient rares sous Tibère et ceux de Tibère le devinrent sous Domitien. Dans les enfouissements du second siècle, on ne trouve guère du premier siècle que les pièces de Néron, ainsi que celles émises, sous d'autres empereurs, à un poids tout aussi faible [1].

« Rien ne prouve que les anciennes pièces d'or soient restées dans la circulation et que, vu l'altération des monnaies contemporaines, elles aient été acceptées à un taux plus élevé que celui qui leur était assigné à l'époque de leur émission [2]. »

Ailleurs, il est question de la démonétisation de l'or et de l'emploi des balances, devenu nécessaire, les pièces d'or n'étant plus regardées que comme des lingots estampillés [3].

Enfin, la présence des pièces d'or en petit nombre dans des trésors contenant surtout des monnaies en argent ou en billon, est une preuve, selon M. Mommsen, que le métal précieux était devenu rare [4].

Au cours de recherches relatives aux trouvailles de monnaies romaines faites sur le territoire de l'ancienne Gaule, j'ai constaté que les trésors de monnaies en or étaient plus nombreux qu'on ne le supposait généralement et que, de la composition de ces trouvailles, on peut déduire des conclusions autres que celles de M. Mommsen.

Si l'on étudie les trésors importants et renfermant par conséquent une plus grande variété de pièces, on remarquera qu'ils contiennent toujours des pièces anciennes. Que

---

1. Th. Mommsen, *Histoire de la monnaie romaine* (éd. du duc de Blacas et du baron J. de Witte), t. III, 1873, p. 49.

2. *Ibid.*, p, 49.

3. *Ibid.*, pp. 63 et 64 ; cf. p. 147. — Cf. J. Marquardt, *De l'organisation financière chez les Romains*, trad. A. Vigié, 1888, p. 30.

4. *Ibid.*, p. 112. — Sur l'abondance de l'or à la fin de la République et au commencement de l'Empire romain, voy. E. Babelon, *Les origines de la monnaie*, 1897, p. 264. Cf. Deloume, *Les manieurs d'argent à Rome*, 2e éd., 1892.

si ces pièces sont en nombre moindre, ce n'est point par anomalie, mais bien par une règle logique [1].

De plus, l'abondance des monnaies de certains empereurs doit nécessairement être en rapport avec la longueur et la prospérité du règne de ces empereurs.

Ainsi, la trouvaille d'Ambenay contenait des monnaies en or d'Auguste; mais elle renfermait aussi de nombreuses pièces des familles Claudia, Cornelia, Hirtia, Julia, Servilia et Sulpicia, de César, de Sextus Pompée, de Marc Antoine et d'Octavie [2], qui, par conséquent, avaient encore une large circulation sous le règne d'Auguste [3].

Dans un millier de pièces en or trouvées à Langres, en 1771, les empereurs depuis Auguste jusqu'à Galba étaient représentés [4].

Le trésor de Pudukota (Inde méridionale) était composé de 500 aurei d'Auguste à Vespasien, tous très usés [5].

De même, la trouvaille faite, en 1770, à Nylen, près de Lierre (à 14 kil. est d'Anvers), fournit des pièces de César, d'Auguste, de Tibère, de Claude, d'Agrippine, de Néron, de Galba, de Vitellius, de Vespasien, de Titus et de Domitien [6].

A Gustorf (Cercle de Grevenbroich, province rhénane),

1. Dans la circulation monétaire, à notre époque, les pièces de 20 francs de Napoléon Ier, de Louis XVIII et de Charles X sont plus rares que celles de Louis-Philippe, et celles-ci le sont plus que celles de Napoléon III.

2. Éd. de La Grange, *Notice sur cent quatre-vingt-seize médailles romaines en or, trouvées à Ambenay, canton de Rugles, département de l'Eure.* Paris, 1834. Cf. *Mém. de la Soc. des antiquaires de France*, t. XII, p. VIII.

3. A Tilly (arr. de Saint-Pol, Pas-de-Calais), on a fait une trouvaille d'environ quarante pièces appartenant à la même époque. (A. Terninck, *Répert. des monum. et objets dans le Pas-de-Calais.* Arras, 1879, p. 23.)

4. *Mém. de l'Académie de Dijon*, 1772, t. II, p. XLI; cf. J.-F.-O. Luquet, *Antiquités de Langres*, 1838, p. 227. On ne put examiner que cent soixante-quatre pièces.

5. Voy. la notice de M. G.-F. Hill, dans le *Numismatic Chronicle*, 1898, p. 304.

6. *Rev. de la numismatique belge*, 1869, p. 211. Importante trouvaille évaluée à 1.700 florins de Brabant.

en 1838, on trouva 200 à 300 *aurei* depuis Auguste jusqu'à Hadrien [1].

Les deux grands trésors trouvés à Paris contenaient, l'un, des *aurei* de César et des empereurs jusqu'à Commode; l'autre, des *aurei* depuis César jusqu'à Caracalla [2].

La découverte récente de l'important trésor de Bosco-Reale, près de Pompéi, fournit de précieux renseignements au sujet de la circulation de l'or sous l'empire romain. Ce trésor était composé de six bracelets, de chaînettes et de plus de mille monnaies en or des empereurs suivants : Auguste, Tibère, Drusus, Antonia, Agrippine mère, Caligula, Claude, Agrippine jeune, Néron, Galba, Othon, Vitellius, Vespasien, Titus et Domitien [3]. Pour les règnes d'Auguste et de Tibère, les pièces étaient très nombreuses, mais usées [4]. Trouvé à côté d'une victime de la catastrophe de l'an 79, le trésor de Bosco-Reale, important par le nombre des pièces, permet de connaître la variété des monnaies en or qui circulaient à cette date.

Si les trésors de Castrum Novum [5], de Naix [6], de

---

1. *Jahrbücher* de Bonn, XI, 1817, p. 555 et XXXVI, 1864, p. 89 ; *Wd. Zeitschrift für Gesch. und Knnst*, t. VII, p. 150.

2. 1° Trésor, à l'angle de la rue de Médicis et du boulevard Saint-Michel, seize cents pièces. (*Rev. num.*, 1860, p. 341 ; R. Mowat, dans les *Mém. de la Société des antiquaires de France*, t. XL, 1880, p. 164); — 2° Trésor du lycée Napoléon, douze cents (?) pièces. (*Rev. archéol.*, 1867, t. II, p. 295, et 1873, t. I, p. 433 ; *Rev. num.*, 1874-1877, p. 433 ; *Bullet. de la Soc. des antiquaires de France*, 1867, p. 143 ; *Mém. de la Soc. des antiquaires de France*, t. XL, p. 164.)

L'important trésor, découvert à Tellichéry, sur la côte de Malabar, était composé aussi d'*aurei* depuis Auguste jusqu'à Caracalla. (*Journal of the asiatic Society of Bengal*, t. XX, 1851, pp. 371-387.)

3. *Rev. num.*, 1895, p. 574.

4. On voit ce que vaut la phrase suivante : « Les pièces en or d'Auguste étaient rares sous Tibère, et celles de Tibère le devinrent sous Domitien. » (T. Mommsen, *H. M. R.*, t. III, p. 49.)

5. *Aurei* de Néron à Hadrien. (Visconti, *Mus. Pio-Clem.*, t. I, p. 226 ; *H. M. R.*, t. III, p. 24, note 1.)

6. De Néron à Marc-Aurèle, vers 1810. (Grivaud de la Vincelle, *Recueil de monuments ant.*, p. 6.)

Perscheid [1], d'Autun [2], de Rennes [3], de Vendeuvre [4], de la vigne des Fallets, à Troyes [5], renfermaient des pièces en or dont les plus anciennes étaient celles de Néron, il n'y a pas lieu d'en déduire que les monnaies antérieures ne circulaient plus.

En effet, un semblable raisonnement conduirait à une conclusion analogue, mais sans valeur, pour les monnaies de Néron, d'après les trouvailles que nous allons citer.

Aux Fins d'Annecy, en 1893, on trouva trente-six *aurei* de Vespasien, de Titus, de Julie, de Domitien, de Nerva et de Trajan [6].

Le trésor de Vertus (Marne) était composé de pièces bien conservées depuis Trajan jusqu'à Géta [7].

A Mespelaer, entre Alost et Termonde, en 1607, on recueillit seize cents *aurei* des empereurs depuis Domitien jusqu'à Commode César; la majeure partie appartenait au règne d'Hadrien [8].

C'est à peu près la composition du trésor de Quiquère [9];

1. Dans le bailliage d'Oberwesel, en 1693, de Néron à Commode. (*Jahrbücher de Bonn*, t. VII, p. 166; *H. M. R.*, t. III, p. 26, note 3.)

2. En 1857, cinquante-sept pièces de Néron à Marc-Aurèle. (*Rev. archéol.*, 1857, p. 634; H. de Fontenay et A. de Charmasse, *Autun et ses monum.*, 1889, p. 92.)

3. En 1774, trésor de la patère, avec quatre-vingt-dix-huit *aurei* de Néron à Aurélien. (A. Toulmouche, *Hist. arch. de la ville de Rennes*, 1847, p. 290; A. Chabouillet, *Catal. des camées*, p. 364; L. Decombe, *Notice sur la patère déc. à Rennes en 1774*. Rennes, 1879, p. 10.)

4. Deux mille pièces en or depuis Néron jusqu'à Marc-Aurèle trouvées dans la forêt d'Orient, au XVIIIe siècle. (Émile Socard et Th. Boutiot, *Rev. critique pouvant servir de suppl. au Répertoire archéol. du département de l'Aube*, 1861, p. 12.)

5. Le 4 juin 1726, vase contenant deux cent douze pièces en or de Néron à Septime Sévère. (Grosley, *Éphémérides*, 1811, t. II, p. 288; *Mém. de la Soc. acad. de l'Aube*, 1883, t. XLVII, p. 235; H. Omont, *Journal de l'abbé Jourdain*, 1893, pp. 21 et 80.)

6. J. Corcelle et Leroux, dans la *Rev. savoisienne*, 1894, p. 21; catalogue de la vente faite à Paris, le 28 mai 1894; *Bull. de numism.*, 1894, pp. 146 et 154.

7. Cinq cents *aurei* trouvés en 1862. (*Congrès arch. de France*, XLIIe session, en 1875, p. 152.)

8. Miræus *Chronicon belgicum*, p. 457; Galesloot, dans la *Rev. d'hist. et d'archéol.*, t. I, 1859, p. 265, etc.

9. Arr. de Baugé (Maine-et-Loire); vase renfermant quatre cent cinquante-huit

et bien que celui d'Ornoy [1] ait été dispersé trop tôt, on sait que cette cachette contenait peu de pièces antérieures à Trajan, et que celles de ce prince et de ses successeurs jusqu'à Alexandre Sévère étaient fort nombreuses. A Cailly, une série de vingt-sept *aurei* commençant avec Vespasien fut enfouie sous Commode [2].

Les trésors de Mérouville [3], de Reims [4], d'Auberchicourt [5], et de Tronchoy [6], malgré leur importance au point de vue du nombre des pièces, ne peuvent nous fournir de données précises, parce que la composition en est mal connue.

Je ne ferai que signaler les trésors de Cherbourg [7], de Contres [8], de Lentilly [9] et de Zirkowitz [10] qui ne mettent en lumière aucun fait particulier.

aurei de Trajan à Commode, en 1857. (Marchegay, dans le *Bull. de la Soc. industr. d'Angers*, XVIII, 1847, p. 85 ; *Rev. num.*, 1847, p. 312.)

1. Près de Breteuil (Oise) (?) ; trésor évalué à 40.000 ou 50.000 fr., quelques années avant 1817. (Grivaud de la Vincelle, *Recueil*, t. II, pp. 145 et 192.) Voy. note 6, *infra*.

2. Arr. de Rouen, trouvés en 1821. (*Bull. de la Soc. d'émulation de Rouen*, 1822, *Notice sur les antiquités trouvées à Cailly*, par Lévy, p. 6 et pl. I ; l'abbé Cochet, *Répert. archéol. de la Seine-Inférieure*, col. 280.) Ce trésor a été donné au Musée de Rouen (*Bull. de la Commission des Antiq. de la Seine-Inférieure*, 1874, t. III, p. 34).

3. *Rev. num.*, 1860, p. 163.

4. En 1827, trois cents *aurei* dans le cimetière du Nord ; en 1831, nombreux *aurei* des premiers empereurs dans le jardin Lelarge (Duquénelle, dans le *Congrès archéol. de France*, XXIIe session en 1855, p. 97.)

5. Département du Nord, en 1561. (Joachim Oudaan, *Roomsche Mogentheyd*. Gouda, 1706, p. 37 ; *Statistique du dép. du Nord*, 1867, p. 611, etc.)

6. Cant. d'Hornoy (Somme) ; trésor évalué 150.000 francs, en 1800. (*Bull. de la Soc. des antiquaires de Picardie*, 1868-1870, t. X, p. 166.) C'est peut-être le même trésor que celui signalé plus haut à Ornoy, près de Breteuil, d'après Grivaud de la Vincelle.

7. *Aurei* d'Auguste et de Tibère. (*Rev. num.*, 1857, p. 82, etc.)

8. Contres en Vairais (Sarthe), en 1778, vase avec deux cents *aurei* de Marc-Antoine, Auguste, Tibère, Caligula, Claude et Antonia. (J.-R. Pesche, *Dictionnaire topogr., histor. et statist. de la Sarthe*, 1829-1842, t. II, p. 94.)

9. A 18 kilom. de Lyon, en 1866, deux cent dix *aurei* depuis Tibère jusqu'à Néron. (*Mém. de l'Acad. de Lyon*, sect. des lettres, 1866-1868, t. XIII, p. 336.)

10. En Styrie, depuis Tibère jusqu'aux Flaviens. (*H. M. R.*, t. III, p. 24, note 1.)

Passons à l'examen des trésors enfouis au IIIe siècle.

D'une part, nous remarquerons des cachettes renfermant quelques pièces en or et un nombre plus grand de monnaies en argent ou en billon.

Ainsi au Pré-Haut, près de Sceaux (arrond. de Montargis, Loiret), on trouve un vase contenant neuf *aurei* depuis Vespasien jusqu'à Caracalla, et mille onze deniers depuis Néron jusqu'à Caracalla [1]. A la Ferté-Bernard, vers 1849, on recueillit des deniers et des *aurei* d'Albin, de Septime Sévère, de Julia Domna et de Caracalla [2]. Le trésor du Sault-du-Rhône contenait des bijoux, huit pièces en or de Vitellius à Gallien et trois cent quatre-vingt-deux deniers de Galba à Postume [3].

Au Veillon (Vendée), parmi vingt-cinq à trente mille deniers de Claude Ier à Postume, il y avait des bijoux et huit ou dix *aurei* depuis Hadrien jusqu'à Alexandre Sévère [4]. Dans le même département, à Clairmont, un vase contenait six *aurei* de Trébonien Galle, Valérien, Gallien et Postume, avec deux cent dix-sept deniers depuis Alexandre Sévère jusqu'à Postume [5].

Mais, d'autre part, au IIIe siècle, on fit aussi des cachettes renfermant seulement des monnaies et des objets en or.

A Souvigné (Sarthe), une trouvaille fournit des pièces

---

1. *Rev. num.*, 1852, p. 313; *Bull. de la Soc. archéologique de l'Orléanais*, 1848-1853, t. I, p. 206, et 1889, p. 402; *Mém.* de la même Société, 1853, t. II, p. 482.

2. E. Hucher, dans le *Bull. de la Soc. d'agricult. de la Sarthe*, 1873-1874, t. XXII, p. 759.

3. Lieu dit aussi Sault-Villebois (Ain), en 1862. (*Rev. archéol.*, 1862, t. I, p. 415; J. Charvet, *Notice sur des monnaies et bijoux antiques*. Paris, 1863, etc.)

4. *Rev. num.*, 1856, p. 295, et 1857, p. 65; B. Fillon, dans l'*Annuaire de la Soc. d'émul. de la Vendée*, t. III, 1856, p. 189 à 251, et dans *Poitou et Vendée*, art. *Le Veillon*, etc.

5. *Mémoire sur l'ancienne configuration du littoral bas-poitevin et sur ses habitants, adressé, en 1755, au P. Arcère, par Charles-Louis Joussemet, curé de l'Ile-d'Ieu.* Niort, 1876, p. 9. (Publié par B. Fillon.)

dont la série s'arrête à Septime-Sévère [1]. En 1832, on trouva près de Saint-Barthélemy (commune de Labretonie, Lot-et-Garonne), des bijoux, des pierreries, et des *aurei* d'Alexandre Sévère, de Gordien III, de Philippe et de Claude II [2]. A Beerlaere, entre Gand et Termonde, en 1776, on recueillit plusieurs pièces en or de Postume [3]. Le Musée de Parme conserve un trésor composé de huit bracelets en or, de trois chaînes, dont une formée d'un médaillon avec *aureus* de Gallien, d'une fibule et de deux ornements de ceinture. Ce trésor, trouvé à Parme, en 1821, pendant la construction du théâtre royal, comprend aussi trente-deux *aurei* de Néron (très usés), de Vespasien, Antonin, Adrien, L. Verus, Faustine mère, Alexandre Sévère, Philippe et Trajan Dèce.

Rappelons le trésor de Rennes, déjà cité, et signalons les trésors de La Condamine, près de Monaco [4], et de Planche (commune de Neuville-sur-Ain [5]), ainsi que la petite cachette de Samoëns [6].

Les grands trésors de Vertus, de Paris et d' « Ornoy », enfouis sous Géta, sous Caracalla et sous Alexandre Sévère, paraissent démontrer que la circulation de l'or fut assez considérable, au moins pendant le premier tiers du IIIe siècle.

---

1. Les pièces des Antonins étaient en majorité. (E. Hucher, dans la *Revue histor. du Maine*, 1880, t. VII, p. 234.)

2. *Congrès scientifique de France*, 28e session, en 1861, t. II, p. 272.

3. Ghesquière, dans les *Mém. de l'* (anc.) *Acad. de Bruxelles*, t. IV, p. 359.

4. En 1879, bijoux, médaillon en or de Gallien et huit *aurei* de Plotine, Antonin le Pieux, Alexandre Sévère, Gallien et Florien. (R. Mowat, dans les *Mém. de la Soc. des antiq. de France*, t. XL, p. 160, etc.)

5. En 1889, bijoux et neuf *aurei* de Lélien, de Victorin, Tétricus père et fils, Aurélien, Dioclétien et Maximien Hercule. (E. Poncet, dans la *Revue num.*, 1889, p. 514.)

6. Haute-Savoie ; douze *aurei* depuis Galba jusqu'à Aurélien, qui est représenté par cinq pièces. (Soret, *Mém. de la Soc. d'histoire de Genève*, t. I, p. 235 ; *H. M. R.*, t. III, p. 112.)

Des cachettes de Beerlaere et de Samoëns, je serais
porté à déduire que l'or était encore assez répandu, pendant la seconde moitié du même siècle, car sur un petit
nombre de pièces, il y en a plusieurs de l'empereur sous
lequel les monnaies furent enfouies.

Les ive et ve siècles sont assez bien représentés dans le
relevé des trouvailles.

On connaît en effet le trésor d'Helleville, près de Cherbourg, qui renfermait huit *aurei* et six médaillons de la
dynastie constantinienne [1], le trésor de Velp, près d'Arnhem
(Gueldre), qui contenait des bijoux, des médaillons et des
aurei depuis les fils de Constantin jusqu'au ve siècle [2]; le
trésor de Trèves, composé de pièces en or et en argent de
l'époque de Constantin [3], et celui de Lengerich (Hanovre),
qui offrait aussi un mélange de monnaies en or et en
argent [4].

Citons encore les trouvailles de Saint-Denis-Westrem (près
de Gand [5]), de la gorge de Nant (près de Cognin, Isère [6]), de
Taloire (cant. de Castellane, Hautes-Alpes [7]), du Poitou [8], de
Furfooz (près de Namur [9]), de Pourville (arr. de Dieppe[10]),

---

1. En 1780. (*Rev. num.*, 1858, p. 279.)

2. Vers 1715. (*Rev. num.*, 1883, p. 81.)

3. En 1635. (Chifflet, *Anastasis Childerici regis*, p. 285.)

4. Mommsen-Blacas-de Witte, *H. M. R.*, t. III, p. 131. — Voy. aussi, p. 129,
note 2 : trésor de Klein-Tromp, près de Braunsberg, en 1822, quatre-vingt-dix-sept
aurei de Gordien III et de Valentinien Ier jusqu'à Valentinien III.

5. En 1787, vingt pièces de Constantin à Honorius. (J. de Bast, *Recueil d'antiquités*, 1808, p. 109.)

6. Pièces de Valentinien à Honorius. (*Rev. belge de num.*, 1882, p. 537.)

7. En 1787, trente-quatre monnaies en or d'Arcadius et d'Honorius, et des
bijoux. (Dossier manuscrit du Cabinet de France.)

8. Dans une localité indéterminée, en 1865, vingt-huit sous et deux médaillons,
de Valentinien Ier à Arcadius. (Ch. Robert, dans la *Rev. num.*, 1866, p. 111.)

9. Huit pièces de Constantin III, Jean et Valentinien III. (*Annales de la Soc.
archéol. de Namur*, t. III, p. 235, et t. V, p. 36.)

10. A deux reprises, en 1844 et 1861, une centaine de pièces en or, des empereurs
des ive et ve siècles. (*Rev. num.*, 1862, p. 171; l'abbé Cochet, *Rép. archéol. Seine-
Infér.*, col. 71.)

J.-A. BLANCHET.   14

celui du Forum de Rome [1], de Chinon (Indre-et-Loire) [2], et, enfin, de Gourdon (Saône-et-Loire) [3].

Avant de présenter les autres remarques que nous suggère l'examen des trouvailles, voyons quel était le poids normal des monnaies en or sous l'Empire. Celles d'Auguste varient de 7 gr. 80 à 7 gr. 95, et ce dernier poids paraît avoir été le poids légal jusqu'au règne d'Antonin le Pieux. Cependant, Pline [4] dit que les premiers empereurs diminuèrent peu à peu le poids de l'*aureus* et que Néron le réduisit à 1/45e de la livre (= 7 gr. 28). Effectivement, vers l'an 60, le poids des pièces d'or descend jusqu'à 7 gr. 3. Sous Domitien, il y a une augmentation, car les *aurei* dépassent de 0 gr. 2 à 0 gr. 3 le poids de 45 à la livre. Ce poids diminue sous Trajan, reste stationnaire sous Hadrien, est relevé légèrement sous Antonin, mais depuis Marc Aurèle, il ne dépasse plus 7 gr. 3 [5].

« Le monnayage reste dans cet état jusqu'à Caracalla, qui fit le premier subir à l'aureus une réduction légale [6]. Les pièces d'or du Bosphore, frappées sur le modèle romain, qui pesaient 7 gr. 98 sous Auguste, étaient encore de 7 gr. 8 à la fin du second siècle.

On peut en conclure que réellement cette diminution,

1. En novembre 1899, près de la maison des Vestales, 379 pièces de Marcien, Valentinien, Léon, Libius Sévère, Anthemius et Aelia Eufemia. (*Journal des Arts* du 22 novembre 1899.)

2. Quatre-vingt-un sous d'or de Zénon, d'Anastase et de Justin. (C. Robert, dans l'*Annuaire de la Soc. de num.*, 1882, t. VI, p. 164.)

3. Cent quatre pièces d'or, sous et quinaires d'Anastase, de Justin, de Léon et de Zénon, enfouies vers 527, avec un vase et un plateau en or. (Voy. Cl. Rossignol, dans les *Mémoires de la Soc. d'hist. et d'archéol. de Chalon-sur-Saône*, 1844-1846, p. 289.)

4. *Hist. natur.*, XXXIII, 3, 47.

5. Les quatorze lignes qui précèdent sont le résumé des pages 22 à 25 du tome III de l'*Hist. de la monnaie romaine*.

6. Vers 215, le poids de l'*aureus* semble avoir été réduit à 1/50e de livre (= 6 gr. 55). Macrin paraît avoir repris l'ancien poids variant de 7 gr. 3 à 7 gr. 4. Cf. *H. M. R.*, t. III, p. 61. — Cette pièce réduite porte le nom d'*aureus antoninianus* dans plusieurs rescrits de Valérien. (Vopicus, *Aurélien*, IX, XII; *Probus*, IV.)

quelque considérable qu'elle paraisse, ne provient que d'un abus toujours croissant et non d'une réduction officielle du poids légal [1].

Après la réforme de Caracalla, qui réduisit l'*aureus*, on eut la réforme de Dioclétien (1/60e de livre = 3 gr. 46), puis l'édit régulateur de Constantin, en 312, qui fixa le poids de l'aureus à 1/72e (= 4 gr. 55).

Des notions que je viens d'exposer on peut, je crois, tirer des éclaircissements concernant la circulation des pièces en or.

Nous venons de voir que, sous Néron et sous Trajan, le poids de l'*aureus* avait été affaibli, plutôt par un abus toujours croissant que par suite d'une réduction officielle du poids légal. Il y a lieu de se demander si cet affaiblissement n'avait pas été autorisé pour prolonger la durée de circulation des pièces en or frappées sous les premiers empereurs, pièces que le frai commençait à atteindre d'une manière appréciable. On a vu que, dans le trésor de Bosco-Reale, les *aurei* très nombreux d'Auguste et de Tibère étaient usés.

Outre que la refonte générale des anciennes monnaies eût été une opération difficile, longue et coûteuse, à une époque où les procédés de la frappe étaient simplement manuels, nous sommes autorisés à supposer que le respect de l'effigie impériale [2] fut souvent un obstacle à la refonte des monnaies.

Ce respect de l'effigie n'est pas illusoire. Les *aurei* de Domitien étant, comme on l'a vu plus haut, un peu plus lourds que ceux de Néron, on pourrait croire que les changeurs de l'antiquité les retiraient de la circulation pour les

---

1. *H. M. R.*, t. III, pp. 24 et 25.

2. Au sujet de ce respect, voy. Fr. Lenormant, *La monnaie dans l'antiquité*, t. II, p. 389 ; cf. E. Beurlier, *Le culte impérial*, 1891, p. 53. — Cf. aussi les formules rapportées par Cassiodore : Tamen omnino monetæ debet integritas quæri, ubi et vultus Noster imprimitur, et generalis utilitas invenitur, etc. (*Variarum*, lib. VII, 32 ; édit. Migne, t. I (69 de la coll.), col. 725.)

fondre. Mais les *aurei* de Domitien sont communs dans les trouvailles et isolément [1].

M'appuyant sur la composition des trouvailles importantes de Langres, de Nylen, de Paris et de Bosco-Reale [2], je constate que la circulation monétaire a retenu des pièces anciennes. Comme ces *aurei* étaient fréquemment amoindris par le frai, il était inutile de leur donner un cours plus élevé que celui des émissions postérieures [3].

Les trouvailles n'autorisent pas à dire, avec M. Mommsen, que les pièces en or d'Auguste étaient rares sous Tibère. Cette hypothèse repose peut-être sur le trésor de Cherbourg [4], qui renfermait quelques *aurei* d'Auguste et en majeure partie des pièces de Tibère. Mais ce trésor ne peut renseigner sur la circulation monétaire d'une époque, pas plus que la cachette découverte sur le mont Aventin, à Rome, et qui contenait seulement des *aurei* de L. Verus, à fleur de coin [5]; pas plus que le petit trésor recueilli à Limoges [6].

A mon avis, on ne doit pas accepter l'opinion de M. Mommsen et attribuer une grande importance au fait que certains trésors étaient formés de pièces d'or et d'argent mêlées. Ainsi, les trésors de Trèves et de Lengerich [7]

1. Ce fait vient contredire la phrase où M. Mommsen dit que les enfouissements du second siècle ne contiennent que des pièces de poids faible.

2. Une petite trouvaille de 15 *aurei*, faite en 1863, dans les ruines d'une habitation à Buchen (Bade), était composée de la manière suivante : 2 Néron, 1 Othon, 6 Vespasien, 1 Titus, 3 Domitien et 2 Trajan (Voy. Adrien Blanchet, *Les trésors de monnaies romaines et les invasions germaniques en Gaule*, 1900, p. 293, n° 814).

3. Cf. la phrase (*H. M. R.*, t. III, p. 49), que j'ai citée textuellement au commencement du présent article.

4. *Rev. num.*, 1857, p. 82, etc.

5. *Rivista ital. di num.*, 1893, t. VI, p. 261 ; *Rev. num.*, 1894, p. 130.

6. Dans la rue du Saint-Esprit, dix-sept *aurei* d'Auguste. (*Bull. archéol. et historique du Limousin*, t. III, 1848, p. 173.)

7. Je laisse de côté le « tombeau de Childéric », à cause du caractère spécial de la découverte. On sait que cette sépulture passe pour avoir renfermé des monnaies en argent et une centaine de pièces en or de Léon, Zénon, Marcien, Basilisque, Valentinien III, etc. Voyez l'abbé Cochet, *Le tombeau de Childéric*, 1859, p. 410.

ont été enfouis dans la première moitié du ɪᴠᵉ siècle, époque où la monnaie d'or fut frappée en abondance. D'autre part, le mélange des pièces en or et en argent a été constaté pareillement dans des cachettes faites à des époques marquées aussi par l'enfouissement de trésors de monnaies en or [1].

On peut admettre que l'or était plus rare à la fin du ɪɪɪᵉ siècle que pendant les premiers temps de l'empire. Mais il ne faudrait pas exagérer cette raréfaction; car la frappe de l'or ne fut jamais interrompue et les pièces d'or circulaient certainement puisqu'on les trouve mêlées aux monnaies d'argent et de billon [2].

Nous savons d'ailleurs que les soldats étaient souvent payés en or [3].

1. 1° Ainsi à Dombresson (canton de Neuchâtel, Suisse), un *aureus* de Tibère était au milieu de quatre cent vingt deniers, la plupart de la République, jusqu'à Néron. (*H. M. R.*, t. III, p. 50.) — 2° Près de la ferme Ruetz, entre le Châtelet et la Haute-Borne (Haute-Marne), on a trouvé un vase renfermant un *aureus* de Néron et soixante-dix-neuf deniers, dont cinquante de la République et les autres des empereurs du ɪᵉʳ siècle. (*Rev. archéol.*, 1853, t. IX, p. 780). — 3° A Mont (arr. de Briey, Moselle), on a trouvé un vase contenant une pièce en or, trois cent deux en argent et dix-neuf en bronze, depuis Auguste jusqu'à Marc-Aurèle. (*Bull. de la Soc. d'archéol. de la Moselle*, 1868, t. XI, pp. 99 et 135.) — 4° Dans la forêt de Mormal (Nord), en 1804, on recueillit une pièce en or de Vespasien au milieu de plusieurs centaines de monnaies en argent et en bronze de Vespasien à Commode. (J. de Bast, *Second supplém. au Recueil d'antiqu.*, 1813, p. 30.) — 5° A Holler (grand-duché de Luxembourg), en 1871, cachette renfermant une pièce en or de Marc-Antoine et trois cent soixante-dix-huit deniers de Marc-Antoine et de Vespasien jusqu'à Commode. (*Westdeutsche Zeitschrift für Gesch. und Kunst*, t. VII, p. 159.) — 6° A Baden, en 1824, on trouva un *aureus* de Galba au milieu de 561 monnaies en argent depuis Marc-Antoine jusqu'à Élagabale (*Westdeutsche Zeitschrift...*, t. VII, p. 163.) — 7° A Dormagen (cercle de Neuss, Province rhénane), en 1840, vase contenant 4 pièces en or et plus de 800 pièces en argent, la plupart de Vespasien, Domitien, Trajan, Hadrien et Antonin (*Westdeutsche Zeitschrift...*, t. VII, p. 150.)

2. Il est probable que l'or eût complètement disparu de la circulation s'il fût devenu très rare. C'est un fait économique qu'on peut constater, à notre époque, chez les peuples dont la situation financière est précaire.

3. Suétone, *Domitien*, 7. — Cf. le marbre de Thorigny (ou Vieux) : *Salarium militiæ in auro;* et : *militiæ salarium, id est sestertium XXV millibus nummum in auro.* (On peut placer ce texte vers 227-229 ap. J.-C. Voy. Ant. Héron de Ville-fosse, *Le marbre de Vieux*, Caen, 1890, p. 23.)

Voici un fait qui prouve que l'or était encore assez commun en 268.

Lorsque Gallien eut été assassiné, Marcianus, commandant les troupes de Mœsie, dut, pour éviter une révolte des légions, promettre vingt pièces d'or par soldat [1], largesse que le trésor de Gallien permettait [2]. Nous ne connaissons pas le nombre des soldats que Gallien avait rassemblés sous Milan, pour y assiéger Aureolus qui s'était révolté avec les légions d'Illyrie. Mais la défaite d'Aureolus, avant le siège, autorise à croire que Gallien avait déjà une armée assez nombreuse. De plus, au moment de sa mort, les légions de Mœsie et de Thrace l'avaient rejoint sous Milan. Même en admettant que les légions rassemblées dans le camp fussent fortes seulement de six mille hommes, on voit que le trésor d'armée de Gallien devait contenir au moins plusieurs centaines de mille pièces d'or.

Les monnaies d'or, étant distribuées aux soldats, revenaient nécessairement dans la circulation. C'est pourquoi il faut, croyons-nous, renoncer à parler de la démonétisation de la monnaie d'or.

Du reste, on sait que sous Élagabale et Alexandre Sévère les paiements aux caisses de l'État se faisaient en or [3]. Ceci prouve que l'or restait le métal-étalon, bien que Caracalla se fût livré à des pratiques fâcheuses. Car, si nous en croyons l'abréviateur de Dion Cassius, cet empereur donnait la monnaie en or aux Germains, tandis que les Romains étaient réduits à accepter de l'or altéré [4].

1. Si la pièce d'or n'eût pas été admise comme unité, les légionnaires eussent certainement réclamé une fixation différente.

2. « Promissis itaque per Marcianum aureis vicenis et acceptis (nam præsto erat thesaurorum copia). » Trebellius Pollion, *Gallien*, 15. — Plus tard, Julien l'Apostat promit à ses soldats cinq pièces d'or et une livre d'argent. (Ammien-Marcellin, liv. XX, 4.)

3. Lampride, *Sev. Alex.*, XXXIX.

4. ʼαληθεῖς γάρ τοὺς χρυσοῦς αὐτοῖς ἐδωρεῖτο. Τοῖς δὲ δὴ Ῥωμαίοις κίβδηλον καὶ

En tout cas, Aurélien, dont le rôle de réformateur fut important, considéra l'or comme le métal principal [1].

On peut trouver trop absolue l'hypothèse de M. Mommsen, relative à l'emploi des balances. Rien ne prouve que le système des pesées ait été en usage pour la monnaie d'or, aux IIIe et IVe siècles, plus que pendant les deux premiers [2].

Le fait que, sous les empereurs de la seconde moitié du IIIe siècle, on frappa des monnaies divisionnaires en or, qui n'existaient pas antérieurement [3], laisse croire que la pièce d'or pouvait être acceptée sans pesée préalable. Ces pièces divisionnaires ne furent pas créées seulement pour faciliter la perception des impôts en or.

On remarquera que les sous d'or de Constantin étaient dans un rapport exact avec ceux de Dioclétien, puisque 60 *aurei* de ce dernier empereur valaient 72 pièces de Constantin. Par conséquent, il n'était pas nécessaire de démonétiser immédiatement les espèces émises sous la tétrarchie. Il suffisait de les recevoir dans la proportion de 5 pour 6.

M. Mommsen nous paraît avoir donné une interprétation abusive à certains textes, quand il a écrit la phrase suivante :

« Nous savons positivement que sous le règne de Con-
« stantin tous les payements en monnaie d'or se faisaient
« au poids, et, d'autre part, qu'on acceptait en payement et
« au poids les lingots régulièrement contrôlés [4]. »

τὸ ᾿αργύριον καὶ τὸ χρυσίον παρεῖχεν· τὸ μέν γάρ ἐκ μολίβδου καταργυρούμενον, τὸ δὲ ἐκ χαλκοῦ καταχρῡσούμενον ἐσκευάζετο. Xiphilin, *Epitome* de l'histoire de Dion Cassius, LXXVII, 14.

1. Vopiscus, *Aurélien*, XLVI; *Tacite*, IX et XI.

2. Du reste, les systèmes de la circulation libre et de la circulation subordonnée à la pesée peuvent exister concurremment. Aujourd'hui, dans les banques, on ne compte pas toujours la monnaie d'or; le plus souvent, on la pèse. La pesée est le meilleur criterium de la bonté des espèces.

3. Voy. A. Blanchet, *Les monnaies en or de Trébonien Galle et de Volusien*, dans la *Rev. belge de num.*, 1897, p. 1. — Lampride (*Sev. Alex.*, XXXIX) cite des *semisses* et des *tremisses* en or d'Alexandre Sévère; mais on ne les connaît pas en nature.

4. *H. M. R.*, t. III, p. 156, et *Zeitsch. f. Num.*, 1888, t. XVI, p. 356. Ces

Voici le texte sur lequel est basée l'appréciation de M. Mommsen :

Si quis solidos appendere voluerit auri cocti, septem solidos quaternorum scripulorum nostris vultibus figuratos appendat pro singulis unciis, [quatuordecim vero pro duabus, etc.] Eadem ratione servanda, et si materiam quis inferat, ut solidos dedisse videatur [1].

Ce texte soulève une difficulté que d'anciens commentateurs ont écartée en proposant une correction admise par M. Mommsen [2].

Comme il fallait *six* sous d'or pesant quatre scrupules pour faire une once, le mot *septem* a paru provenir d'une faute de copiste, supposition qui est le grand refuge des commentateurs embarrassés.

Mais, si nous soumettons le texte à une critique moins superficielle, nous pourrons nous étonner d'abord qu'il fallût une loi spéciale pour établir un fait connu de tous les sujets de l'empire, c'est-à-dire que six sous de quatre scrupules formaient l'équivalent d'une once.

De plus, il faut remarquer que le texte porte aussi qu'il faudra donner quatorze sous pour deux onces [3].

conclusions ont été admises sans discussion. Voy. J. Marquardt, *De l'organisation financière chez les Romains*, trad. A. Vigié, 1888, p. 35, note 5. Les inscriptions du iv⁰ siècle, où il est fait mention d'amendes en or au poids, ne me paraissent pas des preuves suffisantes. — Cf. les barres en or portant les estampilles de la Monnaie de Sirmium. (Voy. la bibliographie. *Rev. num.*, 1893, p. 285.) Mais il est probable que ces barres n'avaient pas plus cours que les lingots conservés aujourd'hui dans les coffres de la Banque de France. A Rome, sous la République, ıe trésor contenait des lingots d'or et d'argent ; mais ces lingots n'étaient pas versés dans la circulation.

1. Décret de Constantin de l'année 325. (*Cod. Theod.*, liv. XII, t. VII, 1 ; cf. liv. XII, t. VI, 2.)

2. *H. M. R.*, t. III, p. 156, note 1 ; après *septem*, il y a : (corrigez *sex*.)

3. Les mots placés entre crochets, dans le texte cité plus haut, ont été laissés de côté par l'auteur et les éditeurs de l'*Histoire de la Monnaie romaine*.

Peut-on trouver une explication autre que celle résultant d'une faute de copiste?

Pour ma part, je le crois. On n'a pas assez remarqué que le texte de la loi parle d'un or particulier, *auri cocti* [1]. Il n'est pas vraisemblable que le législateur ait donné cette épithète aux sous d'or qui étaient dans la circulation [2]. Nous pouvons supposer qu'il s'agit de pièces ayant subi accidentellement les atteintes du feu. C'est un cas qui devait se produire fréquemment. Il est évident que des sous d'or, déformés et diminués par le feu, ne pouvaient rentrer dans la circulation ; mais l'administration impériale les recevait, en percevant un droit de change destiné à compenser la diminution de métal et les frais de fabrication.

Notre explication a l'avantage de conserver le texte dans son intégrité et d'en faire comprendre les termes.

On voit en même temps que le texte paraît viser un cas particulier qui est loin des conclusions générales établies par M. Mommsen. Du reste, le décret, pris même dans le sens le plus large, reste encore subordonné à la valeur de l'expression *Si quis... voluerit.*

Quant au mot *materia*, il ne signifie pas nécessairement « lingot d'or estampillé » ; mais il peut s'appliquer à des bijoux et à des objets divers.

On peut trouver un argument contredisant l'hypothèse

---

1. Cf. Pline, *H. N.*, XXXIII, 19, 2 : coquere aurum cum plumbo.

2. On connaît l'expression *obryzum* (or pur) que l'on trouve abrégée sur les monnaies des ive et ve siècles. Cf. *H. M. R.*, t. III, pp. 25 et 67, etc. — D'après le récent travail de M. H. Willers, les lettres OB signifieraient non pas *obryzum*, mais *obryziacus*, et COM.OB serait pour COM(*itis*) OB(*ryziacus*). Cf. *Comes auri* (*Numismatische Zeitschrift*, XXXI, 1899, pp. 44 à 50).

Du Cange assimile l'*aurum coctum* à l'or pur, *obryzum* (*Gloss.*, col. 503). Mais un passage de l'Édit de Pîtres (article XXIV) applique la même épithète, *coctum*, à deux espèces d'or dont le prix est différent. Du reste, je n'ai trouvé aucun texte du ive siècle permettant d'assimiler en toute certitude l'*aurum coctum* à l'*obryzum*.

de M. Mommsen, dans ce que cet auteur a écrit lui-même un peu plus loin :

« Le gouvernement avait fabriqué et déposé dans les « principales villes des étalons particuliers, pour faciliter le « contrôle du poids des pièces d'or (*exagia solidi*), et des « employés spéciaux devaient procéder à ce contrôle sur la « demande des particuliers [1]. »

Les derniers mots de cette phrase démontrent que, selon la pensée même de M. Mommsen, le contrôle était facultatif, et, par conséquent, il faut en déduire que les monnaies en or circulaient librement.

Que si l'on s'est servi souvent de la pesée comme moyen de contrôle, il ne semble pas que les Romains des IIIe et IVe pièces l'aient employée dans un but différent de celui des négociants de toutes les époques [2].

Rien n'est plus naturel que cette ordonnance édictée par Majorien, en 458, et défendant de refuser le sou d'or [3] ayant le poids légal, excepté le sou *gallicus* [4] dont l'or est considéré comme inférieur.

L'or resta toujours le métal-étalon, même dans l'empire d'Occident, pendant le Ve siècle si troublé par les invasions [5].

1. Décret de Julien de l'an 363. (*Cod. Theod.*, liv. XII, t. VII, 2.)

2. Cf. l'emploi des *deneraux* au moyen âge. Voy. sur cette question le travail de M. A. de Witte, dans la *Rev. belge de num.*, 1898, p. 432, et 1899, p. 78.

3. « Præterea nullus solidum integri ponderis, ... recuset exactor, excepto eo gallico cujus aurum minore æstimatione taxatur. » (*Novell.*, liv. IV, t. I. — Voy. *H. M. R.*, t. III, p. 67.) — Plus tard, les lois défendent de refuser aucune espèce de sou d'or, pourvu que la pièce ait le poids légal. (*Cod. Just.*, XI, 10, 1 et 3 ; *Cod. Theod.*, liv. IX, t. XXII, 1. — Voy. *H. M. R.*, t. III, p. III, p. 66.)

4. On a proposé plusieurs explications de ce terme. Voy. M. Prou, *Les monnaies mérovingiennes* (cat. Bibl. nat., 1892, introd., p. xv). — Cf. P.-C. Robert, *Num. de la prov. de Languedoc*, II, 1879, p. 13. (Cet auteur, citant une lettre de saint Grégoire le Grand où il est question du *solidus gallicus*, pense qu'il s'agit des monnaies d'Alaric II, roi des Wisigoths (484-507). Mais on a vu que l'édit de Majorien est de 458.)

5. En 405, les prisonniers de Radagaise furent vendus une pièce d'or chacun. (Voy. E. de Muralt, *Essai de chronographie byzantine*, 1855, p. 12.) — En 409,

Je ne puis étudier ici la circulation des monnaies en or dans l'empire d'Orient, car ce serait sortir du cadre que je me suis tracé. Rappelons seulement quelques textes qui démontrent l'importance de la monnaie en or dans l'empire byzantin [1].

Je me suis abstenu, dans les pages qui précèdent, de parler du rapport de l'or à l'argent, car les recherches auxquelles j'ai pu me livrer n'apportent aucun résultat nouveau.

Le but du présent travail était de démontrer que la circulation de la monnaie d'or n'a jamais subi d'interruption, sous les empereurs romains [2] et que les lois protégeaient cette circulation, sans y apporter les restrictions que certains auteurs ont supposées.

on rachète un captif pour 30.000 pièces d'or. (Zosime, V, 45.) — En 409, à Rome, beaucoup de familles avaient des revenus de plus de 4.000 pièces d'or. (Olympiodore, *Frag. hist. gr.*, éd. de Bonn, 469, 12.) — Sous Théodose II, Probus, fils d'Olympius, dépense 1.200 pièces d'or, pour sa préture, à Rome.

Au iv⁰ siècle, on chercha à développer l'exploitation des mines d'or. (Voy. J. Maurice, dans le *Bull. de la Soc. des antiquaires de France*, 1898, p. 151.)

1. Procope, *De bello gothico*, III, 33. — Cosmas, voyageur contemporain de Justinien, dit que la pièce d'or romaine sert au commerce de tous les peuples. (Mommsen-Blacas-de Witte, *H. M. R.*, t. III, p. 129.) — Au vii⁰ siècle, Justinien II Rhinotmète déclara la guerre aux Arabes, parce qu'ils avaient supprimé le type impérial sur leur monnaie d'or : ἐν χρυσῷ νομίσματι χαρακτῆρα ἕτερον ἐντυποῦσθαι ἢ τὸν τοῦ βασιλέως Ῥωμαίων. (Zonaras, XIV, 22.) Cf. *Rev. belge de num.*, 1891, p. 303.

2. Jusqu'à la fin de l'empire d'Occident.

Extrait des *Procès-verbaux de la Société française de Numismatique,*
1899, pp. xxxvii à xl.

NOTE

SUR LES

MONNAIES GAULOISES

DU SUD-OUEST DE LA FRANCE [1]

Depuis 1886, les trouvailles n'ont pas modifié le tableau
de la répartition des monnaies « à la Croix », ces imitations
des pièces de Rhoda, émises par les populations établies
dans le bassin de la Garonne [2].

Ces pièces ne se rencontrent pas souvent dans les départements du Gers, des Landes et des Basses-Pyrénées. Ce
dernier département a fourni une trouvaille composée de
monnaies « à la Croix », qui aurait été faite, en 1827, près
de l'église d'Izeste (canton d'Arudy) [3].

On s'explique assez bien la rareté des monnaies « à la

---

1. Cette note a été rédigée pour répondre aux questions posées dans le pro-
gramme du 37e congrès des Sociétés savantes (à Toulouse, en 1899.)

2. L. Maxe-Werly, *De la classification des monnaies gauloises* (*lecture faite à
la Sorbonne le 8 avril 1885*), Brive, 1886, in-8° de 17 pages avec carte (Extrait du
Bulletin de la Soc. scient., histor. et archéol. de la Corrèze, t. VII). Cf. L. Maxe-
Werly, *Étude sur l'origine des symboles des monnaies du Sud-Ouest de la Gaule*,
Bruxelles, 1892. (Extrait des *Mémoires du Congrès de numism. de Bruxelles*,
1891). — M. A. de Barthélemy place la diffusion du type de Rhoda vers l'an 220,
à l'époque d'Annibal (séance de l'Académie des Inscr. et belles-lettres, 14 février
1890); *Revue celtique*, t. XI, p. 175.

3. E. Taillebois, *Recherches sur la numismatique de la Novempopulanie*,
2e partie, p. 19. (Extrait du *Bull. de la Soc. de Borda*, 1884.)

Croix » dans la région dont nous venons de parler, car d'autres monnaies ont été fabriquées par les peuples qui y étaient fixés.

Il n'est pas douteux aujourd'hui que le type dit « des Élusates » doit être localisé dans une région dont le département du Gers forme le centre. Les pièces en argent qui représentent une tête informe, figurée par des lignes et des globules et un cheval également informe[1] se rencontrent aux environs d'Eauze; de plus, elles étaient en grand nombre dans les trouvailles de Manciet (c^on de Nogaro, arr. de Condom)[2] et de Laujuzan (Gers)[3].

Le type des Élusates a certainement persisté assez longtemps, car on retrouve la tête informe sur les monnaies des Sotiates qui peuvent être classées vers le milieu du premier siècle avant notre ère.

A côté des pièces des Élusates, mais plus au Sud et à l'Ouest, circulait un autre numéraire encore plus informe.

Vers 1845, on trouvait à Eyres-Moncube (canton de Saint-Sever, Landes), un vase en argent contenant deux cent cinquante monnaies et une fibule attachée à une longue chaînette. Les monnaies présentaient des protubérances

---

1. Ce cheval informe serait une imitation du Pégase d'Emporiæ (*Rev. numism.*, 1847, p. 176). On peut supposer aussi que le cavalier des deniers celtibériens a eu quelque influence sur ce type.

2. Bon Chaudruc de Crazannes, dans la *Revue num.*, 1847, p. 173. — Cette trouvaille, faite en 1846, a été signalée de diverses manières. Selon les auteurs, elle aurait renfermé 200 ou 300 pièces (*Rev. num.*, 1846, p. 420), et même 1500 (*Bull. de la Soc. de l'histoire de France*, 1847, p. 192). E. Taillebois a d'abord signalé cette trouvaille comme faite à Castelnau-sur-l'Auvignon, près de Condom, et contenant 700 pièces des « Élusates et des Volques Tectosages mêlées ». *Recherches sur la num. de la Novempopulanie*, 1882, p. 13, extrait du *Congrès scientifique de Dax*). — C'est peut-être une partie de cette trouvaille qui est restée pendant longtemps entre les mains d'un orfèvre de Bordeaux (*Rev. belge de numim.*, t. XX, 1864, p. 186, note 1).

3. Cet important trésor, découvert le 6 mars 1882, contenait 980 pièces. Voy. E. Taillebois, dans le *Bull. de la Soc. de Borda*, 1882, p. 223; et *Revue de Gascogne*, t. XXIII, 1882, p. 466.

accompagnées de globules, type impossible à déterminer nettement, bien que les pièces fussent en bon état de conservation [1].

Cette trouvaille, isolée, ne présentait qu'un intérêt restreint. Mais, le 18 mars 1892, à Pomarez (canton d'Amou, au sud-est de Dax) [2], on découvrit un trésor de plus de quatre cents monnaies en argent, dont le poids varie entre 2 gr. 80 et 3 gr. 53. et dont les types sont des protubérances informes, analogues à celles des pièces de la trouvaille d'Eyres. Les différences sont assez sensibles [3], mais la parenté des monnaies des deux trésors est indéniable.

Que les pièces des trouvailles d'Eyres et de Pomarez aient été frappées par deux peuples différents, ou qu'elles soient plutôt, comme je le crois, des émissions successives de la monnaie d'un seul peuple, il reste établi que des monnaies d'un type particulier ont circulé dans la région des Landes, à l'époque gauloise.

Quant aux monnaies en or de cette époque, on peut assurer qu'aucun exemplaire n'a été recueilli dans la région dont nous venons de nous occuper. On doit s'en étonner, car nous savons, par Strabon, que les Tarbelli avaient chez eux des mines d'or importantes [4]. Le même auteur dit aussi que le pays de Toulouse était riche en or [5]. Mais nous ne con-

---

1. *Rev. archéol.*, I, t. II, 1844-1845, p. 844; *Rev. num.*, 1867, p. 12; *Bull. de la Soc. de Borda,* 1889, p. 123. — Dans le *Bull. de la Soc. de Borda* (1893, p. 46), j'ai dit que le Musée de Saint-Germain-en-Laye possédait le moulage du vase d'Eyres. Le vase même est conservé à Rouen. (L'abbé Cochet, *Catal. du Musée d'Antiq. de Rouen*, 1868, p. 67.)

2. Adrien Blanchet, *Trouvaille de monnaies gauloises faite à Pomarez*, dans le *Bull. de la Soc. de Borda*, 1893, p. 43 à 47. (Voy. plus haut, pp. 13 à 19.)

3. Dans le *Bull. de la Soc. de Borda*, 1893, p. 49 et 50, M. J. Duverger a attribué aux Tarbelli les monnaies de Pomarez (avec un seul globule), et admis l'attribution aux Tarusates des pièces d'Eyres (deux globules). C'est une simple hypothèse qu'il n'est pas nécessaire de discuter.

4. Strabon, IV, II, 1 : παρ'οἷς ἐστι τὰ χρυσεῖα σπουδαιότατα πάντων, etc.

5. Strabon, IV, I, 13, d'après Posidonios.

naissons pas davantage une seule monnaie d'or qu'on puisse attribuer aux Gaulois de Toulouse. Il y avait peut-être pour cette abstention du monnayage de l'or, des raisons analogues à celles que l'on a proposées pour expliquer la même lacune dans la numismatique des villes grecques. Je pense que la principale raison était la suivante : le commerce des Gaulois du bassin de la Garonne était sans doute entre les mains des Grecs de Marseille et des villes de la côte d'Espagne. Or ces villes ne frappaient que des monnaies en argent.

Extrait des *Procès-verbaux de la Société française de Numismatique*,
1899, pp. XLVIII à LIII.

LA PEINTURE

DE LA

MAISON DES VETTII

(DEUXIÈME NOTICE [1])

Ma communication relative à la peinture de la maison
des Vettii, à Pompéi, a été le point de départ de nouvelles
recherches de MM. E. J. Seltman et J.-N. Svoronos [2]. Les
articles de ces savants auteurs contiennent des observations
intéressantes. M. Svoronos a eu l'heureuse idée d'étudier les
ateliers d'orfèvres, tels qu'on en trouve encore en Grèce, et
il a démontré que l'objet tenu par le dernier Amour, à
droite du tableau, ne pouvait être qu'un soufflet de forge.

MM. Seltman et Svoronos ont émis, sur de nombreux
points, des avis contradictoires à ceux que j'ai exposés dans
ma note, et on s'explique facilement cette divergence de vues,
puisque les deux auteurs soutiennent la théorie de l'*atelier
monétaire* contre laquelle j'ai cru devoir m'élever [3].

---

1. Voy. plus haut, pp. 195 à 199.

2. Dans le *Journal intern. d'archéol. numismatique*, t. II, 1899 : 1° E.-J. Seltman, *The Vettian picture; Mint or jeweller's workshop?* (p. 225 à 238); 2° J.-N. Svoronos, *Ein altes griechisches Argurokopeion, offener Brief an Herrn E. J. Seltman* (p. 239 à 270); 3° E.-J. Seltman, *Erwiederung auf obigen Brief* (p. 271 à 282).

3. Je dois faire remarquer que je ne suis pas seul à soutenir la théorie de l'atelier d'orfèvre. Voy. A. Mau, dans les *Röm. Mittheil.*, 1896, p. 78, et A. Sogliano,

Les Amours de la peinture sont occupés à plusieurs opérations qui peuvent se rapporter à celles pratiquées ordinairement dans un atelier d'orfèvre aussi bien qu'à celles d'un atelier monétaire. Il me paraît donc inutile de prolonger la discussion sur ces points accessoires.

Disons seulement quelques mots de la figure dans laquelle M. Seltman a reconnu *Juno-Moneta*, après avoir vu sur les ailes de ce personnage des yeux empruntés aux plumes du paon [1]. Ma vue ne m'a pas permis de distinguer ces attributs ; je m'abstiens donc humblement de reprendre la discussion. Relativement à la même figure, je reconnais l'intérêt des recherches de M. Svoronos qui arrive à présenter l'hypothèse suivante : « Ich vermuthe also dass wir hier in der Figur n° 4 die Repräsentantin der Idee dieser Göttin Ἥρα Ζυγία Νέμεσις vor uns haben. » (*Journ. intern.*, pp. 265-266). Toutefois je ne puis m'empêcher de penser que le peintre de la maison des Vettii avait en mythologie des connaissances trop profondes pour que les habitants et les visiteurs pussent bien les apprécier.

J'arrive maintenant au point de la discussion que je considère comme le plus important : il s'agit de l'opération de la frappe d'après MM. Seltman et Svoronos (groupe de deux Amours, à l'extrémité du tableau, à gauche).

M. Seltman prétend (*Journ. intern.*, p. 227) que je n'ai pas saisi son explication relative au placement des « coins

---

La Casa dei Vettii, dans les *Monumenti Antichi*, t. VIII, 1898, p. 356 : « Non v'ha dubbio che queste due ultime figure rappresentino la compratrice e il venditore. » (Il s'agit des figures du centre de la composition.)

1. M. Seltman (*Journ. intern.*, p. 234), me renvoie à la gravure qui accompagne l'article de M. Ely. Je préfère examiner la phototypie (*Journ. intern.*, 1899, pl. 12) exécutée d'après une photographie que M. Seltman considère comme excellente (*Ibid.*, p. 233). Quelques exemplaires de l'extrait des articles de MM. Seltman et Svoronos contiennent une photographie de la peinture. Quoique l'épreuve soit excellente, elle ne permet pas de voir nettement les détails douteux. — Le fac-similé publié par M. G.-F. Hill (*A Handbook of greek and roman coins*, 1899, p. 147) laisse beaucoup à désirer.

J.-A. Blanchet.

15

soudés aux larges pinces de l'instrument » (« that the dies were firmly welded to the broad nippers of the tool »). Si M. Seltman eût lu attentivement la phrase précédant celle qu'il critique, il eût mieux compris la signification que j'attachais aux mots « objet allongé (dans le sens horizontal) [1] ».

La phrase à laquelle je fais allusion est ainsi conçue : « Ne savons-nous pas en effet que les coins monétaires du « premier siècle de l'Empire romain avaient une longueur « de 35 à 45 millimètres, pour chacun des côtés, face et « revers ? » (*Procès-verbaux*, 1899, p. xix). Il résulte de cette remarque que la réunion d'un flan et de deux coins d'une telle forme ne peut être représentée, même dans une esquisse, que par un trait vertical : ce n'est pas ce que nous voyons sur la peinture, et je l'ai dit sous une forme différente. J'ajouterai qu'il est impossible, dans la pratique, de maintenir deux coins de cette forme, avec une pince, pendant la frappe.

J'attache une grande importance à cet argument, et je vais démontrer quelle en est la valeur, car mes contradicteurs ne paraissent pas l'avoir soupçonnée.

En publiant la tessère du Musée de Vienne, j'ai fait remarquer que les coins employés par les monnayeurs, représentés sur cette pièce, ont une forme semblable à celle des *coins du premier siècle de l'Empire romain*, conservés dans les musées. Je me suis gardé de citer d'autres formes de coins, parce que la peinture de la maison des Vettii est antérieure à l'an 79 de notre ère ; et je crois devoir reprendre la question parce que mes contradicteurs ont été entraînés dans une voie que je considère comme peu sûre.

En effet, un des premiers devoirs de l'archéologue est de

---

1. Il importe de remarquer que j'ai cherché à expliquer la scène en rapprochant des éléments connus par ailleurs, et non en supposant l'existence d'instruments qui n'ont jamais été retrouvés.

ne comparer que des monuments appartenant à peu près à la même époque.

Dans son interprétation, M. Svoronos (*Journ. intern.*, p. 267), suppose que les pinces, tenues par l'un des Amours, servaient à maintenir un coin double dont il donne la figure et dont il dit : « Offenbar ein doppelter Prägestempel wie uns « glücklicherweise ein solcher aus der Münzstätte von « Antiochia erhalten ist. » Or, voici la description exacte de ce monument de forme exceptionnelle :

Une paire de coins à tige cylindrique, munis chacun d'un bras coudé, tournant autour d'un gros clou. Coin de la face : ...ONSTANS... Buste lauré. Coin du revers : VICTORI.... Victoire tenant une enseigne. A l'exergue, SMAN.

Fer ; longueur des branches, 153 mill. ; longueur des tiges des coins, 62 et 66 mill. [1].

Je ne discuterai pas les questions suivantes :

Était-il possible de maintenir avec des pinces un instrument aussi volumineux ?? Pouvait-on frapper avec cet instrument maintenu par des pinces, sans une perte de temps trop considérable ?

Mais j'insisterai sur le point suivant qui est important. Il s'agit d'un coin qui n'a pu être employé avant l'an 333 de notre ère [3]. De plus, ce coin a été trouvé en France, à Beaumont-sur-Oise, et cette provenance, singulière pour un coin de la Monnaie d'Antioche, me porte à croire qu'il s'agit d'un instrument de faux-monnayeur. Est-on autorisé à se servir d'un pareil monument pour expliquer une scène d'une peinture antérieure à l'an 79 ?

---

1. Ernest Babelon et Adrien Blanchet, *Catalogue des bronzes antiques de la Bibliothèque nationale*, 1895, p. 731, n° 2403.

2. Il est vraisemblable que ce double coin était muni d'un manche en bois.

3. C'est une époque où l'atelier d'Antioche ne peut plus être considéré comme un atelier grec, et cela contredit l'hypothèse de M. Svoronos (*Journ. intern.*, p. 254 et 273, note 1).

Avant de terminer cette note, qu'il me soit permis de communiquer la photographie d'un bas-relief, conservé au Musée de Naples [1] et dont le sujet est à rapprocher de celui de la peinture de Pompéi. Il s'agit d'un atelier d'orfèvre ;

on y retrouve les balances, le four, le soufflet de forge, la scène des deux ouvriers dont l'un frappe avec un lourd marteau ; enfin, on y voit une étagère chargée de coupes en forme de coquilles ou ornées de bustes, comme les pièces que renfermaient les grands trésors d'argenterie.

1. N° 6575. Photographie Sommer, n° 1589.

Extrait de la *Revue numismatique*, 1900, pp. 100 à 102.

TROUVAILLE

DE

MONNAIES GAULOISES

A FRANCUEIL

M. G. Bonnery, trésorier de la Société archéologique de Touraine, m'a écrit au commencement de février que, récemment, on avait fait une trouvaille d'environ 500 monnaies gauloises au lieu dit *les Ouldes*, près de Francueil (c^{on} de Bléré, arr. de Tours, Indre-et-Loire), à 3 kilomètres de Chenonceaux.

M. Bonnery a mis à ma disposition douze pièces représentant les variétés qui figurent dans cette cachette, et qui peuvent être classées en deux séries :

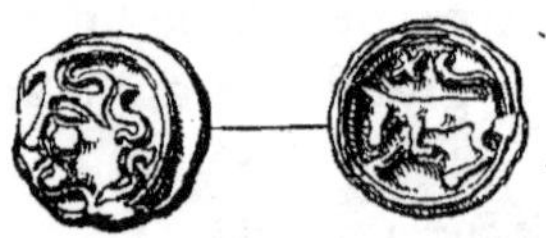

1° Tête à gauche, *bien formée*, la chevelure figurée par trois **S. ℞**. Taureau à gauche, dans l'attitude *cornupète* ; les deux membres antérieurs sont dessinés séparément ; la corne est nettement figurée ; la queue est redressée en **S**. Au-dessus de l'animal, un **X**.

Potin blanc, certainement allié d'argent. Poids moyen, 2 gr. 10.

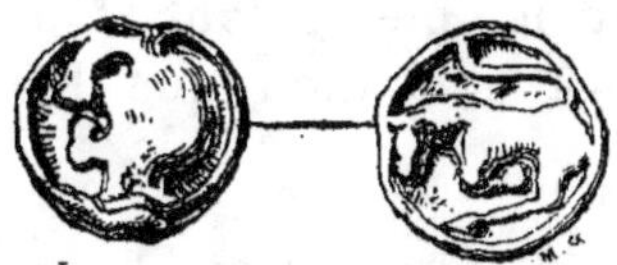

2° Tête à gauche, *déformée*, l'œil figuré par un trou, cheveux non dessinés. ℞. Quadrupède à gauche ; le membre antérieur gauche est replié ; le membre postérieur est allongé en avant et en dessous. Aucun signe dans le champ. Sur quelques monnaies, les types sont encore plus déformés et seraient presque méconnaissables si nous ne connaissions pas les pièces de transition.

Potin blanc, mais paraissant contenir moins d'argent ; poids moyen, 2 gr. 80.

Ces pièces se rapprochent, — surtout les dernières, — des potins grossiers, classés ordinairement aux Sequanes et aux Senons. Mais il faut remarquer que le premier type n'a jamais été rencontré dans l'est de la Gaule. Au contraire, E. Cartier a signalé les deux types que nous venons de décrire, comme trouvés réunis au camp d'Amboise. Bien que les dessins de la planche qui accompagne l'article de Cartier laissent à désirer, il ne peut cependant y avoir de doute au sujet de l'identité entre les pièces trouvées au camp d'Amboise et celles de Francueil. Voici, du reste, le texte même de Cartier :

« 22 et 23. Deux pièces de petit module qu'on trouve « assez fréquemment à Amboise et passablement conser- « vées ; ce sont les plus communes après le n° précédent ;

« je ne les ai vues décrites nulle part. La première a les
« cheveux en grosses mèches, la seconde les a singulière-
« ment figurés comme si c'étaient des serpents. Au revers
« de celles-ci, on trouve une petite étoile ou plutôt un X
« grossier. Ces deux pièces sont d'un meilleur style et
« d'une meilleure fabrication que la masse des précé-
« dentes [1]. »

Le n° 21, qui répond au second type décrit ci-dessus, est
ainsi indiqué par Cartier : « Cette grossière monnaie coulée,
« véritable caricature numismatique, forme l'immense
« majorité de nos découvertes du camp d'Amboise, » et il
ajoute que ces pièces varient beaucoup de coin, de module,
de poids et de conservation [2].

Lambert, qui a cité les pièces trouvées à Amboise [3], donne
un exemplaire du type avec les cheveux en S comme provenant d'une découverte faite sur les bords de l'Eaulne, à
Sainte-Beuve-Épinay, près de Neufchâtel (Seine-Inférieure [4]).

Il paraît donc que ces pièces ont pu circuler dans l'ouest
de la Gaule ; mais la trouvaille de Francueil, rapprochée
des pièces recueillies au camp d'Amboise, permet de croire
que ces petites monnaies en potin sont originaires du pays
des Turons.

Quant au type, il faut peut-être y voir une imitation des
bronzes de Massalia, au type du taureau cornupète [5].

---

1. *Monnaies gauloises trouvées dans le camp d'Amboise*, Rev. num., 1842,
pl. XXI ; p. 15 du tirage à part

2. On a trouvé aussi à Châteaudun des potins au type dégénéré du taureau
cornupète. Ces espèces sont probablement aussi le produit d'une fabrication
locale, car l'animal est complètement déformé. Voy. E. Muret, A. Chabouillet [et
H. de La Tour], *Catal. des m. gauloises de la Bibl. Nat.*, n°ˢ 6219 et suiv.

3. *Essai sur la num. gaul. du nord-ouest de la France*, 1844, I, p. 117, pl. I,
n° 9.

4. *Ibid.*, II, 1864, p. 68, pl. I, n° 28.

5. Cf. *Rev. num.*, 1899, p. 140.

Extrait de la *Revue numismatique*, 1900, pp. 235 à 240.

INVENTAIRES

DU

MOBILIER DE L'ATELIER DE BOURGES

AU XVIᵉ SIÈCLE

Jusqu'à ce jour on a relativement peu étudié les procédés techniques du monnayage au xvıᵉ siècle. Le *Traité des Monoyes* de Jean Boizard, qui date de la fin du xvııᵉ siècle, montre combien de perfectionnements l'outillage avait déjà reçus dès cette époque. C'est pourquoi il me paraît utile de publier les documents suivants qui sont de nature à jeter quelque jour sur l'organisation des ateliers monétaires à une époque où l'outillage allait se transformer. On pourra comparer les inventaires suivants avec un inventaire de l'atelier de Pau, qui est à peu près contemporain [1].

Je dois remercier vivement M. Jacques Soyer, archiviste du département, à Bourges, car, avec une obligeance inépuisable, il a bien voulu collationner le texte du premier document, et me fournir la copie intégrale du second.

---

1. G. Schlumberger et Adrien Blanchet, *Numismatique du Béarn*, 1893, tome Iᵉʳ, pp. 160 à 162.

I

22 juillet 1561.

Extrait de l'Inventaire du mobilier de la maison de la·monnoie à
Bourges, « assise en la rue de Myrebeau, au dessoubz de la grand
maison et chambre commune de ceste dicte ville [1]..... ».

« En la presence de Jacques Augier [2] maistre orfèvre et tailleur de
la dicte monnoye et aussy de Richard Audigier assayer d'icelle.......

Premyerement a esté trouvé au comptouer dudit logis de la maistrise une grand table de noyer de 10 à 12 piedz de long et de trois piedz
et demy de large avec le soubassement à pilliers tournez avec deux
layettes, priséez 4 l. 10 s.

Au dessus de laquelle table pendent deux paires de ballences l'une
portant 50 mars l'autre 30 mars, 60 s.

Troys paires de ballences d'azin [3] l'une portant 10 mars, et l'aultre
2 mars — et une petite paire de ballences accordées — ; le tout 25 s.

.........Cinq marmoretz [4] de potin de cuyvre poisant de 10 à
30 marcs, 8 l. 15 [5].

.........2 pilles potin de cuyvre de 16 marcs la pièce, 64 s.

.........Une petite pille d'un marc, 2 s.

Une pile imparfaite poisant 13 m. prisée 13 s.

Quatre bouettes de trebuchetz, 2 s. 6 d.

Trois petites cysoires, une petite tenaille, deux crochets de fer, 5 s.

2 grandes paires de cysoires dont l'une est montée en boys assise
aud. Comptouer sur deux chevalletz de boys carré et l'autre non montée,
40 s.

Une escriptoire de noyer d'un pied en carré ou environ ayant deux
tyrouers dont y a dedens l'ung une paire de ballences de trebuchetz,
10 s.

Un grand moulle de potin a faire coppelles, 10 s.

1. Après le transfert de la Monnaie, le 28 août 1553, l'atelier fut en effet contigu
par derrière à l'ancien hôtel de ville (petit collége) et faisait sur la rue Mirebeau
un des angles de la rue Basse. Il comprenait trois corps de logis. (H. Boyer, dans
les *Mém. de la Soc. histor. du Cher*, t. IV, 1868, p. 95.)

2. Jacques Auger fut graveur de l'atelier de Bourges de 1549 à 1581 (A. Barre,
Grav. gén. et part., p. 24.)

3. Dans le *Glossarium* de Du Cange, *azina* est une mesure valant la charge
d'un âne.

4. *Marmouset*, sorte de chenet.

5. Cet article est seulement analysé.

2 paires molletes de fer, l'une de 3 piedz, l'autre de 2 piedz, priséez 5 s.

Une lanterne a faire essay avec son trebuchet et poix et une petite boucelle [1], 40 s.

Trois cullieres de fer forgé, 10 s.

Ung forneau a faire essayer, 10 d.

Ung mortier de metail avec le pillon, 30 s.

.........Une paire de grandes tenailles a lansier en reaulx et ung grand crochet de fer a meslaier le billon en le fondant dedans le creuset, 12 s. 6 d.

Un coffre de boys de 2 pieds, 30 s.

6 tables de fer de fonte, 60 s.

4 cornutz de terre a faire eaue fort, 2 s.

4 combles de tables de fer a lenser argent avec les crampons de fer et menue ferraille, 30 s.

Un grand boulhonnier et ung petit de cuivre un grenelloyer de leton et trois bassynes, l'une de cuivre et les autres de leton, 30 s.

2 maillets de fer servans à monnoyer, 2 s.

Une pierre de tripolly de 8 liv., 10 s.

7 clayes de latte ronde à marcher dessus, 3 s.

Une cornue de terre à faire eaue forte, deux rafelées (?) [2] et un gry [3] cinq lymes, 2 s.

.........En la bouticque dudict logis a esté trouvé ung fleau de fer avec ses ballences de bois, 50 s.

Un plat de bois a laver, 6 d.

Une selle de bois a trois bastons garnye de tixu de fil a faire sangles de cheval, 6 s.

Deux presses de bois, 6 s.

Un cubvier a laver, 4 s.

Trois poysles de terre a mectre eaue fort, 12 d.

16 mars d'alung rouge, 16 s.

19 mars de cuivre en petitz deniers faux.

Ung tueau de cuivre a souffler dedans les couppelles, 2 s.

.........Une grande poisle de fer de fonte a recuire ouvrage, 12 d.

4 receptoires de terre a recevoir eaue fort.

---

1. Cf. *Bussola, Bussula, Buxola* (Du Cange), qui signifient *boîte*.

2. Cf. *Raffloir*, ce qui sert à racler. Mais on a aussi la *rafle, raffle, raffe*, espèce de hotte ou de grand panier (*Dict.* de Godefroy).

3. « Ung gry a coupper bois » (*Vente des biens de Jacques Cœur*, texte cité par le *Dict.* de Godefroy).

Un grand nombre de meuble pour l'habitation, dont une « tapisserye ayant ung lyon et une autrusche » [1].

2 petits estaulx d'orfevre vollans, 7 s. 6 d.

120 creusets grands, 400 creusets moyens et petits, 52 s. 6 d.

Un feüst de queue [2] dedans lequel s'est trouvé de la gravelle..... »

5 ou 6 fyolles ou matellatz de verre servant a départir l'or de l'argent, 5 s.

50 creuselz, grands et moyens. 50 chappes servans a faire essays. — 50 cornutz, 9 receptoires le tout de terre, 40 s.

.....Ledict maistre J. Augier ad ce présent a declairé avoir entre ses mains 4 matrices, pilles et trousseaulx servans aux Monnoyers desquelz il dict estre chargé par nosseigneurs les généraulx des monnoyes de france.....

(Archives communales, cahier de papier HH. 33. Mairie de Bourges.)

II

30 mars 1577 [3].

Inventaire faict par nous Jehan Fouchier, eschevin de la Ville de Bourges, le trentiesme et penultime jour de mars mil cinq cens soixante et dix-sept, des meubles et utancilles estans en la maison de la Monnoye de Bourges et lesquelz meubles et utancilles sont demeurez en la charge et garde de Pierre Augier, maistre de ladicte Monnoye, qui s'en est chargé et [a] promis en rendre bon compte a messieurs les maire et eschevins de ladicte Ville, en la presence de André Depardieu, notaire royal en Berry et greffier des affaires commungs de ladicte Ville, cedict jour d'huy trentiesme jour et penultyme mars mil cinq cens soixante et dix sept, selon et ainsy qu'il ensuyt :

Et premierement :

En la chambre basse du maistre une grand table de boys de noyer, de longueur de douze piedz ou envyron, estant sur ung soubastement faict a pilliers tournez.

---

1. Cet article est seulement analysé. En ce qui concerne le mobilier même de la Monnaie, on pourra voir un court inventaire dans la notice du baron de Girardot, *Les artistes de la ville et de la cathédrale de Bourges*, Nantes, 1861 (autographie), p. 36.

2. Un tonneau.

3. Le document a été publié par Henry Jongleux, dans les *Archives de la ville de Bourges avant 1790* (Bourges, 1877, t. Ier, p. 71 à 73). Mais la copie donnée par cet auteur est incomplète et souvent fautive. Pour en fournir un exemple, nous citerons la ligne : « Pierre Augier, maistre de ladicte Monnoye », que Jongleux a lue : « Pierre Auguste Lelarge, monnoyeur. »

Une lanterne servant de tresbuchet d'essay.

Une escriptoire de boys avec son tiroir et liette [1].

Deux paires de grandes belanses atachées aux soliveaulx de ladicte chambre, l'une portant la poysanteur de cinquante marctz, et l'aultre de vingt cinq a trante marctz.

Troys aultres paires de balansces attachées a ung rastelier, l'une portant de huict a dix marctz, et les deux aultres de troys à quatre marctz.

Cinq marmozez, l'un poysant trente marctz ; ung aultre, vingt-cinq ; ung aultre vingt ; ung aultre quinze ; ung aultre dix ; le tout montant cent marctz.

Deux pilles portant seize marcz chascune, dont il y en a une qui est imparfaicte.

Deux grandes paires de sissoires [2], lune montée sur ung chevallet et l'aultre non.

Un grand fleau de fer avec deux ays servant a poyser.

Deux paires de grandes tenailhes.

Troys grandes cuilleres, l'une ayant la queue rompue.

Un grand crochet servant a remuer les matieres d'argent et billon.

Une grande palle de fer enmanchée en boys.

Une paire de grandes molletes [3].

Neux tables de fer servant a getter en royaulx.

Quatre aultres tables de fer servant a getter royaulx avec leurs crampons.

Ung tatz de fer mys sur ung plot [4] de boys avec ung gros marteau.

Ung grand bouilloir de cuyvre.

Un grand gremailloir [5] de latton.

Une grande bassyne de cuyvre.

Plus, troys aultres petites bassynes de cuyvre.

Ung grand mortier de fonte, ayant son pillon.

Ung petit bouilloir de cuyvre.

Deux petites tables de bois montées sur quatre piedz.

Troys paires de petite[s] cissoyres estans a ung rastelier.

Ung grand coffre de boys de noyer fermant a troys sayruzes.

Ung aultre petit coffre de boys de noyer fermant a clef, ayant un portant de fer a chascun bout.

---

1. *Liette, laiete, layette = tiroir* et aussi *coffret* pour conserver les papiers.
2. *Cisoires, Cisoir,* ciseau d'orfèvre.
3. *Molete,* etc., poulies verticales sur lesquelles passent des cordes destinées à soulever un fardeau.
4. M. Soyer me fait remarquer que *plot = billot.* (Cf. *Dict.* de Godefroy.)
5. Peut-être une *cremaillère.*

Ung aultre coffre de boys de chesgne fermant a clef.

Une scelle de boys longue.

Quatre marteaulx a monnoyer.

En une chambre haulte, estant au dessus de la boutique :

Une paire de landiers faictz a chaufferette.

Ung petit haste.

Une table carrée de boys de noyer, ayant une layette.

Ung buffect de boys de chesgne ayant deux fenestres avec leurs sairuzes.

Ung grand coffre de boys de chesgne fermant a deux sairuzes.

Ung coffre de bahut fermant a clef, couvert de cuyr rouge et bandé a petites bandes de fer blanc.

En une aultre chambre, au dessus de la dessusdite :

Une forge garnie de ses souffletz avec son garde foyer.

Une paire de petites tenailles a bec et une paire de molletes et un chetif buffect.

Un grand garde feu.

Quarente-cinq creusez de terre.

Quinze chappes de terre.

Une table de boys de chesgne.

Un trouseau de clefz.

Ung chaslit de lit verny, et ung aultre chaslit de couche verny, que la veufve Nicollas Lyon sera tenue faire rapporter en ladicte Monnoye ; lesquels ont esté rapportez par ladicte veufve en ladicte Monnoye.

Un mousle de couppelle de leton.

Une pierre de trypollicq.

Aux fournaises des ouvriers :

Deux paires de grandz souffletz.

Une grande poisle emmanché en boys servant aux ouvriers pour recuyre.

Plus, en la chambre de la maistrise a esté trouvé plusieurs oytilz servans aux ouvriers, dont la description s'ensuict :

Premierement :

Sept marteaulx a main, dont il y en a trois non emmanchez.

Deux marteaulx à boyer non emmanchez.

Six paires de taneres [1].

Quatre paires de sisoyres.

(Archives communales de Bourges ; registre papier, BB. 9.)

1. On peut lire aussi *taveres*. C'est peut-être *tarière*.

Extrait du *Bulletin critique*, 1900, pp. 73 à 77.

LES

MÉDAILLONS ROMAINS

EN BRONZE

—

A Monsieur A. de Barthélemy, président de l'Académie des Inscriptions et Belles-Lettres.

Cher et honoré maître,

Vous m'avez demandé il y a quelques années mon opinion au sujet du caractère monétaire attribué par certains auteurs aux médaillons romains en bronze [1]. J'avais réservé ma réponse, car les recherches que je poursuivais à cette époque n'étaient pas complètement terminées.

Permettez-moi de vous communiquer aujourd'hui les résultats de l'enquête que j'ai conduite dans le but

---

1. M. Fr. Gnecchi a rédigé plusieurs mémoires pour soutenir cette théorie (Voy. *Riv. ital. di Numism.*, 1892), et il la considère comme inattaquable, car il a écrit dans un manuel assez récent : « Ma ormai la questione si può considerare felicemente risolta nel senso che i Medaglioni altro non sono che multipli di monete, e che erano monete essi stessi. » (*Monete romane*, 1896, p. 87). Un des arguments présentés par M. Gnecchi en faveur de son opinion est que les médaillons ont souvent le même degré d'usure que les monnaies. On peut répondre que les *piedforts* du moyen âge sont souvent frustes ; et cependant on ne saurait soutenir qu'ils ont circulé comme monnaies.

de répondre à la question suivante : Les médaillons romains en bronze ont-ils circulé comme les monnaies?

Des recherches relatives à plus de 900 trouvailles de monnaies des empereurs romains m'ont fait connaître les faits que je vais énumérer.

1º Au Veillon (Vendée), au milieu des nombreuses monnaies qui composaient le trésor, on recueillit un médaillon en bronze d'Alexandre Sévère et de Julia Mamæa, d'une conservation irréprochable et orné d'un entourage [1].

2º A Vertillum (Vertault, Côte-d'Or), on a trouvé un médaillon en bronze de L. Verus, dont « la légende en caractères grecs et romains est malheureusement incomplète ». Un trou, pratiqué à la partie supérieure, servait à suspendre ce médaillon [2].

3º Dans le département du Var (sans indication précise), on a trouvé un vase en plomb, décoré de deux gladiateurs en relief, rempli de monnaies en bronze du Haut-Empire et contenant aussi un beau médaillon de Marc Aurèle et des poids en plomb avec poignée en fer [3].

4º Près de Lusigny (arr. de Moulins, Allier), dans une trouvaille de grands bronzes des empereurs compris entre Vespasien et Septime Sévère, il y avait un médaillon de Trajan frappé d'un seul côté [4].

5º A Saint-Bonnet (à un kilomètre de Moulins, Allier), on a découvert récemment un vase en terre contenant 85 grands bronzes dont un Lucius Verus frappé sur un flan exceptionnel de 36 grammes [5].

---

1. Le revers de ce médaillon portait l'inscription *Romae Æternæ*, voy. B. Fillon, *Rev. Numism.*, 1857, p. 69 ; *Poitou et Vendée*, art. Le Veillon, p. 6; *Annuaire de la Soc. d'émulat. de la Vendée*, t. III, 1856, p. 204 et 205.

2. *Bull. de la Soc. archéol. et histor. du Châtillonnais*, 1891, nº 10, p. 709. Le revers du médaillon représente L. Verus et Marc Aurèle se donnant la main.

3. *Rev. archéol.*, t. VI, 1849, p. 122. — Je tiens à exprimer des doutes au sujet de cette trouvaille.

4. *Annuaire de la Soc. fr. de Numismatique*, t. IV, 1873, p. 346.

5. *Bull. de Numism.*, t. VI, mars 1899, p. 22.

On est déjà frappé du très petit nombre de trouvailles de monnaies fournissant aussi un médaillon. Maintenant, examinons séparément chacun des cas précités.

Le médaillon du Veillon n'était certainement pas considéré comme une monnaie, car il est orné d'un entourage. Celui de Vertillum, frappé probablement dans une ville grecque, a été porté aussi comme parure. La trouvaille du département du Var peut paraître suspecte. Le médaillon de Trajan, recueilli à Lusigny, est frappé d'un seul côté; il n'a donc pas le caractère essentiel de la monnaie ordinaire. Enfin la pièce de Lucius Verus provenant de la cachette de Saint-Bonnet est regardée comme un grand bronze. Cette pièce n'est pas à proprement parler un médaillon et rentre dans la catégorie des pièces lourdes que j'ai considérées comme des essais monétaires [1].

Ainsi donc, la présence de médaillons en bronze dans les trouvailles de monnaies romaines est *absolument exceptionnelle*.

Au contraire, si nous examinons les pièces en or et en argent, auxquelles on donne généralement le nom de médaillons, à cause de leur poids et de leur module, supérieurs à ceux des monnaies ordinaires, on constate la présence de ces pièces dans de nombreux trésors. Citons les trouvailles faites dans les localités suivantes : La Condamine (près de Monaco) [2], Helleville (près de Cherbourg) [3], Velp (près d'Arnhem, Gueldre) [4], Trèves [5], Lengerich

---

1. Adrien Blanchet, *Essais monétaires romains*, dans la *Rev. numism.*, 1896, p. 231 et suiv.; Voy. plus haut, p. 95.

2. Médaillon en or de Gallien et huit *aurei* (Voy. R. Mowat, dans les *Mém. de la Soc. des Antiqu. de France*, t. XL, 1880, p. 160).

3. Six médaillons et huit *aurei* de la dynastie constantinienne (*Rev. numism.*, 1858, p. 279).

4. Médaillons et *aurei* depuis les fils de Constantin jusqu'au vᵉ siècle (*Rev. numism.*, 1883, p. 81).

5. Médaillons et monnaies en or et en argent de l'époque de Constantin (Chifflet, *Anastasis Childerici regis*, 1655, p. 285).

(Hanovre) [1], Poitou (localité indéterminée) [2], East Harptree (près de Bristol, Angleterre) [3], Holwell (près de Taunton, Angleterre) [4].

Il résulte de ces constatations que les médaillons en or et en argent sont bien des monnaies, ainsi que l'indique le poids (généralement un multiple exact de celui de l'*aureus* ou du denier).

Au contraire, les médaillons en bronze sont rencontrés isolément dans presque tous les cas connus. On trouve un médaillon en bronze d'Antonin le Pieux dans un tombeau romain près d'Appilly (canton de Noyon) [5]; dans une tombe, à Clémence d'Ambel (arr. de Gap), on recueille un médaillon de Carin au revers des trois monnaies [6]. Des médaillons d'Hadrien sont trouvés isolément à Reims [7], et près de Dourdan [8].

Le médaillon unique de Tetricus fils, conservé aujourd'hui au Musée de Grenoble, a été recueilli isolément à Andancette (Isère) [9], et le médaillon unique de Victorin n'a fait partie d'aucun trésor [10].

1. Médaillon en argent de Constance II et monnaies en or et en argent du IV° siècle (Mommsen-Blacas-de Witte. *Hist. monn. rom.*, t. III, p. 131).

2. Deux médaillons et vingt-huit sous d'or de Valentinien I°ʳ à Arcadius (Ch. Robert, dans la *Rev. numism*, 1866, p. 111).

3. Quinze médaillons et 1481 monnaies en argent de Constantin I°ʳ à Gratien (J. Evans, dans le *Num. Chronicle*, 1888, p. 22 à 47).

4. Trente-trois médaillons et 285 monnaies en argent depuis Constance II jusqu'à Honorius (*Num. Chronicle*, 1888, p. 23 et 24). — Pour tous les trésors énumérés ci-dessus, voy. aussi Adrien Blanchet, *Les trésors de monnaies romaines et les invasions germaniques en Gaule*, Paris, 1900, gr. in-8°.

5. Graves, *Notice archéol. sur le départ. de l'Oise*, 1856, p. 161; Em. Woillez, *Répert. archéol. du départ. de l'Oise*, 1862, col. 142. Ce médaillon, au revers de Cybèle, dans un char traîné par quatre lions, était dans un cadre d'ivoire. Il s'agit peut-être du médaillon remarquable conservé aujourd'hui au Cabinet de Berlin (Cohen, 2° édit., n° 1139).

6. J. Roman, *Répert. archéol. du départ. des Hautes-Alpes*, 1888, col. 145.

7. *Rev. numism.*, 1895, p. 97.

8. Adrien Blanchet, dans la *Rev. numism.*, 1890, p. 385.

9. J. de Witte, *Rech. sur les empereurs qui ont régné dans les Gaules*, 1868, p. 181, pl. XLV, 4.

10. F. Liénard, *Archéologie de la Meuse*, t. III, pl. XL, f. 15, p. 27; trouvé à Baâlon, avec un médaillon (?) de Postume, en 1809.

J.-A. Blanchet.

16

A Rome, on a trouvé beaucoup de médaillons en bronze. Citons textuellement la phrase suivante : « On se trouvait près de l'emplacement du camp des Prétoriens et c'est ce qui explique le nombre incroyable de médaillons romains qu'on y découvrit [1]. »

Ces paroles ne signifient pas que les médaillons ont été trouvés en une seule fois; mais il faut retenir ce fait que les médaillons en bronze étaient largement répandus parmi les soldats. Nous savons du reste que beaucoup de ces monuments étaient encastrés dans les enseignes militaires [2].

Tels sont les résultats de mon enquête. Vous voyez qu'ils ne sont pas favorables à la « théorie monétaire » des médaillons en bronze.

Veuillez croire, cher et honoré maître, à mon sincère dévouement.

1. Comte Michel Tyskiewicz, dans la *Rev. archéol.*, 1897, t. I, p. 368. — Le Cabinet de France possède aujourd'hui un certain nombre de beaux médaillons en bronze qui ont fait partie de la collection formée par le comte Tyskiewicz en Italie.

2. Conjecture de Le Beau et de l'abbé Barthélemy, *Mém. de l'Acad. des Inscr.*, t. XXXV, p. 299. Cf. Fr. Lenormant, *La Monnaie dans l'Antiqu.*, t. I, 1878, p. 18, et dans la *Gazette des beaux-arts*, mai 1877, t. XV, p. 445 et 446.

Extrait de la *Revue numismatique*, 1900, pp. 439 à 448.

BALANCES ET POIDS MONÉTAIRES

Dans un remarquable article publié dans la *Revue*, en 1886, notre regretté collaborateur et ami, Jules Rouyer, avait réuni de nombreux poids employés par les changeurs du moyen âge [1]. La notice suivante n'est qu'un modeste appoint aux recherches que notre ami avait continuées, ainsi qu'en fait foi un tableau rédigé par lui-même, lorsqu'il fit don au Cabinet de France de sa propre collection de poids monétaires [2].

I

Plateaux de trébuchet (XIVe siècle).

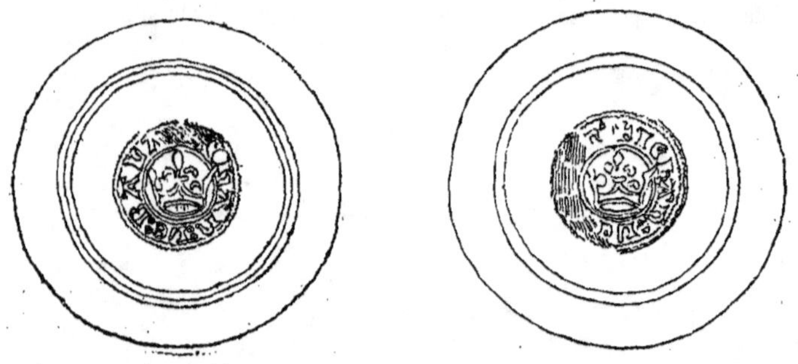

1° ..ⴹhⴷⱤ ଃ Lⴹ ଃ BⴷLⴷ.. Grènetis extérieur à la légende;

---

1. *Deneraux et autres poids monétaires de France et des Pays-Bas*, Rev. num., 1886, p. 244 à 278, pl. xv et xvi.

2. *Liste sommaire des poids monétaires et autres, offerts à la Bibliothèque nationale (Cabinet des médailles), en février 1895, par M. Jules Rouyer*, Rev. num., 1895, p. 109 à 114.

— 244 —

double filet circulaire intérieur. Au centre, couronne fleurdelisée, à un lis de face et deux lis de profil. Cette marque
est frappée en relief au milieu d'un plateau circulaire de
4 centimètres de diamètre.

2° ✠ IⒺbⱮꞂ ፡ LⒺ.....Ꞃ'. Même description que pour le
plateau précédent.

Cuivre. Musée cantonal d'archéologie, à Lausanne [1].

Les deux plateaux, qui portent, au Musée de Lausanne,
les nᵒˢ 7479 et 7478 (dans l'ordre où je les décris), se complètent mutuellement et donnent le nom de *Jehan le Balan-
(cier)* [2]. Jules Rouyer possédait dans sa collection un poids
ou deneral de l'ange d'or de Philippe de Valois, au type de
l'archange saint Michel accompagné de la légende H·BAL [3].
Avec sa perspicacité habituelle, Rouyer avait émis l'opinion
que certains noms propres inscrits sur les deneraux peuvent
être ceux des balanciers qui les ont fabriqués et non pas
seulement ceux de changeurs, lombards, orfèvres et mer-
ciers. L'inscription des plateaux du musée de Lausanne
démontre que certains fabricants de trébuchets ont donné
à leurs produits une marque d'origine. C'était en quelque
sorte un retour à l'antiquité, car on connaît plusieurs exemplaires d'une rondelle concave dans laquelle M. L. Maxe-
Werly a reconnu, avec raison, un plateau de balances, et
ces petits plateaux portent au centre une marque qui paraît
devoir être lue BANNAF(*ecit*) [4].

---

1. Je dois tous mes remerciements à M. A. de Molin, conservateur du Musée
d'archéologie, à Lausanne, qui, avec la plus grande obligeance, a bien voulu m'envoyer les dessins reproduits ci-dessus.

2. On rencontre une appellation analogue en Égypte, aussi au xivᵉ siècle. Un
fonctionnaire de la Monnaie d'Alexandrie porte le nom de Zayn ed-dyn *el-Mawâ-
ziny* (le fabricant de balances). Voy. H. Sauvaire, *Matériaux p. servir à l'hist. de
la numism. et de la métrologie musulmanes*, 1882, p. 347.

3. *Rev. num.*, 1886, p. 269 et 270, pl. xv, nᵒ 20; *Rev. num.*, 1895, p. 111, nᵒ 30.

4. R. Mowat, *Marques de bronziers...*, *Bull. épigraphique*, 1884, pl. ı, t. à p.,
p. 13, nᵒ 34; E. Babelon et A. Blanchet, *Cat. des bronzes antiques de la Bibl. nat.*,

Les plateaux de trébuchet du moyen âge sont fort rares, bien que les balanciers aient dû en fabriquer un grand nombre. J. Rouyer en possédait deux : Celui qui porte ✠ LƐDƐRƐRꓘL ⨯ ⨯ [1], et un autre avec la légende ✠ ꓛOV-RO[Ꞃ]ꞂƐ et le type de la couronne à trois fleurons [2]. Un troisième plateau présente le type du châtel tournois accompagné de la légende ✠ LƐ DƐ[ꞂƐR]ꓦL [3]. On voit que les plateaux de trébuchet du musée de Lausanne méritaient d'être signalés.

II

Poids monétaire au nom de Jehan le C. (XIVe siècle).

✠ POIS DƐ PꓘRIS DOR IƐЬꓘꞂ LƐC. Dans un quadri-lobe, cantonné d'annelets dans ses angles rentrants, tête royale, vue de face (type *esterlin*) ; de chaque côté et au-dessus, un lis ; au-dessous, un annelet.

Bronze. Poids, 6 gr. 80. Ma collection.

1895, p. 718, n° 2323 ; L. Maxe-Werly, dans la *Rev. belge de numism.*, 1897, p. 102 à 104. (Cet auteur cite quatre exemplaires du plateau portant cette inscription. Un cinquième a été signalé dans le *Westd. Korrespondenzblatt*, t. XVI, 1897, col. 66, avec la forme ВАИІІАІ.)

1. J. Rouyer, *Rev. num.*, 1886, p. 265, pl. xv, 1, et 1895, p. 114, n° 62 ; L. Maxe-Werly, *Note sur quelques plateaux de balance*, dans la *Rev. belge de numism.*, 1897, p. 99.

2. Signalé dans la liste dressée par J. Rouyer, *Rev. num.*, 1895, p. 114, n° 63 ; cf. A. de Witte, *Rev. belge de numism.*, 1898, p. 443.

3. A. de Witte, *Rev. belge de numism.*, 1893, p. 522, pl. xii, 4, et 1898, p. 442 ; L. Maxe-Werly, *Rev. belge de numism.*, 1897, p. 100. — On connaît des poids monétaires portant la même inscription et les types de la couronne et du châtel tournois.

Ce poids remarquable faisait partie de la collection du comte Alexis de Chasteigner (*Catal.* de vente, 26-28 juin 1900, p. 35, n° 570, lu différemment). J. Rouyer en possédait un exemplaire (maintenant au Cabinet de France), en mauvais état de conservation, dont le poids est seulement de 6 gr. 48[1]. Il en citait un autre exemplaire, en bel état, qui se trouvait en la possession de M. R. Serrure. Rouyer a fait remarquer qu'un Jean le Coq était maître de la Chambre aux deniers du Roi, en 1351, et qu'il est encore cité dans les comptes de l'Argenterie du Roi[2]. On connaît un jeton de ce personnage :

✠ ꟿ𝕬ISTRE ⁑ IEᑋ𝕬N × LE ⁑ ꟼI. Couronne.

℞. B × ꟼ × R ⋅ ꟽ Croix. Les lettres sont séparées par les bras de la croix[3].

Il est possible que notre deneral porte le nom du personnage dont nous venons de parler, ce qui serait une marque de propriétaire, comme les noms de *Guillaume Buquet*, *Henric le Lombart*, *Bertelin Lombart*, donnés par d'autres poids[4]. Mais il s'agit peut-être aussi d'un nom de fabricant.

D'autres deneraux du parisis d'or ont été publiés par Rouyer, l'un, avec la légende PꟘRISI DOR (type du roi assis), et l'autre avec ✠ ⁝ POIS ⁝ Dꟼ ⁝ PꟘRESIS ⁝, présen-

---

1. *Rev. num.*, 1895, p. 110, n° 17. C'est à tort que dans cette description les mots sont séparés par des points.

2. En ce qui concerne l'Argenterie du Roi, je n'ai pas réussi à trouver une référence précise. D'après le P. Anselme (*Hist. généal.*, t. II, p. 105), Jean le Cocq, seigneur d'Esgrenay en Brie, maître de la Chambre aux deniers du dauphin Charles de France, duc de Normandie en 1358, est qualifié, en 1379, de « ci-devant maître de la chambre aux deniers ».

3. J. Rouyer et E. Hucher, *Hist. du jeton*, p. 69, pl. v, fig. 36 (la lettre I, qui termine la légende est considérée comme « un remplissage employé en désespoir de cause par le graveur, auquel il ne restait pas assez de place pour mettre le nom entier »). H. de La Tour, *Cat. de la Coll. Rouyer*, 1ʳᵉ partie, 1899, p. 23, n° 119.

4. Cf. *Rev. num.*, 1886, p. 270.

tant la tête couronnée du roi, de face, accostée de deux ϵ [1].

III

Boîte dite de changeur (XVIIe siècle).

Boîte en bois de 202 millimètres de longueur et 67 de largeur, à extrémités arrondies. Elle renferme une balance composée d'un fléau en fer de 166 millimètres de longueur, auquel sont suspendus, par des cordons de soie verte, deux plateaux en cuivre, de 56 millimètres de diamètre. L'aiguille du fléau est ornée à sa base d'une rosace découpée, et les plateaux sont décorés d'une bordure d'oves poinçonnés en creux. Six alvéoles carrées, creusées dans le bois, contiennent six poids, dont voici la description :

1° BLAN ESCV⋯ Écu de France couronné; grènetis; le tout en relief. ℞. XXI D | VIII · IB et une autre marque composée d'un D surmonté d'un lis, et au-dessous duquel on voit un petit signe ressemblant à un pavot renversé; le tout en creux.　　　　　　　　　　Poids, 27 gr. 80 [2].

2° DEWI·ESCA (*sic*). Écu de France couronné; grènetis; le tout en relief; ℞. XD | XVI. Marques : IB et un lis; le tout en creux.　　　　　　　　　Poids, 13 gr. 70.

3° Croix potencée dans un double quadrilobe cantonné

---

1. *Rev. num.*, 1886, p. 268, pl. xv, n°ˢ 11 (6 gr. 80) et 12 (6 gr. 05). Cf. *Rev. num.*, 1895, p. 109, n° 15.

2. Les premiers *écus blancs*, c'est-à-dire ceux de Louis XIII, frappés de 1641 à 1643, et ceux de Louis XIV, en 1644, pèsent un poids légèrement inférieur à celui fourni par ce deneral. Un demi-écu de 1642 et un de 1643 (Cab. de France) pèsent respectivement 13 gr. 76 et 13 gr. 68, poids correspondant à celui du deuxième deneral.

d'annelets dans les angles rentrants; grènetis. Type en relief. ℞. XXI | D. Au milieu, IB et une marque composée d'un D surmonté d'un lis et sous lequel est un cœur [1]. Le tout en creux. Poids, 26 gr. 80 [2].

4° Type du poids précédent. ℞. VD | VI. Au centre, LG sous une couronne, et une autre marque, poinçonnée à l'envers, composée d'un I) surmonté d'un lis et au dessous duquel est une sorte de fleuron : le tout en creux. Poids, 6 gr. 70.

5° Deux écus ovales, l'un aux lis de France, et l'autre aux chaînes de Navarre, légèrement penchés; au-dessus, une couronne, au-dessous, un K; grènetis. Le tout en relief. ℞. Un lis poinçonné en creux. Poids, 8 gr. 15 [3].

6° Types du n° précédent pour les deux faces. Au ℞. on a écrit à l'encre 2 𝒢 . Poids, 4 gr. 10.

L'une des grandes alvéoles de la boîte présente au fond une seconde cavité, de dimensions plus petites, qui renferme un poids très mince marqué de trois annelets poinçonnés en creux (3 grains).

Outre ces poids dont les six premiers sont, comme on a pu le voir, appareillés deux par deux, la boîte contient huit autres poids, dont voici la description :

1° Buste barbu, couronné et cuirassé, à droite, entre les lettres G R ; Grènetis. ℞. Marque composée d'un briquet,

---

1. J'indiquerai comme points de comparaison les différents des espèces frappées par la Monnaie du Moulin, de 1646 à 1652. Voy. P. Bordeaux, *Procès-verb. de la Soc. fr. de Numism.*, 1898, p. xix.

2. Ce deneral correspond au poids de l'once d'or de Philippe IV, roi d'Espagne, datée 1644 (Heiss, pl. 34, 8). Le deneral suivant, qui pèse 6 gr. 70, représente exactement le poids du doublon de deux écus, c'est-à-dire le quart de l'once.

3. Ce deneral et le suivant correspondent exactement au louis dit « aux lunettes » et au demi-louis frappés sous Louis XV (Hoffmann, *M. roy. Fr.*, n°ˢ 16 et 17). Je reviendrai plus loin sur ces deux poids.

d'une couronne, d'un marteau et d'une main, superposés dans l'ordre de l'énumération, et accostés de la date 1645 et des initiales P H ; grènetis.   Poids, 5 gr. 40 [1].

2° Buste barbu, couronné, avec manteau et collerette, à gauche, accosté des lettres C R ; grènetis. ℞. Le même que le précédent.   Poids. 2 gr. 30 [2].

3° I·R··BRI· Buste couronné et cuirassé, tenant une épée et un globe surmonté d'une croix ; à droite, grènetis. ℞. Le même que celui du n° 1.   Poids, 2 gr. 50 [3].

4° Saint de face, vêtu d'une longue robe, tenant de la main droite une croix à long pied, accostée des lettres S P ; dans le champ, au-dessus de l'épaule gauche, une croix pattée ; grènetis. ℞. Le même que celui du n° 1.

Poids, 3 gr. 35 [4].

5° Saint Michel terrassant le démon, de face ; grènetis. ℞. Le même que celui du n° 1.   Poids, 2 gr. 60 [5].

6° Écu aux armes des Médicis, surmonté de la tiare entre deux clefs en sautoir, et accosté des lettres E C ; grènetis. ℞. Le même que celui du n° 1.   Poids, 3 gr. 45 [6].

---

1. Cf. le poids du réal d'or *Philippus*. A. de Witte. *Les deneraux et leurs ajusteurs aux Pays-Bas méridionaux*, dans *Rev. belge de numism.*, 1899, p. 225, n° 53.

2. Deneral de la *couronne* ou *quart de souverain* de Charles Ier, dont le poids normal est de 35 grains (Voy. H. A. Grueber, *Handbook of the coins of great Britain*, 1899, n°s 570 à 572).

3. Cf. le poids de l'ajusteur Gérard van Dunwalt, à Anvers, daté de 1644. A. de Witte, *loc. laud.*, p. 225, n° 54. C'est un deneral de la *couronne* ou *quart de souverain* de Jacques Ier, dont le poids normal est de 38 grains 8, ou 2 grammes 51 (voy. H. A. Grueber, *Handbook*, 1899, n° 585).

4. Ce deneral, au type de saint Philippe, a servi pour les *florins Philippus* au nom de Philippe le Beau, qui, frappés de 1494 à 1506, avaient encore cours à l'époque de l'*Ordonnance* d'Anvers (Éd. de Hierosme Verdussen, 1633, f° N 3).

5. Poids du demi-angelot d'Angleterre, probablement pour celui de Jacques Ier, car cette monnaie n'a pas été frappée sous le règne de Charles Ier. Cf. A. de Witte, *loc. laud.*, p. 218, n° 19. Mais, en 1633, les demi-angelots d'Édouard VI circulaient encore (*Ordonn.* d'Anvers, f° B 2).

6. Le même ajusteur d'Anvers, Pierre Herck, a émis des deneraux semblables

7° Écu couronné, posé sur une croix fleuronnée ; grènetis.
℞. Le même que celui du n° 1. Poids, 3 gr. 50 [1].

8° Croix fleuronnée ; grènetis. ℞. Le même que celui
du n° 1. Poids, 3 gr. 45 [2].

On remarquera que ces huit poids on été fabriqués à la même date, par le même ajusteur d'Anvers, Pierre Herck, dont on connaît de nombreux deneraux [3]. Il est vraisemblable que cette série de deneraux a été ajoutée par le premier propriétaire de notre boîte, qui trouvait sans doute ceux de la boîte insuffisants pour les pesées qu'il avait à faire.

Pour terminer la description de notre boîte, transcrivons l'adresse de marchand qui est collée sur la face intérieure du couvercle. Dans un cadre de fleurons, on lit, imprimé avec les caractères typographiques du XVIIe siècle :

RUE DE LA FERONNERIE, AU K COURONNE'.

POLICHOT, Maître & Marchand Balancier Ajusteur ordinaire pour les Poids & Balances de la Cour des Monnoyes & autres de France : Fait & vend Balances fines de toutes grandeurs, véritables d'Angleterre ; Balances fines & Poids ronds pour les Caisses, Receptes & Bureaux Trebuchets, Grains, Poids pour peser les Monnoyes d'Or & d'Argent, tant Françoises qu'Etrangeres ; fait le Poids idéal, Balances d'essay, & Poids pour le titre ou fin de l'Or & de l'Argent, Karats pour les Diamans ; Gros Fléaux & Marcs d'Allemagne par division, Poids de Fer & de Plomb, Romaines de Cuivre & de Fer ; Pesons de buis ; Pesons à ressorts d'acier d'une nouvelle fabrique de toutes pesanteurs: Et de toutes autres Marchandises concernant sa profession & de sa façon. Le tout à juste prix & en conscience, rue de la Feronnerie, au K couronné. A Paris.

pour les années 1647, 1648, 1649, 1650, 1655 et 1667. Voy. A. de Witte, *loc. laud.*, p. 223, n° 49. L'écusson est celui de Clément VII, dont les monnaies circulaient encore en 1633 (*Ordonn.*, f° H 2).

1. Deneral du demi-réal d'or. Cf. celui de l'ajusteur André Caers, d'Anvers A. de Witte, *loc. laud*, p. 223, n° 44. Cf. l'*Ordonnance* d'Anvers (1633, f° M 3, v°), demi-réal de Charles-Quint.

2. Le seul type de la croix ne me permet pas de citer la monnaie pour laquelle ce deneral a servi spécialement.

3. A. de Witte, *op. laud.*, dans *Rev. belge de numism.*, 1899, p. 94.

Sur cette adresse, au dehors du cadre de fleurons, à gauche, est collée une marque, imprimée sur papier, et composée d'un grand K surmonté d'une couronne [1]. Sur la face intérieure du couvercle, et traversant le papier de l'adresse, sont fixés deux tenons en cuivre qui servaient à maintenir une aiguille de métal (manque aujourd'hui), destinée à sortir les poids de leurs alvéoles.

On sait que les boîtes dites *de changeur*, de fabrication française, sont beaucoup plus rares que celles des Pays-Bas [2]. Celle que je viens de décrire, et qui fait partie de ma collection, présente donc un intérêt tout particulier. Quant à la date de fabrication, on peut, je crois, la fixer, vers le milieu du xviie siècle. En effet, quatre des poids contenus dans les alvéoles de la boîte répondent à des monnaies de cette époque, et la série des huit poids ajoutés est datée *1645*. On m'objectera que deux autres poids sont évidemment postérieurs, puisqu'ils présentent le type du *louis aux lunettes* de Louis XV. En effet, mais ces deux poids sont d'une fabrique toute différente [3], et ne portent pas les poinçons dont les quatre autres deneraux sont pourvus. Ces

---

1. Le K couronné ayant figuré sur des monnaies (*Teston*, Hoffmann, n° 15) et des jetons de Charles IX, il est possible que l'enseigne du K couronné remonte au xvie siècle.

2. Le Cabinet de France possède une boîte incomplète dont la face intérieure du couvercle porte, écrite à l'encre, l'inscription suivante : *André le Fran, rue Lupin, à Lion, 1651*. On peut considérer ce nom comme celui du balancier ou ajusteur. Au Conservatoire des Arts et Métiers, il y a dans la collection laissée en dépôt par la Ville de Paris, une boîte (n° 7148) dont le couvercle porte l'adresse de *Jean Pierre Chaudet, rue Lupin, à Lion, 1677*. Cette boîte renferme des poids qui portent des poinçons analogues à ceux de la boîte de Polichot. Le musée des Thermes de Cluny possède deux boîtes qui ont été fabriquées par d'autres ajusteurs de Lyon. L'une porte l'adresse de *Laurens Cross, fab[t], rue des 4 Chapeaux, à Lyon. A la Plume royale*. L'autre porte le nom de *Dominique Pascal, rue des 4 Chapeaux, à Lion (Catal.*, 1883, n°s 7086 et 7087).

3. Sur les poids que je considère comme plus anciens, le type forme une dépression circulaire profonde, et le grènetis est composé de points petits, allongés verticalement, et serrés ; sur les deux poids contemporains de Louis XV, l'empreinte est moins profonde, et le grènetis est formé de points gros et ronds.

poids ont dû, à mon avis, remplacer, au xviiie siècle, les deneraux de monnaies plus anciennes et moins répandues dans la circulation.

La rue de la Feronnerie a conservé ses traditions, et possède encore trois établissements de balanciers, dont l'un fut fondé en 1680, et un autre en 1779. Ces deux maisons ont des enseignes analogues à celles de Polichot [1], et sont situées dans l'immense bâtiment, élevé en 1669, par le chapitre de Saint-Germain l'Auxerrois, du côté du cimetière des Innocents, bâtiment qui occupe encore toute la longueur de la rue.

1. La plus ancienne de ces maisons, fondée en 1680, est la maison *Chemin-Bailly*, aujourd'hui *Bailly, Roche S*eur, 4, rue de la Ferronnerie, dont l'enseigne est : *Au Q couronné*. C'est de cette maison que sont sorties des boîtes analogues à celle exposée au Conservatoire des Arts et Métiers (Coll. de la Ville de Paris, n° H 152), et qui porte une adresse dont la teneur est analogue à celle de Polichot, et dont voici le commencement : *n° 177. Au Q couronné. Rue de la Feronnerie, Bâtiment du Charnier des Innocents, la septième boutique, à droite, en entrant par la rue S. Denis. Fourché, de la Société des Inventions et Découvertes, Gendre et Successeur du Cit. Chemin, Balancier Mécanicien.* — La deuxième maison, qui remonte à 1779, est celle dont l'adresse est : *Au P couronné. Anc. maison Pouplier; A. Maillefert, successeur*, 10, rue de la Ferronnerie. — Enfin la troisième maison est celle de M. Besson, au 2 de la même rue.

Extrait du *Congrès international de numismatique réuni à Paris en 1900*, pp. 429 à 439.

LES LOIS ANCIENNES

RELATIVES A

L'INVENTION DES TRÉSORS

L'antiquité grecque ne nous a laissé aucun texte relatif à l'invention des trésors.

Le vieux droit romain laisse entendre que le citoyen découvrant un trésor, même sur le sol qui lui appartenait, devait en céder la propriété au fisc[1]. Cet usage est suivi dans les premiers siècles de l'Empire ; mais les empereurs l'interprètent d'une manière plus ou moins libérale.

Quand le Carthaginois Cæsellius Bassus fut venu annoncer l'existence d'un prétendu trésor de lingots d'or, Néron fit préparer des vaisseaux pour transporter à Rome ces richesses qui, selon le bruit alors répandu, passaient pour avoir été amoncelées par Didon[2].

Nerva, très libéral, abandonne ses droits sur un trésor trouvé par Atticus, père du sophiste Hérode, dans sa propriété[3].

1. Au sujet des *bona vacantia*, qui appartiennent à la cité, voy. J. Marquardt, *De l'organ. financière chez les Romains*, éd. fr. (trad. Vigié), 1888, p. 368.

2. Tacite, *Ann.*, XVI, 1 à 3.

3. Zonaras, *Epit.* l. XI, c. XX ; Ed. Dindorf (Teubner), t. III, p. 63 : « θησαυρὸς ἐπὶ τῆς οἰκίας εὑρέθη μοι· τί οὖν κελεύεις περί αὐτοῦ; » καὶ ὅς ἀντέγραψεν « χρῶ τῷ εὑρήματι ».

Hadrien reconnut évidemment la nécessité d'établir une législation au sujet des trésors découverts; et, par la précision dont il est empreint, le texte de Spartien me paraît donner le texte même de la loi [1]. Ainsi donc, au commencement du deuxième siècle de notre ère, le particulier devenait libre propriétaire du trésor découvert dans son propre fonds ; si le trésor était trouvé sur le fonds d'autrui, la moitié en revenait au propriétaire du fonds ; le même partage avait lieu si la trouvaille était faite dans un terrain appartenant à l'État.

Alexandre Sévère fut un peu moins généreux, et, bien que confirmant à l'inventeur la propriété du trésor, il apporta à cette mesure une restriction qui donnait à l'empereur des droits sur les trésors importants [2].

Une églogue de Calpurnius, qui écrivait sous Carus et Carinus, porte à croire que ces empereurs abolirent des droits vexatoires établis par leurs prédécesseurs [3].

Sous Constantin, le fisc maintient ses droits, et la loi de 315 attribue à l'inventeur la moitié du trésor déclaré au fisc. Ce même texte reconnaît qu'il convient de ne faire aucune enquête quand il y a eu déclaration [4].

Gratien et Théodose établirent ensuite, en 380, une loi

1. Spartien, *Vita Hadriani*, 18 : « de thesauris ita cavit, ut, si quis in suo reppe-
« risset, ipsa potiretur, si quis in alieno, dimidium domino daret, si quis in publico,
« cum fisco æquabiliter partiretur. »

2. Lampride, *Alex. Sev.*, 46 : « Thesauros reppertos is, qui repperebant,
« donavit et, si multi essent, addidit his eos, quos in suis habebat officiis. »

3. T. Calpurnius Siculus, *Ecloga* IV, v. 117 :

Iam neque damnatos metuit jactare ligones
Fossor, et invento, si fors dedit, utitur auro.

4. *Cod. Theod.*, l. X, t. XVIII, l. I : « Quicunque Thesaurum invenerit, et ad
« fiscum sponte detulerit, medietatem consequatur inventi, alterum tantum fisci
« rationibus tradat : ita tamen, ut citra inquietudinem quæstionis omnis fiscalis
« calumnia conquiescat : Haberi enim fidem fas est his, qui sponte obtulerint,
« quod invenerint. Si quis autem inventas opes offerre noluerit, et aliqua ratione
« proditus fuerit, a supradicta venia debebit excludi. Dat. III. Kalend. April.
« Constantino A. IV. et Licinio IV Coss [315] ».

plus libérale qui se rapprochait de celle d'Hadrien. L'inventeur devenait propriétaire du trésor trouvé sur son propre fonds ; si le trésor était découvert sur le fonds d'autrui, le propriétaire du sol recevait le quart des biens trouvés. La même loi défendait de fouiller sur le fonds d'autrui dans la seule intention de découvrir un trésor [1].

Appelons aussi l'attention sur le passage *Non metalli qualitas*, qui a son importance, car on sait que les mines d'or appartenaient à l'empereur. C'est seulement en 365 que Valentinien concéda aux particuliers le droit de rechercher les mines de ce métal, moyennant une redevance importante [2]. Nous verrons plus loin que la nature du métal a influé sur les lois relatives à la propriété des trésors.

En 390, Valentinien juge utile de confirmer la libre possession des trésors découverts [3].

Au contraire, au vi[e] siècle, sous Théodoric, le fisc fait main basse sur les biens sans maître [4].

1. *Cod. Theod.*, l. X, t. XVIII, l. II : « Quisquis thesauros, et condita ab ignotis
« dominis tempore vetustiore monilia, quolibet casu, reppererit suæ vindicet
« potestati, neque calumniæ formidinem, fiscali, aut privato nomine, ullis defe-
« rentibus pertimescat : Non metalli qualitas, non repperti modus, sub aliquod
« periculum quæstionis incurrat. In hac tamen naturali æquitate animadverti-
« mus quoddam temperamentum adhibendum, ut si qui in solo proprio huiusmodi
« contigerit, integro id jure præsumat : qui in alieno, in quartam reppertorum
« partem, eum qui loci dominus fuerit, admittat. Ne tamen per hanc licentiam
« quisquam aut aliena effodiat, aut in locis non sui juris per famam suspecta
« rimetur. Dat. VII. Kal. Feb. Thessal. Gratiano A. V. et Theod. A. I. Coss
« [380]. »
2. J. Marquardt, *De l'organ. financière chez les Romains*, éd. fr. (trad. Vigié),
1888, p. 326-327. Cf. J. Maurice, dans *Bull. Soc. Antiqu. France*, 1898, p. 151. —
Au sujet de l'or, métal réservé aux souverains, voy. E. Babelon, *Mélanges
numism.*, 1re série, p. 187, 2e série, p. 87, et *Perses Achéménides*, p. IV. La même
idée se trouve dans les lois légendaires de Frode III le Pacifique (Saxo Grammaticus
cité par Steenstrup, *Études prélim. pour servir à l'hist. des Normands et de leurs
invasions*, 1881, p. 170.
3. *Cod. Theod.*, l. X, t. XVIII, l. III : « Eos qui suadente Numine, vel ducente
« fortuna, thesauros reppererint, reppertis lætari rebus, sine aliquo terrore, per-
« mittimus. Dat. VI. Non. Mart. Constantinop. Valentiniano A. IV et Neotherio
« Coss [390] ».
4. Cassiodore, *Variar.*, l. VI, 8, éd. Mommsen, 1894, p. 182. (*Mon. Germ. hist.*) :

Il faut descendre ensuite aux xiie et xiiie siècles pour trouver des lois sur la propriété des trésors.

En Normandie, un texte, qui fait partie d'une enquête de 1154 environ, attribue au duc le trésor quel qu'il soit [1]. Plus tard, le duc est autorisé, par un autre texte (vers 1260), à faire une enquête au sujet du trésor qui aurait été dissimulé [2].

Les *Établissements* de saint Louis attribuent l'or au roi, l'argent aux seigneurs [3].

Nous voyons par divers textes que, même sous saint Louis, cette question de droit est encore obscure. Ainsi, en 1224, le roi passe pour avoir des droits sur un trésor renfermant de l'or et de l'argent [4]. Au contraire, dans le même diocèse,

« Repositivæ quoque pecuniæ, quæ longa vetustate competentes dominos amise-
« runt, inquisitione tua nostris applicantur ærariis, ut qui sua cunctos patimur
« possidere, aliena nobis debeant libenter offere. Sine damno siquidem inventa
« perdit, qui propria non amittit. »

1. *Statuta et consuetudines Normannie*, c. LXIX (*Coutumiers de Normandie*, éd. J. Tardif, Rouen, 1881, t. I, 1re partie, p. 64) : « Dixerunt eciam quod thesaurus inventus ducis est et placitum de eo. »

2. *Summa de legibus in curia laicali*, c. XVII (*Coutumiers de Normandie*, Rouen, 1896, t. II, p. 49) : Ducis etiam adheret dignitati habere thesaurum inven-
« tum, in cujuscumque terra inventus fuerit, vel effossus, et si celatus fuerit vel
« negatus, legitime de eo per viros fide dignos potest dux inquirere veritatem ». Je dois ce renseignement à l'obligeance de M. J. Tardif.

3. *Les Etablissements de saint Louis*, éd. P. Viollet (Soc. hist. de France), t. II, p. 152 à 154, l. I, c. XCIV : « Nuns n'a fortune d'or, se il n'est rois. Et les fortunes
« d'argent si sunt aux barons et à ceus qui ont grant joutise en lor terres. Et se
« einsinc avenoit que aucuns hom qui n'aüst vaarie en sa terre trovast sor terre
« aucune trovaille, ele seroit au vavasor à qui la vaarie de la terre seroit où la
« trovaille seroit trovée. Et se cil venoit avant qui l'avroit perdue, il l'avroit o son
« sairement, se il estoit de bone renomée. Et se ses hom de foi la li receloit et il
« la li aüst demandée, il en perdroit ses muebles ; et se il disoit : « Sire, je nou
« savoie mie que je la vous deüsse rendre », il en seroit quites pour son sairement,
« et si rendroit la trovaille au baron. Fortune si est, quand ele est trovée sous
« terre, et terre en est effondrée. » — Cf. l'abrégé champenois, *ibid.*, t. III, p. 164, § XCI.

4. Le Nain de Tillemont, *Vie de saint Louis*, éd. Soc. Hist. France, t. I, p. 326 : « Les moines de l'abbaye de Cercanceau (*Sacræ-Cellæ*) sur le Loin, près de Chasteau-Landon, au diocèse de Sens, ayant trouvé dans leurs vignes de l'or et de
« l'argent, monnoyé et en bosse, ils l'apportèrent aussitost au roy, comme une
« chose qui lui appartenoit en qualité de maistre du pays ; et le roy le leur donna

en 1259, après contestation, on fait nettement la différence entre les droits du roi sur le trésor d'or, et sur celui d'argent [1].

Dans un mandement de Philippe IV, daté du 27 août 1306, il est dit que les trésors (sans distinction de métal), trouvés dans les immeubles des Juifs, seront restitués au Roi [2].

Cependant la distinction entre l'or et l'argent est confirmée par diverses coutumes des xve et xvie siècles [3], quoique des règles coutumières du xve siècle, très proches de la coutume de la Touraine et de l'Anjou, considèrent que le droit de propriété des trésors est lié au droit de justice [4].

En effet, en Anjou, les droits du Roi paraissent n'avoir pas toujours été bien établis. Ainsi, au xie siècle, il n'en est pas fait mention à propos d'une statue d'or pesant 100 livres, trouvée dans une rivière [5].

Le droit royal est sujet à restrictions dans le Berry ; il

« par aumosne, en tirant d'eux un acte qu'ils ne prétendoient rien ni à cela, ni à
« tout autre chose qu'ils pourroient trouver de la même manière. L'acte est daté
« du mois de may 1224 ».

1. *Olim*, éd. Beugnot, t. Ier, p. 452, XV : « Cum quidam homo de terra abbatis
« Sancti-Petri-Vivi Senonensis invenisset in quodam loco sexaginta quatuor solidos
« Provinenses, abbas voluit eos habere, cum inventi fuissent in loco in quo
« habebat omnimodam justiciam ut dicebat. Ballivus c contrario dicebat quod
« debebant esse domini Regis, cum thesaurus inventus *la* Regem pertineat.....
« Dictum fuit per curiam quod qui habet judicium habet justiciam. Reddidit curia
« ipsi abbati predictos denarios, racione alte justicie quam habet. Si tamen esset
« ibi aurum dominus Rex illud haberet, quia ad ipsum solum pertinet, ut dici-
« tur. »

2. *Ordonn.*, t. Ier, p. 443.

3. Coutume dite de 1411, art. 6 ; Voy. Beautemps-Beaupré, *Cout. et Instit. de
l'Anjou et du Maine*, 1re partie, t. Ier, p. 389 et 390. Coutume de 1462 (Ms. fr. nouv.
acq. 4172) : « La fortune d'or trouvée en mine appartient au roy ; et la fortune
« d'argent appellée myne appartient au conte. » Cf. Coutume de 1508, art. 61.
(*Établiss. de saint Louis*, t. Ier, p. 382 et 383).

4. § XXXVII : « Nota que les trouvailles d'or et d'argent sont aux barons et
autres nobles, qui ont justice en leurs terres, posé qu'ils y soient trouvées ».
(*Établiss. de saint Louis*, t. III, p. 219). Cf. l'*Usage d'Orlenois* : « XXXII. Nuns
« vavasors n'a...., ne le trésor trové....; car tel joutise appartient au baron ».
(*Établiss.*, t. Ier, p. 516 ; cf. t. II, p. 447).

5. *Historia Sancti Florentii Samulrensis*, dans Marchegay et Mabille, *Chronique
des églises d'Anjou*, 1869, p. 287 et 288.

J.-A. BLANCHET.

17

n'est pas reconnu pour des pièces isolées, mais seulement pour le trésor véritable [1]. C'est un compromis qui rappelle la loi de l'empereur Alexandre Sévère.

Dans les textes précités, les droits de l'inventeur ont été négligés. Cependant on les avait déjà pris en considération au moyen âge, car un texte du XIIe siècle partage le trésor, par moitié, entre le comte et l'inventeur [2].

Au XVIe siècle, dans certains cas, le trésor est partagé par moitié ou par tiers, et l'inventeur en a sa part [3].

Cette coutume est confirmée par un arrêt de la Cour, du 28 juillet 1570, conçu en ces termes : « partir le thrésor en « trois parts, desquelles l'une sera baillée à celui qui l'a « trouvé, l'autre au propriétaire du fonds, et la troisième « au seigneur (haut-justicier), soit le Roi ou autre ; mais si « le propriétaire a luy-mesme trouvé le thrésor, n'en fau- « drait faire que deux parts, pour bailler l'une au proprié- « taire et l'autre au seigneur, suyvant autre arrest donné « sur un appel d'Amiens [4]. »

1. « L'en garde que se aulcun treuve en son fons monnoye ou d'argent ou noire « qui soit monnoye, elle est à luy ; et se il trouve or ou argent en masse, les gens « du roy veulent dire qu'elle est au roy. » (*Cout. de la ville et de la Septene de Bourges*, dans Bourdot de Richebourg, *Le Coutumier général*, 1724, t. III, p. 77). — Il y a peut-être dans cette coutume l'intention de différencier le trésor de monnaies et celui composé de lingots ou d'objets divers. Mais la distinction n'apparaît pas clairement.

2. Th. Grasilier, *Cartul. inédits de la Saintonge*, Niort, 1871, t. II, *Cartulaire de l'abbaye royale de N.-D. de Saintes*, p. 52 : « Si Xanctonis fuerit inventum aurum « vel argentum, aut fortuna, comes habet inde medietatem, et qui invenerit « aliam ». (Cette charte se place entre 1138 et 1174).

3. Coutume de 1508, art. 61 : « La fortune d'or trouvée en mine appartient au « roy ; et la fortune d'argent trouvée en mine appartient au comte, vicomte ou « baron, chacun en sa terre : toutefois trésor trouvé ou fief et nuepce d'aucun « seigneur foncier ayant basse justice, appartient moictié audict seigneur de fief, « ou seigneur foncier, et l'autre moictié à celuy qui tel trésor a trouvé ; et si tel « trésor estoit trouvé en quelque lieu non hommaigé, le seigneur de fié y aura un « tiers, le seigneur du fond un autre tiers et l'autre tiers aura l'inventeur dudict « trésor ». Cf. la Coutume du Maine, art. 70. (*Établiss. de saint Louis*, t. Ier, p. 382 et 383.)

4. A. Thomas-Latour, dans la *Rev. de législ. et de jurisprudence*, 19e année, 1853, t. I, p. 278 et 279. Cf. Papon, *Recueil d'arrests*, Lyon, 1556 ; *du thrésor trouvé*, l. XIII, t. 7.

La législation se modifie encore, et, au dix-septième siècle, on ne prend plus en considération que les droits de l'inventeur, et ceux du propriétaire du fonds. Ainsi, au mois de février 1631, la Chambre de l'Édit de Grenoble rendit un arrêt entre le prince d'Orange, haut-justicier de la seigneurie d'Orpière, un maçon du nom de Damian, et le propriétaire d'un vieux bâtiment dans l'un des murs duquel Damian avait trouvé un pot rempli de pièces d'or. L'arrêt déclara que le maçon aurait la moitié du trésor, et le propriétaire l'autre moitié, sans avoir égard à la demande formulée par le prince d'Orange [1].

Non moins remarquable est l'arrêt rendu le 31 janvier 1641 par la Chambre de l'Édit établie pour le Languedoc, à Castres. Cet arrêt débouta le Roi de la demande, faite en son nom par les agents du fisc, du tiers d'un trésor, trouvé dans une muraille en démolition, et qui fut attribué par moitié à l'inventeur et au propriétaire. L'arrêt ajoutait que le jugement était ainsi rendu par la raison que le droit romain était observé dans le pays castrais, comme dans toute la province de Languedoc [2].

Malgré ces arrêts, l'autorité royale, au xviiie siècle, cherchait à revenir à la législation de l'arrêt de 1570, cité plus haut. Ainsi, en 1725, il y eut une contestation au sujet d'un vase en bronze, rempli de monnaies romaines du iiie siècle de notre ère, découvert à Gommegnies, près Le Quesnoy [3]. Un dossier concernant cette affaire nous apprend que le contrôleur général suivait, dans la revendication exercée au

---

1. A. Thomas-Latour, *De l'invention des trésors cachés et du droit aux trésors trouvés*, dans la *Rev. de législ. et de jurisprud.*, 18e année, 1852, t. II, p. 50.

2. A. Thomas-Latour, dans la *Rev. de législ. et de jurispr.*, 18e année, 1852, t. II, p. 51.

3. Arr. d'Avesnes. Pour la composition de cette trouvaille, voy. Adrien Blanchet, *Les trésors de monnaies romaines et les invasions germaniques en Gaule*, 1900, p. 110, n° 14.

nom du Roi, « l'usage commun qui partage en tiers un
« trésor trouvé, et qui en donne un tiers au souverain, l'autre
« à l'inventeur, et le 3ᵉ au propriétaire de l'héritage où le
« trésor a été trouvé [1] ». Mais M. de Vastan, intendant du
Hainaut, s'opposait à cette manière de voir, et citait le chapitre 129 de la coutume du Hainaut, ainsi conçu :

« Si quelque manouvrier travaillant pour salaire en
« l'héritage d'autruy ou autre personne, de cas fortuit
« trouve quelque trésor, la moitié luy en apartiendra, et
« l'autre au propriétaire de l'héritage. »

Finalement on résolut de payer les 600 pièces choisies
pour le Cabinet du Roi [2].

Telle était, dans son ensemble [3], la législation française
relative aux trésors.

Le droit du souverain sur les trésors apparaît aussi dans
les lois de divers pays de l'Europe, par exemple en
Danemark [4] et en Angleterre [5].

1. Dans un autre procès, en 1752, les agents du fisc prennent pour bases de leurs
revendications les droits que le Roi avait eus au xvıᵉ siècle, sur les terres où un
trésor de monnaies avait été découvert en 1752 (J. Déchelette, *Une médaille de
Charles VII, découverte en 1752, à Châteauneuf, Saône-et-Loire*. Voy. *Rev.
numism.*, 1898, p. 531).

2. Archives du Cabinet des médailles, dossier septembre 1726.

3. Il y a des exceptions. Ainsi, les parlements de Paris et de Rouen (décembre
1515) avaient décidé que les trésors trouvés dans une église paroissiale et dans un
cimetière, devaient être adjugés en entier à cette église et à celle dont le cimetière
dépendait (A. Thomas-Latour, dans la *Rev. de législ. et de jurispr.*, 18ᵉ année,
1852, t. II, p. 52, citant Lebret, *Questions notables*, l. V, et Beraud, titre *des Fiefs*,
art. 212). — Notons aussi que le trésor trouvé « par artifice de magie », n'appartient pas à l'inventeur, mais revient tout entier au Roi ou au seigneur haut-justicier. (Guy du Rousseaud de La Combe, *Recueil de jurispr. civile du pays du droit
écrit et coutumier*, p. 243; Ferrière, *Dict. de droit et de pratique*, éd. de 1787, vᵒ,
Trésor, 1ᵒ, p. 842). On connaît quelques ouvrages de magie, analogues à *La phy-
sique occulte ou traité de la baguette divinatoire*, par Pierre Le Lorrain (abbé de
Vallemont), La Haye, 1747, 2 vol. in-8ᵒ.

4. Loi de Valdemar, l. II, c. 113, éd. Kolderup-Rosenvinge, 1837, p. 290 : « Si
« quis invenerit aurum vel argentum in campo vel in collibus vel subtus aratrum
« suum, hoc debet rex habere, et si negaverit se invenisse, defendat se juramento
« cognatorum suorum. »

5. Recueil dit des *Lois d'Édouard* : « Thesauri de terra domini regis sunt, nisi

La loi roumaine actuelle attribue la propriété de tout trésor à l'État seul [1].

En France, l'article 716 du Code civil, encore en vigueur, est ainsi conçu :

« La propriété d'un trésor appartient à celui qui le trouve « dans son propre fonds : si le trésor est trouvé dans le fonds « d'autrui, il appartient pour moitié à celui qui l'a décou- « vert, et pour l'autre moitié au propriétaire du fonds. Le « trésor est toute chose cachée ou enfouie sur laquelle per- « sonne ne peut justifier sa propriété, et qui est découverte « par le pur effet du hasard. »

J'ai déjà fait observer que la rédaction du dernier para- graphe manque de précision et d'exactitude, car on ne sau- rait prétendre que la découverte d'un trésor ou d'antiquités,

« in Ecclesia vel in cœmeterio inveniantur : et licet ibi inveniantur, aurum regis « est, et medietas argenti et medietas Ecclesiæ ubi inventum fuerit, quæcumque « ipsa fuerit vel dives, vel pauper. » (Schmidt, *Die Gesetze der Angelsachsen*, Leipzig, 1858, p. 499). — Comparez le passage suivant de Bracton, *De legibus Angliæ*, l. III, ii, *De Corona*, c. III, § 4, éd. de 1569, p. 120 : « Est thesaurus « quædam vetus depositio pecuniæ, vel alterius metalli, cujus non extat modo « memoria, ut jam dominum non habeat. Et sic de jure naturali, fit ejus qui « invenerit, ut non alterius sit. »

1. Voy. le *Bull. de l'Art ancien et moderne*, n° 62, 1900, p. 174. — Nous ne pouvons étudier ici les lois de tous les pays de l'Europe. Rappelons seulement, qu'en Italie, l'État possède le droit de *prelazione*, dont l'application a souvent encouragé à la dissimulation les propriétaires, qui redoutent la médiocrité des indemnités offertes par l'État. Selon un renseignement communiqué par M. E. Gohl, le musée national hongrois possède aussi le droit de préemption. Toute trouvaille, faite en Hongrie, lorsqu'elle dépasse la valeur de 600 francs, est partagée en trois parties égales, attribuées à l'inventeur, au propriétaire du sol et à l'État. M. P. Bordeaux me fait connaître que, dans le Grand-Duché de Luxembourg, une loi récente enjoint de prévenir immédiatement les autorités, en cas de découverte. C'est une loi analogue qui régit actuellement la Grèce.

Pour l'Italie ancienne, la loi paraît avoir été différente, du moins à Padoue, en 1274, comme en fait foi le texte suivant : « Et inventus fuit thesaurus magnus in « metallis auri optimi in horto Hospitalis Domus Dei de Padua valoris, ut dice- « batur, librarum pluris XXX millium : quod male distinctum fuit, ut dicitur « primo per inventores, deinde per Episcopum, & per Potestatem & suos offi- « ciales, ita quod in utilitatem Hospitalis fere quarta pars fuit conversa in emen- « dis possessionibus pro Hospitali. » (*Chron. patav.*, s. a. 1274, dans Muratori, t. IV, col. 1146). Ce texte m'a été signalé par M. E. Babelon.

amenée par des fouilles intentionnelles, dans un lieu choisi, soit « un pur effet du hasard [1] ».

Dans la pratique, on ne reconnaît aucun droit aux ouvriers employés dans des fouilles intentionnelles ; tandis que, si l'on prend à la lettre le texte de l'article 716, « celui qui trouve un trésor », est celui dont le travail amène la découverte.

En somme, la loi actuelle n'est pas empruntée au Code théodosien, mais elle est copiée sur celle de l'empereur Hadrien, dont le texte nous a été conservé par Spartien. Nous avons vu plus haut que les arrêts de 1631 et de 1641 étaient déjà rendus avec le même esprit d'équité.

Une loi du 30 mars 1887 modifie, au profit de l'État, les droits de l'inventeur, car l'État devient de plein droit propriétaire de tout objet trouvé sur son domaine, sauf indemnité représentative de moitié de sa valeur, à l'inventeur du trésor. Une autre disposition de la même loi autorise le ministre à poursuivre l'expropriation totale ou partielle du terrain particulier sur lequel on fait des découvertes, suivant les formes de la loi du 3 mai 1841 [2].

D'après la pensée des législateurs, ces nouvelles dispositions ont été établies pour sauver les monuments intéressants. Mais on doit craindre que cette loi paraisse en quelque sorte restrictive des droits particuliers. Déjà, dans nos campagnes, le cultivateur est enclin à redouter l'ingérence des représentants de l'État dans ses affaires personnelles. Je ne craindrai pas d'être contredit si j'avance que de nombreuses découvertes de monnaies, de bijoux ou d'autres petits monu-

---

1. Adrien Blanchet et Fr. de Villenoisy, *Guide pratique de l'Antiquaire*, 1899, p. 6.

2. Cf. Th. Ducrocq, *La loi du 30 mars 1887 et les décrets du 3 janvier 1889 sur la conservation des monuments et objets mobiliers présentant un intérêt national, au point de vue de l'histoire ou de l'art*, 1889, p. 14 et 51 à 55.

ments, ont été dispersées et même portées au creuset, avant d'avoir pu être étudiées, et cela parce que l'inventeur s'imaginait que l'État avait des droits sur sa trouvaille. Cet état d'esprit doit résulter très probablement de l'influence des coutumes diverses que je viens de rapporter.

Pour la numismatique en particulier, il importe au plus haut point que les trésors soient connus dans leur intégrité, et que la provenance en soit sûre.

Nous ne pouvons demander que l'État fasse enseigner le Code civil par les instituteurs de nos villages ; mais je pense que les membres du Congrès se joindront à moi pour engager vivement les Sociétés si zélées de nos départements à répandre le texte exact de la loi qui régit la propriété des trésors.

Extrait des *Procès-verbaux de la Société française de Numismatique*,
1900, pp. xxxv à xli.

JETONS DU BERRY

Le premier jeton dont je présente le dessin à la Société
est en cuivre, et fait partie de la riche collection de
M. Richard, qui a bien voulu me confier le soin de le publier.

« En voici la description :

✠ ꟼLVI : DOVLꞠꞠVR : ꞠꞮ : ꞱMOVR ✱. Croix pattée
dont le centre est formé par un cœur chargé d'un ꞵ. Dans
les cantons de la croix, quatre autres ꞵ.

℞. ✠ SVR : ꞱOVS : ꞱVꞱRꞠ : LOYꞱL : Fleur accompagnée
de sa tige. Dans un quadrilobe, les trois lis de France, au
centre le *soleil* tel qu'on le trouve sur les écus d'or, et enfin,
en chef, une couronne.

A vrai dire, ce jeton n'est pas inédit, car il figure sous le n° 284, dans la collection Rouyer, récemment entrée au Cabinet de France. Mais ce dernier exemplaire est dans un mauvais état de conservation qui a induit en erreur le regretté J. Rouyer. En effet, il avait cru reconnaître une moucheture d'hermine dans le motif central qui est très certainement un *soleil*[1], et ainsi il avait été amené à considérer la pièce comme un « jeton allégorique du mariage de Charles VIII et d'Anne de Bretagne »[2].

En me communiquant si obligeamment son exemplaire, qui est très beau, M. Richard m'exprima l'opinion qu'il s'agissait d'un jeton de Jacques Cœur. L'hypothèse est assez séduisante, et en sa faveur on peut présenter les arguments suivants.

D'abord le style ne s'oppose pas à cette attribution, et l'on peut rappeler le jeton de Simon Charles, portant une croix cantonnée de quatre K, disposition qui avait autorisé à choisir le règne de Charles VII comme époque de fabrication[3].

En second lieu, si l'on considère la branche et la fleur[4] qui terminent l'une des légendes comme une branche de rosier, il faudra se souvenir que cet emblème appartenait en propre à Charles VII, qui faisait distribuer des rosiers en or et en argent comme « menues estrennes », au jour de l'an[5].

Enfin le cœur qui figure au centre de la croix peut

1. Je conserve la dénomination employée pour les monnaies.
2. C'est le texte d'une note que M. H. de La Tour a reproduite en respectant l'attribution de J. Rouyer. Voy. *Catal. de la collection Rouyer*, 1re partie, 1899, p. 48, n° 284.
3. J. Rouyer et E. Hucher, *Hist. du jeton*, p. 50, pl. II, fig. 17.
4. Au xve siècle, on a souvent introduit des tigelles fleuries au milieu des légendes. Voy. G. Demay, *Invent. des sceaux de la Normandie*, 1881, Introd., p. XI.
5. A. Vallet de Viriville, dans l'*Annuaire Soc. Num.*, 1867, t. II, p. 211 et 235.

faire allusion au nom du célèbre argentier du Roi. Les Français du xve siècle aimaient en effet tout particulièrement les *rébus*, et l'on en connaît un certain nombre qui cachaient des noms propres[1].

En ce qui concerne Jacques Cœur lui-même, nous savons que ses armes se composaient de coquilles et de deux cœurs. Nous retrouvons ces armes parlantes dans sa devise qui se présente, sous la forme suivante, en caractères gothiques, au milieu des sculptures d'un balcon de l'hôtel du grand financier, à Bourges :

A ♡ ♡ vaillans rien impossible[2].

Le principal argument contre l'attribution de ce jeton à Jacques Cœur réside dans ce fait que les légendes paraissent être des devises, et que jamais elles n'ont été signalées comme appartenant à Jacques Cœur.

Quoi qu'il en soit, ce petit monument, d'un style si charmant, méritait d'être signalé particulièrement, d'autant plus que l'exemplaire de M. Richard permet de rectifier une attribution dont le mauvais état de l'exemplaire Rouyer avait été cause.

Le second jeton appartient à la collection Rouyer, et il est reproduit sous le n° 12 de la planche XII[3]. Mais comme le type de ce jeton est particulièrement intéressant et qu'on le distingue mal sur la planche, on trouvera sans doute agréable d'en avoir une nouvelle reproduction par un autre procédé.

---

1. Pour Agnès Sorel, voy. *Rev. archéol.*, t. XII, 1856, p. 513 ; — pour Girarde Cassinel, voy. *Rev. Num.*, 1896, p. 316 ; — pour Jean Dalée, voy. *Bull. Soc. Antiq. de France*, 1890, p. 136. — Cf. C. Leber, *Coup d'œil sur l'usage des médailles de plomb, le personnage du fou et les rébus dans le moyen âge*, 1833 (Introd. à l'ouvrage du Dr Rigollot, *Monnaies inc. des évêques des Innocents*, 1837).

2. *Mém. de la Soc. des Antiq. de France*, t. XII, 1836, p. 264 et 267.

3. H. de La Tour, *op. laud.*, p. 81, n° 474.

✠ IC SVIS : DE BOVRGES. BERGER. GARD. Berger debout à gauche, tenant un bâton et levant la main droite vers un quadrupède accroupi devant lui. Le tout dans un entourage formé de croissants percés.

℞. ✠ GARDENT : MOTONS. EN VNG VERG. Trois moutons posés deux et un, dans un entourage semblable à celui du droit.

Cuivre. Cabinet de France.

Les légendes doivent évidemment former une seule phrase : *Je suis de Bourges, berger gardant moutons en un verger* [1]. A remarquer la forme de l'E oncial non barré. On peut expliquer les quatre dernières lettres de la légende du droit, en supposant que le graveur avait commencé le mot qui est reproduit en entier en tête de la légende du revers. Comme il s'agit d'un berger gardant des moutons, il faut évidemment reconnaître un chien dans l'animal auquel le berger semble recommander l'attention. L'ensemble de la composition constitue un tableau plein de réalisme qui, je crois, est sans analogue parmi les jetons du moyen âge tout entier. Il est évident que les trois moutons ainsi disposés représentent aussi les armes de la ville de Bourges, et il est vraisemblable que nous avons sous les yeux un des premiers jetons de la Chambre des comptes de cette ville.

---

1. En comptant *suis* pour deux syllabes, on aurait un distique.

Ceci nous amène à parler de divers artistes peu connus des numismatistes, et auxquels il faut attribuer la gravure des coins qui ont servi à frapper les divers jetons de la Chambre des comptes de Bourges.

C'est d'abord le peintre Jacquelin de Montluçon (*Molisson*, *Molusson* ou *Monlusson* dans les documents) qui reçoit en 1497, la somme de 5 sols « pour avoir faict le « patron des gectons à compter qui ont esté faicts pour la « chambre de la (dite) ville [1]. » Il est probable que les 1.300 jetons de la ville de Bourges fabriqués en 1500, par Philipot Cotin, monnoyer à Paris [2], avaient été faits sur un modèle fourni par Jacquelin de Montluçon, qui était à cette date, comme en 1497, au service de la cité de Bourges [3].

« En 1506, on paie « à Regnauld Carrelier, orfèvre, « 62 s(ols) 6 d(eniers) pour avoir faict la pile et le trousseau « aux armes de la ville pour marquer les gectons qu'il « convient bailler à chacune reddition des comptes du rece- « veur » [4].

Correspondant à ce travail, nous trouvons à la date du 9 septembre 1506, une mention de la fabrication, à Paris, de jetons aux armes de la ville de Bourges [5].

« Six ans plus tard, en 1512, la ville de Bourges paie « à « André Belenfant, orfèvre à Bourges, C s(ols) t(ournois) « pour avoir faict une pille et ung trousseau, en laquelle « pille a trois moutons couronnéz, et aud(it) trousseau ung

---

1. Bon de Girardot, *Les artistes de la ville et de la cathédrale de Bourges*. Nantes, 1861 (autographie), p. 29. — Cf. H. Boyer, dans les *Mém. de la Soc. hist. du Cher*, 2e s., t. Ier, 1868, p. 99, note 2.

2. A. de Barthélemy, *Documents sur la fabrication des jetons*, dans les *Mélanges de numism.*, t. I, 1874-1875, p. 243 et 244.

3. Bon de Girardot, *op. laud.*, p. 29.

4. Bon de Girardot, *op. laud.*, p. 31.

5. A. de Barthélemy, *op. laud.*, p. 245, citant le ms. de la bibliothèque de la Sorbonne, H. 1, 13, n° 173, f° 96, v°.

« *bituris* couronné et taillé avec une fleur de lys audessoubs
« dud(it) bituris [1]. »

A la date du 9 août de cette même année 1512, Guillaume Denery recevait la permission de la Cour des Monnaies de frapper, à Paris, 1.200 jetons « aux trois moutons »,
pour envoyer à Bourges [2].

Il paraît évident que les jetons de Bourges, bien que
fabriqués à Paris, ont été gravés pour la plupart par des
artistes du pays, et cette constatation devra être prise en
considération et servir de point de départ à d'autres de
même genre pour d'autres villes [3].

Il semble qu'à l'aide des données précédentes on
devrait pouvoir attribuer d'une manière certaine aux divers
graveurs connus par les documents les jetons de la Chambre
des comptes de Bourges, qui sont conservés dans diverses
collections. Mais ces jetons ne sont pas datés, et plusieurs
ont entre eux de nombreux points de ressemblance. Il s'ensuit qu'on ne doit point se baser sur de légères différences
de style pour tenter le classement.

Je me contenterai donc de présenter comme une hypothèse l'attribution à Jacquelin de Montluçon du jeton décrit
plus haut. Les raisons en sont purement morales : cet artiste
était un peintre qui a été employé à divers travaux de déco-
ration et à la fabrication de verrières. Or, le jeton présente
un type qui n'a certainement pas été conçu par un simple
orfèvre ; de plus, les caractères généraux du style en font
bien un des plus anciens jetons des comptes de la Chambre
de Bourges.

1. B⁰ⁿ de Girardot, *op. laud.*, p. 32.
2. A. de Barthélemy, *op. laud.*, p. 248.
3. Je laisse de côté la fabrication des jetons de Bourges par Pierre Polart, de
Paris, en 1532 (A. de Barthélemy, *op. laud.*, p. 256). Les documents de Bourges
ne fournissent pas de mention correspondante.

Extrait du volume du Congrès bibliographique international,
tenu à Paris du 13 au 16 avril 1898.

LA NUMISMATIQUE

DE 1889 A 1897

Depuis 1889, la Numismatique a été cultivée avec une activité toujours croissante par de nombreux adeptes, non seulement en France, mais aussi dans les divers pays de l'Europe et de l'Amérique. Ce résultat est peut-être lié intimement à l'apparition de nombreux manuels ou traités, ouvrages généraux qui ont offert une solide base d'études à tous ceux qui voyaient dans la science numismatique un obscur labyrinthe, et qui attendaient le fil d'Ariane.

Les revues numismatiques sont aujourd'hui fort nombreuses. La plus ancienne, fondée en 1836, compte cinquante et un volumes [1]. L'*Annuaire de la Société française de Numismatique*, fondé en 1865, a cessé de paraître à la fin de 1896. Mais la *Gazette numismatique française* a été fondée en 1897. Signalons encore le *Bulletin de Numismatique* dont le quatrième volume a été terminé en 1897 [2].

En Belgique, la *Revue belge de Numismatique* [3] est

1. *Revue numismatique*. Le premier volume de la quatrième série, inaugurée en 1897, comprend les Procès-verbaux de la Société française de Numismatique.
2. Le premier volume a été commencé en 1891.
3. Paraît à Bruxelles depuis 1842.

toujours pleine de vitalité, et les Pays-Bas ont maintenant leur revue particulière [1], qui est aussi l'organe d'une société spéciale. A Londres, l'ancienne revue fondée en 1836 par Akerman, continue à paraître [2], et à Berlin la revue est l'organe officiel de la Société de Numismatique de cette ville [3]. A Vienne, une société publie un périodique [4] distinct de la revue [5] destinée aux travaux scientifiques de longue haleine.

A Genève [6] et à Milan [7], des sociétés de Numismatique éditent des revues pleines d'intérêt.

Citons encore quelques périodiques moins importants à Londres [8], à Bruxelles [9], à Hanovre [10], à Dresde [11], à Boston [12] et à New-York [13]. La Société numismatique de Moscou a publié, en 1893, un premier fascicule de mémoires rédigés en langue russe.

Ajoutons encore des revues spéciales destinées, l'une à l'étude des monnaies bractéates [14], et l'autre à la bibliographie de la Numismatique [15].

---

1. *Tijdschrift van het Nederlandsch Genootschap voor Munt-en Penningkunde*, 1897, t. V.

2. *The Numismatic Chronicle and Journal of the Numismatic Society*, 3ᵉ série, vol. XVI, 1897.

3. *Zeitschrift für Numismatik*, t. XX, 1897.

4. *Monatsblatt der numismatischen Gesellschaft in Wien*, n° 173, décembre 1897.

5. *Numismatische Zeitschrift*, t. XXVIII, 1896.

6. *Revue suisse de Numismatique*, t. VI, 1896-1897.

7. *Rivista italiana di numismatica*, t. X, 1897.

8. *Numismatic Circular*, t. V, 1897.

9. *La Gazette numismatique*, t. I, 1896-1897.

10. *Numismatisch-sphragisticher Anzeiger*, t. XXVIII, 1897.

11. *Blätter für Munzfreunde*, t. XXXIII, 1897.

12. *American journal of numismatics* ; t. XXXII. 1897.

13. *Proceedings of the American numismatic and archaelogical Society of New York city*, 1897.

14. *Archiv für Bracteatenkunde*. Vienne, t. III, 1895-1896.

15. *Numismatisches Literatur-Blatt*, depuis 1880.

I. — Antiquité.

De nombreux travaux ont été publiés à part, et le compte rendu que nous présentons porte particulièremeut sur ces ouvrages. C'est par exception que nous avons parlé de certains articles publiés dans les revues [1]. On comprendra facilement qu'on ne pouvait donner même le titre seul de tous les articles parus dans les nombreuses revues qu'on vient d'énumérer. Un compte rendu critique de travaux relatifs à la numismatique antique seule, pour une période de cinq années, paru il y a quelques années, comprend déjà une centaine de pages [2]. C'est dire que notre revision doit être plus modeste, et nous nous efforcerons seulement de ne rien omettre d'essentiel.

J'ai dit plus haut que la période comprise entre 1889 et 1897 avait produit de nombreux manuels. En effet, dès 1889, M. H. Halke publiait une introduction à l'étude de la Numismatique [3]. Puis on vit paraître la deuxième édition du *Nouveau manuel de numismatique ancienne*, par M. A. de Barthélemy [4], bientôt suivi par les petits guides généraux de MM. Solone Ambrosoli [5] et Hermann Dannenberg [6]. Nous parlerons plus loin des ouvrages consacrés particulièrement à la Numismatique du moyen âge.

1. Nous avons surtout cité des articles publiés par des revues qui ne sont pas consacrées à la Numismatique.

2. Wilhelm Kubitschek, *Rundschau über ein Quinquennium der antiken Numismatik* (1890-1894). Vienne, 1896, in-3° de 108 pages. (Separatabdruck aus den Jahresberichten 1894-1896 des k. k. Staatsgymnasiums im VIII. Bezirke Wiens.)

3. *Einleitung in das Studium der Numismatik*, 2ᵉ éd. Berlin, 1889, in-8° de 227 pages et 8 pl.

4. Paris, 1890, in-18 de 483 pages avec atlas de 12 planches (Encyclopédie Roret).

5. *Manuale di numismatica*. 1ʳᵉ éd. Milan, 1891 ; 2ᵉ éd., 1895, petit in-8° de 250 pages, avec fig. et 4 planches (Coll. des *Manuali Hoepli*.)

6. *Grundzüge der Münzkunde*. Leipzig, 1891, in-8° de 261 pag. et 11 planches. (*Webers illustrirte Katechismen*, n° 131.)

Citons présentement un bon travail, publié sous la direction de M. Stanley Lane Poole, qui montre l'intérêt considérable des monnaies et des médailles pour l'histoire et l'art [1]. A côté de cette publication vient se placer l'excellent discours prononcé par M. Ernest Babelon à la séance de clôture du Congrès des sociétés savantes, le 24 avril 1897. Le savant conservateur du Cabinet des Médailles de Paris a parfaitement montré, par des exemples judicieusement choisis, tous les enseignements que peut procurer une étude rationnelle de la Numismatique [2].

On a publié un certain nombre de travaux concernant le point de vue économique de la monnaie. Retenons celui de M. E. Babelon, qui, paru récemment, offre un résumé suffisant des travaux spéciaux. Dans ce livre, M. Babelon a mis en regard une théorie pleine de hardiesse, d'après laquelle les plus anciennes monnaies furent créées par de riches particuliers, plutôt que par des chefs d'État [3].

Parmi les ouvrages généraux, signalons encore un guide publié par MM. F. et E. Gnecchi [4], et donnant des renseignements utiles sur les collections publiques et particulières du monde entier.

Le Congrès international de Numismatique réuni à Bruxelles, en juillet 1891, par la Société royale de Numismatique de Belgique, a publié un recueil de 42 mémoires relatifs à l'antiquité, au moyen âge et aux temps modernes [5].

1. *Coins and medals, their place in history and art, by the authors of the British Museum official catalogues.* Londres, 1892, in-8° de 286 pages, avec figures. (La première édition est de 1885.)

2. Paris, 1897, grand in-8° de 26 pages. Réimprimé avec additions sous le titre : *Les collections de monnaies anciennes; leur utilité scientifique.* Paris, 1897, 126 pages avec fig. (*Petite bibliothèque d'art et d'archéologie,* t. XXII.)

3. *Les origines de la monnaie considérées au point de vue économique et historique.* Paris, 1897, in-12 de 427 pages avec figures.

4. *Guida numismatica universale.* 3° éd., Milan, 1895, in-8° de 604 pages.

5. *Congrès international de Numismatique; Procès-verbaux et Mémoires,* publiés par MM. G. Cumont et A. de Witte, Bruxelles, 1891, in-8° de 687 pages

J.-A. BLANCHET.   18

On peut dire que, depuis quelques années, une véritable émulation règne dans les musées, au sujet de la publication des catalogues.

Le Musée britannique a conservé naturellement l'avance considérable qu'il avait prise, car le premier volume comprenant l'inventaire des monnaies grecques de l'Italie remonte à l'année 1873. Depuis 1889, la série s'est accrue de huit volumes consacrés aux provinces suivantes du monde grec : Corinthe [1] ; le Pont avec la Bithynie et le royaume du Bosphore [2] ; Alexandrie d'Égypte (époque romaine) [3] ; Ionie [4] ; Mysie [5] ; Troade, Éolide et Lesbos [6] ; Carie, avec les îles de Cos et de Rhodes [7] ; Lycie, Pamphylie et Pisidie [8].

En France, M. E. Babelon a inauguré la série des *Catalogues des monnaies grecques de la Bibliothèque nationale* par un volume où l'on trouvera des attributions nouvelles et d'intéressantes dissertations archéologiques [9]. Ce travail a été rapidement suivi d'un autre non moins important, qui

avec planches et figures. Voy. compte rendu analytique dans *Rev. numismatique*, 1892, pages 362-366.

1. *Catalogue of Greek coins. Corinth, colonies of Corinth, etc.*, par Barclay V. Head. Londres, 1889, in-8° de LXVIII et 174 pages, avec 29 planches.

2. *Catalogue of Greek coins. Pontus, Paphlagonia, Bithynia and the Kingdom of Bosporus*, par Warwick Wroth. Londres, 1889, XLIV et 252 pages et 39 planches.

3. *Catalogue of the coins of Alexandria and the nomes*, par R. Stuart Poole. Londres, 1892, CI et 395 pages, avec 32 planches.

4. *Catalogue of the Greek coins of Ionia*, par Barclay V. Head. Londres, 1892, LVII et 453 pages avec 39 planches.

5. *Catalogue of the Greek coins of Mysia*, par Warwick Wroth. Londres, 1892, XXXV et 217 pages, avec 35 planches.

6. *Catalogue of the Greek coins of Troas, Aeolis and Lesbos*, par Warwick Wroth. Londres, 1894, LXXXIII et 260 pages, avec 43 planches.

7. *Catalogue of the Greek coins of Caria, Cos, Rhodes, etc.*, par Barclay V. Head. Londres, 1897, CXVIII et 325 pages, avec 45 planches.

8. *Catalogue of the Greek coins of Lycia, Pamphylia and Pisidia*, par G. Fr. Hill. Londres, 1897, CXXIII et 354 pages, avec 44 planches. — Nous parlerons plus loin des catalogues de monnaies du moyen âge et orientales.

9. *Les rois de Syrie, d'Arménie et de Commagène*. Paris, 1890, gr. in-8° de CCXXII et 268 pages, avec 32 planches.

renferme de nombreuses pièces inédites. On y remarquera des classements nouveaux (rois de Sidon, dynastes de Pergame), et l'explication ingénieuse de divers types [1]. Le catalogue des monnaies gauloises du Cabinet de France est venu donner une sérieuse base d'études pour une branche de la Numismatique qui nécessite encore de patientes recherches [2].

Le catalogue des monnaies grecques du Cabinet de Berlin comprend trois volumes consacrés aux provinces suivantes : Mœsie et Thrace [3], Péonie, Macédoine avec les rois [4], Italie [5].

Un seul volume a ouvert la série des catalogues du Cabinet de Vienne ; il est consacré aux monnaies de la Thessalie, de l'Illyrie, de la Dalmatie, de l'Épire et des îles adjacentes [6].

Le zèle des savants de tous pays a enrichi la numismatique de publications nombreuses qui ont jeté la lumière sur des points importants.

M. E. Babelon a réuni en deux volumes vingt-huit mémoires relatifs aux monnaies grecques et romaines, parus pour la plupart dans diverses revues [7]. Un recueil analogue, publié par M. Adrien Blanchet, comprend vingt-

1. *Les Perses achéménides, les Satrapes et les Dynastes tributaires de leur Empire ; Cypre et Phénicie.* Paris, 1893, gr. in-8° de cxcix et 412 pages, avec 39 planches.

2. Ernest Muret, A. Chabouillet [et H. de La Tour], *Catalogue des monnaies gauloises de la Bibliothèque nationale.* Paris, 1889, in-4° de 328 pages.

3. *Königliche Museen zu Berlin, Beschreibung der antiken Münzen.* Tome Ier, par A. von Sallet. Berlin, 1888, in-8° de 357 pages et 8 planches.

4. *Id.* Tome II, par A. von Sallet. Berlin, 1889, in-8° de 207 pages et 8 pl.

5. *Id.* Tome III, 1re partie, par H. Dressel. Berlin, 1895, in-8° de x et 315 pages, avec 14 planches.

6. *Kunsthist. Sammlungen des allerhöchsten Kaiserhauses Beschreibung der altgriechischen Münzen,* par Julius von Schlosser. Tome I, 1893, pet. in-4° de 115 pages, avec 5 planches.

7. *Mélanges numismatiques,* 1re série. Paris, 1892, in-8° de 332 pages et 12 planches ; — 2° série. Paris, 1893, in-8° de 326 pages et 9 planches.

trois articles de numismatique antique et du moyen âge [1].
Le même auteur a écrit deux petits volumes renfermant des
remarques sur les monnaies grecques et romaines [2].

M. F. Imhoof-Blumer, auquel la Numismatique grecque
est redevable de nombreuses découvertes, a publié d'importants travaux. Il a dressé un *corpus* de représentations
d'animaux et de plantes figurés sur les monnaies et les
pierres gravées [3]. Il a donné une suite à son précieux recueil
de monnaies grecques; la nouvelle publication comprend
surtout des monnaies de l'Asie-Mineure et de la Syrie [4].
Enfin, outre divers articles, il a publié une monographie
importante consacrée aux monnaies des villes de Lydie [5].

M. J.-P. Six a continué la publication de ses intéressantes
remarques sur des *Monnaies grecques inédites ou incertaines* [6]. MM. Warwick Wroth [7] et G.-F. Hill [8] ont publié
un choix de monnaies grecques acquises par le Musée
britannique.

M. Al. Boutkowski-Glinka a édité, sous le titre *Petit
Mionnet de poche*, un recueil de notes qui sera de peu de
profit [9].

Parmi les meilleures monographies, je citerai le travail de

---

1. *Études de Numismatique.* Tome Ier, Paris, 1892, in-8° de 326 pages et 4 planches.

2. Adrien Blanchet, *Les Monnaies grecques.* Paris, 1892, in-8° de 107 pages et 12 planches. (Petite bibliothèque d'art et d'archéologie, t. XVI.) *Les Monnaies romaines.* Paris, 1896, in-12 de 147 pages et 12 planches. (Petite bibl., t. XVIII.)

3. F. Imhoof-Blumer et Otto Keller, *Tier- und Pflanzenbilder auf Münzen und Gemmen des klassischen Altertums.* Leipzig, 1889, in-4° de 168 pages et 26 planches.

4. *Griechische Münzen; neue Beiträge und Untersuchungen.* Munich, 1890, in-4° de 272 pages et 14 planches. (La 1re partie, parue en 1883, était rédigée en français.)

5. *Lydische Stadmünzen; neue Untersuchungen.* Genève et Leipzig, 1897, 213 pages et 7 planches. (Publié d'abord dans la *Revue suisse de Num.*)

6. Dans le *Numismatic Chronicle*, 1890, 1894, 1895 et 1897.

7. Dans le *Numismatic Chronicle*, annuellement.

8. *Notes on additions to the Greek coins in the British Museum, 1887-1896.* (Extrait du *Journal of Hellenic Studies*, t. XVII, 1897, pages 78 et 91, pl. II.)

9. Berlin, 1889, in-12 de 418 pages.

M. Arthur-J. Evans relatif au classement chronologique des monnaies au type du Cavalier, dont la ville de Tarente a frappé un si grand nombre [1]. Dans un autre volume, le même auteur a étudié une importante trouvaille de monnaies de Syracuse, dressé un catalogue de graveurs, et attribué une variété inédite de médaillon à un nouvel artiste, émule d'Évainète [2].

M. Campaner a rédigé un bon résumé de la numismatique de l'Espagne antique, en y comprenant les monnaies romaines, suèves et wisigothes [3].

Les monnaies de Melita, Cossura et Gaulos (Malte, Pantellaria et Gozzo) ont été l'objet d'une étude incomplète [4].

On doit à M. J.-N. Svoronos, aujourd'hui conservateur du Cabinet numismatique d'Athènes, un bon *corpus* des monnaies de la Crète, un peu diffus peut-être et malheureusement inachevé, car la seconde partie, qui devait comprendre le commentaire des types monétaires, n'a pas encore paru. Grâce à de patientes recherches, l'auteur a pu transformer complètement la Numismatique de la Crète, supprimer sept villes et en ajouter une dizaine d'autres [5]. M. Svoronos a publié en outre quelques articles parmi lesquels je citerai celui qui renferme une explication, juste mais exagérée dans ses développements, des symboles astronomiques qu'on remarque si souvent sur les pièces

1. *The Horsemen of Tarentum.* Londres, 1889, in-8° de 228 pages et 11 planches. (Extrait du *Numismatic Chronicle.*)

2. *Syracusan medallions and their engravers in the light of recent finds.* Londres, 1892, in-8° de 215 pages et 10 planches.

3. *Indicador manual de la numismatica española.* Palma de Mallorca, 1891, petit in-4° de 225 pages et 2 planches (1re partie).

4. Albert Mayr, *Die antiken Münzen der Inseln Malta, Gozo und Pantelleria.* Munich, 1894, in-8° de 40 pages et 1 planche.

5. *Numismatique de la Crète ancienne, accompagnée de l'histoire, la géographie et la mythologie de l'île. Première partie : Description des monnaies, histoire et géographie.* Mâcon, 1890, in-4° avec 35 planches.

antiques [1]. Mentionnons encore une description soignée des monnaies de Delphes [2].

On doit à M. V. Dobrusky d'utiles recherches sur la *Numismatique des rois Thraces au point de vue historique* [3].

M. Jean P. Lambros a donné une description des monnaies grecques du Péloponèse. On peut reprocher à ce travail d'être composé avec peu de méthode, et de laisser de côté les monnaies de l'époque romaine [4].

La monographie consacrée par M. G. Clerk aux monnaies de la ligue achéenne est très satisfaisante [5]. Les recherches de M. L. Hamburger sur les monnaies des Juifs, à l'époque romaine, faite à propos de la trouvaille de Chebron, rendront des services [6].

La Numismatique romaine a fait l'objet de travaux importants et nombreux. Outre ceux que nous avons mentionnés précédemment, un certain nombre d'ouvrages généraux ont rendu plus facile l'étude de cette branche, dont l'état d'avancement scientifique est plus apparent que réel.

M. R. Scherzl a donné un bon livre sur « la monnaie romaine » [7].

M. Francesco Gnecchi a rédigé un manuel utile [8] et a

---

1. *Sur la signification des types monétaires des anciens.* Athènes, 1894, in-8° de 32 pages avec 65 figures. (Extrait du *Bulletin de correspondance hellénique.*)

2. Νομισματικὴ τῶν Δελφῶν, dans le *Bulletin de corresp. hellénique*, 1891, pages 1 à 54, et planches XXV à XXX.

3. Sophia, 1897, gr. in-8° de 82 pages et 4 planches.

4. Ἀναγραφὴ τῶν νομισματῶν τῆς κυρίως Ἑλλάδος — Πελοπόννησος. [Athènes, 1891, in-8° de 164 pages et 16 planches.

5. *Catalogue of the coins of the Achæan league.* Londres, 1895, in-8° de viii et 35 pages, avec 14 planches.

6. Publ. dans la *Zeitschrift für Numismatik*, t. XVIII, 1891-1892.

7. En russe. Charkow, 1893, in-8° de vi et 210 pages, avec 10 planches.

8. *Monete romane; manuale elementare.* Milan, 1896, petit n-8°, 182 pages, avec 15 planches. (Coll. des Manuels Hoepli, n° 207.) Comp. du même auteur, *Monetazione romana.* Genève, 1897, in-8° de 79 pages et 20 planches. (Extrait de la *Rev. suisse de num.*, t. VII.)

continué une série d'articles, inaugurée en 1888, concernant divers problèmes de la Numismatique romaine (contremarques, médaillons, contorniates, pièces nouvelles, etc.) [1].

La question des médaillons a fait encore l'objet de travaux de MM. Fr. Kenner [2], John Evans [3], A. Blanchet [4] et W. Froehner [5]. M. R. Mowat a consacré un article soigné aux monnaies portant l'indication de mines, et frappées par les empereurs romains [6]. Les lingots d'or trouvés en Transylvanie, et portant les marques de l'atelier de Sirmium ont été étudiés par plusieurs archéologues [7].

M. M. Bahrfeldt a composé un utile supplément à l'ouvrage de M. E. Babelon sur les monnaies de la République romaine [8].

Signalons particulièrement d'utiles recherches faites par M. Ettore Gabrici relativement à la monnaie en bronze sous les empereurs romains du premier siècle [9].

M. Eug. Chaix a formé un petit recueil de monnaies impériales et coloniales [10].

Enfin on doit signaler l'apparition du tome VIII et der-

1. Articles publiés dans *Rivista italiana di numismatica*.

2. Dans la *Numismatische Zeitschrift* de Vienne, tome XIX, pages 1-173. Traduit dans la *Rivista ital. di num.*, en 1889.

3. Dans le *Numismatic Chronicle*, 1896, page 45.

4. *Rev. num.*, 1896, pages 231-239 ; sur les contorniates, *Rev. num.*, 1890, page 480.

5. *A quoi ont servi les contorniates?* dans l'*Annuaire de num.*, 1894, page 43.

6. *Rev. num.*, 1894, pages 376-415 et planche XI. Cet auteur a publié, dans la même revue, plusieurs autres mémoires intéressants.

7. Voy. les indications bibliographiques que j'ai données dans la *Rev. num.*, 1893, p. 286.

8. *Nachträge und Berichtigungen zur Münzkunde der römischen Republik, in Anschluss an Babelon's Verzeichniss der Consular-Münzen*. Vienne, 1897, in-8° de IX et 316 pages, avec 13 planches. (Extrait de la *Num. Zeitschrift.*)

9. *Contributo alla Storia della moneta romana da Augusto a Domiziano*, 1895, in-4° de 40 pages. (Extrait des *Atti della R. Accademia di archeologia, lettere e belle arti di Napoli*, t. XIX, deuxième partie.)

10. *Description de onze cents monnaies impériales grecques et coloniales latines*, Paris, 1889, in-8° de 173 pages.

nier du *corpus* de monnaies impériales romaines auquel le nom d'Henry Cohen est intimement lié [1]. Bien que rédigé plus spécialement pour la commodité des collectionneurs, cet ouvrage a rendu et rendra encore des services nombreux aux archéologues.

A côté de ces *corpus*, nous placerons le dictionnaire des monnaies romaines, publié en Angleterre [2]. Citons aussi un *Essai de classification des tessères romaines en bronze*, par M. A. de Belfort [3].

Dans le domaine encore aride de la Numismatique gauloise, on doit signaler quelques travaux utiles. Le plus important, celui qui donnera les résultats les plus certains au point de vue du développement de la science, est sans conteste l'atlas élaboré pendant de longues années et auquel M. Henri de La Tour a eu le plaisir de mettre la dernière main [4]. C'est le complément nécessaire du *Catalogue* cité plus haut.

M. Allotte de la Fuÿe a étudié très soigneusement un trésor de monnaies du sud-est de la Gaule [5]. M. G. Amardel a consacré une intéressante notice à un groupe de monnaies qui appartiennent à la région de Narbonne [6], et

1. *Description historique de monnaies frappées sous l'Empire romain, communément appelées médailles impériales, par feu Henry Cohen, continué par Feuardent.* Deuxième édition, t. VIII. Paris, 1892, gr. in-8° de 510 pages, avec figures.

2. W. Stevenson, C. Roach Smith et Fr. W. Madden, *A Dictionary of Roman coins.* Londres, 1889, in-8° de 929 pages, avec figures.

3. Dans l'*Annuaire de num.*, 1889, pages 69 à 92, planches I à IV, et 1892, pages 127, 171 et 237.

4. *Atlas des monnaies gauloises, préparé par la commission de topographie des Gaules, et publié sous les auspices du ministère de l'Instruction publique.* Paris, 1892, in-f° de VIII et 12 pages, avec 55 planches.

5. *Le trésor de Tourdan (Isère, juillet 1890).* Grenoble, 1894, in-8° de 62 pages et 4 planches. (Extrait du *Bulletin de l'Académie delphinale*, 4° série, t. VIII.)

6. *Les monnaies des chefs gaulois attribuées à Narbonne.* In-8° de 29 pages. (Extrait du *Bulletin de la Société archéol. de Narbonne*, 1893.) M. A. de Barthélemy a donné de cet article un compte rendu digne d'attention. (*Rev. num.*, 1893, page 298.)

M. Adrien Blanchet a publié une trouvaille de curieuses pièces de la région de Dax [1].

M. A. Sagnier a donné une *Étude sur le monnayage autonome des Cavares* [2], peuple gaulois qui occupait le territoire situé entre le Rhône et les Alpes.

M. C.-A. Serrure a réuni d'utiles matériaux dans un mémoire intitulé : *Les monnaies des Voconces, essai d'attribution et de classement chronologique* [3].

Pour établir le lieu d'origine des monnaies gauloises, on aura toujours recours à des travaux analogues aux bulletins publiés dans les *Mémoires de la Société des Antiquaires du Centre. L'Inventaire* dressé par M. Léon Coutil [4], les catalogues des Musées de Montpellier [5] et de Troyes [6], sont précieux à consulter.

M. L. Maxe-Werly a écrit une *Étude sur l'origine des symboles des monnaies du sud-ouest de la Gaule*, et particulièrement sur les pièces dites *à la croix* [7], et M. A. de Barthélemy a précisé les caractères du monnayage dans le nord et le nord-ouest de la Gaule [8]. Ces travaux nous

---

1. *Bulletin de la Société de Borda*, 1893, page 43.

2. Avignon, 1894, in-8° de 19 pages et 1 planche. (Extrait des *Mém. de l'Académie de Vaucluse*.)

3. *Annuaire de num.*, 1896, p. 81, 175, 233 et 366.

4. *Inventaire des monnaies gauloises du département de l'Eure*. Évreux, 1896, in-8° de 59 pages et une planche. (Extrait du *Bull. de la Société d'agriculture, sciences, arts et belles-lettres du département de l'Eure*.)

5. *Médaillier de la Société archéologique de Montpellier. Description des monnaies, médailles et jetons*, par Émile Bonnet. *Première partie; Monnaies antiques*. 1896, in-8° de 85 pages et 1 planche.

6. *Musée de Troyes; Monnaies gauloises; Catalogue descriptif et raisonné* (par M. Louis Le Clert.) Troyes, 1897, in-8° de 118 pages et 3 planches. (Extrait des *Mémoires de la Société académique de l'Aube*, t. LX, 1896.)

7. Publié dans le volume du Congrès de Bruxelles (pages 481 à 501, 2 planches).

8. *Note sur le monnayage du nord-ouest de la Gaule*. 1891, in-8° de 8 pages. (Extrait des *Comptes rendus de l'Académie des Inscriptions et Belles-Lettres* ; — *Note sur le monnayage du nord de la Gaule (Belgique)*, 1892, in-8° de 7 pages. (Extrait des mêmes comptes rendus.) Voy. encore, du même auteur, *Les cités alliées et libres de la Gaule d'après les monnaies*, 1890, in-8° de 8 pages. (Extrait des mêmes comptes rendus.)

amènent à parler du supplément que M. John Evans a donné à l'ouvrage publié par lui, en 1864, sur les monnaies des anciens Bretons. Le nouveau recueil contient des pièces nouvelles, et des attributions intéressantes [1].

Nous citerons dans ce chapitre deux travaux de numismatique orientale, qui sont du domaine de l'antiquité. Outre divers articles intéressants, M. Ed. Drouin a rassemblé d'utiles documents, et fourni des conclusions nouvelles dans son *Essai de déchiffrement des monnaies à légendes araméennes, de la Characène* [2].

On doit à Terrien de Lacouperie un catalogue des plus anciennes monnaies chinoises du Cabinet de Londres. Cet ouvrage, qui contient des pièces attribuées au VIIe siècle avant notre ère, donne des indications relatives à plus de 300 ateliers monétaires ; mais il paraît peu méthodique [3].

Les débats soulevés par les théories économiques de notre temps sur le monométallisme et le bimétallisme, ont incité quelques auteurs à s'occuper de la question au point de vue historique. Quelques-uns des travaux énumérés plus haut sont à rappeler ici [4]. Nous citerons encore un article de MM. Soutzo, qui renferme des idées intéressantes, mais discutables [5], et des mémoires érudits de M. Th. Reinach,

---

1. *The coins of the ancient Britons ; Supplement.* Londres, 1890, in-8°, pages 417 à 599, avec 1 carte et 10 planches.

2. Dans la *Rev. num.*, 1889, pages 211 à 254 et 361 à 364, planches V, VI, VII.

3. *Catalogue of Chinese coins from the VIIth cent. B.C. to A.D. 621, including the series in the British Museum.* Londres et Paris, 1892, gr. in-8° de LXXI et 443 pages, avec figures.

4. E. Babelon, *Les origines de la monnaie.* Ettore Gabrici, *Contributo alla storia della moneta romana.*

5. Michel C. Soutzo, *Introduction à l'étude des monnaies de l'Italie antique.* Mâcon, 1889, in-8° de 64 pages. (C'est la seconde partie d'un travail dont la première a été publiée en 1887.) Le même auteur a donné un *Essai de restitution des systèmes monétaires macédoniens des rois Philippe et Alexandre, et du système monétaire égyptien de Ptolémée Soter.* Bukarest, 1893, gr. in-8° de 18 pages et 2 planches. (Extrait de la *Revue roumaine d'histoire, d'archéologie et de philologie*, 3e année, fasc. I.)

intitulés : *De la valeur proportionnelle de l'or et de l'argent dans l'antiquité grecque* [1], et : *Sur la valeur relative des métaux monétaires dans la Sicile grecque* [2], sans oublier l'intéressante étude sur l'inscription de Mylasa, qui révèle une fois de plus les embarras monétaires contre lesquels l'Empire avait à lutter au IIIe siècle de notre ère [3].

II. — MOYEN AGE ET TEMPS MODERNES.

Quelques-uns des livres indiqués dans la première partie de cette revision concernent aussi la numismatique du moyen âge. Quant aux travaux spéciaux à cette branche de la science, ils sont plus nombreux encore que ceux relatifs à l'antiquité.

D'abord, parmi les ouvrages généraux, le premier en date est notre manuel [4]. Il fut bientôt suivi par le premier volume d'un *Traité*, dû à la collaboration de MM. A. Engel et R. Serrure, et comprenant la période comprise entre la chute de l'Empire romain et la fin de la dynastie carolingienne. Le deuxième volume est un résumé de la monnaie des pays d'Europe jusqu'à l'apparition du gros d'argent, c'est-à-dire jusqu'au XIIIe siècle [5]. Les mêmes auteurs ont terminé, en 1889, la publication d'un utile *Répertoire* bibliographique concernant la numismatique française [6].

1. Dans la *Rev. num.*, 1893, pages 1 à 26, et 141 à 166.

2. Dans la *Rev. num.*, 1895, p. 489 à 511.

3. Th. Reinach, dans le *Bull. de Corresp. hellénique*, 1897, pages 523 à 548.

4. J.-Adrien Blanchet, *Nouveau manuel de numismatique du moyen âge et moderne*. Paris, 1890, 2 vol. in-18 de 536 et 552 pages, avec atlas de 31 pages et 14 planches. (Encyclopédie Roret.)

5. *Traité de numismatique du moyen âge*. Tome Ier, Paris, 1890, gr. in-8° de LXXXVII et 352 pages, avec 645 figures. — Tome II, Paris, 1894, pages 363 à 943, avec 813 figures. — Le complément de l'ouvrage précédent sera le *Traité de numismatique moderne et contemporaine*, par les mêmes auteurs. Ire partie, Époque moderne (XVIe-XVIIIe s.). Paris, 1897, gr. in-8° de 611 pages, avec 363 figures.

6. A. Engel et R. Serrure, *Répertoire des sources imprimées de la numismatique*

Un *vade-mecum*, renfermant des listes profitables, à comblé la lacune qui existait en Angleterre au sujet des ouvrages généraux [1].

Une courte notice de M. Pierre de Vaissière contient d'importants renseignements généraux au sujet de nouveaux procédés qui eurent une influence décisive sur la fabrication des monnaies depuis le xvie siècle. [2]

M. W. Froehner, s'inspirant sans doute d'un travail d'Adolphe Carpentin, a publié un article sur la *Liturgie romaine dans la Numismatique* [3].

Les musées ont publié bon nombre de catalogues. C'est d'abord, pour le Cabinet de France, un inventaire spécial des deniers mérovingiens données par Arnold Morel-Fatio [4]. M. Maurice Prou a inauguré le *Catalogue des monnaies françaises de la Bibliothèque nationale* par un important travail auquel il manque peu de chose pour être un véritable *corpus* des monnaies mérovingiennes [5]. Les monnaies de la deuxième race ont fait l'objet d'un autre catalogue qui

---

française. Tomes II et III (Supplément et tables). Paris, 1889, gr. in-8° de 495 et 257 pages.

1. W. Carew Hazlitt, *The coinage of the European continent with an introduction and catalogues of mints, denominations and rulers*. Londres, 1893, in-8° de 554 pages, avec 225 figures.

2. *La découverte à Augsbourg des instruments mécaniques du monnayage moderne et leur importation en France, en 1558, d'après les dépêches de Charles de Marillac, ambassadeur de France*. Montpellier, 1892, in-8° de 29 pages.

3. Dans l'*Annuaire de num.*, 1889, p. 39 à 55.

4. A. Chabouillet, *Catalogue raisonné de la collection des deniers mérovingiens des VIIe et VIIIe siècles, de la trouvaille de Cimiez, donnée au Cabinet des Médailles de la Bibliothèque nationale, par M. Arnold Morel-Fatio*. Paris, 1890, in-8° de xviii et 66 pages, avec 11 planches.

5. *Les monnaies mérovingiennes*. Paris, 1892, gr. in-8° de cxx et 630 pages, avec 36 planches et 1 carte. — Citons du même auteur : *Fabri de Peiresc et la Numismatique mérovingienne*. Toulouse, 1890, in-8° de 35 pages. (Extrait des *Annales du Midi*, t. II); — *Le monogramme du Christ et la croix sur les monnaies mérovingiennes*. Rome, 1892, in-8° de 15 pages et une planche. (Extrait des *Mélanges G. B. de Rossi*, supplément aux *Mélanges d'archéol. et d'histoire de l'École française de Rome*, t. XII.)

est recommandable [1], quoique la série carolingienne soit loin d'être complète au Cabinet de France. M. H. de la Tour a rédigé le premier volume du *Catalogue des jetons de la Bibliothèque nationale*, qui offre des séries très complètes à partir du xvie siècle [2]. Les monnaies musulmanes, dont le Cabinet de France possède une des plus belles collections connues, ont fourni la matière de trois volumes [3].

Le British Museum a publié le deuxième volume du catalogue de ses monnaies nationales, comprenant les pièces frappées jusqu'à la mort de Harold en 1066. Cette publication contient des remarques sur l'organisation des monnayeurs, et des rapprochements judicieux avec les monnaies émises en France à la même époque [4]. Les catalogues de monnaies orientales du Cabinet de Londres, dont la publication était déjà fort avancée, ont été augmentés par l'apparition des tomes IX et X, comprenant des additions aux volumes V à VIII [5]. De plus, M. Stanley Lane Poole, doué d'une activité infatigable, a publié les catalogues des poids arabes

---

1. M. Prou, *Les Monnaies carolingiennes*. Paris, 1896, gr. in-8° de lxxxix et 183 pages, avec 23 planches.

2. *Rois et reines de France*. Paris, 1897, gr. in-8° de xlvi et 504 pages, avec 36 planches.

3. Henry Lavoix, *Catalogue des monnaies musulmanes de la Bibliothèque nationale*. Le tome Ier, *Khalifes orientaux*, parut en 1887. — Tome II, *Espagne et Afrique*. Paris, 1891, gr. in-8° de xlvii et 571 pages, avec 14 planches. — Tome III, *Égypte et Syrie*. Paris, 1896, gr. in-8° de ix et 562 pages, avec 10 planches (Voy. le compte rendu de M. E. Drouin, dans la *Rev. num.*, 1897, pages 110 à 118).

4. H.-A Grueber et Fr. Keary, *A Catalogue of English coins in the British Museum. Anglo-Saxon series*, t. II. Londres, 1893, in-8° de cxxvi et 544 pages, avec 32 planches et une carte.

5. *Catalogue of Oriental coins in the British Museum. Addition to the Oriental collection, 1876-1888*, par Stanley Lane Poole. Londres, 1889 et 1890, 2 vol. de 405 et 206 pages, avec 33 planches. Comp. du même auteur. *Catalogue of the collection of Arabic coins preserved in the Khedivial Library*. Londres, 1897, in-8° de 384 pages.

en verre [1] et des monnaies des empereurs mogols de l'Hindoustan [2].

Signalons aussi le second volume du catalogue des monnaies musulmanes de Constantinople, qui complète ceux de Paris et de Londres [3].

La question du rapport des métaux au moyen âge a préoccupé plusieurs numismatistes. M. de Marchéville a étudié le *Rapport de l'or à l'argent au temps de saint Louis* [4]; MM. L. Blancard [5] et M. de Vienne [6] ont contredit les assertions contenues dans ce travail. M. le Dr Arnold Luschin a étudié le rapport entre les métaux précieux en Allemagne au moyen âge [7]; M. Cornelio Desimoni a fait de même en Italie [8], et le Cte N. Papadopoli a résumé l'histoire du bimétallisme à Venise au moyen âge [9]. On peut rattacher à cette question des articles publiés par MM. le Vte B. de Jonghe [10] et A. Richard [11], et le volume de M. W. A. Shaw [12].

1. *Catalogue of Arabic glass weights.* Londres, 1891, in-8° de 127 pages et 9 planches.

2. *Catalogue of Indian coins in the British Museum. The coins of the Moghu emperors of Hindustan.* Londres, 1892, in-8° de 402 pages et 33 planches.

3. *Musée impérial ottoman. Catalogue des monnaies anciennes de l'Islam.* Constantinople, 1312 Hég., in-8° de LXXXIV et 446 pages, avec 5 planches (en turc).

4. Dans l'*Annuaire de la Soc. fr. de Numismatique*, 1890, pages 137 à 174; 1891, pages 215 à 219.

5. *Ibid.*, pages 397 à 428; 1891, pages 209 à 214.

6. *Ibid.*, pages 317 à 337; cf. P. Bordeaux, *ibid.*, 1894, page 17.

7. Dans le volume du Congrès de Bruxelles (pages 431 à 480, en allemand).

8. *La moneta e il rapporto dell' oro all' argento.* Rome, 1895, in-4° de 58 pages. (Extrait des *Memorie della classe di scienze morali storiche e filologiche*, vol. III, 1re partie, publiés par la Reale accademia dei Lincei).

9. Dans le volume *Omaggio alla Reale Società numismatica belga nella solenne ricorrenza del suo cinquantenario.* Milan, 1891 (pages 67 à 79) et volume du Congrès de Bruxelles (pages 535 à 544).

10. *De la frappe de l'or sous les Carolingiens*, dans le volume du Congrès de Bruxelles (pages 209 à 233).

11. *Observations sur les mines d'argent et l'atelier monétaire de Melle sous les Carolingiens*, dans la *Rev. num.*, 1893, pages 194 à 225.

12. W.-A. Shaw, *Histoire de la monnaie (1252-1874)*, trad. par Arthur Raffalovich. Paris, 1896, in-8° de 384 pages.

Sous le titre, *Études de numismatique mérovingienne*, M. Maximin Deloche a réuni dix-huit articles relatifs à des monnaies nouvelles, à des attributions géographiques, au système monétaire de Théodebert Ier, au monnayage de Maurice-Tibère, etc. [1], M. A. de Belfort s'est consacré à la publication d'un *corpus* qui renferme de nombreuses pièces jusqu'alors inédites [2].

M. Louis Blancard a publié plusieurs articles contenant des hypothèses au sujet de quelques types de monnaies mérovingiennes [3]. Il a étudié aussi des monnaies du xiiie siècle, et un denier de Melle [4].

M. Ernest Faivre a réuni des notes assez complètes sur les ateliers monétaires français [5].

Le *Recueil* de documents monétaires recueillis par F. de Saulcy a été continué et terminé [6]. C'est une mine de renseignements qui a déjà été mise à profit dans de nombreux articles judicieux publiés par MM. M. de Marchéville [7],

1. Paris, 1890, in-8° de 268 pages, avec figures.

2. *Description générale des monnaies mérovingiennes, publiée d'après les notes de M. le vicomte de Ponton d'Amécourt.* Paris, 1892 à 1895, 5 vol. gr. in-8° de 484 pages, avec 5 planches, 464 pages, 464 pages, 475 pages, et 290 pages, avec figures dans le texte.

3. *Les rois francs et la croix salique sur les monnaies mérovingiennes du Cabinet de France.* S. l. n. d. in-8° de 7 pages, 1894. (Extrait des *Mémoires de l'Académie de Marseille.*) — *Le monnayeur franc sur la monnaie mérovingienne.* (Extrait du même recueil.) — *Les casques francs sur les monnaies mérovingiennes,* 1896 (Extrait du même recueil.)

4. *La réforme monétaire de saint Louis ; sur la taille et le poids du denier de la monnaie bourgeoise ; sur les deniers d'or à la reine et au mantelet ; sur la traduction française du traité des monnaies d'Oresme* (*Mém. de l'Académie de Marseille,* 1888-1892, 1893, pages 517-552) ; — *Denier royal et épiscopal frappé à Melle sous Charlemagne,* 3 pages in-8°, 1896. (Extrait du même recueil.)

5. *État actuel des ateliers monétaires français et de leurs différents.* Deuxième édition, Paris, s. d. [1895], in-8° de 64 pages.

6. *Recueil de documents relatifs à l'histoire des monnaies frappées par les rois de France depuis Philippe II jusqu'à François Ier.* Tome II, Caen. 1888, in-4° de 399 pages ; tomes III et IV, Mâcon, 1887 et 1892, 415 et 527 pages.

7. *Le denier d'or à l'agnel* (*Rev. num.,* 1889) ; *Le denier d'or à la Reine* (1890) ; *Louis X a-t-il frappé des gros tournois?* (1892) ; *Le denier de Sainte-Marie au nom du roi Robert* (1893) ; *Le gros tournois de Charles IV le Bel.* (Congrès de Bruxelles,

Cte de Castellane [1] et P. Bordeaux [2], qui se sont consacrés spécialement à la Numismatique française.

M. A. Planchenault a fait un tableau intéressant d'un atelier provincial [3].

Dans une publication luxueuse, M. Émile Dewamin a réuni de nombreux documents officiels relatifs à notre monnaie contemporaine [4]. On doit à M. E. Zay un bon travail sur les monnaies des colonies françaises, dont quelques-unes sont d'un classement difficile, en particulier celles de l'Inde française [5].

M. A. de Barthélemy a étudié les origines de la monnaie tournois et de la monnaie parisis et est arrivé à des conclusions importantes sur la manière dont s'étaient transmis les droits monétaires [6]. Le même auteur a donné un excellent résumé sur les monnaies des ducs de Bourgogne du XIe au

1891) ; *Restitution aux évéques d'Utrecht du gros tournois à la légende Sanctus Martinus* (*Annuaire Soc. Num.*, 1893) ; etc.

1. *Le double d'or au nom de Charles VI* (*Annuaire*, 1893) ; *Un gros tournois de Charles de Luxembourg, empereur* (1893) ; *Les royaux d'or de Charles VII, d'après les documents officiels* (1893) ; *Les gros de 20 deniers tournois dits florettes* (2 art., *Annuaire*, 1894) ; *Le différent de l'atelier de Fouras sur les monnaies de Charles VII* (*Rev. num.*, 1894) ; *Un demi-teston inédit de François Ier frappé à Marseille* (*Bull. de Num.*, 1894) ; *Demi-gros de Henri V, frappé à Caen* (*Rev. num.*, 1895), articles sur les monnaies frappées dans les ateliers de Poitiers, Fontenay-le-Comte, Le Puy, Romans, Limoges et Beauvais sous Charles VII. (*Bull. de Num.*, *Annuaire* et *Gaz. num. fr.*, 1897.)

2. *Le gros et le demi-gros des gens d'armes de Charles VII* (*Annuaire*, 1897). *Melun et Dieppe, ateliers de Henri IV* (*Annuaire*, 1893) ; articles sur les ateliers de Dijon, de Semur-en-Auxois, de Saint-Jean-de-Losne, de Bordeaux, de Saint-Lizier, de Laon, de Compiègne, de Melun, de Clermont-Ferrand et de Riom, pendant la Ligue (*Annuaire*, 1894 et 1895) ; etc.

3. *La Monnaie d'Angers ; Origines ; la Monnaie royale (1319-1788), La Juridiction de la Monnaie jusqu'à 1791.* Angers, 1896, in-8° de 236 pages.

4. *Cent ans de Numismatique française, de 1789 à 1889.* Tome I, *Assignats et papiers-monnaie des armées vendéennes.* Paris, 1893, in-f° de xx-212 pages. Tome II, *Histoire du numéraire.* Paris, 1897, in-f° de 332 pages.

5. *Histoire monétaire des colonies françaises, d'après les documents officiels*, Paris, s. d. (1891), in-8° de 380 pages, avec 278 figures.

6. Dans les *Comptes rendus de l'Académie des Inscriptions et Belles-Lettres*, 1895 et 1896, et *Rev. num.*, 1897, pages 153 à 173.

XIVe siècle [1], et une notice bien documentée sur les monnaies des seigneurs de Beaufremont, frappées à Vauvillers, dans la Haute-Saône [2].

M. L. Maxe-Werly a publié des *Recherches sur les monnaies des archevêques d'Embrun*, Raymond III, Raymond IV et Pasteur, dans une période comprise entre 1289 et 1350 [3]. La monographie consacrée par M. Maxe-Werly à la Numismatique du Barrois est une œuvre consciencieuse, appuyée sur des documents inédits, et illustrée de dessins soignés, dus à l'auteur du texte [4].

M. R. Serrure a restitué à Nogent le denier attribué jusqu'alors à Meulan [5].

M. J. Laugier a donné une excellente vue d'ensemble pour les monnaies de Marseille [6].

Le Dr Vannaire a établi une classification rationnelle des deniers de Souvigny, dont il a examiné un nombre considérable [7].

M. Gabriel Amardel a étendu ses recherches de numismatique locale aux époques les plus rapprochées de nous, et s'est occupé particulièrement de l'atelier de Narbonne [8].

---

1. *Notice sur les monnaies ducales de Bourgogne (prem. race, 1031-1361)*. Dijon, 1894, in-8° de 26 pages, avec figures.

2. *Les monnaies de Beaufremont,* in-8° de 11 pages. (Extrait de la *Bibliothèque de l'École des Chartes*, t. LII, 1891, pages 118 à 128.)

3. Valence, 1890, in-8° de 29 pages et figures. (Extrait du *Bulletin de la Société d'archéologie de la Drôme*.)

4. *Histoire numismatique du Barrois ; Monnaies des comtes et des ducs de Bar.* Bruxelles, 1895, in-8° de 265 pages, avec figures. (Extrait de la *Rev. belge de Num.*)

5. *La Numismatique féodale de Dreux et de Nogent au XIe siècle*, dans le *Bulletin de Numismatique*, 1891, pages 21 à 27.

6. *Notice sur le monnayage de Marseille depuis son origine jusqu'à nos jours.* Marseille, 1891, gr. in-8° de 63 pages. (Extrait du *Congrès pour l'avancement des sciences*, à Marseille, en 1891.)

7. *Essai sur le monnayage des prieurs de Souvigny et des sires de Bourbon.* Moulins, 1891, in-8° de 36 pages.

8. *L'hôtel des monnaies de Narbonne pendant la Ligue.* Narbonne, 1890, in-8° de 14 pages. (Extrait du *Bulletin de la Commission archéol. de Narbonne*, 1890.) — *L'hôtel des monnaies de Narbonne au XVIIe siècle.* Narbonne, 1891, in-8° de

MM. Gustave Schlumberger et Adrien Blanchet ont publié la *Numismatique du Béarn*, qui comprend les monnaies des vicomte de Béarn et des rois de Navarre jusqu'à la réunion à la France, ainsi que les médailles et les jetons concernant ce pays [1].

Émile Taillebois [2] et M. Roger Vallentin du Cheylard [3] ont continué leurs études de numismatique locale.

Sous le titre : *La Monnaie de Limoges*, M. Louis Guibert a donné un substantiel résumé de l'histoire des monnaies du Limousin depuis l'époque mérovingienne [4]. M. Henri Sarriau a signalé des pièces nouvelles, et présenté des rectifi-

22 pages. (Extrait du même *Bulletin*, 1891.) — *La lettre monétaire de l'atelier de Narbonne.* Narbonne, 1894, in-8° de 21 pages. (Extrait du même *Bulletin*, 1895.) — *Le roi Achila.* Narbonne, 1893, in-8° de 23 pages. (Extrait du même *Bulletin*, 1893.)

1. *Numismatique du Béarn.* Tome Iᵉʳ, *Histoire monétaire du Béarn*, par Adrien Blanchet. Paris, 1893, gr. in-8° de 217 pages. — Tome II, *Description des monnaies, jetons et médailles du Béarn*, par Gustave Schlumberger. Paris, 1893, gr. in-8° de 80 pages et 17 planches.

2. *Recherches sur la Numismatique de la Novempopulanie*, 3ᵉ partie. Dax, 1889, in-8° de 29 pages. (Extrait du *Bulletin de la Soc. de Borda.*)

3. Roger Vallentin, *L'atelier monétaire d'Avignon en 1589.* Avignon, 1889, in-8° de 20 pages. — *La valeur de l'écu au Soleil à Avignon (1557-1636).* Avignon, 1889, in-8° de 7 pages. — *Les pinatelles d'Urbain VII (1590).* Avignon, 1889, in-8° de 11 pages. — *Les pinatelles frappées en Dauphiné en 1591 et 1592.* Valence, 1889, in-8° de 13 pages. — *Les monnaies frappées à Montélimar pendant le règne de Louis XII.* Valence, 1890, in-8° de 14 pages. — *Un atelier monétaire à Nyons (1592).* Valence, 1891, in-8° de 13 pages (Extrait du *Bulletin d'archéologie et de statistique de la Drôme*). — *Du prétendu monnayage des barons de Mévouillon.* Valence, 1892, in-8° de 15 pages. — *Un atelier monétaire à Courthéson (1270.)* Avignon, 1892, in-8° de 7 pages. (Extrait des *Mémoires de l'Académie de Vaucluse.*) — *Observations sur le monnayage des évêques de Gap.* Gap, 1892, in-8° de 16 pages. — *L'atelier temporaire de Valence (1592).* Valence, 1893, in-8° de 16 pages. — *Les différents de la monnaie de Romans (1389-1556).* Valence, 1894, in-8° de 19 pages. — *Les dernières monnaies frappées à Montélimar.* Valence, 1894, in-8° de 28 pages. — *Du prétendu monnayage de Dieudonné d'Estaing, évêque de Saint-Paul, et de Charles VI.* Valence, 1895, in-8° de 10 pages. — *La monnaie de Jovinzieu ou Saint-Donat (894-1025?).* Valence, 1895, in-8° de 24 pages (Les six derniers articles sont extraits du *Bulletin de la Société d'archéologie et de statistique de la Drôme*). M. R. Vallentin a publié aussi d'autres mémoires dans les revues de Paris, de Bruxelles et de Genève.

4. Limoges, 1893, in-18 de 40 pages. (Extrait de l'*Almanach limousin* de 1893.)

cations dans un supplément [1] à la *Numismatique nivernaise*
publiée en 1854 par le Cte de Soultrait.

Le Bon René [de Ponton d'Amécourt a soigneusement
colligé les *Monnaies au type chinonais* [2].

M. Maurice Prou, s'appuyant sur des documents inédits
pour la plupart, a écrit un *Essai sur l'histoire monétaire de
l'abbaye de Corbie*, dont l'atelier fut si actif au xiiie siècle [3].
Il a donné un pendant à l'étude qui précède, en publiant un
*Essai sur l'histoire monétaire de Beauvais, à propos d'un
denier de l'évêque Philippe de Dreux* [4]. Cette seconde
notice est également basée sur l'étude des documents.

M. M. de Vienne a étudié des questions qui intéressent la
Numismatique du moyen âge en général, et plus spécialement les monnaies françaises [5].

Signalons aussi les recherches consciencieuses de M. P.
Gosset sur *les Billets de la caisse patriotique de Reims
(1791-1793)* [6].

Si nous passons maintenant aux ouvrages publiés dans
les autres pays de l'Europe, nous constatons que partout
l'activité a été considérable.

Le Bon J. de Chestret de Haneffe a terminé sa monographie consacrée à Liège [7]. M. A. de Witte a publié un *Sup-*

---

1. *Numismatique nivernaise; nouvelles recherches.* Nevers, 1894, in-8° de
152 pages et 11 planches.

2. Mâcon, 1895, in-8° de 137 pages, avec 150 figures. (Extrait de l'*Annuaire de
la Soc. de Num.*)

3. Paris, 1896, in-8° de 40 pages. (Extrait des *Mémoires de la Société nationale
des Antiquaires de France*, t. LV.)

4. Paris, 1897, in-8° de 22 pages. (Extrait des *Mémoires de la Société nationale
des Antiquaires de France*, t. LVI.)

5. *Des malentendus habituels au sujet des anciens procédés monétaires.* Nancy,
1890, in-8° de 79 pages. — *Des anciens prix et des difficultés inhérentes à leur
évaluation actuelle.* Nancy, 1891, in-8° de 113 pages. — *De l'usurpation dans le
monnayage féodal.* Nancy, 1894, in-8° de 48 pages. (Extraits des *Mémoires de
l'Académie de Stanislas.*)

6. Reims, 1897, in-8° de 17 pages et 1 planche.

7. *Numismatique de la principauté de Liège et de ses dépendances (Bouillon,*

plément aux Recherches sur les monnaies des comtes de Hainaut de Renier Chalon, qui contient des pièces nouvelles et des documents précieux [1]. Le même auteur a apporté le plus grand soin à la rédaction de l'*Histoire monétaire des comtes de Louvain, ducs de Brabant et marquis du Saint-Empire romain*, qui est remplie de documents et de faits nouveaux [2].

La Numismatique luxembourgeoise a été l'objet de plusieurs publications. Un essai, élaboré un peu hâtivement [3], a été complété par la publication de documents importants [4], et par des articles de MM. Frédéric Alvin [5] et N. Van Verweke [6].

MM. le Vte B. de Jonghe, Georges Cumont [7], Cte Th. de Limburg-Stirum [8], Th. M. Roest et A. de Witte [9], ont

Looz) depuis leurs annexions. Seconde partie. Bruxelles, 1888 et 1890, in-4° de 466 pages, avec 54 planches et carte.

1. Bruxelles, 1891, in-4° de 52 pages et 2 planches.

2. Tome I. Anvers, 1894, in-4° de 214 pages et 25 planches. — Tome II, 1896, in-4° de 348 pages et 31 planches.

3. Raymond Serrure, *Essai de Numismatique luxembourgeoise*. Paris, 1893, in-8° de 226 pages, avec 222 figures. (Extrait de l'*Annuaire de la Soc. de Num.*, 1892 et 1893.)

4. *Recueil de documents concernant l'atelier monétaire de Luxembourg* (de 1487 jusqu'en 1615), dans les *Publications de la Section historique de l'Institut royal, grand-ducal de Luxembourg*, 1895, t. XLII, pages 412 à 479.

5. *Étude de Numismatique luxembourgeoise*. Bruxelles, 1893, in-8° de 23 pages. (Extrait de la *Rev. belg. de Num.*)

6. *Les monnaies luxembourgeoises de 1383 à 1412*, dans les *Public. de la sect. hist. de l'Institut roy. grand-ducal de Luxembourg*, 1895, t. XLII, pages 385 à 395.

7. Cet auteur a fait d'utiles recherches sur les premières monnaies franques en Belgique. Voy. *Rev. belge de Num.*, 1890, page 212, et 1893, page 423 ; — Volume du Congrès de Bruxelles, page 193 ; — *Monnaies découvertes dans le cimetière franc de Ciply (Hainaut)*. Bruxelles, 1894, in-8° de 12 pages.

8. Bonne monographie : *Monnaies des comtes de Limburg-sur-Lenne*. Bruxelles, 1897, in-8° de 68 pages et 5 planches.

9. Je citerai seulement quelques articles parus dans des périodiques autres que la *Rev. belge de Num.* : A. de Witte, *Un denier inédit de l'empereur Henri II, frappé à Namur*. Namur, 1892, in-8° de 4 pages (Extraits du tome XIX des *Annales de la Soc. archéol. de Namur*) ; — *Conférence monétaire internationale tenue à Bruges en 1469*. Bruxelles, 1893, in-8° de 16 pages ; — *Les relations monétaires entre la Flandre et l'Anglerre*. Bruxelles, 1894, in-8° de 22 pages (Extrait de la

publié de nombreux articles, principalement dans la *Revue belge de Numismatique*, sur les monnaies de la Belgique et des Pays-Bas.

La collection des monnaies des Pays-Bas, des duchés de Brabant et de Limbourg, cédée au musée d'Amsterdam par M. Stephanik, a été l'objet d'un catalogue important [1].

En Allemagne, nous trouvons les publications de M. Émile Bahrfeldt sur les monnaies des duchés de Brême et de Verden sous la domination suédoise [2], et sur les monnaies du Brandebourg [3], travaux bien documentés et rédigés avec un grand souci de l'exactitude. M. Hermann Dannenberg a donné le deuxième volume de son *corpus* des monnaies allemandes sous les empereurs des maisons de Saxe et de Franconie, ouvrage rempli de pièces importantes et illustré de planches exactes, bien que dessinées assez grossièrement [4]. La Poméranie a été l'objet de l'attention des deux auteurs cités plus haut [5].

M. J. Menadier a poursuivi ses recherches sur les monnaies allemandes [6].

Revue de droit international et de législation comparée) ; — *Philippe le Bon, biete cruelle, plomb satirique du XV° siècle*. Anvers, 1895, in-8° de 5 pages. (Extrait du *Bull. de l'Acad. d'arch. de Belgique*.)

1. Joh. W. Stephanik, *Geschiedkundige Catalogus der Verzameling Munten van Nederland, bezittingen en kolonien*. 1888, in-4° de 151 pages, avec 8 planches.

2. *Die Münzen und das Münzwesen der Herzogthümer Bremen und Verden unter schwedischer Herrschaft (1648-1719)*. Hanovre, 1892, in-8° de 156 pages et 5 planches.

3. *Das Münzwesen der Mark Brandenburg*. Berlin, 1889, in-4° de 321 pages, avec 28 planches de monnaies et de sceaux. 2° partie. Berlin, 1895, in-4° de 570 pages, avec 25 planches.

4. *Die deutschen Münzen der sächsischen und fränkischen Kaiserzeit*. Tome II. Berlin, 1894, in-4° avec 39 planches et carte (le premier volume remonte à 1876 ; le tome III et dernier a paru en février 1898).

5. Hermann Dannenberg, *Münzgeschichte Pommerns im Mittelalter*. Berlin, 1893, in-4° de 160 pages, avec 47 planches de monnaies et de sceaux. Le même auteur a donné un supplément portant le même titre (Berlin, 1896, in-4° de 30 pages et 10 planches). — E. Bahrfeldt avait publié, en 1894, une notice de 21 pages et 2 planches, sous le titre : *Zur mittelalterlichen Münzkunde Pommerns*.

6. *Deutsche Münzen ; Gesammelte Aufsätze zur Geschishte des deutschen Münzwesens*. Berlin, t. IV, in-8° de 294 pages.

Dans une bonne monographie consacrée à l'histoire monétaire de la ville de Strasbourg au moyen âge, M. Julius Cahn a combattu des théories anciennes, en particulier au sujet de la présence des initiales des évêques sur les deniers de Louis de Germanie, de Charles le Simple et d'Henri l'Oiseleur [1].

M. Ernest Lehr a publié *Les Monnaies des landgraves autrichiens de la Haute-Alsace*, bon travail de numismatique locale [2].

La collaboration de MM. Paul Joseph et Édouard Fellner a produit le recueil important des monnaies de Francfort-sur-Main dont la plus ancienne mention, comme atelier monétaire, se trouve dans une charte de l'empereur Henri VI, donnée à Landau en 1194 [3].

M. Paul Joseph a étudié aussi une intéressante trouvaille de monnaies du xiie siècle [4]. Le Dr Heinrich Günter s'est occupé de la numismatique du Wurtemberg [5]; MM. Alb. Forster et R. Schmid ont réuni les monnaies de la ville d'Augsbourg [6]; et J.-P. Beierlein a dressé un utile inventaire des médailles de Bavière [7].

Il faut mentionner aussi le catalogue de la collection Saurma, parce qu'il est soigneusement rédigé et présente

1. *Münz- und Geldgeschichte der Stadt Strassburg in Mittelalter*. Strasbourg, 1895, in-8° de 176 pages.

2. Lausanne, 1896, gr. in-8° de xx et 200 pages, avec 12 planches. (Supplément au *Bulletin de la Société industrielle de Mulhouse*.)

3. *Die Münzen von Frankfurt-am-Main nebst einer münzgeschichtlichen Einleitung und mehreren Anhängen*. Francfort-sur-Main, 1896, gr. in-8° de viii et 681 pages, avec 75 planches.

4. *Der Weinheimer Halbbrakteatenfund (vergraben um 1200)*. Heidelberg, 1897, in-8° de 38 pages, avec 2 planches. (Extrait des *Neue Heidelberger Jahrbücher*, t. VII.)

5. *Das Münzwesen in der Grafschaft Württemberg*. Stuttgart, 1897, in-8° de 122 pages.

6. *Die Münzen der freien Reichsstadt Augsburg (1521-1805)*. Augsbourg, 1897, in-4° de 50 pages et 8 planches.

7. *Die Medaillen und Münzen des Gesammthauses Wittelsbach*. Tome I. Munich, 1897, in-4° de 271 pages et 5 planches.

une bonne vue d'ensemble des numismatiques allemande, suisse et polonaise [1].

Les monnaies de nécessité, spécialement celles de l'Allemagne, de l'Autriche-Hongrie, de la Transylvanie, de la Moldavie et du Danemark ont fourni la matière d'un recueil récent [2].

La Société de Numismatique de Berlin a célébré le cinquantenaire de sa fondation par la publication d'un recueil qui contient des mémoires de MM. H. Dannenberg (sur des monnaies inédites), F. Friedensburg (sur les monnaies de la Lusace), P. Bratring (sur les monnaies des ducs de Poméranie), E. Bahrfeldt, etc. [3].

M. Édouard Fiala a commencé la publication d'un *corpus* des monnaies et médailles de la Bohême, qui comprendra six volumes [4].

M. P. Hauberg a étudié les produits de l'atelier de Wisby, dans l'île de Gotland, depuis le XIIe jusqu'au XVIe siècle [5].

Parmi les travaux sur la Numismatique russe, nous pouvons citer ceux de MM. P. V. Soubov [6] et O. Ph. Retovski [7].

En Suisse, la Numismatique nationale est toujours culti-

---

1. Baron Hugo de Saurma-Jeltsch, *Die Saurmasche Münzsammlung deutscher, schweizerischer und polnischer Gepräge, von etwa dem Beginn der Groschenzeit bis zur Kipperperiode*. Berlin, 1892, 2 vol. in-fᵛ de 152 pages et 104 planches.

2. Aug. Brause-Mansfeld, *Feld-, Noth- und Belagerungsmünzen von Deutschland, Œsterreich-Ungarn, Siebenbürgen, Moldau, Dänemark*, etc. Berlin, 1897, avec 55 planches.

3. *Festschrift zur Feier des fünfzigjährigen Bestehens der numismatischen Gesellschaft zu Berlin*. Berlin, 1893, in-8º de 176 pages et 4 planches.

4. *Beschreibung böhmischer Münzen und Medaillen*. Tome I. Prague, 1891, gr. in-8º de 117 pages et 10 planches. (Description des pièces jusqu'en l'année 1230.)

5. *Gutlands Myntvæsen*. Copenhague, 1891, in-8º de 72 pages et figures.

6. *Matériaux pour la Numismatique russe* (en russe). Moscou, 1897, in-4º de 32 pages et 10 planches.

7. *Monnaies géno-tartares de la ville de Kaffa* (en russe). Simferopol, 1897, in-8º de 56 pages et 3 planches.

vée avec ardeur. M. B. Reber a donné une monographie complète du canton d'Argovie [1], et M. Eugène Demole a publié l'*Histoire monétaire de Genève de 1792 à 1848* [2]. Une importante trouvaille, qui renfermait des deniers au nom de l'évêque Frédéric et des deniers anonymes, a jeté quelque jour sur la numismatique de Genève au xie siècle [3]. Mentionnons le recueil concernant la numismatique des Grisons [4]. Enfin M. L. Coraggioni a donné une histoire monétaire de la Suisse, dont les planches sont excellentes, mais dont le texte est l'œuvre d'un économiste plutôt que d'un archéologue [5].

Pour l'Italie, nous trouvons d'abord une bonne bibliographie dont les articles sont classés par noms d'ateliers monétaires [6].

Le Dr G. Werdnig a consacré une monographie pleine d'intérêt aux *oselles* de Venise, monnaies-médailles frappées pour être offertes par les doges à la noblesse, le jour de Noël [7].

MM. Desimoni et Ruggero, avec l'assistance de l'archiviste Belgrano, ont rédigé un livre qui renferme l'histoire documentée de la monnaie de Gênes du xiie au xixe siècle [8].

Une autre monographie, soigneusement rédigée, est celle

---

1. *Fragments numismatiques sur le canton d'Argovie.* Genève, 1890, in-8° de 87 pages et 30 planches.

2. Genève et Paris, 1892, in-4° de 139 pages et 6 planches.

3. Dr Aug. Ladé, *Le trésor du Pas-de-l'Échelle ; contribution à l'histoire monétaire de l'évéché de Genève.* Genève, 1895, in-4° de 132 pages et 22 planches.

4. C.-F. Trachsel, *Die Münzen und Medaillen Graubündens.* Lausanne, 1897-1898, 9e et 10e livraisons, in-8°.

5. *Münzgeschichte des Schweiz.* Genève, 1896, in-4° de 184 pages et 50 planches.

6. Fr. et Erc. Gnecchi, *Saggio di bibliografia numismatica delle zecche italiane.* Milan, 1889, in-8° de 469 pages.

7. *Die Osellen oder Münz-Medaillen der Republik Venedig.* Vienne, 1889, in-4° de 209 pages et 14 planches.

8. *Tavole descrittive delle monete della zecca di Genova dal MCXXXIX al MDCCCXIV.* Gênes, 1890, in-4° de lxxii et 319 pages, avec 8 planches. (Extrait des *Atti della Società ligure di storia patria*, t. XXII.)

du comte Nicolo Papadopoli, dont la première partie, seule parue, comprend les monnaies de Venise depuis Louis le Débonnaire jusqu'à Cristoforo Moro [1].

MM. F. et E. Gnecchi ont publié des monnaies inédites en supplément à leur monographie consacrée à Milan [2], et M. Emilio Motta a mis au jour des documents de l'époque des Visconti et des Sforza, relatifs à l'histoire monétaire de cette même cité [3].

M. Arthur-J. Sambon s'est fait une spécialité de l'histoire monétaire de Naples et a publié divers travaux dans la revue italienne et dans les revues françaises [4].

M. Solone Ambrosoli a étudié avec sagacité une petite monnaie en or de Milan [5]. Enfin M. V. Capobianchi a publié des notes concernant les monnaies frappées par le Sénat romain, de 1184 à 1439 [6].

A l'occasion du Congrès de numismatique de Bruxelles, la *Revue italienne de Numismatique* a édité un recueil de douze mémoires, dus à MM. Fr. Gnecchi, G.-F. Gamurrini, A.-J. Sambon, N. Papadopoli, G. Gavazzi, G. Ruggero, E. Gnecchi, C. Luppi, G. Castellani, B. Morsolin, S. Ambrosoli et A. Comandini. Ces travaux concernent surtout la Numismatique italienne [7].

---

1. *Le monete di Venezia descritte ed illustrate.* Venise, 1893, in-4° de x et 424 pages, avec 16 planches.

2. *Monete di Milano inedite.* Milan, 1894, in-4° de 107 pages.

3. Dans la *Rivista italiana di Numismatica*, 1894 et 1895.

4. *Monnayage de Charles Ier d'Anjou dans l'Italie méridionale*, dans l'*Annuaire de Num.*, 1891, pages 51 à 80 et 221 à 239, planches I à III ; — *Les monnaies de Charles V dans l'Italie méridionale*, dans l'*Annuaire de Num.*, 1892, pages 297 à 327 ; — *Monnaies en or de Charles Ier d'Anjou à Tunis*, Rivista ital. di num. et Annuaire, 1894, page 308 ; — *Monnaies de Charles VIII frappées en Italie*, Annuaire, 1896, pages 49 à 66 ; — *Les deniers siciliens de billon*, Annuaire, 1896, pages 209 et 333 ; — *Le Gillat de Louis II d'Anjou*, Gaz. num. fr., 1897, page 435.

5. *L'Ambrosino d'oro ; ricerche storico-numismatiche.* Milan, 1897, in-4° de 31 pages. (Extrait du volume *Ambrosiana*.)

6. Dans l'*Archivio della Società romana di storia patria*, t. XIX, 1896.

7. *Omaggio alla reale Società numismatica belga nella solenne ricorrenza del su cinquantenario.* Milan, 1891, gr. in-8° de 141 pages et 4 planches.

Du côté de l'Espagne, nous avons à signaler l'*Essai sur le monnayage des Suéves*, par Aloïss Heiss, relatif à des imitations de la monnaie impériale [1]. Le catalogue de la collection Manuel Vidal Quadras y Ramon, eu égard à son importance, doit être considéré comme un véritable *corpus* des monnaies et médailles de l'Espagne [2].

M. Campaner a publié la seconde partie du manuel dont nous avons déjà signalé la partie antique. Cette seconde partie comprend les monnaies arabes, hispano-chrétiennes et celles des colonies, ainsi que les médailles commémoratives. On y trouvera aussi des renseignements sur l'importante trouvaille de triens wisigoths faite à Carmona [3].

Quant au Portugal, M. J. Leite de Vasconcellos a résumé la bibliographie et l'histoire de la monnaie de ce pays dans une notice récente [4].

Dans le domaine de la Numismatique orientale, M. H. Nützel a publié des monnaies des Rasoulides, dynastie du Yémen (1228 à 1454) [5].

On doit à M. P. Casanova une bonne monographie des monnaies à légendes grecques et arabes frappées en Asie-Mineure par les princes de la dynastie des Danichmendites [6].

Mentionnons ici l'excellent inventaire du Musée de Calcutta qui concerne aussi le monnayage antique de l'Inde [7].

1. Dans la *Rev. num.*, 1891, pages 146 à 164.

2. *Catálogo de la collección de monedas y medallas de Manuel Vidal Quadras y Ramon*. Barcelone, 1892, 4 vol. in-4°, avec 87 planches.

3. *Indicador manual de la numismatica española*, 2° partie, Madrid, 1892, in-12 de 352 pages.

4. Dans la *Gazette numismatique française*, 1897, pages 487 à 491.

5. Heinrich Nützel, *Münzen der Rasuliden, nebst einem Abriss der Geschichte dieser Yemenischen Dynastie*. Berlin, 1891, in-8° de 80 pages.

6. *Numismatique des Danichmendites*. Paris, 1896, in-8° de 90 pages, avec 2 planches (Extrait de la *Rev. num.*, 1894 à 1896); — autres travaux intéressants dans la même revue.

7. C.-J. Rodgers, *Catalogue of the coins of the Indian Museum*. Parties I à IV. Calcutta, 1893, in-8° de 172 pages et 3 planches ; 1894, in-8° de 255 pages et

M. Stewart Lockhart a publié un utile catalogue de la collection Glover, composée de monnaies de la Chine, du Japon, de la Corée et de l'Annam [1].

M. E. de Villaret a écrit un travail sur les monnaies japonaises, en prenant pour base sa propre collection (acquise depuis par le Cabinet de France) [2]. Mais cet auteur était peu au courant de la bibliographie antérieure.

Pour l'Amérique, on a relativement peu de publications. M. P.-N. Breton a donné un recueil pour le Canada [3], et MM. W.-F.-R. Marvin et L.-H. Low ont publié un ouvrage posthume de C. Wyllys Betts sur l'histoire de l'Amérique illustrée par les médailles [4].

M. Julius Meili s'est adonné entièrement à l'étude des monnaies du Brésil et a consacré à ce pays plusieurs volumes qui forment un véritable *corpus* de monnaies et médailles [5].

Pour terminer ce paragraphe, citons encore une histoire de la circulation monétaire dans les colonies anglaises [6].

Il nous reste à parler d'un groupe important de publications concernant les médailles et les jetons [7].

8 planches ; 1895, in-8° de 152 pages et 4 planches ; 1896, in-8° de 288 pages et 6 planches.

1. *The Currency of the farther East from the earliest times.* Hong-Kong, 1892, 233 pages, avec un atlas de 204 planches.

2. *Numismatique japonaise.* Paris, 1892, in-8° de 95 pages avec 33 planches. (Extrait de la *Rev. num.*)

3. *Histoire illustrée des monnaies et jetons du Canada.* Montréal, [1894], in-8° de 240 pages, avec figures (en français et en anglais).

4. *American colonial history illustrated by contemporary medals.* New-York, 1894, in-8° de 332 pages.

5. *Die Münzen des Kaiserreichs Brasilien, 1822 bis 1889.* S. l., 1890, 24 planches. — *Portugiesische Münzen; Varietäten und einige unedirte Stücke.* S. l., 1890, 4 planches. — *Die Münzen der Colonie Brasilien, 1645 bis 1822.* Zurich, 1895, gr. in-8° de xxxvii pages et 59 planches. — *Das Brasilianische Geldwesen; Die Münzen der Colonie Brasilien, 1645 bis 1822.* Zurich, 1897, gr. in-8° de 357 pages, planches et figures. — *Die auf das Kaiserreich Brasilien bezüglichen Medaillen, 1822 bis 1889.* S. l., 1890, in-4° de 25 pages et 37 planches.

6. Robert Chalmers, *A History of currency in the British colonies.* Londres, 1893, in-8° de 496 pages.

7. J'ai parlé plus haut du *Catalogue des jetons* du Cabinet de France.

M. René de Lespinasse a étudié les jetons parisiens [1]. On a publié sous le nom de P.-Charles Robert un recueil posthume, intitulé *Monnaies, jetons et médailles des évêques de Metz* [2]. M. Léopold Quintard a classé les *Jetons de l'hôtel de ville de Nancy aux XVIe, XVIIe et XVIIIe siècles* [3]. G. Vallier a décrit une centaine de médailles, de méreaux et de monnaies papales au nom et au type de saint Bruno [4].

On possède maintenant un historique et un inventaire satisfaisant des méreaux protestants, généralement en plomb, appartenant en majorité aux églises du Poitou [5].

M. Joseph Roman a formé un recueil d'articles publiés depuis vingt ans sur *les Jetons du Dauphiné* [6]. M. R. Vallentin s'est occupé aussi des méreaux [7]. L'abbé Charles Robert, s'aidant de documents d'archives, a fait une étude sur les émissions successives des *Jetons des États de Bretagne* [8]. J. Rouyer, dont on déplore la perte récente, a produit plusieurs mémoires, parmi lesquels nous signalerons particulièrement l'étude sur *le nom de Jésus employé comme type sur les monuments numismatiques du*

---

1. *Jetons et armoiries des métiers de Paris.* Nevers, G. Vallière, 1897, in-8°.

2. Paris, 1890, gr. in-8° de 248 pages, avec figures. (Extrait de l'*Annuaire de Num.*)

3. Nancy, 1890, in-4° de 38 pages et 5 planches.

4. *Sigillographie de l'ordre des Chartreux et Numismatique de saint Bruno.* Montreuil-sur-Mer, 1891, gr. in-8° de xxvi et 512 pages, avec 54 planches.

5. H. Gelin, *Le méreau dans les églises réformées de France, et plus particulièrement dans celles du Poitou.* Saint-Maixent, 1891, in-8° de 124 pages et 8 planches. (Extrait des *Mém. de la Soc. de statistique, sciences, lettres et arts des Deux-Sèvres.*)

6. Grenoble, 1894, in-8° de xi et 196 pages, avec figures.

7. *De l'ancienneté de l'usage des méreaux au chapitre de Saint-Apollinaire de Valence.* Valence, 1891, in-8° de 17 pages. — *Jetons d'aumône valentinois à retrouver.* Valence, 1893, in-8° de 7 pages. (Extrait du *Bull. de la Soc. d'arch. et de statist. de la Drôme.*)

8. Paris, 1896, in-8°, planches. (Extrait de la *Rev. num.*, 1896, pages 27 à 91, 190 à 209, 331 à 345 et planche I.)

*XV*e *siècle, principalement en France et dans les pays voisins* [1].

M. Jules Chautard a étudié de nouveau les jetons des princes de Bourbon et publié des méreaux vendômois [2].

Le Musée de la Monnaie de Paris a été doté d'un nouvel inventaire de coins anciens [3].

En Belgique et dans les Pays-Bas, les médailles et les jetons ont été étudiés soigneusement. Sans parler de nombreux articles publiés dans la *Revue belge de Numismatique*, nous citerons une importante monographie comprenant des méreaux de bienfaisance, ecclésiastiques, et des méreaux de funérailles et d'anniversaires, marqués aux armes des familles qui en faisaient usage [4]. M. Ed. Van den Broeck a publié de curieux *Jetons des anciens receveurs et trésoriers de Bruxelles*, depuis le xive siècle [5].

M. Jacob Dirks a donné d'importants suppléments [6] et une continuation [7] au recueil de médailles et jetons des Pays-Bas formés par Van Mieris et Van Loon, par l'Académie royale de Belgique, par le comte Maurin de Nahuys et par Dugniolle.

M. Gustave Schlumberger, le premier, a réuni un certain

---

1. Bruxelles, 1897, in-8° de 131 pages et 5 planches. (Extrait, avec additions, de la *Rev. belge de Num.*)

2. *Jetons des princes de Bourbon, de la première maison de Vendôme, suivis d'une note relative aux méreaux et aux sceaux de la collégiale de Saint-Georges de Vendôme.* Vendôme, 1897, in-8° de 70 pages et 5 planches. (Extrait du *Bull. de la Soc. archéol. du Vendômois.*)

3. *Médailles françaises dont les coins sont conservés au Musée monétaire.* Paris, 1892, in-4°.

4. Bᵒⁿ Jean Béthune, *Méreaux des familles brugeoises ; essai descriptif.* 1ʳᵉ partie, Bruges, 1890, in-4° de xxxi et 390 pages ; 2ᵉ partie, Bruges, 1894, pages 391 à 514.

5. Dans le vol. du Congrès de Bruxelles (pages 607 à 648).

6. *Penningkundig Repertorium.* Tomes III et IV, Leuwarden, 1891, in-8° de 344 et 244 pages (de 1716 à 1813).

7. *Beschrijving Nederlandsche of op Nederland der Nederlanders betrekking hebbende penningen geslagen tusschen november 1813 en november 1863.* Haarlem, 1889, 2 vol. gr. in-8° de xiv-488 et 412 pages.

nombre de *Méreaux, tessères et jetons byzantins*[1], ainsi que des poids en verre de même époque [2].

Signalons, pour le Nouveau Monde, un recueil de « médailles d'inauguration », frappées à l'avènement des souverains espagnols. Quelques-unes de ces pièces portent des portraits de personnages historiques [3].

On s'est beaucoup occupé de graveurs et des médailleurs, et des recherches, particulièrement intéressantes au point de vue artistique, ont été faites dans divers pays.

Aloïss Heiss a publié deux volumes du grand ouvrage consacré aux médailleurs italiens de la Renaissance, où il a réuni de précieux matériaux pour les études futures [4]. M. Arthur-J. Sambon a dressé des listes des graveurs de coins de la Monnaie de Naples de 1266 à 1600 [5].

M. Jules Guiffrey, s'appuyant sur des passages de l'inventaire des biens du duc de Berry, au commencement du XVe siècle, a précisé les dates de fabrication de plusieurs médailles au sujet desquelles on avait donné jusqu'alors des opinions divergentes [6].

M. Henri de La Tour a donné d'excellentes études sur plusieurs médailleurs[7] dont l'un, Jean de Candida, est une

1. Dans les *Mélanges d'archéologie byzantine*, 1re série. Paris, 1895, gr. in-8° de 350 pages, avec planches et figures. (Cet intéressant recueil contient plusieurs articles relatifs à des monnaies byzantines, publiés dans la *Rev. num.*)

2. *Op. laud.*, p. 315.

3. Alejandro Rosa, *Estudios numismaticos. Acclamaciones de los Monarcas catolicos en el nuevo mundo.* Buenos-Aires, 1895, in-4° de 428 pages, avec planches.

4. *Les médailleurs de la Renaissance.* Tome IX. *Florence et les Florentins du XV° au XVII° siècle.* 1re partie, Paris, 1891, in-f° avec 22 planches et 360 figures; 2° partie, Paris, 1892, 292 pages, avec 30 planches et 1020 figures.

5. *Incisori dei conii della moneta napoletana.* Milan, 1893, in-8° de 16 pages et 2 planches. (Extrait de la *Rivista ital. di num.*)

6. *Médailles de Constantin et d'Héraclius acquises par Jean, duc de Berry, en 1402.* Paris, 1890, in-8° de 32 pages et 3 planches. — *Les médailles des Carrare, seigneurs de Padoue, exécutées vers 1390.* Paris, 1891, in-8° de 9 pages et 1 planche. (Extraits de la *Rev. num.*)

7. *Pietro da Milano.* Paris, 1893, in-8° de 28 pages et 1 planche. — *Giovanni Paolo.* Paris, 1893, in-8° de 22 pages et 2 planches. (Extraits de la *Rev. num.*)

figure historique du plus haut intérêt [1]. Un article de M. L. Maxe-Werly apporte quelques renseignements sur les travaux de Pierre de Milan [2].

M. Natalis Rondot, auquel on devait une série d'articles sur les médailleurs de l'École de Lyon, a résumé le fruit de ses travaux [3], et consacré un mémoire spécial aux graveurs des monnaies de Lyon [4].

Le graveur Nicolas Briot, qui travailla en France et en Angleterre, a été l'objet de plusieurs travaux [5]. Un médailleur d'origine italienne, qui travailla en France sous Louis XIV, a été étudié par M. l'abbé Porée [6]. Le graveur François Chéron, qui travaillait sous Louis XIV, a eu sa monographie [7].

MM. Henry Jouin et F. Mazerolle ont publié d'intéressants documents concernant les Roëttiers, famille de graveurs du xviiie siècle [8]. M. F. Mazerolle a consacré des

1. *Jean de Candida, médailleur, sculpteur, diplomate, historien.* Paris, 1895, in-8° de 162 pages et 6 planches. (Extrait de la *Rev. num.*, 1894 et 1895.) — Aloïss Heiss avait ébauché le catalogue de l'œuvre de cet artiste (*Rev. num.*, 1890, pages 453-479). Le point de départ de ces travaux est un document publié par M. Léopold Delisle, *Le médailleur Jean de Candida*, in-8° de 3 pages. (Extrait de la *Bibliothèque de l'École des Chartes*, t. LI, 1890.)

2. *Un sculpteur italien à Bar-le-Duc, en 1463*, in-8° de 11 pages. (Extrait des *Comptes rendus de l'Académie des Inscriptions et Belles-Lettres*, 1896, pages 54 à 62.)

3. *Les médailleurs lyonnais.* Lyon, 1896, in-8° de 50 pages.

4. *Les graveurs de monnaies à Lyon du XIII° au XVIII° siècle.* Màcon, 1897, gr. in-8° de 90 pages.

5. F. Mazerolle, *Nicolas Briot, médailleur et mécanicien (1580-1646)*, dans le volume du Congrès de Bruxelles (pages 503-514). — Louis Jouve, article sous le même titre dans le *Journal de la Soc. d'archéologie lorraine*, 1893, pages 28 à 36. — Jules Rouyer, *L'œuvre du médailleur Nicolas Briot en ce qui concerne les jetons.* Nancy, 1895, in-8° de 238 pages, avec 14 planches. (Extrait, avec additions, de la *Rev. belge de Num.*, 1893 à 1895.)

6. *François Bertinet, modeleur et fondeur en médailles.* Paris, 1891, in-8° de 16 pages et 1 planche.

7. E. Mellier, *Étude sur François Chéron, graveur en médailles.* (*Mém. de la Soc. d'archéol. lorraine*), 1893, t. XLIII, p. 374.

8. *Les Roëttiers, graveurs en médailles.* Màcon, 1894, in-8° de 92 pages. — M. Alph. de Witte a réuni des *Notes sur les Roëttiers, graveurs généraux des monnaies aux Pays-Bas méridionaux.* In-8° de 18 pages. (Extrait de la *Correspondance historique et archéologique*, 1895.)

notices à Claude de Héry [1], à Étienne de Laune et Guillaume Martin [2].

Une luxueuse publication concernant *Augustin Dupré, orfèvre, médailleur et graveur général des monnaies*, a été faite par M. Charles Saunier [3]. Dans la même collection, M. Roger Marx a publié *Les Médailleurs français depuis 1789* [4].

M. Camille Picqué a continué ses recherches sur les médailles flamandes du xvie siècle [5].

Avant de terminer, nous rappellerons que, depuis quelques années, on a beaucoup travaillé à répandre le goût de la Numismatique. M. Th. Reinach a fait des conférences publiques à la Sorbonne [6]; M. Solone Ambrosoli professe à Milan [7], M. B. Pick, à Iéna, et M. J. Leite de Vasconcellos, à Lisbonne [8].

Un jour viendra certainement où la Numismatique prendra, dans les Universités, à côté de sa sœur l'Histoire, la place qui lui est due depuis longtemps [9].

1. *Claude de Héry, médailleur du roi Henri III.* (Mél. artistiques, 2e série, n° 1. Impr. de *l'Art*, s. d., in-4°.)

2. Paris, 1892, in-4° de 19 pages et 3 planches. (Extrait de la *Gazette des Beaux-Arts.*)

3. Paris, 1894, in-4° de 120 pages et 6 planches.

4. Paris, 1897, in-4° de 62 pages et 11 planches.

5. *Le médailleur Conrad Bloc, le dessinateur-graveur Corneille Cort, Frans Floris et son frère Corneille*, dans le volume du Congrès de Bruxelles (pages 661-678, 2 planches).

6. *L'Histoire grecque et la Numismatique*, leçon d'ouverture. Paris, 1894, in-8° de 23 pages. (Extrait de la *Revue internationale de l'enseignement*, du 15 janvier 1894.) — *L'Invention de la monnaie.* Paris, 1894, in-8° de 14 pages. (Extrait de la *Rev. internationale de sociologie*, février 1894.)

7. *Della numismatica come scienza autonoma. Prolusione al corso di numismatica letta il 25 gennaio 1893, dal liberò docente Dott. Solone Ambrosoli, nella R. Accademia scientifico-letteraria in Milano.* Milan, 1893, in-8° de 20 pages.

8. *Elencho das liçóes de numismatica, dadas na Bibliotheca nacional de Lisboa, 1889-1894.* Lisbonne, 1894, in-8° de 89 pages ; — suite, *1894-1896.* Lisbonne, 1896, 8 pages.

9. M. L. Blancard professe actuellement la Numismatique à l'École des Chartes (avril 1899).

MONNAIE DE MICHEL-ÉTIENNE

ARCHEVÊQUE D'EMBRUN

M. Joseph Puig, membre de la Société française de numismatique, a eu la bonne fortune d'acquérir à Avignon, en 1900, un lot de 360 monnaies, trouvées aux environs de cette ville. Ce lot comprenait des pièces d'Amédée VII et VIII de Savoie, de Charles VI et VII de France, et enfin la remarquable monnaie que M. Puig m'a gracieusement offert de publier :

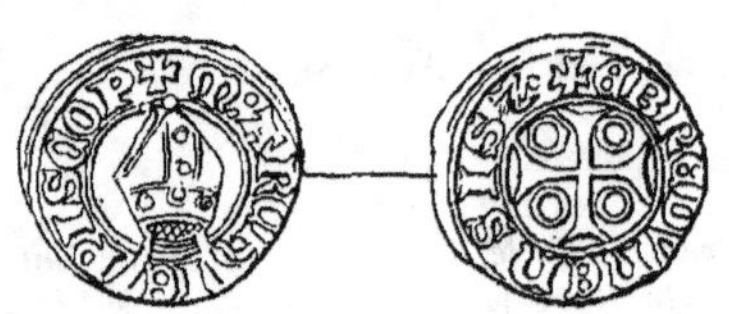

✠ ꟿ : ᴀRᴀhIᴇPISCOP entre deux filets. Mitre dont les fanons traversent la légende.

℞. ᴇBRᴇDVꞂᴇꞂSISꝛ. Croix pattée, cantonnée de quatre annelets.

Billon : 1 gr. 37.

Le signe qui vient après l'S final est semblable à une forme bien connue de l'abréviation de la conjonction *et*. Peut-être s'agit-il d'un différent?

J.-A. BLANCHET.   20

Il est probable que cette monnaie et celles qui l'accompagnaient ont fait partie de la trouvaille du Pontet, près d'Avignon, mise au jour le 7 décembre 1898, et qui contenait plus de 600 monnaies de Philippe VI à Charles VII, des papes Clément VI à Martin V, des ducs de Savoie, de Bourgogne et de Bretagne, des dauphins du Viennois, des princes d'Orange, des rois de Naples et d'Angleterre et diverses monnaies féodales [1].

M. J. Puig, qui a pu examiner la trouvaille, dont la plupart des pièces sont entrées au Musée d'Avignon, a eu l'obligeance de m'avertir que cette partie du trésor contient deux exemplaires frustes de la monnaie décrite plus haut.

On ne connaissait jusqu'à ce jour que trois monnaies attribuées aux archevêques d'Embrun, Raymond III, Raymond IV et Pasteur [2]. Nous savions cependant que Michel-Étienne de Perellos, dans son long archiépiscopat (1379-1427), avait eu des démêlés avec l'autorité royale, au sujet de ses monnaies. En effet, Fontanieu nous a conservé le souvenir d'un « arrêt du conseil Delphinal portant deffense « à toutes personnes de commercer, ni recevoir aucunes « espèces de la monnoye que l'archevêque d'Embrun avait « fait fabriquer. » (22 février 1401) [3].

Cet arrêt fut suivi de près par une autre décision, en date du 2 juillet 1401, sous forme de « Lettres du Roy, portant

---

1. M. A. Sagnier, s'appuyant sur la présence d'une pièce de Louis, duc de Savoie depuis 1441, pense que le trésor a dû être enfoui au moment de l'événement historique survenu à Avignon, le 15 septembre 1443, connu sous la nom de *Trahison des Savoyards*, et qui avait pour but de livrer Avignon à l'antipape Félix V, soutenu par le duc de Savoie. *Causes et dates de l'enfouissement du trésor trouvé au Pontet*, dans les *Mém. de l'Académie de Vaucluse*, t. XIX, 1900, p. 261 à 271.

2. L. Maxe-Werly, *Recherches sur les monnaies des archevêques d'Embrun*, Valence, 1890, in-8° de 29 p. (Extrait du *Bull. de la Soc. dép. d'archéol. et de statistique de la Drôme*).

3. *Cartulaire du Dauphiné*, Bibl. Nat. Latin 10959, p. 322. Cf. L. Maxe-Werly, *op. cit.*, p. 7.

« ordre au Gouverneur de faire battre monnoye en Dau-
« phiné, deffendre le cours des monnoies étrangères, et
« employer le proffit desdites monnoyes aux reparations des
« châteaux et places de la province. » Fontanieu ajoute :
« Le Gouverneur venoit de prendre l'archevêque d'Em-
« brun sur le fait d'avoir battu une fausse monnoie »[1].

Quelques années plus tard, le roi Charles VI ordonnait
que l'atelier de Mirabel fût transféré à Embrun[2]. Mais l'archevêque Michel-Étienne profita de la guerre contre les
Anglais pour répandre de nouvelles espèces à bas titre. Le
dauphin, sentant la nécessité d'établir son autorité, donna
des lettres dont voici le passage principal :

Nuper ad nostram notitiam pervenit quod dominus archiepis-
copus Ebreduni in civitate Ebreduni de novo faciebat fabricari
monetam, licet alias nunquam hoc fuerit usitatum ; probari feci-
mus et examinari de eadem moneta cujus legis aut valores exis-
teret per viros notabiles in talibus expertos, per quos repertum
fuit et nobis relatum quod quatuor grossi dicte monete non
valent nisi tres grossos, et grossus nisi tres quartos grossi, et
quartus unum patacum cum dimidio.

Le gouverneur du Dauphiné défendit à l'archevêque de
continuer l'émission de ces espèces ; mais n'osant proscrire
entièrement cette mauvaise monnaie, il en autorisa le cours
sous la condition suivante :

Ne dictam monetam recipere aut eidem dare cursum audeant
vel presumant quovis modo, nisi ad valorem et rationem supra
dictos.

1. *Cartulaire du Dauphiné*, Bibl. Nat. Latin 10959, p. 323. Cf. F. de Saulcy,
Recueil de doc., t. II, p. 112.
2. H. Morin, *Num. féod. du Dauphiné*, p. 198. Cf. F. de Saulcy, *Recueil*, t. II,
p. 139 à 141.

Ces lettres étaient datées de Grenoble, le 28 février 1420 (v. s.) [1].

Le document fournit seulement des termes d'équivalence entre la monnaie archiépiscopale et la monnaie royale ; mais nous ignorons si Michel-Étienne n'avait pas émis des monnaies analogues à celles du roi. La pièce que M. Puig vient de retrouver est certainement une imitation des petites monnaies d'argent frappées par Benoît XIII (1394-1409), à Avignon, et qui portent, d'un côté, une tiare, et de l'autre, une croix cantonnée de deux tiares et de deux clefs en sautoir [2].

Bien que la monnaie d'Embrun ne soit point une véritable contrefaçon, elle paraît dénoter chez l'archevêque un certain dédain pour l'autorité du pape. Mais nous ne devons pas nous en étonner, car, en 1408, Benoît XIII, le pape d'Avignon, était forcé de s'enfuir en Espagne, et, en 1409, le concile de Pise déposait à la fois Benoît XIII et le pape de Rome, Grégoire XII.

On peut supposer par suite que la monnaie de Michel-Étienne a été frappée vers cette époque ; car le prélat devait croire que l'émission de pièces imitées se ferait en toute sécurité, à la faveur des troubles sans cesse renaissants.

1. Archives de l'Isère, B 3001. L. Maxe-Werly, *loc. cit.*, p. 8.
2. Poey d'Avant, n° 4211, pl. XCIV, 12. Cf. Cinagli, 38 6.

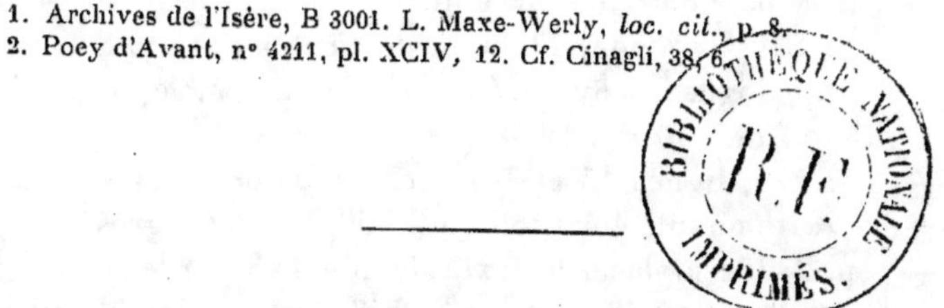

ADDITIONS ET CORRECTIONS

POUR LES DEUX VOLUMES

Tome Ier, p. 36, ligne 12, au lieu de : « Aurélien, » *lisez* : « Probus ».

— p. 182, ligne 11, *lisez* : « 1588 ».

— p. 325. Il faut signaler aussi les pougeoises de Genève et de Lérida.

Tome II, p. 3, ligne 22, *lisez* : « COS IIII ».

— p. 44, dans la description du ℞, *lisez* : « croix pattée ».

— p. 53, note 2, *ajoutez* : « Cf. *Rev. archéol.*, 1896, t. II, p. 168.

— p. 84, *Haliartus*. Cette pièce est de coin moderne.

— p. 93. L'épithète de *monetalis*, appliquée à Vectenus par Cicéron (*ad Att.*, X, 5 et 11), serait une allusion que Lenormant n'a pas comprise, et par suite il n'y a pas lieu de parler du « monétaire Vectenus ». Voyez G.-F. Hill, *A Handbook of greek and roman coins*, 1899, p. 133, note 1.

— p. 154. On a donné le nom de *theca* à des monuments analogues. Voy. *C.I.L.*, t. XV, 2e partie, n° 7223; cf. *Rev. num.*, 1900, p. 393.

— p. 176, lignes 15 et 16, *lizez* : « 25.690 marcs ; c'est « donc une émission de 2.569.000 demi-gros »

— p. 233, remplacer le texte de la note 3 par le suivant : « M. Jacques Soyer m'a fait remarquer qu'il doit y avoir dans le mot *azin* un exemple de la confusion fréquente de l'*r* et de l'*s*. Par suite, *azin* = *arin* ou *airain*. »

INDEX

DES PRINCIPALES MATIÈRES

CONTENUES DANS LES DEUX VOLUMES

N. B. — *Les références aux pages du tome second sont précédées de la lettre B.*

TABLE DES MATIÈRES

DU TOME SECOND

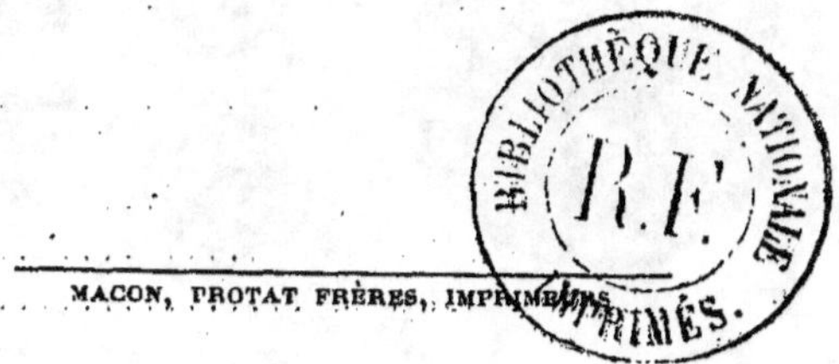

MONNAIES ROMAINES

MÉDAILLON de JEAN HÉROARD

(PAR G. DUPRÉ)

CÉSARÉE DE CAPPADOCE

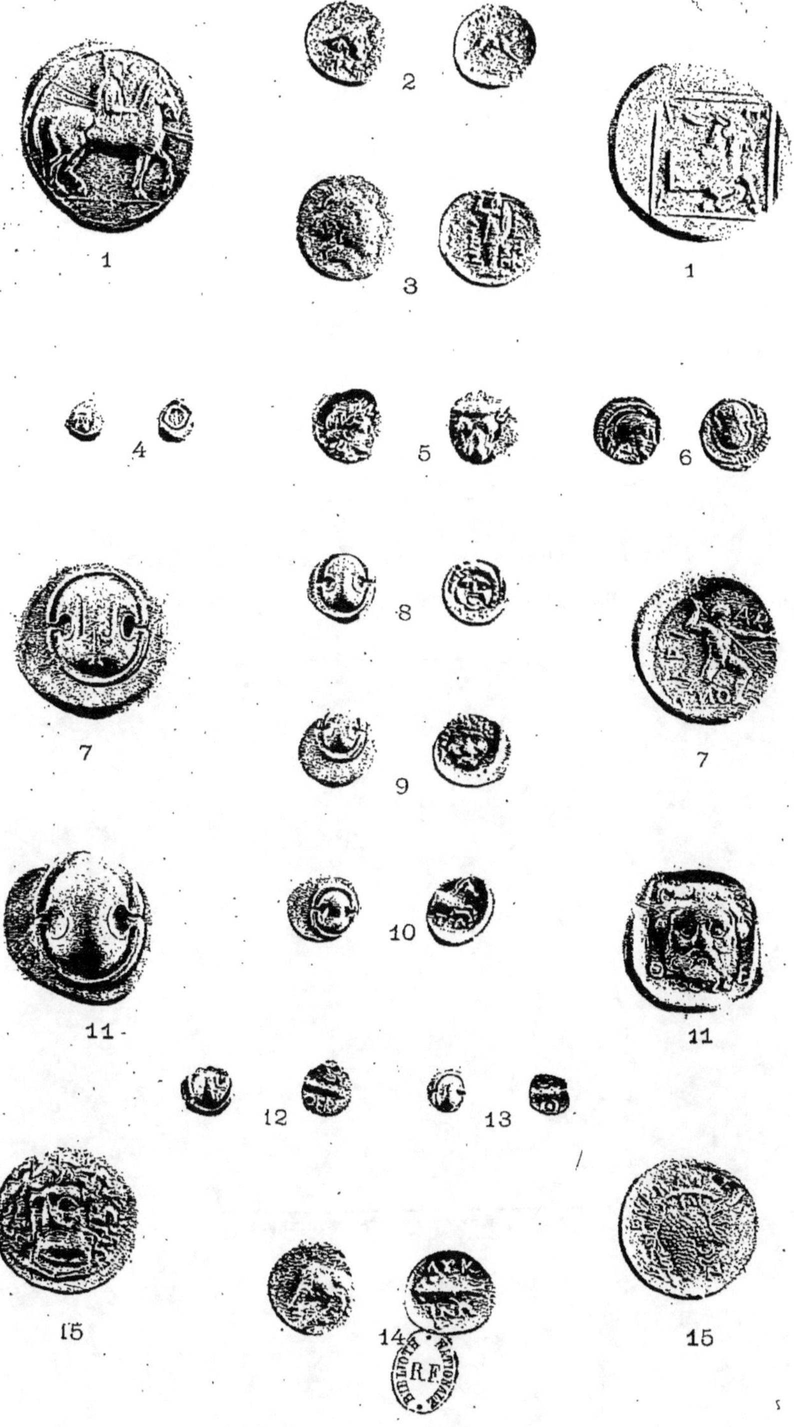

MONNAIES GRECQUES

MACON, PROTAT FRÈRES, IMPRIMEURS